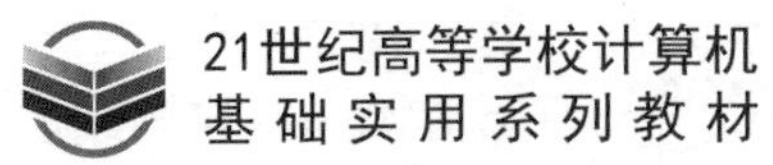

Python应用程序设计

第2版

◎ 易建勋 王晓红 孙燕 编著

清華大学出版社
北京

内容简介

本书内容包括程序设计基础和程序设计应用两部分：程序设计基础部分内容简单，易学易用；程序设计应用部分包括文本分析程序设计、图形用户界面程序设计、可视化程序设计、数据库程序设计、大数据程序设计、人工智能程序设计、简单游戏程序设计和其他应用程序设计(包括图像处理程序设计、语音合成程序设计和科学计算程序设计)等内容。

本书由多个教学模块组成，便于不同专业采用不同模块组合的方式进行教学。本书列举了560多个程序例题，还提供了丰富的教学资源，包括教学文档、PPT课件、例题素材、习题参考答案、思维导图，以及书中涉及的共享软件、开源数据集等。

本书可作为高等学校学生的教材，也可作为Python程序设计爱好者的自学读物。

图书在版编目(CIP)数据

Python应用程序设计/易建勋，王晓红，孙燕编著. —2版. —北京：清华大学出版社，2024.1
21世纪高等学校计算机基础实用系列教材
ISBN 978-7-302-65340-0

Ⅰ. ①P… Ⅱ. ①易… ②王… ③孙… Ⅲ. ①软件工具－程序设计－高等学校－教材
Ⅳ. ①TP311.561

中国国家版本馆CIP数据核字(2024)第018982号

责任编辑：闫红梅　张爱华
封面设计：刘　键
责任校对：申晓焕
责任印制：刘海龙

出版发行：清华大学出版社
网　　址：https://www.tup.com.cn，https://www.wqxuetang.com
地　　址：北京清华大学学研大厦A座　**邮　　编**：100084
社 总 机：010-83470000　**邮　　购**：010-62786544
投稿与读者服务：010-62776969，c-service@tup.tsinghua.edu.cn
质量反馈：010-62772015，zhiliang@tup.tsinghua.edu.cn
课件下载：https://www.tup.com.cn，010-83470236

印 装 者：三河市铭诚印务有限公司
经　　销：全国新华书店
开　　本：185mm×260mm　**印　　张**：23.25　**字　　数**：566千字
版　　次：2021年5月第1版　2024年2月第2版　**印　　次**：2024年2月第1次印刷
印　　数：1～1500
定　　价：69.00元

产品编号：101908-01

前 言

本书的目标是帮助初学者掌握 Python 编程语言，并利用它解决工作中的问题。

本书特色

(1) 模块化教学。本书将 Python 程序设计分为程序设计基础和程序设计应用两部分：程序设计基础部分遵循简单易学原则；程序设计应用部分力求解决实际问题。

(2) 案例学习。本书力求内容通俗易懂，书中列举了 560 多个程序例题，作者期望通过**“案例—模仿—改进—创新”**的方法，使读者快速掌握 Python 程序设计方法。

(3) 资源丰富。本书提供的资源有教学文档、PPT 课件、例题素材、习题参考答案、思维导图、共享软件、开源数据集等。

主要内容

第 1～6 章为程序设计基础，篇幅占全书的 40%左右。这部分内容比较浅显，避免了冗长繁杂的程序语法，对少数内容较深、应用不多的程序语言功能很少介绍，如生成器、断言、协程、正则表达式等。第 1～6 章的程序案例基本使用 Python 标准函数，极少使用第三方软件包。简单地说，**本书第一部分内容由浅入深，主要面向程序设计的基础教学**。

第 7～14 章为程序设计应用，篇幅占全书的 60%左右。这部分内容根据不同专业的教学需求编写，如文科专业可以选择第 7 章文本分析程序设计；理工科专业可以选择第 8 章图形用户界面程序设计、第 9 章可视化程序设计、第 10 章数据库程序设计和第 11 章大数据程序设计；第 12～14 章可以作为课程设计内容。简单地说，**本书第二部分每章内容相对独立，主要面向各专业的程序设计应用教学**。

学习建议

(1) 软件包选择。Python 有大量成熟的第三方软件包，这对应用程序设计非常有利，但是也带来了学习难题。因此，读者可以根据学习和专业的需要，选择性地学习第 7～14 章中的第三方软件包。

(2) 结构化程序设计。Python 语言强调程序的简单性和结构化，虽然它支持面向对象的程序设计模式，但是它本质上仍然是一门结构化程序设计语言。因此，本书以结构化程序设计模式为主线进行讲授，附带介绍面向对象的程序设计方法。

(3) 程序调试。Python 程序设计遇到最多的问题是语法错误和软件包版本不匹配。本书提供了大量解决问题的方法和案例，但是无法帮助读者解决所有问题。程序设计是一门实践性很强的课程，读者应多动手调试程序。

代码约定

(1) 为了解决程序案例实用性与个人隐私的矛盾，书中的人物姓名一部分来自文学名著，另一部分中文姓名由 Python 程序自动生成，如有雷同，纯属巧合。

(2) 本书对程序案例进行了详细的注释,这些注释大部分是说明程序的语法规则和语句功能。在软件工程实践中,程序注释不需要说明语法规则。因此,本书的程序注释仅适用于教学,读者调试书中案例时,不用输入程序注释部分。

(3) 程序注释中,凡有“导入标准模块”时,说明模块由 Python 自带,不需要安装软件包;凡有“导入第三方包”的,说明这个程序需要安装相应的第三方软件包。

(4) 本书中的大部分程序案例没有调用数据资源(如文件、图片、数据集等),这些程序可以在任何目录下运行。部分程序案例(20%左右)调用了本地数据资源(如文件、图片、数据集等),这些程序运行前需要将本书提供的“《Python 应用程序设计(第 2 版)》例题素材.rar”文件解压缩,然后将其中的所有子目录复制到硬盘“D:\test”目录中。

(5) 程序中的空行会使程序结构更加清晰明了。遗憾的是受到书籍篇幅的限制,本书的程序代码压缩了所有空行,这实在是无奈之举,敬请读者明察和谅解。

(6) 为了区别程序语句与程序输出信息,本书对程序行和语法规则都标注了行号,而程序输出信息则不标注行号,以示区别。行号的另外一个作用是便于说明程序功能,读者调试程序案例时请不要输入行号和 Python shell 提示符。

(7) 部分程序案例的输出内容很多,为了压缩书籍篇幅,书中省略了大部分输出信息;部分多行短数据输出,书中也合并在一行中书写并注明。

(8) 本书中的程序案例均在以下环境中调试通过。第一部分基本没有使用第三方软件包,因此第 1~6 章采用中文简体 Windows 10(64 位)、Python 3.11-32 位(64 位性能更佳),程序调试环境为 IDLE;第二部分采用第三方软件包,考虑程序的兼容性,第 7~14 章采用 Windows 10(64 位)、Python 3.8-32 位,第三方软件包采用 32 位版。程序案例中凡标有“程序片段”说明的,表示省略了部分程序语句,这些程序片段不能独立运行。

读者反馈

非常欢迎读者对本书的反馈意见,它有助于我们编写出对读者真正有帮助的书籍。如果您对书中某个问题存有疑问或不解,可联系我们,我们会尽力为您做出解答。您可以发送邮件到清华大学出版社客服邮箱:c-service@tup.tsinghua.edu.cn。

本书提供了大量课程教学资源,如果您需要这方面的资源,可登录清华大学出版社网站(http://www.tup.tsinghua.edu.cn/index.html)下载。

致谢

本书由易建勋老师(长沙理工大学)、王晓红老师(武汉商学院)、孙燕老师(青海民族大学)编著。易建勋老师主要编写第 1 章、第 3 章、第 7 章、第 10~14 章,并担任全书的统稿工作。王晓红老师主要编写第 5 章、第 6 章、第 8 章,并参与编写第 7 章、第 10 章、第 12 章、第 13 章。孙燕老师主要编写第 2 章、第 4 章、第 9 章并参与编写第 1 章、第 3 章、第 7 章。感谢以下老师对本书写作的帮助:廖寿丰老师(湖南行政学院)、冯桥华老师(安顺职业技术学院)、李冬萍老师(昆明学院)等。尽管我们非常认真努力地编写本书,但因水平有限,书中难免有疏漏之处,恳请各位同仁和读者批评指正。

易建勋

2023 年 2 月 22 日

目 录

第一部分　程序设计基础

第二部分 程序设计应用

第一部分
程序设计基础

第1章 基础知识

程序设计语言是人与计算机之间的交流语言。计算机的基本特征是不断地执行指令。这些指令由一些符号和数字组成，它们基于某些语法规则，完成一些特定的操作。这些指令的集合就是计算机程序语言。计算机中的每一个操作都是在执行程序中的指令。

1.1 软件安装与运行

1.1.1 Python 语言特征

Python 是解释型和动态数据类型的程序设计语言。Python 语言由荷兰计算机科学家吉多·范·罗苏姆(Guido van Rossum)于 1989 年发明。Python 是一种开源(开放源代码)的程序设计语言，它遵循 GPL(General Public License，通用公共许可证)协议，Python 应用程序大部分都用源代码形式发布。**Python 语言最大的特点是语法简洁和资源丰富**。大部分 Linux 发行版内置了 Python 语言。

1. Python 语言的优点

(1) 简单易学。**对初学者来说，程序语言简单易学非常重要**。第一，Python 是一种动态程序语言，动态语言的最大特点是不需要在程序开头定义变量的数据类型和数据长度，Python 解释器可以自动识别变量的数据类型，**动态地分配数据精度和数据存储长度**；第二，**Python 取消了指针数据类型，语言解释器自动进行内存垃圾回收**；第三，Python 简化了面向对象的方法，增强了列表的功能(模拟 LISP 语言列表功能)，提供了简单的函数式编程方法；第四，Python 还提供了 GUI(Graphical User Interface，图形用户界面)编程、图形绘制、正则表达式、嵌入式数据库等标准模块。Python 简单好用的一个重要原因是把底层复杂内容封装简化了。

(2) 软件包功能强大。程序员编程时，需要调用很多函数(标准函数库、开源函数库等)，这样可以降低编程难度，加快程序开发进度。Python PyPI 官方网站(https://pypi.org/)提供了大量开源软件包(函数库)。PyPI 官方网站列出的开源软件项目达 40 万个，共有 670 万个程序模块(截至 2022 年 9 月)。用 Python 开发程序，许多功能不必用户自己编程，直接调用标准函数或软件包中的函数即可。

2. Python 语言的缺点

Python 是解释性程序语言，解释器就是一个虚拟机。解释器将源程序解释为字节码，字节码是 Python 虚拟机执行的基本指令。虚拟机的缺点是运行速度慢，原因如下。

(1) 虚拟机需要部署一个解释＋运行模块，这需要消耗硬件和软件资源。

(2) 程序语句每次运行都需要经过 Python 虚拟机的解释,运行效率低。

(3) Python 解释器是一种基于堆栈的虚拟机,指令采用递归方式运行,而递归涉及指令和状态的保存与恢复,这种栈操作消耗资源较多,运行效率低。

(4) Python 虚拟机中,每个线程执行时都需要先获取 GIL(Global Interpreter Lock,全局解释器锁),保证 CPU(Central Processing Unit,中央处理器)一次只有一个线程执行代码(注意,允许运行多个进程),这限制了程序性能提高。

1.1.2 Python 软件安装

1. Python 版本选择

Python 版本繁多,按操作系统划分,有 Windows 版、macOS X 版、Linux/UNIX 版;按 CPU 划分,有 32 位版、64 位版、ARM 版;按代码形式划分,有源代码版、压缩包版、执行文件版;按用途划分,有独立安装版(installer)、嵌入式安装版(embeddable)。用户可以根据自己的需要选择相应版本。**选择 Python 安装版本一定注意与第三方软件包的兼容性**,有些软件包仅支持老版本 Python,如音合成软件包 pyttsx3 只有 32 位版等。

2. Python 软件下载

程序语言是一种设计规范,源程序可以使用任何文本编辑器编写。但是计算机并不能执行源程序,**源程序需要翻译为机器码计算机才能执行**。将源程序翻译成机器码的软件称为解释器。Python 有多种解释器,如 CPython(官方版,用 C 语言开发,应用非常广泛,本书使用此版本)、IPython(基于 CPython 的交互式解释器,用 In[序号]:作为提示符)、PyPy(Python 代码动态编译,执行速度快)、Jython(Java 平台的 Python 解释器)、IronPython(.NEt 平台的 Python 解释器)等。通常所说的 Python 软件包括 CPython 解释器+IDLE 编辑器+Python shell 窗口+标准函数库+工具软件+使用文档等,Python 软件的安装方法如下。

(1) 打开浏览器,在地址栏中输入 Python 官方网址 https://www.python.org/。

(2) 如图 1-1 所示,在网站首页选择 Downloads→Windows 命令。

(3) 如图 1-2 所示,找到需要下载的软件版本(如 Python 3.11.0-Sept.12,2022),然后在下面的 Download Windows installer (32-bit)超链接上右击,在弹出的快捷菜单中选择“连接另存为”命令,选择下载保存目录,单击“保存”按钮,系统开始下载 Python 软件包。

图 1-1 Python 官方网站首页(局部)

图 1-2 Python 官方网站下载页面(局部)

3. Python 自定义安装

(1) 在下载目录中找到下载好的 Python 软件包 Python-3.11.exe,双击该文件,就会弹出 Python 3.11 安装向导对话框(见图 1-3)。

图 1-3　Python 3.11 安装向导对话框

(2) 勾选 Add Python 3.11 to PATH 复选框添加路径(设置环境变量,很重要)。

(3) 单击 Customize installation(自定义安装)按钮,弹出安装选项窗口,默认为勾选所有项(很重要);然后单击 Next 按钮进入下一步安装。

(4) 弹出的窗口如图 1-4 所示。注意勾选第一项 Install for all users(Precompile standard library 复选框会自动被勾选)。然后在 Customize install location 栏下,将安装路径修改为 D:\Python(或其他目录名称),单击 Install 按钮进入正式安装过程。

图 1-4　修改 Python 安装目录

(5) 如果没有意外,很快会出现安装完毕窗口,单击 Close 按钮关闭窗口即可。

1.1.3 Python 程序运行

1. Windows shell 窗口

Python 软件包的安装、升级、卸载,以及网络服务器程序的调式和运行,都需要用到 Windows shell 窗口(也称为“命令提示符”窗口)。其启动方法如下。

【例 1-1】 按 Win+R 组合键调出“运行”窗口,在窗口中输入 cmd 后单击“确定”按钮,这时会弹出 Windows shell 窗口,并显示相关信息(见图 1-5)。

图 1-5　Windows shell 窗口

说明:Shell(壳)是操作系统内核的外壳。Windows shell 窗口能够接收用户输入的命令,然后交由操作系统内核执行,处理完毕后再将结果通过 Windows shell 窗口反馈给用户。

2. Windows shell 窗口常见操作

【例 1-2】 Windows shell 窗口常见操作如下。

1	C:\Users\Administrator>d:[CR]	#进入 d 盘分区,[CR]为回车符
2	D:\>cd\python[CR]	#进入 d 盘下 Python 目录(cd 后面为\或空格均可)
3	D:\Python>cd lib[CR]	# 进入 Python 目录的下级子目录 Lib
4	D:\Python\Lib>dir[CR]	# 查看 d:\Python\Lib 目录下所有文件
	…(输出略)	# 显示当前目录下所有文件,信息<DIR>表示是子目录
5	D:\Python\Lib>cd..[CR]	# 退出本级目录 Lib,进入上级目录 Python
	D:\Python>	# 显示当前路径

说明:

(1) 例 1-2 假设已经存在 D:\Python 目录;>为命令提示符,>左边的字符为路径。

(2) Python 程序也可以在 Windows shell 窗口下运行。

3. Python shell 窗口

Python shell 是 Python 解释器的工作界面,在窗口的命令行中输入一条 Python 命令,按 Enter 键后就可以立即获得程序运行结果。启动 Python shell 窗口的过程如下。

【例 1-3】 在 Windows 的"开始"菜单中找到"IDLE(Python 3.11 32bit)"图标,单击图标即可启动 Python shell 窗口(见图 1-6)。

```
IDLE Shell 3.11.0rc2
File Edit Shell Debug Options Window Help
Python 3.11.0rc2 (main, Sep 11 2022, 20:09:53) [MSC v.1933 32 bit (Intel)] on win32
Type "help", "copyright", "credits" or "license()" for more information.
>>> |
Ln: 3 Col: 0
```

图 1-6　Python shell 窗口(Python 解释器窗口)

注意:Python shell 提示符为>>>,Windows shell 提示符为>,千万不要混淆。

4. 在 Python shell 窗口下编程

在 Python shell 窗口下可以编写和运行简单的 Python 程序,对一些程序模块中的关键语句进行调试时,也采用 Python shell 窗口编程。

【例 1-4】 在 Python shell 窗口中运行 Python 程序的方法如下。

1	>>> print('Hello World! 你好,世界!')	#在 shell 下输入 Python 命令,回车执行
	Hello World! 你好,世界!	#程序输出,输出字符串时不带单引号
2	>>>'Hello World! 你好,世界!'	#Python shell 交互窗口自带 Print 功能
	'Hello World! 你好,世界!'	#注意,输出字符串时带有单引号

说明：

(1) 为什么 print()语句不是向打印机输出，而是向屏幕输出？因为在 1950—1970 年，计算机的输出设备主要是电传打字机。第一个高级程序语言 FORTRAN 设计时，用 PRINT 语句向电传打字机输出，以后的程序语言都继承了这个传统。1970 年以后，显示器逐步成为主要输出设备。由于使用打字机输出速度慢，而且浪费纸张，这时 print()语句就成为向屏幕打印输出。

(2) Python shell 交互窗口采用“读取→执行→打印→循环”(REPL)工作模式。

5. 在 Python IDLE 窗口下编程

IDE(Integrated Development Environment，集成开发环境)是一个图形用户界面的综合性编程工具软件。Python 自带的 IDE 为 IDLE(用 Python 语言开发，免费)，其他常用 IDE 有 PyCharm 专业版(收费)、PyCharm 社区版(免费)、Eric(免费)、Visual Studio Code (免费)、Sublime Text(收费)、Jupyter Notebook(免费，浏览器交互使用)等。

【例 1-5】 在 Python IDLE 中编写 Python 程序，输出字符串“Hello World!”。

操作步骤如下。

(1) 在 D 盘创建 d:\test 子目录，用于存放 Python 程序。

(2) 启动 Python shell，在窗口中选择 File→New File 命令，进入 IDLE 窗口。

(3) 在 Python IDLE 窗口中(见图 1-7)，编写以下程序。

```
#E0105.py                  # 井号为注释符,注释内容包括程序名、功能、作者、日期等版权信息
print('Hello World!')      # 打印输出字符串'Hello World!'
print('你好,世界!')         # 注意:命令和符号为英文字符,字符串信息中英不限
```

(4) 在 IDLE 菜单中选择 File→Save As 命令，然后选择程序保存目录(如 d:\test)，并对文件命名(如 E0105. py)，单击“保存”按钮，保存编写的 Python 源程序。

(5) 在 IDLE 菜单中选择 Run(见图 1-7)→Run Module 命令运行程序，这时 Python shell 窗口会显示程序运行结果(见图 1-8)。

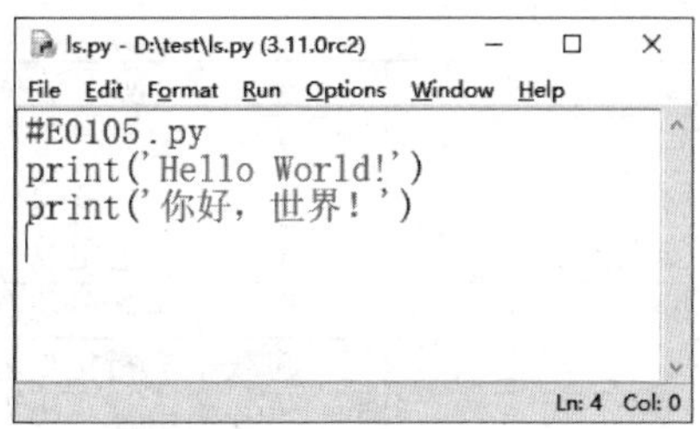

图 1-7 Python IDLE 窗口

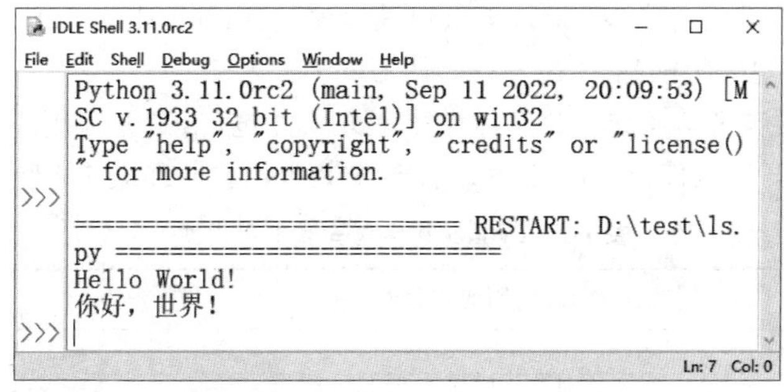

图 1-8 Python shell 窗口程序运行结果

【例 1-6】 编写简单的 GUI 程序。

```
import tkinter as tk                                          # 导入标准模块——GUI

root = tk.Tk()                                                # 定义主窗口
root.title('测试')                                             # 定义窗口标题
root.geometry('200x100')                                      # 定义窗口大小(长×高)
tk.Label(root, text='Hello World!').pack()                    # 定义窗口显示内容
tk.Label(root, text='你好,Python').pack()
tk.Button(root, text='退出', command=root.destroy).pack()      # 按钮与回调函数绑定
root.mainloop()                                               # 事件消息循环
>>>                                                           # 程序运行结果见图 1-9
```

图 1-9　程序运行结果

1.1.4　软件包管理工具 pip

Python 软件包管理工具是 pip,它提供了软件包的查看、下载、安装、升级、卸载等功能。命令 pip 不仅能下载和安装软件包,而且会把相关依赖软件包也一起下载安装。Python 3.4 及后续版本自动安装了 pip(包安装)、setuptools(打包)等工具软件。

1. 常用 pip 命令和参数

常用 pip 命令和参数如表 1-1 所示。

表 1-1　常用 pip 命令和参数

命令格式	命令说明
pip --help	查看 pip 使用信息
pip install 软件包名	从官方网站安装软件包
pip install 软件包名-i 镜像网站名	-i 参数是从镜像网站安装软件包
pip install 软件包名-t 本地安装路径	-t 参数是指定软件包安装在本地哪个目录中
pip install 软件包名--upgrade	从官方网站升级软件包
pip uninstall 软件包名	卸载本机指定的软件包(需要按 y 键确认)
pip list	查看当前已经安装的所有软件包和版本号
pip list -o	查看当前可升级的软件包

注意:以上命令均运行在 Windows shell 窗口或者 Linux shell 窗口下。

2. 第三方软件包安装网站

通常将 Python 自带的标准函数库称为第一方软件包,第二方为用户程序模块,第三方为其他团队提供的开源软件包。Python 软件包安装常用网站如表 1-2 所示。

表 1-2　Python 软件包安装常用网站

名　　称	网址(URL)	说　　明
PyPI	https://pypi.org	国外 Python 官方网站
加州大学欧文分校	https://www.lfd.uci.edu/~gohlke/pythonlibs	国外离线包下载网站

名　　称	网址(URL)	说　　明
清华大学	https://pypi.tuna.tsinghua.edu.cn/simple	国内镜像安装网站
阿里云	https://mirrors.aliyun.com/pypi/simple	国内镜像安装网站

说明：官方网站速度慢或者无法连接时，可选择国内镜像网站安装软件包。

3. 软件包官方网站在线安装方法

【例 1-7】 命令 pip 在线安装第三方软件包 NumPy 方法如下。

在 Windows 下选择"开始"→"Windows 系统"命令，在"命令提示符"窗口中输入以下命令。

```
> pip install numpy                  # 版本为 1.24.1,从国外官方网站在线安装
> pip show numpy                     # 查看 NumPy 软件包信息
> pip uninstall numpy                # 卸载 NumPy 软件包
> pip install numpy = 1.18.2         # 版本为 1.18.2,安装指定版本的软件包
> pip install numpy -- upgrade       # 升级 NumPy 软件包
> pip list                           # 检查所有安装的软件包
```

4. 软件包镜像网站在线安装方法

【例 1-8】 安装 Python 时，自动安装了 pip 软件，但是 pip 版本较低，安装软件包时经常会提示进行 pip 版本升级。以下从清华大学镜像网站升级 pip 工具软件。

```
> python - m pip install - i https://pypi.tuna.tsinghua.edu.cn/simple -- upgrade pip
                                                                    # 版本为 22.3.1
```

说明：

(1) 参数-m 表示手工安装；-i 表示镜像网站安装；协议是 https 不是 http；参数 simple 不能省。

(2) 使用指南见清华大学镜像网站 https://mirrors.tuna.tsinghua.edu.cn/help/pypi/。

【例 1-9】 清华大学镜像网站与 PyPI 官方网站保持经常性同步，因此可以将清华大学镜像网站设为默认软件包安装网站，这样软件包安装速度很快，配置命令如下。

```
> pip config set global.index - url https://pypi.tuna.tsinghua.edu.cn/simple
                                                                    # 设置默认网站
```

【例 1-10】 从清华大学镜像网站安装软件包。

```
> pip install - i https://pypi.tuna.tsinghua.edu.cn/simple Pillow        # 版本为 9.2.0
```

说明：软件包名称(如 Pillow)放在命令尾部或放在参数 install 后面均可。

5. 软件包离线安装方法

有些软件包在线安装遇到困难时，可以离线安装 whl 软件包。whl 是已经编译和压缩好的软件包，下载后可以用 pip 命令安装(注意，.gz 是 Linux 压缩文件)。

【例 1-11】 安装词云软件包 WordCloud 时，无论从 Python 官方网站或国内镜像网站安装，都容易安装失败，这时需要离线安装 WordCloud 软件包，安装步骤如下。

(1) 从相关网站(如 https://www.lfd.uci.edu/~gohlke/pythonlibs/#wordcloud)下载所需的 WordCloud 文件，如 wordcloud-1.8.1-cp311-cp311-win32.whl。注意，whl 文件

名中的 cp 必须与当前使用 Python 版本一致,如 cp311 对应 Python 3.11 版本; win32 表示对应 Windows 下 32 位 Python 版本。将软件包下载到 D:\test\目录。

(2) 在 Windows 中找到“命令提示符”图标,单击启动 Windows shell 窗口。

(3) 用“pip install 文件名.whl”命令在本机安装 whl 文件。

```
> pip install d:\test\wordcloud - 1.8.1 - cp311 - cp311 - win32.whl          # 版本为 1.8.1
```

说明:离线安装软件包时也需要联网,因为有些软件需要在线安装依赖包。

离线安装存在以下弊端:当第三方软件包有一个或者多个依赖包时,往往会导致安装失败。所以最好选择在线安装方式,它会自动帮用户把所有依赖包都安装好。

6. 软件包的兼容性问题和解决方法

大部分用户在安装 Python 和第三方软件包时,往往选择安装最新版本,这未必是一个明智的选择。Python 有大量实用性很强的第三方开源软件包,但是这些软件包存在以下问题:一是开源软件没有强大的开发团队和充足的资金,因此软件包的升级速度往往跟不上 Python 版本的升级速度;二是新版本的软件包往往存在很多兼容性问题。如果遇到这类兼容性问题,可以按以下方法进行处理。

【例 1-12】 作者安装了 Python 3.11 版本,为了读写 Excel 文件,又安装了 Excel 文件读写的第三方软件包 xlrd 2.0.1 和 xlwt 1.3.0。但是用 xlrd 模块读“股票数据片段.xlsx”文件时,出现异常退出;将文件另存为“股票数据片段.xls”后,文件读出正常。可见新版本的 xlrd 软件包存在兼容性问题,解决方法如下。

```
1  > pip list                      # 检查软件包版本(xlrd 2.0.1)
2  > pip uninstall xlrd            # 卸载本机软件包 xlrd 2.0.1,按 y 键确认卸载
3  > pip install xlrd == 1.2.0     # 安装软件包指定版本 xlrd 1.2.0
4  > pip show xlrd                 # 显示软件包 xlrd 安装版本
```

说明:程序第 3 行中,由于例 1-9 设置了默认镜像站点,实际上从清华大学镜像网站安装。

【例 1-13】 在线安装符号计算软件包 SciPy 成功,但是通过以下语句 from scipy.optimize import fsolve 导入时失败。经过对比研究,发现在线默认安装的 SciPy 软件包版本太低,软件包大小仅为 14.6MB,而高版本安装的软件包大小为 32.9MB(以 scipy-1.9.0-cp38-cp38-win32.whl 为例),可以按以下方法进行指定安装软件包的版本。

```
> pip uninstall scipy             # 卸载已安装的软件包 SciPy,按 y 键确认卸载
> pip install scipy == 1.9.0      # 重新安装指定版本(1.9.0)的软件包 SciPy
```

7. 安装中存在的问题

(1) 安装中如果出现红色提示信息 Error: xxx 时,说明安装存在错误。这时需要检查安装过程中出现了什么问题,然后根据问题进行修复。常见问题有网络连接故障、软件包版本不匹配、安装路径错误、网站服务器因为某些规定禁止连接等。

(2) 安装后出现绿色或黄色提示信息,大多是软件更新提示信息。

(3) 安装后出现白色提示信息或者没有提示信息,说明软件包安装正常。

1.1.5 程序解释与编译

1. 源程序的翻译

用程序语言编写的计算机指令序列称为源程序。计算机不能直接执行源程序，源程序必须通过“翻译程序”转换为机器指令，计算机才能识别和执行。源程序有两种翻译方式：解释和编译。静态语言的翻译程序称为编译器，动态语言的翻译程序称为解释器。

静态语言程序都需要进行编译。静态语言编程时，需要费时费力地按规矩编写程序代码，以减少程序运行时错误；动态语言程序没有那么多规矩，程序编写完后就直接运行，但是这样更容易导致程序在运行时发生错误。

2. 程序的解释执行方式

(1) 程序解释执行过程。Python 程序的解释执行过程如图 1-10 所示，解释器将源程序加载到内存；解释器对程序中全部代码进行基本语法检查，如果程序有语法错误，则输出提示信息；如果没有语法错误，则解释器从源程序顺序读取一条语句，并将源程序语句翻译成 Python 字节码，Python 在虚拟机中将字节码翻译成机器码执行；然后输出程序运行结果(如数据输入、运行结果输出等操作)；接着解释器检查程序是否结束，如果程序没有结束，解释器继续读取下一条程序语句，重复以上过程，直到程序语句全部执行完毕。

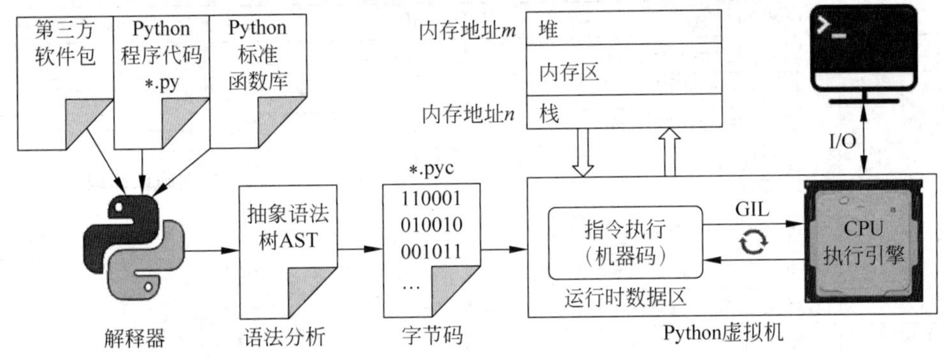

图 1-10　Python 程序的解释执行过程

(2) 解释性程序语言的优点。解释性程序实现简单，交互性较好。动态程序语言(如 Python、JavaScript、PHP、R、MATLIB 等)一般采用解释执行方式。

(3) 解释性程序语言的缺点。一是程序运行效率低，如源程序中出现循环语句时，解释性程序也要重复地解释并执行这一组语句；二是程序独立性不强，不能在操作系统下直接运行，因为操作系统不一定提供这个程序语言的解释器；三是程序代码保密性不强，例如要发布 Python 开发项目，实际上就是发布 Python 源代码。

3. 程序的编译执行方式

源程序编译是一个复杂的过程，这一过程分为以下步骤：**源程序→预处理→词法分析→语法分析→语义分析→生成中间代码→代码优化→生成目标程序→程序连接→生成可执行程序**。事实上，以上某些步骤可能组合在一起进行。

1.2 程序的基本概念

1.2.1 保留字

保留字是程序语言的指令。保留字说明单词已经被 Python 保留使用,不允许使用它们做变量名或函数名。**保留字与关键字不同**,关键字是一个多义词,Python 中有关键字参数、信息查询关键字、数据库关键字、常量关键字、文本关键字等。

【例 1-14】 在 Python shell 窗口下,查看 Python 保留字。

```
>>> import keyword                    # 导入标准模块——保留字
>>> keyword.kwlist                    # 查看保留字
['False', 'None', 'True', 'and', 'as', 'assert', 'async', 'await', 'break', 'class', 'continue', 'def',
'del', 'elif', 'else', 'except', 'finally', 'for', 'from', 'global', 'if', 'import', 'in', 'is', 'lambda',
'nonlocal', 'not', 'or', 'pass', 'raise', 'return', 'try', 'while', 'with', 'yield']
```

说明:Python 3.7～Python 3.11 的保留字都是以上 35 个,保留字很少变化。

Python 3.11 保留字如表 1-3 所示。

表 1-3 Python 3.11 保留字(35 个)

保留字	说明	保留字	说明
and	逻辑与运算	if	条件选择(与 else 匹配)
as	别名(与 import 匹配)	import	导入模块
assert	断言(异常处理)	in	循环范围(与 for 匹配)
async	协程(异步并发编程)	is	身份运算符
await	挂起协程	lambda	匿名函数
class	定义类	None	空
continue	跳过剩余语句回到循环头部	nonlocal	函数外层作用域(闭包应用)
break	强制跳出循环(与 with 匹配)	not	逻辑非运算
def	定义函数或方法	or	逻辑或运算
del	删除元素	pass	空语句,不做任何操作
elif	其他选择(与 if 匹配)	raise	主动抛出异常
else	否则(与 if 匹配)	return	函数返回(与 def 匹配)
except	异常处理(与 try 匹配)	True	逻辑真
False	逻辑假	try	异常捕获(与 except 匹配)
finally	异常处理(与 try 匹配)	while	条件循环
for	计数循环(与 in 匹配)	with	异常处理
from	导入函数(与 import 匹配)	yield	生成器(函数返回)
global	定义全局变量		

1.2.2 标识符

标识符包括变量名、常量名、函数名、类名、方法名、文件名等。下面介绍相关内容。

1. 变量

变量是程序中动态变化的数据。变量是程序的重要组成部分,它相当于一个容器,可以存放不同的内容,如整数、浮点数、字符串等。变量的四个组成部分是变量名、变量值、变量数据类型、变量内存地址。变量存储在计算机内存中，程序每定义一个变量，计算机就会分配一块内存区域来存储变量(变量名、变量值、变量数据类型、内存变量地址)。Python 中变量的数据类型有数值、字符串、列表、元组、字典、集合等。

2. 常量

常量是指程序中不会变化的数据(如 pi)。与 C、Java 等语言不同，Python 不能定义常量关键字，常量仅有 True、False、None 等，或者说 Python 没有常量的概念。

3. 变量名与内存地址

变量是程序的重要组成部分，系统会分配一块内存区域存储变量值(命名空间)，内存地址在程序中以“变量名”的形式表示。因此，**变量名本质上是一个内存地址**。程序使用变量名代表内存地址有以下优点：一是内存地址不容易记忆，变量名容易记忆；二是内存地址由操作系统动态分配，地址会随时变化，而变量名不会变化。Python 中每个模块和函数都有一个独立的命名空间，它避免了同名变量或同名函数的冲突。

Python 是一种动态程序语言，变量不需要提前声明数据类型(如 int a、str b 等)，变量赋值即可以使用。给变量赋值时，操作系统就会为这个值(数据)分配内存空间，然后让变量名指向这个值；当程序中变量值改变时，操作系统会为新值分配另一个内存空间，然后继续让变量名指向新值。即数据值变化时，变量名不变，内存地址改变。

【例 1-15】 变量名与内存地址的关系(见图 1-11)。

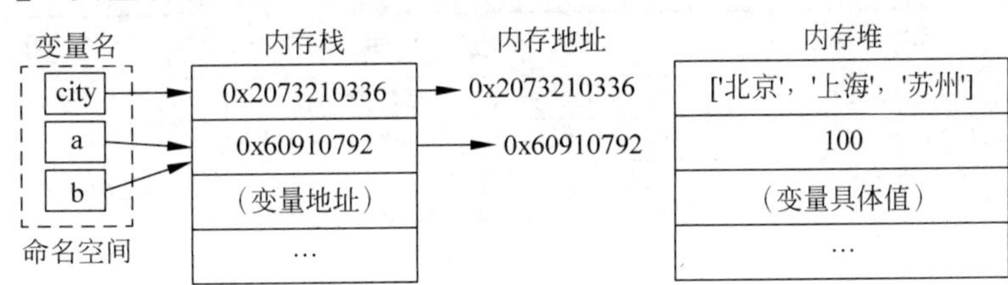

图 1-11　变量名与内存地址的关系

```
>>> city = ['北京', '上海', '苏州']          # 为变量 city 赋值(列表)
>>> a = b = 100                              # 为变量 a、b 赋值(整数)
>>> id(city)                                 # 查看变量 city 的内存地址
2073210336                                   # 变量 city 具体值的内存地址
>>> id(a)                                    # 查看变量 a 的内存地址
60910792                                     # 变量 a 具体值的内存地址
>>> id(b)                                    # 查看变量 b 的内存地址
60910792                                     # 变量初始值相同时，会指向同一个内存地址
```

4. 标识符常用命名方法

标识符命名历来是一个无法达成共识的话题。**好的标识符不需要注释即可明白其含义**，无论哪种风格，对标识符的定义要尽可能统一。流行的标识符命名方法如下。

(1) 下画线命名法。Python PEP8 建议变量名、函数名等采用“全小写+下画线”命名。如 my_list、new_text、background_color、read_csv()等。它的缺点是变量名太长。

(2) 驼峰命名法。第一个单词首字母小写，后面单词的首字母大写。如 myList、outTextInfo、outPrint()等。这种命名方法在 C、Java 等语言中应用普遍。

(3) 帕斯卡命名法。单词首字母大写，如 MyList、UserName、Info()等。

(4) 匈牙利命名法。小写字母开头标识变量的类型等，后面的单词指明变量用途，首字母大写。如 strName 表示变量是一个名为 Name 的字符串、arru8NumberList 表示变量是一个无符号 8 位整型数组。匈牙利命名法广泛用于 Windows 系统编程中。

(5) 全大写命名法。常量采用"全大写+下画线"命名,如 PI、KEY_UP 等。

5. 应当避免的命名方式

(1) **标识符要唯一,不能使用连字符(-)、小数点和空格,不能以数字开头。**

(2) Python 程序对大小写敏感,如 X 与 x 是不同的变量名。

(3) 变量名不要使用通用函数名(如 list)、现有名(程序上下文使用的变量名)、保留字名(如 and)等。不可避免需要使用通用名(如 list)时,可以在通用名前加 my(如 my_list),或者在尾部加数字(如 list2),或者将通用的函数名按读音进行缩写(如 lst),或者用通用名尾部加下画线(如 list_)等,以示区别。

(4) 不要使用单个 o(与 0 混淆)、l(与 1 混淆)、I(与 1 混淆)做变量名。

(5) 标识符除字母、数字和下画线外,不要使用其他符号,如 *、%、~等。

(6) **程序语句除文本信息外,其他所有符号均为英文**,如引号、逗号、冒号等。

6. 变量名中下画线的特殊含义

Python 程序中,下画线有特殊意义,它们是内置函数或私有变量名使用的符号。Python 中,变量名下画线模式和命名约定如表 1-4 所示。

表 1-4 Python 变量名下画线模式和命名约定

模 式	名 称	说 明	案 例
_xxx	前导单下画线	私有变量名,函数或类内部使用	self._bar = 10
xxx_	末尾单下画线	避免与保留字名称冲突,临时使用	with_、class_
__xxx	前导双下画线	私有成员,避免使用,强制规定	__method(self)
__xxx__	前导和末尾双下画线	特殊方法名,避免使用,强制规定	def __init__(self):
_	单下画线	用于临时或无关紧要的变量名	for _ in range(100):
xxx_xxx	中间单下画线	Python 推荐变量或函数命名方式	my_list

7. 常见变量名缩写规则

变量命名目前倾向用完整的英语单词,尽量少用缩写单词和中文拼音。但是在程序设计领域中,已经存在以下约定俗成的单词缩写形式。

(1) 常用大写缩写。如 ID(Identity Document,标识号)、RGB(Red Green Blue,红绿蓝)、SQL(Structured Query Language,结构化查询语言)、URL(Uniform Resource Locator,统一资源定位器)、UTF8(Unicode Transformation Format,Unicode 可变长度 8 位字符编码)等。这些大写缩写字母在程序语句中有时也写为小写形式,如 utf8、id、rgb 等。

(2) 取单词前三四个字母。如 app(application,应用程序)、arr(array,数组)、but(button,按钮)、char(character,字符)、col(column,列)、conn(connect,连接)、cur(cursor,游标)、def(define,定义)、err(error,错误)、inc(increment,增量)、info(information,信息)、init(initinitialize,初始化)、int(integer,整数)、lab(label,标签)、max(maximum,最大)、mid(middle,中值)、min(minimum,最小)、num(number,数字)、obj(object,对象)、out(output,输出)、pic(picture,图片)、pos(position,位置)、sys(system,系统)、temp(temporary,临时)、tup(tuple,元组)、val(value,值)、var(variable,变量)、win(window,窗口)等。

(3) 元音字母剔除法。除首字母外,去掉元音字母,保留辅音的头一个字母。如 args(arguments,参数)、as(alias,别名)、bg(background,背景)、cfg(configuration,配置)、db

(database,数据库)、flg(flag,标志)、img(image,图像)、kw 或 kwargs(keyword arguments,关键字参数)、lst(list,列表)、msg(message,消息)、txt(text,文本)等。

(4) 导入软件包的别名缩写(仅用于 Python)。如 np(NumPy 的别名)、nx(NetworkX 的别名)、pd(Pandas 的别名)、plt(Matplotlib. pyplot 的别名)、tk(Tkinter 的别名)等。

8. 汉字做变量名

Python 在字符串、列表、数据库、文件等数据类型中使用汉字没有任何问题。但是变量名和函数名能不能使用汉字(如工资=2000)取决于程序解释器是否支持 Unicode 字符集,如 Windows 和 Python 3. x 对 Unicode 字符集支持很好,因此变量名和函数名使用汉字完全没有问题。但是,Python 程序中经常使用第三方软件包,这些软件包不一定支持汉字做变量名。因此,**出于对程序兼容性的考虑,建议不采用汉字做变量名。**

【例 1-16】 变量名、表达式、类名、函数名采用汉字的案例。

```
>>>基本工资 = 5000                                # 赋值语句,用汉字做变量名
>>>补贴 = 2000
>>>工资 = 基本工资 + 补贴                          # 赋值语句,用汉字做表达式
>>>工资                                           # 汉字变量名查看变量值
7000
>>> class 人物类:                                 # 保留字 class 为定义类,用汉字做类名
        pass                                      # 保留字 pass 为空操作(用于程序预留占位)
>>> def 工资函数(基本工资, 补贴):                   # 定义函数,用汉字做函数名、形式参数名
        工资 = 基本工资 + 补贴                      # 赋值语句,用汉字做变量名
        return 工资                               # return 是保留字,用汉字做返回值变量名
>>>工资函数(8000, 600)                            # 函数调用,函数名采用汉字
8600
```

1.2.3 算术运算

Python 运算类型比较丰富,如四则运算(+、-、*、/)、整除运算(//)、指数运算(**)、模运算(%)、关系运算(==、!=、>、<、<=、>=)、赋值运算(=、:=、+=、-=、*=)、逻辑运算(and、or、not、^)、位运算(<<、>>)、成员运算(in、in not)等。

1. 表达式

表达式由操作数和运算符组成,它用来求值(见图 1-12)。操作数有具体值(整数、字符等)、变量、函数等;运算符有算术运算符等;值为 Python 的所有数据类型。

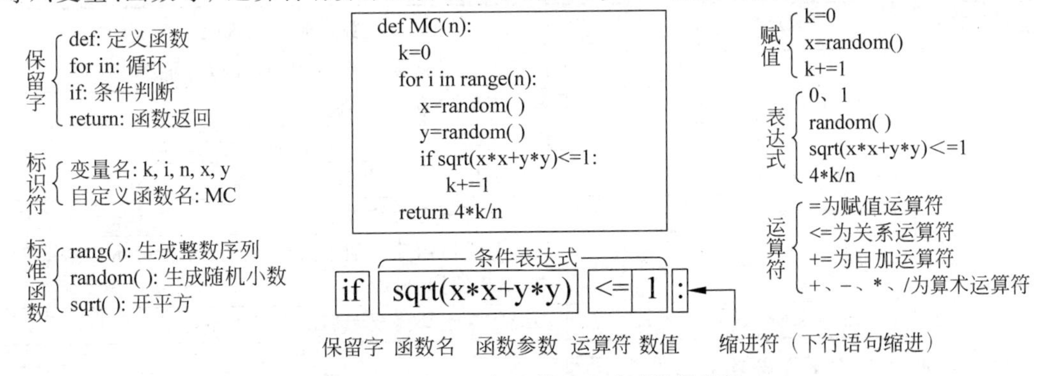

保留字:def: 定义函数;for in: 循环;if: 条件判断;return: 函数返回

标识符:变量名: k, i, n, x, y;自定义函数名: MC

标准函数:rang( ): 生成整数序列;random( ): 生成随机小数;sqrt( ): 开平方

```
def MC(n):
    k=0
    for i in range(n):
        x=random( )
        y=random( )
        if sqrt(x*x+y*y)<=1:
            k+=1
    return 4*k/n
```

赋值:k=0;x=random();k+=1

表达式:0、1;random( );sqrt(x*x+y*y)<=1;4*k/n

运算符:=为赋值运算符;<=为关系运算符;+=为自加运算符;+、-、*、/为算术运算符

条件表达式:if | sqrt(x*x+y*y) | <= | 1 | :

保留字 函数名 函数参数 运算符 数值 缩进符(下行语句缩进)

图 1-12 Python 标识符和表达式说明案例

2. 算术表达式

用算术运算符、关系运算符串联起来的变量或常量称为算术表达式。描述各种不同运算的符号称为运算符,参与运算的数据称为操作数。表达式中有多种运算符时,运算优先顺序为算术运算(如+、-、*、/)→关系运算(如>、<、==)→逻辑运算(如 and、or)。

【例 1-17】 Python 语言运算符应用。

```
>>> x = 5; y = 3                  # 赋值语句(注意,赋值语句不是表达式,这里表达式为 5、3)
>>> x + y                         # 加法运算表达式(x 和 y 是操作数,+ 是运算符)
>>> x - y                         # 减法运算表达式
>>> x * y                         # 乘法运算表达式
>>> x/y                           # 除法运算表达式
>>> x//y                          # 整除运算表达式(商只取整数,余数不舍入)
>>> x % y                         # 模运算表达式,求余运算(相当于 x mod y)
>>> x ** y                        # 指数运算表达式(数学式为 x^y,相当于其他语言的 x^y)
>>> x += 1                        # 自增运算表达式,与 x = x + 1 等价(相当于 C 语言的 x++)
```

3. 模运算

模运算也称为求余运算,**模运算在程序设计领域应用广泛**。如整除检查、CRC(循环冗余校验)、求哈希值、RSA 加密算法等都涉及模运算。模运算是求整数 n 除整数 p 后的余数,而不考虑商。Python 语言用“%”表示模运算。

【例 1-18】 7 % 3 =1,因为 7 除以 3 商 2 余 1,商丢弃,余数 1 为模运算结果。

【例 1-19】 今天是星期二,请问 100 天后是星期几?

```
>>>(2 + 100) % 7                  # 求余运算(模运算)
4                                 # 100 天后是星期四
```

4. 算术表达式书写规则

算术表达式是程序最常用的表达式,程序语言只能识别按行书写的算术表达式,因此必须将一些数学运算式转换为程序语言规定的算术表达式。

(1) 所有算术表达式必须从左到右在同一行书写,可以续行。

(2) 算术表达式中的乘号不能省略,如 ab(a 乘以 b)应写为 a * b。

(3) 算术表达式可用()说明运算顺序,()可嵌套使用,算术表达式不能用[]或{}。

(4) 数学运算式与 Python 算术表达式之间的转换方法如表 1-5 所示。

表 1-5 数学运算式与 Python 算术表达式之间的转换方法

数学运算式	算术表达式	算术表达式说明
$a+b=c$	c=a+b	程序语言不允许 a+b=c 这种赋值方法
$2\times2, 3x$	2 * 2,3 * x	乘号不能省略,乘法用星号 * 表示
$5\div8$	5/8	除法用斜杠/表示,分子在/前,分母在/后
$S=\pi R^2$	s=pi * r ** 2	符号 π 用读音 pi 表示,指数运算用 ** 表示
$\pi\approx3.14$	3.14<pi<3.15	编程语言不支持约等于
$\frac{(12+8)\times3^2}{25\times6+6}$	((12+8) * 3 ** 2)/(25 * 6+6)	数学分式可用除法加小括号表示。小括号可以嵌套使用,不能使用[]或{}
$x=\sqrt{a+b}$	x=math.sqrt(a+b)	高级数学运算需要专用函数或程序处理

5. 算术表达式运算顺序

算术表达式一般遵循以下优先顺序。

(1) 算术表达式中，小括号()优先级最高，其他次之。**多层小括号遵循由里向外的优先顺序；多个平行小括号遵循从左到右的优先顺序。**

(2) 方括号[]在 Python 中表示列表数据类型，大括号{}在 Python 中表示字典数据类型，它们都不能用于表示运算优先顺序。

(3) 表达式中有多个不同运算符时，最好采用多层小括号确定运算顺序。

(4) 运算符优先级相同时，计算类表达式遵循左侧优先的原则，即**计算表达式从左到右**。如算术表达式 x－y＋z 中，先执行 x－y 运算，再执行＋z 运算。

(5) 赋值运算、乘方运算、按位取反、正负号等遵循右侧优先的原则，即**赋值表达式从右到左**。如赋值表达式 x＝y＝0 中，先执行 y＝0 运算，再执行 x＝y 运算。

【例 1-20】 求数学运算式$\frac{(12+8)\times 3^2}{25\times 6+6}$的程序表达式和运算顺序。

数学运算式转换为程序表达式：((12＋8) * (3 ** 2))/(25 * 6＋6)

运算过程：(12＋8)＝①→(3 ** 2)＝②→(① * ②＝③)→(25 * 6)＝④→(④＋6)＝⑤→③/⑤＝⑥

说明：以上圆圈内数字表示算术运算的中间步骤值，如①为第 1 个中间运算值 20。

```
>>>((12 + 8) * (3 ** 2)) / (25 * 6 + 6)          # 数学运算式转换为算术表达式
1.1538461538461537
```

1.2.4 其他运算

1. 关系运算

关系运算符用于表达式之间的关系比较，比较值只有 True 或 False，通常在程序中用于条件选择。常用的关系运算符如下。

```
==(等于)、!=(不等于)、>(大于)、<(小于)、>=(大于或等于)、<=(小于或等于)
```

说明：

(1) 在 Python 语言中，＝是赋值符号，等于运算符是＝＝。

(2) 关系运算符必须在两个数字或两个字符之间进行。

2. 逻辑运算

基本逻辑运算有 and(与)、or(或)、not(非)，运算规则如下。

(1) 与运算 and 是逻辑乘法，规则为“全真为真，否则为假”，即运算符左边和右边表达式的值都为 True(真)时，结果为 True，否则结果为 False(假)。

(2) 或运算 or 是逻辑加法，规则为“全假为假，否则为真”，即运算符左边和右边表达式的值只要有一个为 True(真)时，结果为 True，否则结果为 False(假)。

(3) 非运算 not 规则为“逻辑值取反”，即“遇真变假，遇假变真”。

【例 1-21】 常见的逻辑运算案例。

```
>>> a = 4; b = 2; c = 0          # 变量赋值
>>> print(a > b and b > c)       # 表达式(a > b) = True,(b > c) = True,True and True = True
True
>>> print(a > b and b < c)       # 表达式(a > b) = True,(b < c) = False,True and False = False
```

```
  False
4 >>> print(a > b or c < b)          # 表达式(a > b) = True,(c < b) = True,True or True = True
  True
5 >>> print(not c < b)               # 表达式 c < b = True,(not True) = False
  False
```

3. 成员运算

【例 1-22】 成员运算常用于查找某个元素是否在序列(列表、元组、字符串)中。

```
1 >>> print('天' in '黄河之水天上来')          # x in y(x 在 y 中返回 True,否则返回 False)
  True
2 >>> print('天' not in '黄河之水天上来')      # x not in y(x 不在 y 中返回 True,否则返回 False)
  False
```

1.2.5 转义字符

ASCII 编码中有 34 个编码是不可见符号,如空行、回车符、响铃等。这些编码在程序中可以用转义字符表示。**转义字符用"\字符"表示**,斜杠后的字符就是转换了功能的符号。如\n 不表示字符 n,而是表示输出一个空行。常用的转义字符如表 1-6 所示。

表 1-6 Python 语言支持的常用转义字符

转义字符	说明	转义字符	说明	转义字符	说明
\(用在行尾)	续行符	\0	一个空格	\b	退格
\\	反斜杠符号	\t	多个空格	\f	换页
\'	单引号	\n	换行	\v	纵向制表符
\"	双引号	\r	回车	\xhh	十六进制编码值

说明:转义字符只在字符串中有效;转义字符不要与路径分隔符混淆。

【例 1-23】 转义字符应用案例。

```
1 >>> print('人生苦短\n我用 Python')             # 转义字符\n 表示换行输出
  人生苦短
  我用 Python
2 >>>'夜阑卧听风吹雨,'\                         # 转义字符\表示续行
      '铁马冰河入梦来。'                         # 继续输入字符串,按 Enter 键确认
  '夜阑卧听风吹雨,铁马冰河入梦来。'
3 >>> print('野火烧不尽\t 春风吹又生')           # 转义字符\t 表示输出多个空格
  野火烧不尽 春风吹又生
4 >>> print('C:\Windows\System32')              # 第 1 个\为转义字符,第 2 个\为路径分隔符
  C:\Windows\System32
5 >>> print('宝玉对\"林姑娘\"一往情深。')         # 转义字符\"表示双引号
  宝玉对"林姑娘"一往情深。
```

所有程序语言都需要有转义字符,主要原因如下。

(1) 需要使用转义字符来表示字符集中定义的字符。如 ASCII 码回车符、换行符等,这些符号没有文字代号,因此只能用转义字符来表示。

(2) 程序语言中,一些字符被定义为特殊用途,它们失去了原有意义。例如,用反斜杠(\)作为转义字符的开始符号,如果在程序中使用反斜杠,只能使用转义字符。

1.2.6 程序路径

1. 当前工作目录

每个运行程序都有一个"当前工作目录"，简单地说，**当前工作目录就是程序运行所在目录**。在技术文献中，经常会提到"文件夹"与"目录"，它们常用来表示同一个概念，不过"文件夹"是一种通俗说法，"目录"是一个标准术语。例如，可以说"当前工作目录"，但是没有"当前工作文件夹"这种说法。

【例 1-24】 查看程序当前工作目录。

```
>>> import os                          # 导入标准模块——系统功能
>>> os.getcwd()                        # 查看当前工作目录
'D:\\Python'
```

2. 绝对路径

路径是文件存放位置的说明。绝对路径指从根目录（盘符）开始到文件所在位置的完整说明，Window 系统中以盘符（如 C:\、D:\等）作为根目录。绝对路径的优点是可以精确指定文件存放位置；缺点是程序移植到其他计算机时，容易出现路径错误。

【例 1-25】 打开 d:\test\01\春.txt 文件，并读出文件内容。

```
>>> file = open('d:\\test\\01\\春.txt', 'r').read()          # 按绝对路径打开指定文件
```

3. 相对路径

相对路径就是相对于当前文件的路径。相对路径以当前工作目录为基准，目录逐级指向被引用的文件。它的优点是程序移植性好；缺点是使用麻烦，容易出现路径错误。

【例 1-26】 **相对路径与当前工作目录密切相关**，例如文件在"d:\test\01\春.txt"时，不同当前工作目录打开和读出文件的路径会各不相同。

```
>>> file = open(r'./test/01/春.txt', 'r').read()      # 当前工作目录为 d:\时，文件相对路径
>>> file = open(r'./01/春.txt', 'r').read()           # 当前工作目录为 d:\test 时，文件相对路径
>>> file = open('春.txt', 'r').read()                 # 当前工作目录为 d:\test\01 时，文件相对路径
```

注意：读者的源程序存放目录、资源（如图片等）存放目录等如果与本书不同，应当根据自己的应用环境，对本书中程序案例路径做适当调整。

4. 路径分隔符

路径分隔符有"/"（正斜杠）和"\"（反斜杠）的区别。**在 Windows 系统中，用反斜杠（\）表示路径；在 Linux 和 UNIX 系统中，用正斜杠（/）表示路径**。Python 支持这两种不同的路径分隔符表示方法，但是两种路径分隔符造成了程序的混乱。

【例 1-27】 路径分隔符的不同表达方式（当前工作目录为 d:\test\）。

```
>>> book1 = open('d:\\test\\01\\白鹿原.txt', 'r')        # 绝对路径，文件在指定路径（推荐）
>>> book2 = open(r'd:\test\01\白鹿原.txt', 'r')          # 绝对路径，r 表示''内为源字符串
>>> book3 = open(R'd:/test/01/白鹿原.txt', 'r')          # 绝对路径，R 大写也可以（不推荐）
>>> book4 = open('d://test//01//白鹿原.txt', 'r')        # 绝对路径（推荐在 Linux 下使用）
>>> book5 = open('C://Users/Administrator/\             # 注意，行尾\为长语句续行符号
```

```
6  desktop/我的世界观.txt', 'r')                    # 绝对路径(文件在桌面)
7  >>> book6 = open('./01/春.txt', 'r')              # 相对路径,文件在 d:\test\01\目录
8  >>> book7 = open('.\\01\\春.txt', 'r')            # 相对路径,文件在 d:\test\01\目录
9  >>> book8 = open('虎口脱险.txt', 'r')             # 相对路径,文件在当前目录(推荐)
```

程序中的路径分隔符应当注意以下问题。

(1) 程序第 7 行中,路径不要写为 open('.\01\春.txt','r'),这是错误路径。

(2) 以上在 Python 中测试,某些第三方软件包不一定支持以上路径形式。

(3) 软件包 Pandas 只能使用'd:\\test\\11\\test.txt'形式的路径。

(4) 软件包 OpenCV 只能用全英文路径,如 img=cv2.imread('d:\\test\\blue.jpg')。

1.3 程序结构和规范

1.3.1 程序的基本组成

1. Python 程序的层次结构

(1) 函数(function)。Python 程序主要由函数构成,函数是功能单一和可重复使用的代码块。面向对象编程中函数称为方法,其他程序语言也称其为过程或子程序。

(2) 模块(module)。程序也称为模块,程序名就是模块名。每个模块可由一个或多个函数组成。Python 源程序扩展名为.py,Python 字节码程序扩展名为.pyc。

(3) 包(package)。为了对多个模块进行管理,Python 将这些模块存放在不同目录中,并且在目录下存放一个__init__.py 文件,这个目录和其中的所有文件称为"包"。简单地说,**包是一个分层次的文件目录**。这样做有以下优点:一是解决了不同程序中同名变量和同名函数的冲突;二是函数调用时,可以只加载某个模块,或者只加载模块中的某个函数,不需要加载全部模块。包目录下的__init__.py 文件内容一般为空,也可以有代码,它用于标识当前目录是一个包。如果目录下没有__init__.py 文件,Python 认为其是普通目录。**包中模块的调用采用"点命名"形式**,如调用标准函数库数学模块中的开方函数时,点命名形式为 math.sqrt(),其中 math 是模块名,sqrt()为函数名,括号内为函数的参数。

(4) 库(library)。多个包就形成了一个函数库。**包和库都是一种目录结构,它们没有本质区别**,因此包和库的名称经常混用。库、包和模块之间的关系如图 1-13 所示。

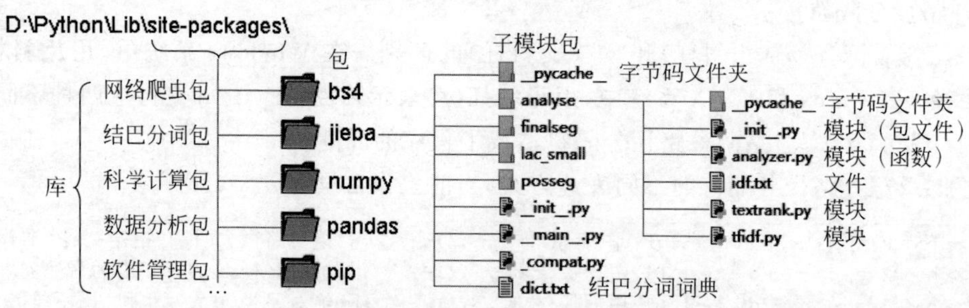

图 1-13 Python 中库、包和模块之间的关系

2. Python 程序入口

程序入口指程序第一条执行语句。在很多编程语言中,程序都必须有一个入口,如 C/

C++有一个 main()主函数作为程序入口,也就是说程序从 main()主函数开始运行。同样,Java 和 C#必须有一个包含 Main 方法的主类作为程序入口。

Python 是一种解释性语言,程序从第一行语句开始执行,因此没有统一的程序入口。Python 程序除了可以直接运行外,也可以作为模块导入执行。

Python 虽然没有规定的程序入口,但还是提供了 if __name__ == '__main__'语句,它相当于 Python 程序入口。它满足了部分程序员的一种编程习惯。

语句 if __name__ == '__main__'说明模块可以作为主程序直接执行,也可以被其他程序导入后使用(参见 4.2.4 节)。保留字 if 为判断本模块是直接执行,还是被其他程序导入;方法名__main__说明如果本模块直接执行时,它就是主程序;方法名__name__说明如果本模块被其他程序中的 import 语句导入时,模块名就是它本身的名称。

1.3.2 程序结构和缩进

1. 程序典型结构

一个典型的 Python 程序由三部分组成:头部语句块(注释和导入)、函数语句块(函数或者类定义)和主程序语句块。

【例 1-28】 猜数字程序代码如下所示,程序基本结构和说明示意如图 1-14 所示。

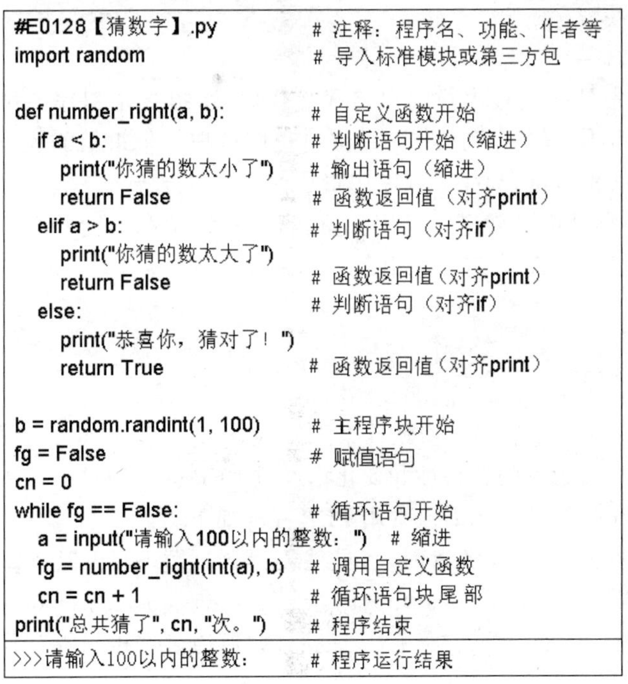

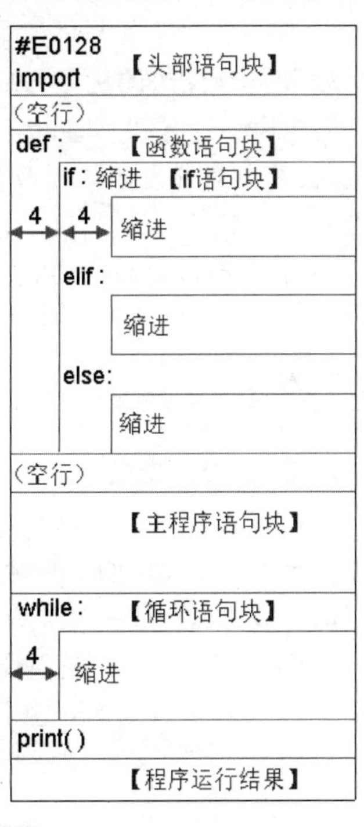

图 1-14 Python 程序基本结构和说明示意

(1) 头部语句块。头部语句块主要有注释语句和软件包导入语句,简单程序可能没有头部语句块。注释语句有程序汉字编码注释(Python 3.7 以上版本可以省略编码注释)、程序名称、作者、日期、版本、程序功能、程序参数等。软件包导入语句主要有标准模块导入、第三方软件包导入等。

(2) 自定义函数语句块。函数是程序的主要组成部分,函数以"def 函数名(参数):"开始,以“return 返回值”语句结束,函数内语句块内语句必须遵循缩进规则。

(3) 主程序语句块。主程序语句可以在函数语句前面,也可以在函数语句后面,它由初始化、赋值、函数调用、条件选择、循环控制、输入输出等语句组成。

2. 代码缩进规则

Python 语言采用强制缩进方式表示语句块开始和结束,代码如果不按规定缩进,就会出现语法错误,甚至导致程序的逻辑错误。

(1) **缩进推荐用 4 个空格**(见图 1-14),虽然只要缩进保持一致,程序也可以运行,但是“遵守规则好于寻找理由”。另外,用 Tab 键缩进会引发混乱,最好弃用。

(2) **同一语句块必须严格左对齐**;不同语句块则需要缩进(见图 1-14)。

(3) 减少缩进空格表示语句块退出或结束。**不同缩进深度代表了不同语句块**。

(4) **语句结尾有冒号标识符时,下一行语句必须缩进书写**。如 if、else、for、while、def、class、try、with 等语句尾部都有冒号,下一行语句必须缩进书写。

【例 1-29】 错误语法。

```
if True:                          # 语句冒号结束
        print('千里之行')
    else:                         # 语句缩进不一致
print('始于足下')                 # 语句没有缩进
```

【例 1-30】 正确语法。

```
if True:
    print('才下眉头')
else:
    print('却上心头')
```

3. 语句块缩进的优点与缺点

语句块缩进有利有弊,优点首先是强迫程序员写出格式化代码,这提高了程序的可读性,这种约束对开发团队规范程序结构非常有利;其次是强迫程序员把一个很长的代码语句拆分成若干语句,从而减少程序结构深度,简化了程序逻辑结构。

语句块缩进的缺点是复制和粘贴功能失效了。程序员重构代码时,粘贴的代码必须重新检查缩进是否正确。另外,IDE 很难格式化 Python 代码。

1.3.3 PEP 编程规范

1. 常用 PEP 规范

PEP(Python Enhancement Proposal,Python 增强提案)是 Python 网络社区关于程序设计的一系列标准说明。每个 Python 版本的新特性和变化都通过 PEP 提案经过社区决策层讨论、投票决议,最终才形成 Python 新版本标准。常用 PEP 标准如下。

(1) PEP8。PEP8 是 Python 官方编码风格指南,它虽然不是强制性标准,但是每个 Python 工程师都自觉遵守这个标准(见 https://www.python.org/dev/peps/pep-0008/)。

(2) PEP257。这个提案指导程序员如何规范书写文档说明,如何通过文档来提高代码的可维护性(见 https://www.python.org/dev/peps/pep-0257/)。

(3) PEP0。所有 PEP 文件的索引(见 https://www.python.org/dev/peps/pep-0000/)。

(4) Python 语言官方使用指南网站为 https://docs.python.org/3/;Python 语言中文使用指南网站为 http://study.yali.edu.cn/pythonhelp/index.html。

2. PEP8 规则基本要求

PEP8 覆盖了程序设计的各个方面,它包括语句对齐、语句缩进、包导入顺序、空格、注释、命名等,并且有详细的编程案例,有利于养成良好的 Python 编程习惯。

(1) 编写 Python 代码时,应该尽量遵循 PEP8 编程风格指南。

(2) 编程规范会随时间推移而逐渐演变,随着语言变化,一些约定会被淘汰。

(3) 许多项目有自己的编码规范,在出现规范冲突时,项目自身规范优先。

(4) 尽信书则不如无书。

(5) **代码阅读比写作更加频繁,因此要提升代码的可读性。**

(6) 要保持项目风格的一致性,模块或函数风格的一致性很重要。

(7) 存在模棱两可的情况时,需要自己判断。看看其他示例再决定更好。

(8) **不要为了遵守 PEP 约定而破坏程序的兼容性。**

3. 检查程序代码是否符合 PEP8 规范

Python 官方提供了一个工具软件,它可以检查 Python 程序是否符合 PEP8 规范,并且对违反 PEP8 编码规范的代码给出提示。

【例 1-31】 安装 PEP8 工具软件方法如下。

```
> pip install -i https://pypi.tuna.tsinghua.edu.cn/simple pep8     # 版本为 1.7.1
> pip install -i https://pypi.tuna.tsinghua.edu.cn/simple pycodestyle     # 版本为 2.1.0,检
                                                                          # 查工具
> pip install -i https://pypi.tuna.tsinghua.edu.cn/simple autopep8     # 版本为 2.0.1,格式
                                                                       # 化工具
> pycodestyle -h                                                   # 查看命令帮助
```

工具软件 pycodestyle 常用参数的含义如下。

(1) 参数--first:输出每种错误第一次出现的信息。

(2) 参数--count:输出一共有多少个错误。

(3) 参数--show-source:输出错误的同时显示源代码。

(4) 参数--show-pep8:输出 PEP8 的建议。

(5) 参数--statistics:输出每种错误的统计。

【例 1-32】 用 pycodestyle 命令对 test.py 文件进行 PEP8 代码规范检查。

```
> pycodestyle --first test.py                             # 检查程序是否符合 PEP8 规范
test.py: 9:80: E501 line too long (81 > 79 characters)    # 程序第 9 行大于 79 个字符
```

说明:如果执行 pycodestyle 命令的输出是空白,说明没有编码风格错误。

工具命令 autopep8 能够将 Python 代码自动格式化为 PEP8 风格,它能够修复大部分 pycodestyle 工具中报告的排版问题。

【例 1-33】 用 autopep8 命令对 test.py 文件进行 PEP8 代码格式化纠正。

```
> autopep8 --in-place test.py                  # 按 PEP8 规范格式化程序
```

1.3.4 Python 语法规则

Python 在 2001 年制定的 PEP8 标准对代码的行长、续行、缩进、空格、空行、一行多句、注释等,提出了规范化书写原则。

1. 语句行长度

PEP8 推荐程序语句每行长度不超过 79 个字符。理由如下:一是排版专业人员认为,每行 66 个字符是最容易阅读的长度,因此每行 79 个字符时,可以一行阅读一条语句,即使

在宽屏幕下,也便于源代码与调试信息的同屏显示;二是用等宽英文字体在 A4 纸上打印时,为 80 列×66 行,而 79 个字符恰好可以看到代码行的结束;三是一行代码太长可能存在设计缺陷;四是控制行长可以控制程序逻辑块的递进深度;五是长语句难以阅读和理解。当然,没有人认为行长 79 就是最佳选择,但是将其更改为 99 或 119 的行长也不会带来明显的好处。因此,在程序设计中遵循规则更好。

2. 长语句续行

(1) 语句太长时,允许在合适处断开语句,在下一行继续书写语句(续行)。

(2) 可以从长语句中逗号处分隔语句,这时不需要续行符。

(3) 在小括号()、方括号[]、大括号{}内侧断开语句时,不需要续行符。

(4) 可以用续行符(\)断开语句,但是续行符必须在语句结尾处,续行符前面应无空格,续行符后面也不能有空格和其他内容。

(5) **不允许用续行符将保留字、变量名、运算符分隔成两部分。**

(6) 当语句被续行符分隔成多行时,后续行无须遵守 Python 缩进规则,前面空格的数量不影响语句正确性。但是编程习惯上,一般比本语句开头缩进 4 个空格。

【例 1-34】 续行形式 1(程序片段)。

```
plt.pie(x = edu,
    labeldistance = 1.15,
    radius = 1.5,
    counterclock = False,
    frame = 1)
```

【例 1-35】 续行形式 2(程序片段)。

```
plt.pie(x = edu,\
    labeldistance = 1.15, radius = 1.5,\
    counterclock = False, frame = 1)
```

3. 空格

(1) 所有保留字之后都要留一个空格,否则无法辨别保留字。如"if x >= 0:"。

(2) **向前紧跟原则**。逗号、分号、右括号等,紧跟前面字符,不要留空格。

(3) 双目运算符两侧加空格,如=、==、!=、>、<、<=、>=、+=、-=、*=、/=、%、and、or、not、^、in 等。但是运算符本身不能用空格分隔为两部分。

(4) 函数名之后不要留空格,应紧跟左括号。如 add(a,b)。

【例 1-36】 推荐语法(程序片段)。

```
if x == 4:
    print(x, y)
    x, y = y, x
```

【例 1-37】 不推荐语法(程序片段)。

```
if x == 4 :             #:前面有空格
    print(x , y)        #,前面有空格
    x , y = y , x       #,前面有空格
```

【例 1-38】 推荐语法(程序片段)。

```
if a == 0:
    x += 1
```

【例 1-39】 不推荐语法(程序片段)。

```
if a = = 0:             # 两个 = 之间有空格
    x + = 1             # + 与 = 之间有空格
```

4. 空行

(1) 空行起着分隔程序段落的作用,适当的空行使程序结构更加清晰。

(2) 每个函数结束之后都要增加一个空行。

(3) 同一个类中,各个方法之间用一个空行隔开。

(4) 两个独立的程序块之间建议增加空行,这样程序结构更清晰。

5. 一行多句

Python 不推荐一行多条语句，但是一些简单语句可以采用一行多句。

【例 1-40】 一行导入同一软件包中多个模块时，可以用逗号分隔不同模块。

```
>>> import sys, time, random, math            # 导入多个标准模块时，用逗号分隔
>>> from pandas import Series, DataFrame      # 导入同一模块中的多个函数
```

【例 1-41】 简单语句中，可以用分号(；)分隔不同语句。

```
>>> a = 2; b = 3                              # 简单赋值语句用分号分隔
>>> print(a); print(b); print(a + b)          # 简单输出语句用分号分隔
```

【例 1-42】 函数、列表推导式、异常处理等只有一行时，可以不换行(程序片段)。

```
>>> def _sety(self, value): self.rect.y = value      # 函数只有一行时，可以不换行
>>> s = [i * i for i in lst]                         # 列表推导式只有一行，可以不换行
```

6. 注释

(1) 行注释符号为#；多行注释采用双三个英文单引号(如''' ''')。

(2) 每一个函数、类定义都必须有注释，说明它的功能。

(3) **好注释提供代码没有的额外信息**，如语句意图、参数意义、警告信息等。

(4) 在 Python IDLE 窗口下，可以用以下方法注释一段代码：选中要注释的代码块，按 Alt+3 组合键就可以将代码块整体注释成功；按 Alt+4 组合键取消注释。

7. 其他

(1) 括号和引号分隔符必须成对使用，如()、[]、{}、' '、" "、''' '''。

(2) 程序默认使用 UTF8 编码，无特殊情况不需要说明程序编码。

1.3.5 Python 帮助命令

在 Python shell 窗口下，可以用内置标准函数 help()查看保留字、包、模块、函数、类、方法等的使用方法和注意事项(英文说明)。函数 help()语法如下。

```
help(对象)
```

注意，函数 help()与函数 dir()存在以下区别：函数 help()用于查看给定对象的用途和详细说明；函数 dir()用于查看给定对象的属性、方法列表。

【例 1-43】 函数 help()应用案例(以下命令输出都非常长，故全部省略输出)。

```
1  >>> help()                       # 函数 help()本身使用说明
2  >>> help('keywords')             # 查看 Python 所有保留字
3  >>> help('and')                  # 查看保留字 and 的功能和使用方法
4  >>> help('math')                 # 查看模块 math 中的所有函数和使用方法
   Squeezed text (266 lines)        # 输出信息为 266 行(右击或者双击查看内容)
5  >>> help('print')                # 查看函数 print()的功能和使用方法
6  >>> a = [1, 2, 3]                # 变量赋值(查看方法要先赋值)
7  >>> help(a.append)               # 查看方法 a.append()的使用说明
8  >>> import re                    # 导入标准模块 re(查看标准模块的函数要先导入模块)
9  >>> help(re.findall)             # 查看标准模块 re 中的 findall()函数使用说明
```

程序说明：程序第 4 行，在输出信息 Squeezed text (266)上右击，在弹出的快捷菜单中

选择 view 命令,则打开新窗口显示帮助信息;如果选择 copy 命令,则复制帮助信息到内存剪贴板;如果在输出信息上双击,则在 Python shell 窗口显示帮助信息。

【例 1-44】 查看本机所有 Python 软件包的使用指南。

(1) 单击“开始”菜单→“Windows 系统”→“命令提示符”。

(2) 在 Windows shell 窗口输入 python -m pydoc -p 1234,启动文档服务器。

```
C:\Users\Administrator > python - m pydoc - p 1234          # 输入文档服务器启动命令
Server ready at http://localhost: 1234/                      # 文档服务器本机地址
Server commands: [b]rowser, [q]uit                           # b 表示浏览器,q 表示退出
server >                                                     # 文档服务器启动模式
```

(3) 打开浏览器,在地址栏中输入 http://localhost:1234/,即可查看安装在本机所有 Python 模块(包括第三方软件包)的函数和使用指南。

习　题　1

1-1　简要说明 Python 语言的最大特点。

1-2　变量名常用命名方法有哪些?并举例说明。

1-3　不同操作系统的路径分隔符是什么?

1-4　软件包在程序中采用什么表示方法?举例说明。

1-5　Python 语句缩进书写原则是什么?

1-6　编程:在 Python shell 窗口编制 helloworld.py 程序。

1-7　编程:在 Python IDLE 窗口编制 GUI 程序。

1-8　实验:在 Python 官方网站在线安装第三方软件包 NumPy(科学计算)。

1-9　实验:清华大学镜像网站在线安装第三方软件包 Matplotlib(绘图)。

1-10　实验:离线安装第三方软件包 WordCloud(词云绘图)。

第2章 数据类型

早期计算机主要应用在科学领域，主要用来处理各种数值计算问题。但是，计算机能处理的远不止数值，还可以处理文本、图形、音频、视频、网页等各种各样的数据，为了解决这些数据之间的转换和计算，因此需要对不同数据定义不同的数据类型。

2.1 数值和字符串

2.1.1 数据类型概述

1. 数据结构

早期计算机主要用于数值计算，运算对象是整数、实数（浮点数）、布尔逻辑数据等。随着计算机应用领域不断扩大，非数值计算涉及的数据类型更为复杂，数据之间的关系很难用数学方程式加以描述。因此，需要设计出合适的数据结构，才能有效地解决问题。**数据结构是计算科学描述、表示、存储数据的方式**（见图 2-1）。数据结构可以带来更高的运行和存储效率。计算科学专家尼古拉斯·沃斯（Niklaus Wirth）指出：程序＝算法＋数据结构。可见，数据结构在程序设计中非常重要。

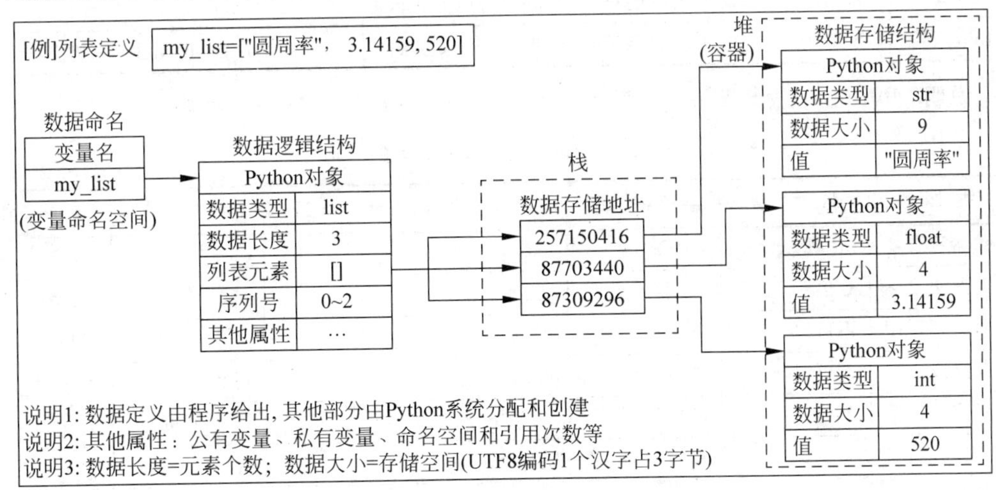

图 2-1 列表数据结构示意图

Python 支持数据结构中“容器”的基本概念。容器可以包含不同对象，如数字和字符串是两种不同的对象，它们都可以存放在同一个容器中。序列（如列表、元组、字符串等）是最主要的容器，**序列中每个元素都有索引号**；映射（如字典）也是一种容器，映射中每个元素都有键值对；另外一种容器是集合，它没有顺序性，也不能重复。

2. Python 数据类型

Python 中变量的数据类型不需要预先定义，变量赋值即是变量定义过程，Python 用等号(=)给变量赋值。如果变量没有赋值，Python 则认为该变量不存在。

【例 2-1】 不同数据类型混用时，将造成程序运行错误。

```
>>> x = 123                                  # 变量 x 赋值为数字
>>> y = '456'                                # 变量 y 赋值为字符串
>>> x + y                                    # 不同数据类型进行运算
Traceback (most recent call last):           # 抛出异常信息
>>> x + z                                    # 变量 z 没有赋值，Python 认为该变量不存在
Traceback (most recent call last):           # 抛出异常信息
```

Python 主要数据类型如表 2-1 所示，主要数据类型的区别如表 2-2 所示。

表 2-1 Python 主要数据类型

数据类型	名称	说明	案例
int	整数	精度无限制，整数有效位可达数万位	0、50、−56789 等
float	浮点数	精度无限制，默认为 16 位，精度可扩展	3.1415927、5.0 等
complex	复数	注意，复数的虚数部分用 j 表示	3+2.7j
str	字符	由字符组成的不可修改元素，无长度限制	'hello'、'提示信息'等
list	列表	多种类型的可修改元素，最多 5.3 亿个元素	[4.0,'名称',True]
tuple	元组	多种类型的不可修改元素	(4.0,'名称',True)
dict	字典	由"键值对"(用:分隔)组成的有序元素	{'姓名': '张飞','年龄': 30}
set	集合	无序且不重复的元素集合	{4.0,'名称',True}
bool	布尔值	逻辑运算的值为 True(真)或 False(假)	a>b and b>c
bytes	字节码	由二进制字节组成的不可修改元素	b'\xe5\xa5\xbd'

说明：Python 3.x 版本中，字符串采用 Unicode 字符集的 UTF8 编码。

表 2-2 Python 主要数据类型的区别

数据属性	数值	字符串	列表	元组	字典	集合
英文名称	int、float	str	list	tuple	dict	set
定义方法	数值	'元素'	[元素]	(元素)	{键: 值}	{元素}
数据类型混用	不可以	不可以	可以	可以	可以	可以
元素修改	不可以	不可以	可以	不可以	可以	不可以
重复性	单值	可重复	可重复	可重复	键不可重复	自动去重
索引号	无	有	有	有	无	无
有序性	无	有序	有序	有序	有序	无序

说明：Python 3.6 以上版本将字典修改成有序的，它还可以用函数 collections.OrderedDict()进行排序。但是字典没有索引号，必须通过遍历查找字典成员，从这个角度看字典又是无序的。

3. 数据类型简单介绍

(1) 整数(int)。Python 可以处理任意大小的整数。

(2) 浮点数(float)。浮点数为带小数点的实数,浮点数默认精度为 16 位。

(3) 复数(complex)。复数由实数部分和虚数部分构成,可以用 a+bj 或者 complex(a, b)表示,复数的实部 a 和虚部 b 都是浮点数。

(4) 字符(str)。字符也称为字符串,它是以单引号(')、双引号(")或三引号(''')括起来的文本,如'book'等。注意,引号是一种分隔符,它不是字符串的一部分。

【例 2-2】 计算字符串长度(字符串长度指元素的个数,不是元素存储的大小)。

```
1  >>> len('孙悟空 SWK')              # 函数 len()为计算字符串长度
   7                                  # 注意,1 个汉字为 1 个字符,空格也是字符串
```

(5) 列表(list)。列表是 Python 中使用最频繁的数据类型。列表中元素的类型可以相同或不相同,它支持数字、字符串甚至可以包含列表(列表嵌套)。列表中的元素写在方括号([])之间,元素之间用逗号分隔开。

(6) 元组(tuple)。元组与列表类似,区别在于元组中的元素不能修改。元组中的元素写在小括号内,元素之间用逗号隔开。

(7) 字典(dict)。Python 3.6 以后,字典是有序元素的集合,元素通过键来访问。

(8) 集合(set)。集合是一个无序不重复元素的序列。

(9) 布尔值(bool)。布尔值是 True 或 False 两者之一(注意大小写)。逻辑运算语句、关系运算语句、条件选择语句、循环判断语句等运算结果都是布尔值。

【例 2-3】 布尔值简单案例。

```
1  >>> True or False                  # 逻辑或运算(一个为 True 时,运算结果为 True)
   True
2  >>> x = 6; y = 20                  # 变量赋值
3  >>> y > x > 0                      # 关系运算(Python 支持链式比较操作)
   True
4  >>> x > y and y > 0                # 逻辑与运算(所有都为 True 时,运算结果为 True)
   Fals
```

(10) 空值(None)。空值是 Python 中的特殊值,它不支持任何运算。每个函数都必须有返回值,如果程序没有写返回值,则系统默认返回值为 None。None 不能理解为 0,因为 0 有特殊意义; None 也不是空格,因为空格是一个 ASCII 字符。

(11) 字节码(bytes)。Python 3.x 版本将文本(text)和二进制数据(bytes)做了更清晰的区分。文本采用 UTF8 编码,以 str 表示类型; 二进制数据以 bytes 表示类型。

2.1.2 数值

1. 整数(int)

Python 支持大整数计算,32 位 Python 初步定义的最大整数为 $2^{31}-1$=2 147 483 647; 64 位 Python 初步定义的最大整数为 $2^{63}-1$=9 223 372 036 854 775 807。当整数值域超出这个范围时,Python 会自动转换为大整数计算(任意精度),整数有效位可达数万位(受内存限制)。

【例 2-4】 Python 初步定义的最大整数。

```
>>> 123 ** 100                              # 大整数运算(** 为指数运算)
9783880597…(输出略)                          # 输出为一个 209 位有效数字的大整数
>>> import sys                              # 导入标准模块——系统
>>> sys.maxsize                             # 初步定义的最大整数
2147483647
```

2. 浮点数(float)

浮点数是带小数点的实数,浮点数默认精度为小数点后16位,采用浮点数精度设置函数时(Decimal()和getcontext().prec),精度仅受内存大小限制。整数和浮点数在计算机中的存储方式和计算方式都不同,整数采用补码(一种二进制数编码方式)存储;浮点数采用IEEE 754标准规定的方法存储。在CPU(中央处理单元)中,整数由算术逻辑单元(ALU)执行运算,浮点数由浮点处理单元(FPU)执行运算。

【例2-5】 最大和最小浮点数,以及浮点数除法运算案例。

```
>>> import sys                              # 导入标准模块——系统
>>> sys.float_info.max                      # 系统定义的初步最大浮点数有效位
1.7976931348623157e+308                     # 说明:1.7e+3 表示 1.7×10^3 = 1700
>>> sys.float_info.min                      # 系统定义的初步最小浮点数有效位
2.2250738585072014e-308                     # 说明:2.2e-3 表示 2.2×10^-3 = 0.0022
>>> 25/7                                    # 除法运算时,商自动转换为浮点数
3.5714285714285716
>>> 25//7                                   # 整除。注意,整除的商不进行四舍五入
3
>>> 0.1 + 0.2                               # 在二-十进制转换中,会产生截断误差
0.30000000000000004                         # 浮点数默认精度为16位,第17位为不精确位
```

2.1.3 字符串

字符串的意思就是"一串字符",字符串中独立的符号称为"元素"。字符串必须用引号括起来,单引号、双引号、三引号都可以,但是引号必须成对使用。**Python对字符串长度没有强制性限制**。测试表明,字符串大于360MB后会出现内存溢出错误。

1. 特殊字符串赋值

(1) 程序引用长语句块或者长SQL语句时,可以使用双三引号(''')。

(2) 字符串内部有单引号时,外部必须用双引号,否则将导致语句错误。

(3) 语句中存在特殊字符(如%、/等)时,可在字符串前加r保持原样。

【例2-6】 对长语句和特殊字符串赋值。

```
myURL = ['https://mp.csdn.net/mp_blog/'
    'creation/editor/126873850']                # 单引号分行书写(推荐)
mySQL = ('''
    CREATE TABLE users (
    login VARCHAR(8),
    uid INTEGER,
    prid INTEGER)                               # 三引号分行书写(推荐)
    ''')                                        # 字符串前加 r 表示保持原字符串(不推荐)
myPath = r"path = / % '相对路径'../n"            # 字符串内有单引号时,外部用双引号
```

2. 用索引号对字符串切片

字符串切片就是读取字符串中的某个元素。用索引号对字符串切片语法如下。

```
变量名[起始索引号:终止索引号]
```

Python 中,字符串有两种索引方式：一是起始索引号(其他程序语言称为下标)从 0 开始,从左往右读取；二是起始索引号从-1 开始,从右往左逆序读取。

【例 2-7】 字符串的截取输出。

```
>>> s = '醉过才知酒浓'                    # 字符串变量 s 赋值
>>> s[0:-1]                               # 输出第 1 个至倒数第 2 个之间的字符
'醉过才知酒'
>>> s[0]                                  # 输出字符串索引号 0(第 1 个)的字符
'醉'
>>> s[2:5]                                # 输出索引号 2～4(第 3～5 个)的字符
'才知酒'
>>> s[2:]                                 # 输出索引号 2(第 3 个)之后的所有字符
'才知酒浓'
>>> s + '【胡适】'                        # 加号用于连接字符串
'醉过才知酒浓【胡适】'
>>> s * 2                                 # 乘号为重复,2 为重复次数
'醉过才知酒浓醉过才知酒浓'
```

3. 用函数对字符串元素切片

函数 split()可以对一个字符串切片,并以列表的形式返回,语法如下。

```
split(切分符, 切分次数)[n]
```

参数"切分符"为空格、逗号、点、换行等。不带参数时默认以空格进行切分。

参数"切分次数"为可选参数,默认为-1,即对整个字符串进行切分。

参数[n]为切分第 n 个字符,为正数时从左向右切分,负数时从右向左切分。

返回值：函数返回切分后的字符串列表(注意,切分不会改变源字符串)。

【例 2-8】 对字符串"百度 www.baidu.com"进行切分(生成新字符串)。

```
>>> s = '百度 www.baidu.com'             # 定义字符串变量
>>> print(s.split(' '))                   # 空格切分符(默认),对字符串按空格切分
['百度', 'www.baidu.com']                 # 切分为 2 个元素
>>> print(s.split('.'))                   # 点切分符,对字符串按点号切分
['百度 www', 'baidu', 'com']              # 切分为 3 个元素,'百度 www'为同一个元素
>>> print(s.split('.', 3)[1])             # 点切分符,切分 3 次,[1]为切片左起第 2 个元素
baidu
>>> print(s.split('.')[-2])               # 点切分符,全部切分,[-2]为切片右起第 2 个元素
baidu
>>> print(s.split()[1])                   # 空切分符,全部切分,[1]为切片左起第 2 个元素
www.baidu.com
```

4. 用函数对字符串元素进行连接

函数 join()用于两个序列的连接,它是 split()函数的逆方法,语法如下。

```
newstr = 分隔符.join(序列)
```

参数"分隔符"是字符串合并时分隔的符号,如空、点、冒号等。

参数"序列"是合并操作的源字符串,如字符串、列表、元组、字典等。

返回值 newstr 为连接后带分隔符的新字符串。

【例 2-9】 对字符串进行连接(生成新字符串)。

```
1  >>> path = 'd:\\test\\'                        # 定义字符串
2  >>> print(path + ''.join('红楼梦.txt'))         # 将两个字符串合并成一个新字符串
   D:\test\红楼梦.txt                              # 注意,分隔符为空('')
3  >>> print(':'.join('秋风秋雨愁煞人'))            # 用冒号(:)进行字符分隔
   秋:风:秋:雨:愁:煞:人
4  >>> myURL = ['www','baidu','com']              # 定义列表
5  >>>'.'.join(myURL)                             # 将列表中的字符串合并成一个新字符串
   'www.baidu.com'                                # 分隔符为点(.)
```

5. 在字符串首尾添加元素

不能修改或删除字符串中的元素,但是可以在字符串首尾添加元素,这时会返回一个新字符串,而源字符串并没有改变。

【例 2-10】 将字符串'明月几时有'修改为'明月出天山'。

```
1  >>> s1 = '明月几时有'                           # 为字符串变量 s1 赋值
2  >>> s1 = replace(s1, '明月出天山')               # 将字符串 s1 替换为'明月出天山'
   Traceback (most recent call last):             # 出错(字符串不可修改,但可以重新定义)
3  >>> s2 = s1.replace('几时有', '出天山')          # 函数 replace()返回一个新字符串给变量 s2
4  >>> s2                                         # 输出新字符串变量 s2
   '明月出天山'
5  >>> s1                                         # 输出源字符串(变量 s1 本身没有改变)
   '明月几时有'
```

2.2 列表和元组

2.2.1 列表基本操作

1. 列表的基本功能

列表是 Python 最常用的数据结构。列表是一个存储元素的容器。**32 位 Python 对列表中元素个数的限制是 2^{29}=536 870 912 个,而且每个元素的大小并没有限制。**

列表操作包括元素索引、读取元素(访问)、增加元素、删除元素、元素切片、元素叠加(加)、元素重复(乘)、检查元素等。Python 内置了很多标准函数,可以对列表进行各种操作,如计算列表中元素长度(len())、确定列表中最大或最小元素(max()、min())和对列表中元素求和(sum())等。

2. 列表索引号

为了确定元素在列表中的位置,列表对每个元素都分配了一个"索引号",它相当于 C、Java 等程序语言中数组的下标。元素可以通过索引号进行访问(读写)或遍历(顺序访问列表中每一个元素)。索引分为正向索引和反向索引,**正向索引中,第 1 个元素索引号为 0**,第 2 个元素索引号为 1,以此类推;**反向索引中,最后 1 个元素索引号为−1**,倒数第 2 个元素索引号为−2,以此类推。

【例 2-11】 lst = ['枯藤','老树','昏鸦','小桥流水人家'],索引号如图 2-2 所示。

3. 定义列表

列表中的元素用方括号[]括起来,**元素之间以英文逗号分隔**。列表元素可以是 Python 支持的任意数据类型,如数字、字符串、布尔值、列表、元组、字典等。

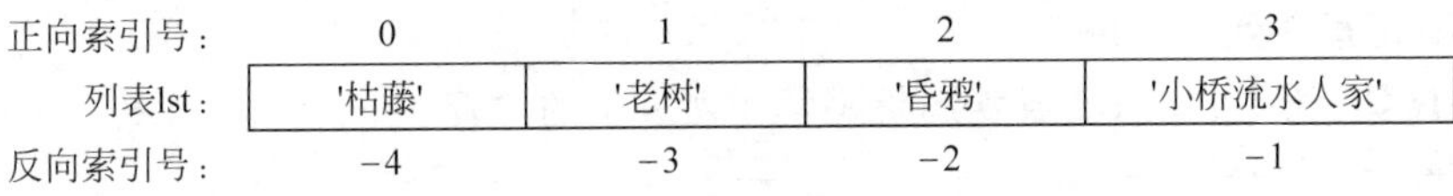

图 2-2 列表 lst 中元素序列的索引号

列表定义和输出语法如下。

```
列表名 = [元素 1,元素 2,元素 3,…,元素 n]          # 定义列表
列表名[索引号]                                   # 对已定义列表,按索引号输出列表
列表名[起始索引号:终止索引号]                     # 按起始和终止索引号输出列表
```

【例 2-12】 利用索引号输出列表中某个元素。

```
>>> lst1 = ['高', '高处苦', '低', '低处苦']        # 定义列表 lst1(共 4 个元素)
>>> lst1[0]                                        # 输出 lst1 列表第 1 个元素
'高'
>>> lst1[0:2]                                      # 输出 lst1 列表前 2 个元素
['高', '高处苦']                                   # 左闭右开(含 0 不含 2 号元素)
>>> lst1[-1]                                       # 输出 lst1 列表最后 1 个元素
'低处苦'
>>> lst2 = [1, 3, 5, 7, 9]                         # 定义列表 lst12(5 个元素)
>>> lst3 = [[1, 2], [3, 4], [5, 6]]                # 定义嵌套列表 lst3(嵌入 3 个列表)
>>> lst4 = ['Python', 520, {'年龄':18}]            # 列表允许不同数据类型混用
```

注意：正向索引遵循"左闭右开"原则，即索引号为"[起始索引号：终止索引号]"时，包含左边起始元素，不包含右边终止元素(索引号取头不取尾)。

【例 2-13】 列表元素以逗号进行分隔,每个逗号之间为同一个元素。

```
>>> lst = ['关云长', '张飞' '赵云', '马超']        # '张飞' '赵云'之间没有逗号,为 1 个元素
>>> lst                                            # 输出列表 lst
['关云长', '张飞赵云', '马超']                     # 输出 3 个元素
```

注意：字符串计算元素的方法与列表不同,字符串是每个独立字符为一个元素。

4. 删除列表

当列表不再使用时,可以用 del 命令将其删除,语法如下。

```
del 列表名
```

【例 2-14】 删除列表 lst。

```
>>> lst = ['贫', '气不改', '达', '志不改']         # 定义列表
>>> lst                                            # 输出列表
>>>['贫', '气不改', '达', '志不改']
>>> del lst                                        # 删除列表
>>> lst                                            # 输出列表
NameError: name 'lst' is not defined               # 出错信息:对象删除后无法访问
```

5. 判断列表是否为空

【例 2-15】 利用布尔函数判断列表是否为"空"。

```
>>> lst = ['比人心', '山未险']                     # 定义列表 lst
>>> bool(lst)                                      # 利用布尔函数,判断列表是否为空
True                                               # True 表示列表不为空,False 表示列表为空
```

6. 判断元素在列表中位置

【例 2-16】 利用 index()函数判断元素在列表中的位置。

```
>>> lst = ['情', '深', '深', '雨', '蒙', '蒙']
>>> print(lst.index('蒙'))                          # 查找字符串中元素'蒙'的索引号
4                                                   # 找到的第 1 个元素索引号为 4
>>> print(lst.count('深'))                          # 统计字符串中元素'深'出现的次数
2
```

2.2.2 列表添加元素

1. 列表中添加元素

当列表中增加或删除元素时,Python 会对列表自动进行内存大小调整(扩大或缩小)。在列表中间位置增加或删除元素时,不仅运行效率较低,而且该位置后面所有元素在列表中的索引号也会发生变化,因此应当尽量从列表尾部进行元素添加或删除操作。

在列表中添加元素有函数 append()、extend()和 insert(),语法如下。

```
列表名.append(元素)                       # 在列表尾部添加 1 个元素
列表名.extend([多个元素列表])              # 在列表尾部添加多个元素
列表名.insert(索引号, 元素)                # 在列表指定位置插入元素或列表
```

【例 2-17】 用函数 append()在列表末尾添加一个元素。

```
>>> lst = ['宝玉', '黛玉', '宝钗']          # 定义列表 lst(列表有 3 个元素)
>>> lst.append('晴雯')                     # 在列表尾部添加 1 个元素'晴雯'
>>> lst                                    # 输出列表 lst
['宝玉', '黛玉', '宝钗', '晴雯']            # 列表中添加元素时,列表会自动扩展
```

【例 2-18】 用函数 extend()在列表尾部添加多个元素。

```
>>> lst = ['官', '君莫想']                  # 定义列表 lst
>>> lst.extend(['钱', '君莫想'])            # 在列表尾部添加元素'钱'和'君莫想'
>>> lst
['官', '君莫想', '钱', '君莫想']
```

【例 2-19】 用函数 extend()合并列表。

```
>>> lst1 = ['功名万里忙如燕']               # 定义列表 lst1
>>> lst2 = ['斯文一脉微如线']               # 定义列表 lst2
>>> lst1.extend(lst2)                      # 合并列表 lst1 和列表 lst2
>>> lst1                                   # 输出列表 lst1
['功名万里忙如燕', '斯文一脉微如线']
```

【例 2-20】 用函数 insert()在列表指定位置插入元素。

```
>>> lst = ['日日', '无事事', '亦茫茫']       # 定义列表 lst
>>> lst.insert(2, '忙忙')                   # 在列表索引号 2 的位置添加元素'忙忙'
>>> lst                                    # 输出列表
['日日', '无事事', '忙忙, '亦茫茫']
```

说明:插入元素时,索引号为-1 时,在最后一个元素之后插入。

2. 列表中重复和连接某个元素

【例 2-21】 用加法(+)连接某个元素。

```
>>> lst1 = ['寒蝉凄切', '对长亭晚']              # 定义列表 lst1
>>> lst2 = ['骤雨初歇']                          # 定义列表 lst2
>>> lst1 += lst2                                 # lst1 和 lst2 连接,结果赋值给 lst1
>>> lst1                                         # 输出列表
['寒蝉凄切', '对长亭晚', '骤雨初歇']
```

【例 2-22】 用乘法(*)重复某个元素。

```
>>> lst1 = ['江阔云低', '断雁叫西风']            # 定义列表 lst1
>>> lst2 = ['叫西风']                            # 定义列表 lst2
>>> lst1 = lst1 + lst2 * 2                       # 列表 lst2 重复 2 次后与 lst1 连接
>>> lst1                                         # 输出列表 lst1
['江阔云低', '断雁叫西风', '叫西风', '叫西风']
```

3. 列表嵌套

【例 2-23】 列表嵌套,即在列表里定义其他列表。

```
>>> lst1 = ['孙悟空', '猪八戒', '沙和尚']                # 为列表 lst1 赋值
>>> lst2 = [1000, 700, 300]                              # 为列表 lst2 赋值
>>> lst3 = [lst1, lst2]                                  # 列表 lst1 和 lst2 嵌套
>>> lst3                                                 # 输出列表 lst3
[['孙悟空', '猪八戒', '沙和尚'], [1000, 700, 300]]
```

2.2.3 列表修改元素

1. 修改列表中元素

列表元素修改的语法如下。

```
列表名[元素索引号] = 新元素
```

【例 2-24】 在列表 s 中,修改元素“栏杆”为“阑干”。

```
>>> lst = ['把吴钩看了', '栏杆拍遍', '无人会', '登临意']       # 定义列表 lst
>>> lst[1] = '阑干拍遍'                                       # 修改索引号 1 的元素值
>>> lst
['把吴钩看了', '阑干拍遍', '无人会', '登临意']                # 修改列表中元素
```

2. 删除指定位置元素 pop()

删除列表指定索引号元素的语法如下。

```
列表名.pop(元素索引号)                # 语法 1
del 列表名[元素索引号]                # 语法 2
```

【例 2-25】 删除列表指定位置元素的函数有 pop()、del。

```
>>> lst = ['天不教人客梦安', '昨夜春寒', '今夜春寒']
>>> lst.pop(2)                                            # 删除列表中索引号 2 的元素
'今夜春寒'
>>> lst
```

```
['天不教人客梦安', '昨夜春寒']
>>> del lst[1]                                    # 删除列表中索引号 1 的元素
>>> lst
['天不教人客梦安']
```

3. 删除第一个匹配元素 remove()

删除列表元素时,Python 首先检索是否存在要删除的元素,然后将遇到的第一个匹配元素从列表中删除,并对后面元素重新编号。如果该元素有多个,那么只删除第一个匹配元素。如果没有找到匹配元素,则出现错误提示。删除列表匹配元素的语法如下。

```
列表名.remove(元素)
```

【例 2-26】 删除列表中第一个重复的匹配元素。

```
>>> lst = ['天苍苍', '野茫茫', '风吹草低见牛羊']
>>> lst.remove('野茫茫')                          # 删除第一个匹配元素
>>> lst
['天苍苍', '风吹草低见牛羊']
>>> lst.remove('苍')                              # 删除不存在的元素时会出错
ValueError: list.remove(x): x not in list         # '天苍苍'与'苍'是不同的元素
```

4. 清空列表中所有元素 clear()

清空列表中所有元素语法如下。

```
列表名.clear()
```

【例 2-27】 清空列表中所有元素。

```
>>> lst = ['东南形胜', '三吴都会', '钱塘自古繁华']
>>> lst.clear()                                   # 清空列表中所有元素
>>> lst
[]                                                # 空列表
```

5. 关于越界错误

列表读取、删除、修改时,容易出现越界错误。列表切片不提示越界错误。提示偏移量越界的操作有 lst[偏移量]、del lst[偏移量]、lst.remove(值)、lst.pop(偏移量),如果偏移量越界,这些操作都会报错。

2.2.4 列表切片操作

列表切片是按指定顺序获取列表中某些元素,并且得到一个新列表。它也可以用来修改或删除列表中部分元素,还可以为列表增加新元素。列表切片语法如下。

```
列表名[切片起始索引号:切片终止索引号:步长]
```

切片遵循"左闭右开"原则,即切片结果不包括"切片终止索引号"元素;切片步长默认为 1。当步长为正整数时,表示正向切片,此时要求"起始索引号"应该小于"终止索引号",否则得到一个空序列。如果步长值省略,则索引号默认为 0,表示从列表第一个元素开始切片;如果"终止索引号"省略,则表示切片一直延伸到列表结尾,也就是索引号为-1 的元素。当步长为负整数时,则表示反向切片,此时要求"起始索引号"应该大于"终止索引号";

与正向切片类似,可以省略“起始索引号”和“终止索引号”。

【例 2-28】 lst=['财','从','道','取','利','方','长','。'],列表切片如图 2-3 所示。

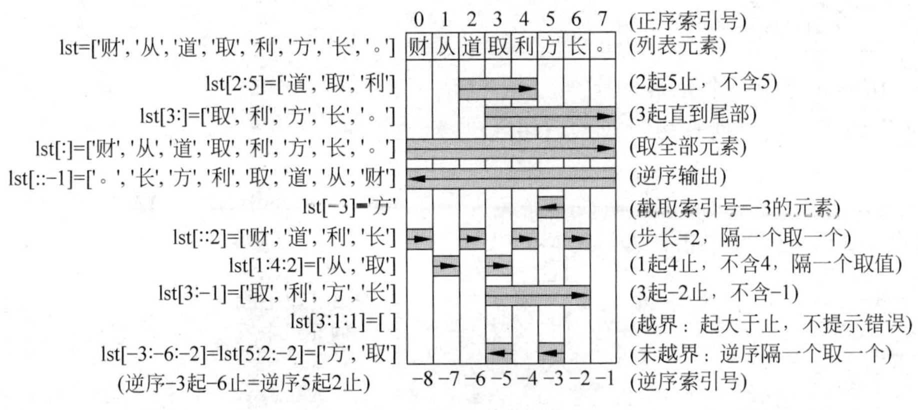

图 2-3 列表元素切片示意

【例 2-29】 列表元素切片操作时,如果偏移量越界,则 Python 不会报错。

```
>>> lst = ['客', '上', '天', '然', '居']        # 定义列表 lst
>>> lst[2 : 5 : 1]                             # 2 为起始索引号,5 为终止索引号(已越界),1 为步长
['天', '然', '居']                             # 偏移量越界后,Python 不会提示出错
```

注意:切片时,如果偏移量越界,Python 会仍然按照界限处理。如起始索引号小于 0 时(越界),Python 仍然会按照起始索引号为 0 计算。

2.2.5 元组基本操作

1. 定义元组

元组(tuple)也是一种存储一系列元素的容器。元组与列表的区别在于以下两点:一是元组中的元素不能修改,而列表中的元素可以修改;二是元素和列表的定义符号不一样,元组使用小括号定义,而列表使用方括号[]定义。元组定义语法如下。

```
元组名 = (元素 1,元素 2,元素 3,…,元素 n)
```

【例 2-30】 定义元组简单案例。

```
>>> tup1 = ('春', '风', '吹', '又', '生')          # 定义元组 tup1
>>> tup1                                          # 输出元组
('春', '风', '吹', '又', '生')
>>> tup2 = (12, 34, 56, 78)                       # 定义元组
>>> tup2                                          # 输出元组
(12, 34, 56, 78)
```

元组中所有元素放在一对小括号中,元素之间用逗号分隔。

如果元组中只有一个元素,则必须在元素后面增加一个逗号。如果没有逗号,Python 会假定这只是一对额外的小括号,这虽然没有坏处,但并不会定义一个元组。

在不引起语法错误的情况下,用逗号分隔的一组值系统也会自动定义其为元组。也就是说,在没有歧义的情况下,**元组可以没有小括号**。

【例 2-31】 元组的特殊定义方法。

```
>>> tup1 = (0,)                       # 元组为单个元素时,必须加逗号以防出错
>>> tup2 = 1, 2, 3, 4, 5              # 定义元组时,可以省略小括号()
>>> tup2                              # 输出元组
(1, 2, 3, 4, 5)
```

2. 访问元组中某个元素

元组访问方式与列表相同,元组索引号与列表相同。元组访问语法如下。

```
元组名[索引号]
```

【例 2-32】 访问元组中某个元素。

```
>>> tup1 = ('月', '是', '故', '乡', '明')     # 定义元组 tup1
>>> tup1[2]                                   # 访问元组中第 3 个元素(元组可读不可写)
'故'
>>> tup2 = (1, 2, 3, 4, 5)                    # 定义元组 tup2
>>> tup2[2]                                   # 访问元组中第 3 个元素
3
```

3. 连接元组

可以对元组进行连接组合。与字符串运行一样,元组之间可以用加法(+)和乘法(*)进行运算。这意味它们可以组合和复制,运算后会生成一个新元组。

【例 2-33】 元组的连接操作。

```
>>> tup1 = ('卫青', '霍去病')          # 定义元组 tup1
>>> tup2 = (800, 1000)                 # 定义元组 tup2
>>> tup3 = tup1 + tup2                 # 元组 tup1 和元组 tup2 连接,赋值给新元组 tup3
>>> tup3                               # 输出元组 tup3
('卫青', '霍去病', 800, 1000)
```

4. 删除元组

【例 2-34】 元组中的元素不允许删除,但是可以用 del 语句删除整个元组。

```
>>> tup = ('黛玉', '宝钗', 18, 20)              # 定义元组 tup
>>> tup                                         # 输出元组 tup
('黛玉', '宝钗', 18, 20)
>>> del tup                                     # 删除元组
>>> tup                                         # 输出元组
SyntaxError: invalid character in identifier    # 异常信息
```

5. 元组不能进行的操作

无法向元组添加元素,元组不能使用 append()、extend()、insert()等函数。

不能从元组中删除元素,元组不能使用函数 remove()或 pop()。

【例 2-35】 列表可以用函数 append()添加元素。

```
>>> lst = [1, 2, 3]                   # 定义列表 lst
>>> lst.append('四')                  # 在列表尾部添加元素(写操作)
>>> lst                               # 输出列表
[1, 2, 3, '四']
```

【例 2-36】 元组不能用函数 append()添加元素,因为元组不能修改。

```
>>> tup = (1, 2, 3)                                      # 定义元组 tup
>>> tup.append('四')                                     # 在元组尾部添加元素(写操作)
AttributeError: 'tuple' object has no attribute 'append'  # 异常信息
…(异常信息略)
```

2.3　字典和集合

2.3.1　字典

1. 字典的特征

字典是 Python 中一种重要的数据结构。字典中每个元素分为两部分,前半部分称为“键”(key),后半部分称为“值”(value)。例如'姓名:张飞'这个元素中,“姓名”称为键,“张飞”称为值。**字典是“键值对”元素的集合,元素之间默认有序,但不能重复。**

字典类似于表格中的一行,“键”相当于表格中列的名称;“值”相当于表格中单元格内的值。同一字典中“键”不能重复且不可变,不同字典中的“键”可以重复。

列表、元组、字典都是有序对象集合,它们之间的区别在于:字典中的元素通过键进行查找,列表中的元素通过索引号进行查找。

2. 定义字典

字典是一种可变容器,它可以存储任意数据类型的对象。字典中每个“键值对”用冒号“:”分隔,每个键值对之间用逗号“,”分隔,整个字典包含在大括号{}中。字典定义语法如下。

```
字典名 = {键 1:值 1,键 2:值 2,…,键 k:值 v}
```

字典中,键可以是字符串、数字、元组等数据类型。**键不能重复,如果键有重复,则最后一个键值对会替换前面的键值对;值可以重复,键和值可以是任何数据类型。**

【例 2-37】 定义字典的各种方法。

```
>>> dict1 = {'姓名':'张飞', '战斗力':1000}     # 数据类型键相同,值不相同
>>> dict2 = {'宝玉':85, '黛玉':85}             # 同一字典中键不能重复,值允许重复
>>> dict2['宝钗'] = 88                         # 在字典 dict2 中添加一个键值对{'宝钗':88}
>>> dict3 = {(80, 90):'优良', 60:'及格'}       # 键也可以是元组,如(80, 90)
```

可以通过字典中的“键”查找字典中的“值”。

字典输出时,元素的输出顺序可能与定义时不同,因为字典并无顺序之分。

3. 访问字典元素

字典中元素虽然是有序的(Python 3.6 以后的版本),但是字典中的元素没有索引号,因此访问字典中元素可以由键查找到值。字典访问语法如下。

```
字典名[键名]
```

【例 2-38】 在字典中取出人物身高信息。

```
>>> people = {'姓名':'张飞', '性别':'男', '身高':'180cm'}
>>> people['身高']                                       # 访问字典,由键查找值
'180cm'
```

4. 修改字典元素

向字典添加新内容的方法是增加新键值对、修改或删除已有键值对。

【例 2-39】 向字典添加新内容。

```
dict1 = {'姓名':'关云长', '年龄':40, '战斗力':'一级'}          # 定义字典
dict1['年龄'] = 48                                        # 修改字典条目
dict1['宝贝'] = '赤兔马'                                    # 尾部新增键值对
print('字典:', dict1)                                      # 输出字典
>>>字典:{'姓名': '关云长', '年龄': 48, '战斗力': '一级', '宝贝': '赤兔马'}   # 程序输出
```

2.3.2 集合

1. 集合的特点

集合(set)是许多唯一对象的聚集。集合具有以下特点。

(1) 集合是可变容器,也就是说,集合可以增加或删除其中的元素。

(2) 集合内元素不能重复(因此集合可以用于去重)。

(3) 集合是一种无序存储结构,集合中的元素没有先后顺序关系。

(4) 集合内元素必须是不可变的对象(不能是变量)。

(5) 集合相当于是只有"键"没有"值"的字典(键是集合的元素)。

2. 定义集合

集合定义语法如下。

```
集合变量名 = {元素}
```

【例 2-40】 定义集合与定义字典类似,集合中的元素用逗号隔开。

```
>>> set1 = {'风', '风', '雨', '雨'}                # 定义集合 1
>>> set1
{'风', '雨'}                                       # 集合内元素不能重复(用于去重)
```

3. 添加元素

【例 2-41】 将元素添加到集合中,如果元素已存在,则不进行任何操作。

```
>>> set1 = set(("长江", "黄河"))                   # 将元组转换为集合(注意为双括号)
>>> set1.add("雅鲁藏布江")                          # 在集合 1 中添加元素
>>> set1
{'黄河', '雅鲁藏布江', '长江'}                       # 集合输出无序
```

4. 删除元素

【例 2-42】 将元素从集合中删除,如果元素不存在,则会发生错误。

```
>>> set1 = {'海棠开后', '梨花暮雨', '燕子空楼'}          # 定义集合
>>> set1.remove('燕子空楼')                          # 删除集合中指定元素
>>> set1
{'海棠开后', '梨花暮雨'}                             # 集合输出无序
```

5. 集合的运算

【例 2-43】 集合的运算类型有交集、并集、差集、补集、子集、全集等。

```
>>> set1 = {'我', '住', '长', '江', '头'}                # 定义集合 1
>>> set2 = {'君', '住', '长', '江', '尾'}                # 定义集合 2
>>> print(set1 & set2)                                  # 交集运算(相当于与运算)
{'江', '长', '住'}                                       # 集合元素没有顺序,输出位置随机
>>> print(set1 | set2)                                  # 并集运算(相当于或运算)
{'江', '尾', '住', '君', '头', '我', '长'}
>>> print(set1 - set2)                                  # 差集运算
{'头', '我'}
>>> print(set1 ^ set2)                                  # 补集运算(相当于异或运算)
{'尾', '我', '君', '头'}
```

【例 2-44】 判断两个集合是否相同或不同。

```
>>> set1 = {'不顺俗', '不妄图', '清风高度'}              # 定义集合 set1
>>> set2 = {'不妄图', '清风高度', '不顺俗'}              # 定义集合 set2
>>> set1 == set2                                        # 比较集合 set2 与集合 set1
True                                                    # 注意,集合元素没有先后关系
```

习　题　2

2-1　Python 的数据类型有什么特点?

2-2　浮点数默认精度为多少位?系统定义的初步最大浮点数为多少位?

2-3　列表与元组有什么区别?

2-4　Python 中字符串最大长度是多少?

2-5　列表切片有什么功能?

2-6　字符串 s='自在飞花轻似梦,无边丝雨细如愁',切分出'无边丝雨'字符串。

2-7　将 s=['风也凄凉,','雨也凄凉,','节序已过重阳。']转换为“风也凄凉,雨也凄凉,节序已过重阳。”。

2-8　字符串 s='大贤虎变愚不测,当年颇似寻常人。',切片出'大贤虎变'字符串。

2-9　列表 lst=['友','以','义','交','情','可','久'],用正序和逆序两种方法切片出'情可久'。

2-10　编程:将列表["a","b","c"]和[2,3,4]转换为字典{'a': 2,'b': 3,'c': 4}。

第3章 程序结构

结构化程序设计主要由顺序结构、选择结构、循环结构三种逻辑结构组成。1966 年，计算科学家 C. Bohm 和 G. Jacopini 在数学上证明，**任何程序都可以采用顺序、选择、循环三种基本结构实现**。结构化程序设计具有以下特点：一是程序内的每一部分都有机会被执行；二是程序内不能存在“死循环”(无法终止的循环)；三是程序尽量保持一个入口和一个出口，程序有多个出口时，只能有一个出口被执行；四是少用 goto 类语句。

3.1 顺序结构

顺序结构是一种有序结构，它依次执行各语句模块。如图 3-1 所示，顺序结构程序在执行完语句 1 指定的操作后，接着执行语句 2，直到所有语句执行完成。常见的顺序语句有导入语句、赋值语句、输入输出语句和其他程序语句等。下面主要介绍前三种顺序语句。

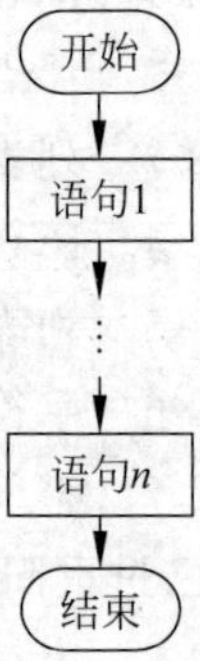

开始
语句1
⋮
语句n
结束

图 3-1 顺序结构

3.1.1 导入语句

1. 模块导入

Python 中库、包、模块等概念本质上就是操作系统中的目录和文件。模块导入就是将软件包、模块、函数等程序加载到计算机内存，方便程序快速调用。

Python 标准库模块繁多，如果一次性将全部模块都导入内存，这会占用很多系统资源，导致程序运行效率很低。因此，Python 对模块和函数采用“**加载常用函数，其他需用再导入**”的原则。所有函数都通过 API(Application Program Interface，应用程序接口)调用，本书提供了常用函数的调用方法和案例，其他标准函数的调用方法可以用函数 help()查看，或者参考 Python 使用指南(见 https://docs.python.org/3/library/index.html)。

Python 程序中的函数有内置标准函数、导入标准函数、第三方软件包中的函数、自定义函数。内置函数(如 print()、len( )、help()等)在 Python 启动时已经导入内存，无须再次导入；大部分标准函数模块(如 math、sys、time 等)都需要先导入再调用；**第三方软件包中所有模块和函数都需要先安装，再导入和调用**。

2. 模块绝对路径导入——import 语句

导入语句 import 可以导入一个目录下的某个模块，模块绝对路径导入语法如下。

```
import 模块名                                # 绝对路径导入，导入软件包或模块
import 模块名 as 别名                        # 绝对路径导入，别名用于简化调用
```

(1) 以上“模块名”包括库、包、模块等名称。

(2) **同一模块导入多次只会执行一次,这防止了同一模块的多次执行。**

(3) 绝对路径导入时,调用时采用点命名形式,如“模块名.函数名()”。

(4) 模块有哪些函数?函数如何调用?这些问题必须查阅软件包用户指南。

(5) 如果当前目录下存在与导入模块同名的.py 文件,就会将导入模块屏蔽。

【例 3-1】 根据勾股定理 $a^2+b^2=c^2$,计算直角三角形边长。

案例分析:用勾股定理求边长需要进行开方运算,这需要用到数学模块 math。

```
1  import math                                    # 导入标准模块——数学计算
2  a = float(input('输入直角三角形第 1 条边长:'))    # 输入边长,转换为浮点数
3  b = float(input('输入直角三角形第 2 条边长:'))
4  c = math.sqrt(a * a + b * b)                   # 调用开方函数(需要写模块名 math)
5  print('直角三角形的第 3 条边长为:', c)           # 打印计算值
```

```
>>>                                               # 程序输出
输入直角三角形第 1 条边长:3
输入直角三角形第 2 条边长:4
直角三角形的第 3 条边长为:5.0
```

程序说明:程序第 4 行,函数 math.sqrt()为点命名方法,math 为数学模块,sqrt()为 math 模块的开方函数,它只能接受非负的实数。一个模块会有多个函数,标准函数的调用方法可以在 Python shell 窗口下用命令“help(函数名)”查看,如 help(print)。

【例 3-2】 导入第三方软件包 Matplotlib 中的画图子模块 pyplot。

```
import matplotlib.pyplot                    # 导入第三方软件包——画图模块
```

案例分析:执行 D:\Python\Lib\site-packages\matplotlib\pyplot.py 程序,其中 D:\Python\Lib\site-packages\是软件包安装位置,这个路径在 Python 安装时已经设置好,无须重复说明;matplotlib 是软件包名(子目录);pyplot 是画图子模块名(文件)。

3. 函数相对路径导入——from…import 语句

函数相对路径导入语法如下。

```
from 模块名 import 函数名                     # 函数相对路径导入,导入指定函数
from 模块名 import *                          # 导入模块中所有函数和变量(慎用)
```

相对路径导入时,“模块名”是软件包中的模块(文件)或者子模块,“函数名”是模块中定义的函数、类、公共变量(如 pi)等,可以一次导入多个函数。

相对路径导入时,函数调用直接采用“函数名()”的形式,无须使用“模块名.函数名()”的格式。相对路径导入使用方便,缺点如下:一是搞不清楚函数来自哪个模块;二是容易造成同一程序中同名函数问题。

【例 3-3】 导入标准库数学模块中的开方函数。

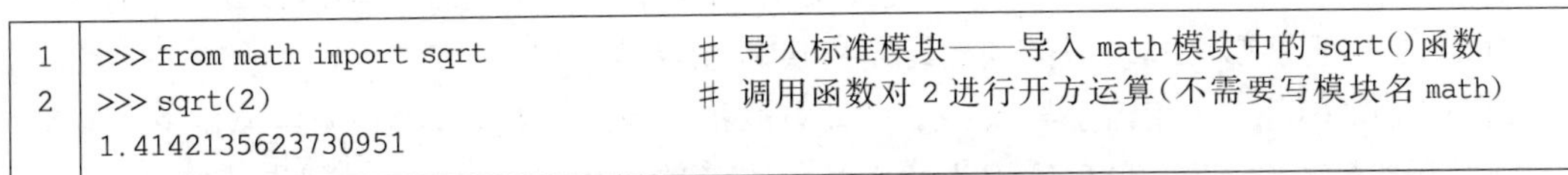

```
>>> from math import sqrt              # 导入标准模块——导入 math 模块中的 sqrt()函数
>>> sqrt(2)                            # 调用函数对 2 进行开方运算(不需要写模块名 math)
1.4142135623730951
```

【例 3-4】 用 from…import 导入模块中的几个函数,而不是导入所有函数。

```
from math import sqrt, sin, cos, pi     # 导入标准模块——导入数学模块中的函数和常量
```

案例分析：语句导入了 math 模块中的 sqrt()(开方)、sin()(正弦)、cos()(余弦)三个函数，以及 math 模块中定义的常量 pi(圆周率，3.141 592 653 589 793)。

4. 对导入软件包取别名

导入软件包时，如果对包或模块取别名后，调用函数时书写会简化很多。

【例 3-5】 导入第三方绘图包 Matplotlib 中的 pyplot 模块，并取别名为 plt；导入第三方科学计算包 NumPy，并取别名为 np。程序输出如图 3-2 所示。

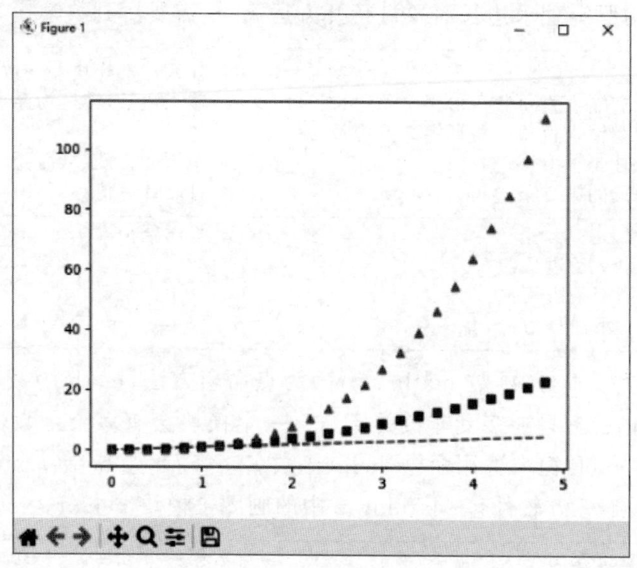

图 3-2　绘图程序输出

```
1  import matplotlib.pyplot as plt                          # 导入第三方包——绘图包.绘图模块,别名为 plt
2  import numpy as np                                       # 导入第三方包——科学计算模块,别名为 np
3
4  t = np.arange(0., 5., 0.2)                               # 调用 NumPy 包中的 arange()函数
5  plt.plot(t, t, 'r--', t, t**2, 'bs', t, t**3, 'g^')      # 调用时,用别名 plt 代替 matplotlib.pyplot
6  plt.show()                                               # 调用时,用别名 plt 代替 matplotlib.pyplot
   >>>                                                      # 程序输出见图 3-2
```

程序说明如下：软件包 NumPy 的安装方法参见 1.1.4 节。

程序第 1 行，matplotlib 为第三方软件包名，pyplot 为子模块名；matplotlib.pyplot 表示只导入 Matplotlib 软件包中的绘图子模块 pyplot，程序第 5、6 行需要用到 pyplot 模块中的函数 plot()和 show()；matplotlib.pyplot 模块调用时可简写为 plt(别名)。

程序第 2 行，numpy 为导入软件包全部模块，NumPy 包别名为 np。

5. 语句 import 与 from…import 的区别

语句 import 相当于导入一个目录(绝对路径)，这个目录下可能有很多模块，因此调用函数时，需要注明是哪个模块中的函数，如"模块名.函数名()"。

语句 from…import 相当于导入一个目录中的指定模块的指定函数，调用模块中的函数时直接使用"函数名()"就可以了，因为导入时指明了该函数所在模块。

语句 from…import * 是将一个模块中所有函数都导入进来。这种导入方式容易污染命名空间，**应谨慎使用 from…import * 语句**，避免程序中同名变量和同名函数的冲突。

3.1.2 赋值语句

1. 变量赋值常规方法

将值传送给变量的过程称为赋值。赋值语句中的“值”可以是数字或字符串，也可以是表达式、函数等。变量的数据类型在首次赋值时产生。赋值语句语法如下。

```
变量名 = 值或者表达式
```

赋值语句中，“=”是把等号右边的值或表达式赋给等号左边的变量名，这个变量名就代表了变量的值。

Python 赋值语句不允许嵌套赋值；不允许引用没有赋值的变量；不允许连续赋值；不允许不同数据类型用运算符赋值。试图这样做将触发程序异常。

【例 3-6】 错误的变量赋值方法。

```
>>> x = (y=0)                    # 异常，不允许赋值语句嵌套赋值
>>> print(y)                     # 异常，不允许引用没有赋值的变量
>>> x=2, y=5                     # 异常，一行多句时不能用逗号分隔
>>> s = '日期' + 2018            # 异常，不允许不同数据类型用运算符赋值
>>> 2 + 3 = c                    # 异常，不允许赋值语句顺序颠倒
```

【例 3-7】 正确的变量赋值方法。

```
>>> path = 'd:\test\03\'                 # 字符串赋值
>>> pi = 3.14159                         # 浮点数赋值
>>> s = pi * (5.0 ** 2)                  # 表达式赋值
>>> lst = ['张飞', '程序设计', 60]       # 列表赋值
>>> b = True                             # 布尔值赋值
```

【例 3-8】 Python 中，一个变量名可以通过重复赋值，定义为不同的数据类型。

```
>>> ai = 1314                            # 变量名 ai 赋值为整数
>>> ai = '一生一世'                      # 变量名 ai 重新赋值为字符串
```

2. 变量赋值的特殊方法

【例 3-9】 元组赋值可以一次赋多个值。

```
>>> T = 1, 2, 3                          # 元组赋值，允许一个变量赋多个值
>>> x, y, z = T                          # 元组 T 中的值按顺序赋给多个变量
>>> T, x, y, z                           # 输出元组
((1, 2, 3), 1, 2, 3)                     # T=(1, 2, 3),x=1,y=2,z=3
```

【例 3-10】 变量链式赋值方法。

```
>>> n = 10; s = '字符'                                # 一行多句时，按顺序赋值
>>> x = y = k = 0                                     # 赋值从右到左：k=0,y=k,x=y
>>> x = y = student = {'姓名':'贾宝玉', '年龄':18}    # 允许变量重新赋值，并改变数据类型
```

【例 3-11】 变量增量赋值方法。

```
>>> x = 1              # x=1(语义：将 1 赋值给变量名 x)
>>> x += 1             # x=2(语义：将 x+1 后赋值给 x；等价于 x=x+1)
>>> x * = 3            # x=6(语义：将 x*3 后赋值给 x；等价于 x=x*3)
```

```
>>> x -= 1                     # x = 5(语义:将 x - 1 后赋值给 x;等价于 x = x - 1)
>>> x % = 3                    # x = 2(模运算,语义:将 x 除 3 取余数赋值给 x)
>>> s = '世界,'                # s = '世界,'(语义:字符串赋值给变量名 s)
>>> s += '你好!'               # s = '世界,你好!'(语义:字符串连接)
>>> s * = 2                    # s = '世界,你好! 世界,你好!'(语义:字符串重复)
```

【例 3-12】 变量交换赋值方法,变量交换在排序算法中应用很多。

```
>>> x, y = 10, 20              # 变量序列赋值(x = 10,y = 20)
>>> x, y = y, x                # 变量内容交换,x←y,y←x(x = 20,y = 10)
>>> a, b = '天上', '人间'      # 变量序列赋值(a = '天上',b = '人间')
>>> a, b = b, a                # 字符串变量交换,a←b,b←a(a = '人间',b = '天上')
```

3. 赋值语句应用案例

【例 3-13】 求根方法 1:对方程 $44x^2+123x-54=0$ 求根(比较例 3-24、例 3-28)。

案例说明如下。

一元二次方程标准式:$Ax^2+Bx+C=0$

一元二次方程判别式:$\Delta=B^2-4AC$

解: $\begin{cases}\Delta<0\text{ 时,无解;}\\ \Delta=0\text{ 时,}x=B/(2A);\\ \Delta>0\text{ 时,}x1=-((B+\sqrt{\Delta})/(2A)),x2=-((B-\sqrt{\Delta})/(2A))\text{。}\end{cases}$

```
1  >>> delta = 123 ** 2 - 4 * 44 * ( - 54)        # 符号(如 Δ)用读音代替(如 delta)
2  >>> x1 = (123 + delta ** 0.5)/( - 2 * 44)      # 计算方程根:x1 = - ((B + √Δ)/(2A))
3  >>> x2 = (123 - delta ** 0.5)/( - 2 * 44)      # 计算方程根:x2 = - ((B - √Δ)/(2A))
4  >>> print('方程根:x1 = ', x1)
   方程根:x1 =  - 3.18123904902659
5  >>> print('方程根:x2 = ', x2)
   方程根:x2 =  0.3857845035720447
```

程序说明:程序第 2 行,用指数运算开方,即 delta ** 0.5= delta ** (1/2)=$\sqrt{\text{delta}}$。

3.1.3 输入输出语句

输入是用户告诉程序需要的信息,输出是程序运行后告诉用户的结果,通常将输入输出简称为 I/O。Python 输入输出方式有字符串输入输出、图形用户界面输入输出、文件输入输出、网络输入输出等。字符串输入输出函数为 input()和 print()。

1. 用函数 input()读取键盘数据

函数 input()是一个内置标准函数,**函数 input()的功能是从键盘读取输入数据,并返回一个字符串**。如果希望输入数据为整数,则需要用函数 int()将输入的数据转换为整数;如果希望输入数据为浮点数(实数),则需要用函数 float()将数据转换为浮点数。

【例 3-14】 用函数 input()读取键盘输入数据。

```
>>> s = input('请输入产品名称:')              # 从键盘读取字符串,赋值给变量 s
请输入产品名称:计算机
>>> x1 = input('请输入一个整数:')             # 从键盘读取字符串,赋值给变量 x1
请输入一个整数:105                            # 变量 x1 = '105',注意,105 是字符串
>>> x2 = int(input('请输入一个整数:'))        # 将输入字符串转换为整数,赋值给 x2
请输入一个整数:105                            # 变量 x2 = 105,注意,105 已转换为整数
```

```
>>> x3 = float(input('请输入浮点数:'))        # 将输入字符串转换为浮点数,赋值给 x3
请输入浮点数:88.66                             # 变量 x3 = 88.66
```

2. 用函数 eval()读取键盘多个数据

【例 3-15】 用函数 eval()从键盘读取多个数据。

```
1  >>> a, b, c = eval(input('请输入 3 个数字:'))                        # 同一行输入数据
   请输入 3 个数字:1,2,3                                                  # 数据之间用逗号分隔
2  >>> x, y = eval(input('数字 x = ')), eval(input('数字 y = '))        # 分行输入数据
   数字 x = 1
   数字 y = 2
```

程序说明：程序第 1 行,输入数据少于变量个数时,Python 会异常退出。

3. 交互环境的打印输出

【例 3-16】 Python shell 内置了打印功能,没有 print()函数也可以打印输出。

```
>>>'程序' + '设计'                   # 打印输出字符串表达式
'程序设计'
>>> 5200000 + 1314                   # 打印输出数字表达式
5201314
```

4. 用函数 print()打印输出

函数 print()是一个内置的打印输出函数,它不是向打印机输出数据,而是向屏幕输出数据(参见 1.1.3 节)。函数 print()有多个参数,可以用来控制向屏幕的输出格式。

【例 3-17】 用函数 print()打印输出。

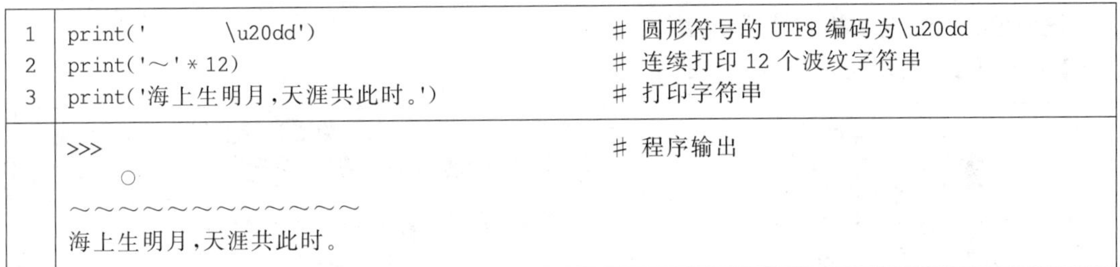

```
print('        \u20dd')                 # 圆形符号的 UTF8 编码为\u20dd
print('~' * 12)                         # 连续打印 12 个波纹字符串
print('海上生明月,天涯共此时。')        # 打印字符串
```

```
>>>                                     # 程序输出
        ○
~~~~~~~~~~~~~~
海上生明月,天涯共此时。
```

【例 3-18】 函数 print()的打印输出方法。

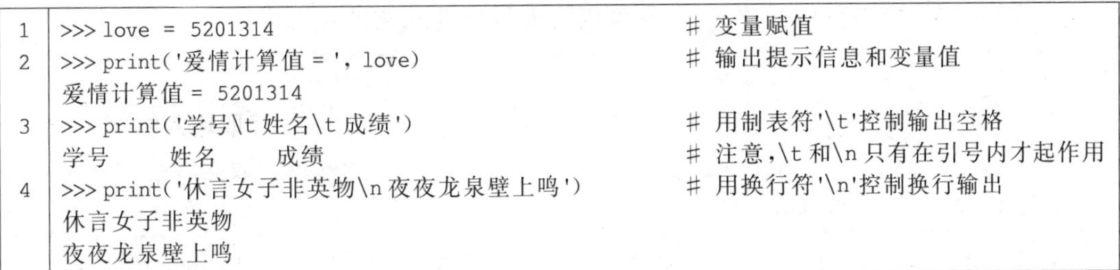

```
>>> love = 5201314                            # 变量赋值
>>> print('爱情计算值 = ', love)              # 输出提示信息和变量值
爱情计算值 = 5201314
>>> print('学号\t 姓名\t 成绩')               # 用制表符'\t'控制输出空格
学号      姓名      成绩                      # 注意,\t 和\n 只有在引号内才起作用
>>> print('休言女子非英物\n 夜夜龙泉壁上鸣')  # 用换行符'\n'控制换行输出
休言女子非英物
夜夜龙泉壁上鸣
```

5. 用占位符控制输出格式

字符按规定格式输出是一个经常遇到的问题。可以用%表示占位符,有几个%,后面就需要有几个变量顺序对应。常见的占位符有%d(整数)、%f(浮点数)、%s(字符串)、%x(十六进制整数)。不确定用什么占位符,参数%s 永远起作用,它会把任何数据类型转换为字符串。占位符前面的 x 表示占几位,如 10.2f 表示占 10 位,其中小数占 2 位。

【例 3-19】 用占位符控制输出格式。

```
>>> s1 = '布衣中,'; s2 = '问英雄。'                    # 定义字符串
>>>'%s%s'%(s1, s2)                                    # 参数%为占位符,s为字符串
'布衣中,问英雄。'
>>>'您好,%s,您有 %s 元到账了。'%('小明', 1000.00)      # 第1个%s对应'小明',其余类推
'您好,小明,您有 1000.00 元到账了。'
>>> print('教室面积是%10d平方米。'%(80))                # %10d为右对齐,占10位
教室面积是        80平方米。
>>> print('教室面积是%10.2f平方米。'%(80))              # %10.2f为右对齐,占10位
教室面积是     80.00平方米。                           # 其中小数占2位
```

6. 利用函数格式化输出

函数{:}.format()可以格式化输出,函数用{:}来代替占位符%,语法如下。

```
{索引号:[填充字符][对齐][正负][小数位][宽度][类型]}.format(元素)
```

参数"索引号"说明{:}中的参数在format()中的索引号,一般为0;如果没有则以默认顺序自动分配。如'{0:*^10}'.format('说明')表示索引号为0,冒号是分隔符。

参数"填充字符"默认为空格,如'{:*^10}'表示用10个*号填空。

参数"对齐"有>(右对齐)、<(左对齐)、^(居中),如{0:<6}为右对齐,宽度为6位。

参数"正负"为是否保留正负号,+为正号,-为负号,如{:+.2f}为2位小数,保留+号。

参数"小数位"为指定小数的精确到第几位,如{:.2f}为精确到2位小数。

参数"宽度"为元素显示宽度位,如果前面加0,则表示用0填充。

参数"类型"为指定元素类型,如b为二进制,x为十六进制。

返回值:函数返回格式化后的字符串。

【例 3-20】 函数{:}.format()的格式化输出方法。

```
>>>'{0:*^10}'.format('说明')          # 0为索引号,:分为隔符,*为填空,^为居中对齐,10为宽度
'****说明****'                         # 注意,宽度包括元素字符,一个汉字为一个字符
>>> a = '孙悟空'; b = '猪八戒'
>>>'{1}埋怨起{0}来'.format(a, b)       # 索引号1对应元素b,索引号0对应元素a
'猪八戒埋怨起孙悟空来'
```

【例 3-21】 Python 3.6 以上版本对函数 print()新增了一个 f 参数,它调用函数 s.format()对字符串进行格式化输出,它可以将大括号内的变量替换为具体值。

```
1  >>> x = 100; y = 60; s = '优良'                        # 变量赋值
2  >>> print(f'考试学生有{x}个,成绩{s}的有{y}个。')        # 参数f为字符串格式化输出
   考试学生有100个,成绩优良的有60个。
3  >>> print(f'浮点数1/3的4位小数为{1/3:.4f}。')           # 符号":.4f"为输出4位小数
   浮点数1/3的4位小数为0.3333。
```

说明:程序第 2 行与 print('考试学生有{}个,成绩{}的有{}个。'.format(x,s,y))语句等效。

3.2 选择结构

选择结构由 if 语句组成,它根据条件表达式的值选择程序执行方向。

条件选择语句是判断某个条件是否成立，然后选择执行程序中的某些语句块。与顺序结构比较，选择语句使程序的执行不再完全按照语句的顺序执行，而是根据某种条件是否成立来决定程序执行的走向，它体现了程序具有基本的逻辑判断功能。

条件选择语句有单条件选择结构（见图 3-3）、双条件选择结构（见图 3-4）、多条件选择结构（见图 3-5）。条件选择语句有以下特征。

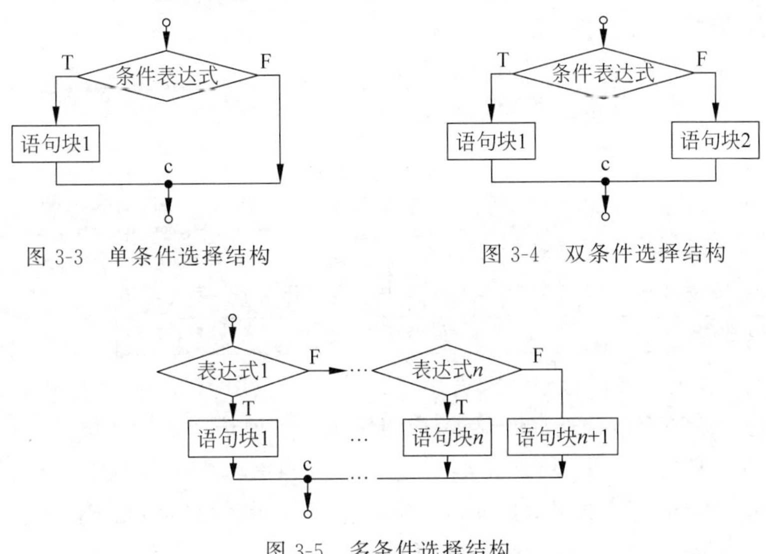

图 3-3　单条件选择结构　　图 3-4　双条件选择结构

图 3-5　多条件选择结构

(1) 无论条件表达式的值为 T(True)，或者为 F(False)，一次只能执行一个分支方向的语句块。简单地说，程序不能同时执行语句块 1 和语句块 2。

(2) 无论执行哪一个语句块，都必须能脱离选择结构（见图 3-3～图 3-5 中 c 点）。

3.2.1　单条件选择结构

单条件选择结构很简单，如果条件表达式为真，则执行语句块 1，然后结束条件选择语句；如果条件表达式为假，则直接结束条件选择语句（语句结构见图 3-3）。由此可见，程序代码并不是全部都需要执行，选择语句使得程序具有了很大的灵活性。

【例 3-22】 单条件选择语句简单案例。

```
x = 80                              # 变量赋值
if x >= 60:                         # 条件选择语句，如果 x >= 60 为真
    print('成绩及格')                # 则执行本语句，执行完后结束 if 语句
>>>成绩及格                          # 程序输出
```

3.2.2　双条件选择结构

双条件选择结构如图 3-4 所示，双条件选择语句的语法如下。

```
if 条件表达式:            # 条件表达式只允许用关系运算符"==";不允许用赋值运算符"="
    语句块 1              # 如果条件表达式为 True，则执行语句块 1，执行完后结束 if 语句
else:                    # 否则
    语句块 2              # 如果条件表达式为 False，则执行语句块 2，执行完后结束 if 语句
```

在 if-else 语句中,保留字 if 可以理解为“如果”;条件表达式往往采用关系表达式(如 x>=60),条件表达式的值只有 True 或者 False;语句结尾的冒号(:)可以理解为“则”;保留字“else:”可以理解为“否则”。注意,if 语句后的冒号(:)不可省略,if 语句块可以有多行,但是 if 语句块内部必须缩进 4 个空格,并且保持垂直对齐。

Python 根据条件表达式的值为 True 还是为 False,来决定怎样执行 if-else 语句中的代码。如果条件表达式的值为 True,Python 就执行 if 语句块 1;如果条件表达式的值为 False,Python 将忽略语句块 1,选择执行语句块 2。

【例 3-23】 双条件选择语句简单案例。

```
1  x = 80                          # 变量赋值
2  if x >= 60:                     # 如果条件表达式 x >= 60 为真,则执行语句 3
3      print('成绩及格')             # 执行完本语句后,结束 if 语句(不执行语句 4 和语句 5)
4  else:                           # 否则执行语句 5(x >= 60 为假时,跳过语句 3)
5      print('成绩不及格')           # 执行完本语句后,结束 if 语句
```

```
>>>成绩及格                        # 程序输出
```

程序说明:双条件选择程序结构适用于二选一的应用场景,两个语句块中总有一个语句块会被执行。如果有多种选择的要求,应当采用多条件选择语句结构。

【例 3-24】 求根方法 2:对方程 $44x^2+123x-54=0$ 求根(比较例 3-13、例 3-28)。

案例分析:Python 可以用函数 input()读取用户输入信息,但是 Python 默认将输入信息保存为字符串形式。所以,需要用函数 float()将输入信息强制转换为浮点数类型,这样在计算时才可以避免出现错误。

```
import math                                    # 导入标准模块——数学计算

print('请输入方程 A*x**2+B*x+C=0 的系数:')
a = float(input('二次项系数 A = '))            # 将输入数据转换为浮点数
b = float(input('一次项系数 B = '))
c = float(input('常数项系数 C = '))
p = b*b-4*a*c                                  # 计算方程判别式
if p<0:                                        # 如果判别式小于 0
    print('方程无解')
    exit()                                     # 函数 exit()为退出程序
else:
    x1 = (-b+math.sqrt(p))/(2*a)               # 计算方程根 1
    x2 = (-b-math.sqrt(p))/(2*a)               # 计算方程根 2
print(f'x1 = {x1} x2 = {x2}')                  # f 参数为格式化输出
```

```
>>>                                            # 程序输出
请输入方程 A*x**2+B*x+C=0 的系数:
二次项系数 A = 44
一次项系数 B = 123
常数项系数 C = -54
x1 = 0.3857845035720447 x2 =-3.18123904902659
```

三元运算是有三个操作数(左表达式值、条件表达式值、右表达式值)的程序语句。程序中经常用三元运算进行条件赋值,三元运算语法如下。

```
a = 左表达式值 if 条件表达式值 else 右表达式值
```

三元运算语句中，首先进行条件判断，条件表达式的值为 True 时，将左表达式的值赋给变量；条件表达式的值为 False 时，将右表达式的值赋给变量。

【例 3-25】 条件选择语句的三元运算。

```
score = 80                                         # 变量赋值
s = '及格' if score >= 60 else '不及格'            # 左表达式值为'及格',条件表达式值为 True
print('三元运算结果:', s)                          # 右表达式值为'不及格'
>>>三元运算结果:及格                               # 程序输出
```

3.2.3 多条件选择结构

1. 多条件选择语句 if-elif

当条件选择有多个项目时，可以使用多条件选择语句 if-elif。elif 是 else if 的缩写，语句结构如图 3-5 所示，多条件选择语句的语法如下。

```
if 条件表达式 1:         # 判断条件表达式 1
    语句块 1             # 若条件表达式 1 为 True 则执行语句块 1,执行完后结束 if-elif 语句
elif 条件表达式 2:       # 若条件表达式 1 不满足,则继续判断条件表达式 2
    语句块 2             # 若条件表达式 2 为 True 则执行语句块 2,执行完后结束 if-elif 语句
elif 条件表达式 3:       # 若条件表达式 2 也不满足,则继续判断条件表达式 3
    语句块 3             # 若条件表达式 3 为 True 则执行语句块 3,执行完后结束 if-elif 语句
else:                    # 若条件表达式 1、2、3 都不满足(注意,此处没有条件表达式)
    语句块 4             # 执行语句块 4,执行完后结束 if-elif 语句
```

以上语法中，**if、elif 都需要写条件表达式，但是 else 不需要写条件表达式**；else、elif 需要与 if 一起使用。注意，if、elif、else 行尾都有英文冒号(:)。

if-elif 语句从上往下判断，如果某个条件判断为 True，将该条件选择对应的语句块执行完后，忽略剩下的 elif 和 else 语句块，结束 if-elif 语句，即一次只执行一个分支。

在单数据多条件选择编程时，开关语句 switch-case 比 if-elif 结构更简洁清晰。大多数程序语言都提供了 switch-case 条件选择语句或者极其相似的语句，如 C/C++、Java、Go 等静态语言都支持 switch-case 语句结构；Ruby、Shell、Perl 语言中，也有类似的 case-when 结构。其实在 PEP-275(2001 年)、PEP-3103(2006 年)、PEP-622(2020 年)等标准中，讨论过引入 switch 开关语句，提出过几个 switch 语句的基本结构，然而核心开发者们似乎没有达成一致的共识，最终导致提案流产。

2. 多条件选择语句 if-elif 应用案例

【例 3-26】 BMI(Body Mass Index，体重指数)是国际上常用衡量人体健康程度的指标(见表 3-1)，过胖和过瘦都不利于身体健康。

表 3-1 BMI 参考标准

BMI 分类	世界卫生组织标准	中国参考标准	相关疾病发病的危险性
体重过低	BMI<18.5	BMI<18.5	低(其他疾病危险性增加)
正常范围	18.5≤BMI<25	18.5≤BMI<24	平均水平
超重	BMI≥25	BMI≥24	增加
肥胖前期	25≤BMI<30	24≤BMI<28	增加

续表

BMI 分类	世界卫生组织标准	中国参考标准	相关疾病发病的危险性
Ⅰ度肥胖	30≤BMI<35	28≤BMI<30	中度增加
Ⅱ度肥胖	35≤BMI<40	30≤BMI<40	严重增加
Ⅲ 度肥胖	BMI≥40.0	BMI≥40.0	非常严重增加

BMI 计算方法为：BMI＝体重(kg)/身高^2(m)

案例分析：编程难点在于同时输出国际和国内对应的 BMI 分类。我们可以先对 BMI 指标进行分类，合并相同项，列出差别项，然后利用 if-elif 语句进行编程。

```
height = eval(input('请输入您的身高(米):'))          # 输入数据
weight = eval(input('请输入您的体重(公斤):'))        # 输入数据
BMI = weight / (height ** 2)                          # 计算 BMI 值
print('您的 BMI 为:{:.2f}'.format(BMI))               # 输出 BMI 值
who = nat = ''                                        # who 为国际标准值
if BMI < 18.5:                                        # nat 为国内标准值
    who, nat = '偏瘦', '偏瘦'                         # 根据 BMI 值判断
elif 18.5 <= BMI < 24:                                # 多重判断
    who, nat = '正常', '正常'
elif 24 <= BMI < 25:
    who, nat = '正常', '偏胖'
elif 25 <= BMI < 28:
    who, nat = '偏胖', '偏胖'
elif 28 <= BMI < 30:
    who, nat = '偏胖', '肥胖'
else:
    who, nat = '肥胖', '肥胖'
print(f'国际 BMI 标准:{who}; 国内 BMI 标准:{nat}')    # 打印结论
```

```
>>>                                                   # 程序输出
请输入您的身高(米):1.75
请输入您的体重(公斤):76
您的 BMI 为:24.82
国际 BMI 标准:正常; 国内 BMI 标准:偏胖
```

3.2.4 条件选择嵌套结构

在一个 if 语句块中嵌入另外一个 if 语句块称为 if 嵌套结构，语法如下。

```
if 条件表达式 1:                          # 开始外层 if - else 语句
    语句块 1
    if 条件表达式 2:                      # 开始内层 if - else 嵌套语句
        语句块 2
    else:
        语句块 3                          # 结束内层 if - else 嵌套语句
else:
    语句块 4                              # 结束外层 if - else 语句
```

【例 3-27】 用户输入一个整数，判断其是否能够被 2 或者 3 整除。

```
1   num = int(input('请输入一个整数:'))
2   if num % 2 == 0:                                    # if 语句块 1 开始,% 为模运算
3       if num % 3 == 0:                                # 内层 if 嵌套语句块 2 开始
4           print('输入的数字可以整除 2 和 3')
5       else:                                           # if 语句块 2 部分
6           print('输入的数字可以整除 2,但不能整除 3')     # 内层 if 嵌套语句块 2 结束
7   else:                                               # if 语句块 1 部分
8       if num % 3 == 0:                                # 内层 if 嵌套语句块 3 开始
9           print('输入的数字可以整除 3,但不能整除 2')
10      else:                                           # if 语句块 3 部分
11          print('输入的数字不能整除 2 和 3')             # if 语句块 3,语句块 1 结束
```

```
>>>                                                     # 程序输出
请输入一个数字:55
输入的数字不能整除 2 和 3
```

程序说明：第 2～11 行为 if 语句块 1；第 3～6 行为 if 语句块 2；第 8～11 行为 if 语句块 3。条件嵌套结构的语句块难于理解，并且增加了程序测试的复杂度，应当尽量避免。

【例 3-28】 求根方法 3：对方程 $44x^2+123x-54=0$ 求根(比较例 3-13、例 3-24)。

```
import math                                     # 导入标准模块——数学计算

a = float(input('请输入二次项系数 a:'))          # 将输入信息转换为浮点数
b = float(input('请输入一次项系数 b:'))
c = float(input('请输入常数项系数 c:'))
if a != 0:                                      # 如果判别式不等于 0
    delta = b**2 - 4*a*c                        # 则计算方程判别式
    if delta < 0:                               # 如果判别式小于 0
        print('无根')
    elif delta == 0:                            # 如果判别式等于 0
        s = -b/(2*a)                            # 则计算方程唯一根
        print('唯一根 x=', s)
    else:
        root = math.sqrt(delta)                 # 计算方程判别式
        x1 = (-b+root)/(2*a)                    # 计算方程根 1
        x2 = (-b-root)/(2*a)                    # 计算方程根 2
        print(f'x1={x1}    x2={x2}')            # f 参数为格式化输出
```

```
>>>                                             # 程序输出
请输入二次项系数 a:44
请输入一次项系数 b:123
请输入常数项系数 c:-54
x1 = 0.3857845035720447 x2 =-3.18123904902659
```

3.3 循环结构

循环结构是重复执行一个或几个语句块(循环体)，直到满足某一条件为止。循环是程序迭代的实现方法。Python 有两种基本循环结构：一种是计数循环，它用于循环次数确定的情况；另一种是条件循环，它用于循环次数不确定的情况。

3.3.1 计数循环

计数循环有序列循环(见图 3-6)、迭代器循环(见图 3-7)和列表推导式三种形式。

1. 序列循环

(1) 序列循环语法。序列可以是字符串、列表、元组、字典、集合等;迭代变量用于接收序列中取出的元素。序列循环的功能是将序列中的元素逐个取出,每循环一次,迭代变量会自动接收序列中的一个元素,这相当于给迭代变量循环赋值,序列中最后一个元素取完后自动结束循环。序列循环的语法如下。

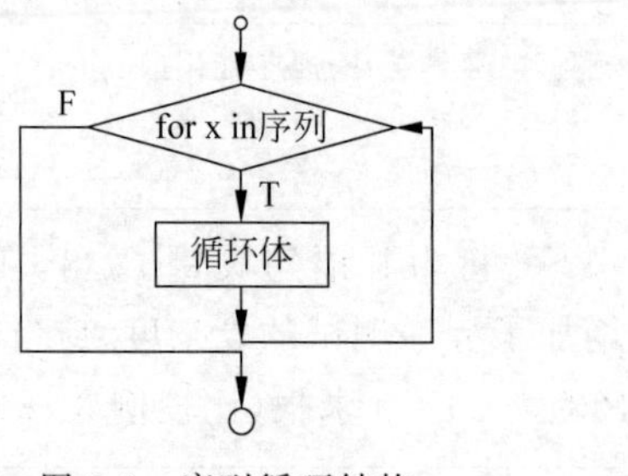

图 3-6 序列循环结构

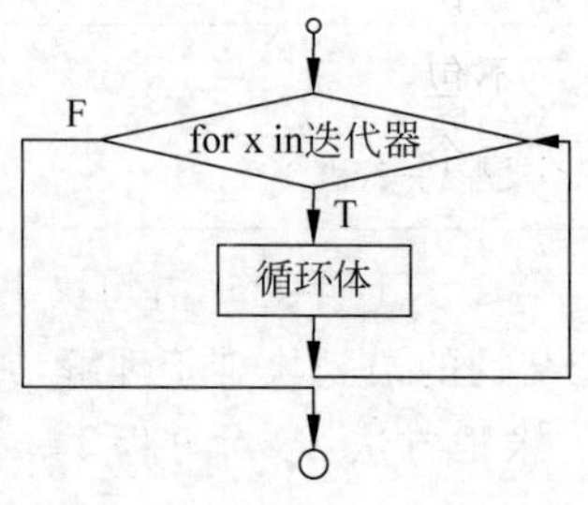

图 3-7 迭代器循环结构

```
for 迭代变量 in 序列:                          # 将序列中每个元素逐个代入迭代变量
    循环体
```

说明:迭代变量是临时变量,它的命名比较自由,如 x、i、n、k、s、_(下画线)等。

(2) 序列循环案例。

【例 3-29】 列表为['唐僧','孙悟空','猪八戒','沙和尚'],逐个输出列表中的元素。

```
names = ['唐僧', '孙悟空', '猪八戒', '沙和尚']      # 定义列表(序列)
for x in names:                                # 列表 names 中的元素逐个代入迭代变量 x
    print(x, end = ' ')                        # 执行循环体,参数 end = ' '为不换行
>>>唐僧 孙悟空 猪八戒 沙和尚                      # 程序输出
```

【例 3-30】 对字符串中的元素,用打字机效果逐个输出。

```
import sys                                     # 导入标准模块——系统
from time import sleep                         # 导入标准模块——睡眠函数

poem = '''\                                    # 加\不空行输出;删除\空 1 行输出
pain past is pleasure.                         # 定义字符串
过去的痛苦就是快乐。'''
for char in poem:                              # 把 poem 中元素逐个代入迭代变量 char
    sleep(0.2)                                 # 睡眠 0.2 秒(用暂停形成打字机效果)
    sys.stdout.write(char)                     # 输出字符串
>>> pain past is pleasure…                     # 程序输出(略)
```

(3) 序列循环执行过程。

步骤 1:循环开始时,语句 for 内部计数器自动设置索引号=0,并读取序列(如列表等)中 0 号元素,如果序列为空,则循环自动结束并退出循环;

步骤 2:如果序列不为空,则 for 语句读取指定元素,并将它复制到迭代变量;

步骤 3：执行循环体内语句块，循环体执行完后，一次循环执行完毕；

步骤 4：for 语句内部计数器将索引号自动加 1，继续访问下一个元素；

步骤 5：for 语句自动判断，如果序列中存在下一个元素，重复执行步骤 2～5；

步骤 6：如果序列中已经没有元素了，则 for 语句会自动退出当前循环语句。

2. 迭代器循环

(1) 整数序列生成函数。函数 range()用于生成顺序整数序列，语法如下。

```
range(起始值,终止值,步长)
```

参数“起始值”默认从 0 开始，如 range(5)等价于 range(0,5)，共 5 个元素。

参数“终止值”不包括本身，range()遵循“**左闭右开**”原则(取头不取尾)。

参数“步长”即每个整数的增量，默认为 1，如 range(5)等价于 range(0,5,1)。

返回值：函数 range()返回一个[顺序整数列表]。

(2) 函数 range()作为 for 循环的迭代器(生成整数序列)，语法如下。

```
for 迭代变量 in range(参数):                    # 将迭代器中的元素逐个赋值给"迭代变量"
    循环体
```

【例 3-31】 一个球从 100 米高度自由落下，每次落地后反弹到原高度的一半再落下，球一共反弹了 10 次。输出每次反弹的高度，并计算球一共经过多少米路程。

案例分析：设球反弹高度为 high，每次为原高度的一半(high/2)，总高度(total)为 10 次累计反弹高度。利用迭代循环将 10 次反弹高度进行累加(total += high)。

```
high = 100                                       # 高度赋值
total = 0                                        # 总共经过路程
for i in range(10):                              # 注意,range(10)一共循环 10(0～9)次
    high /= 2                                    # 计算反弹高度(反弹高度每次除以 2)
    total += high                                # 计算路程和(等价于 total = total + high)
    print('球第', i+1, '次反弹高度:', high)      # 注意,索引号 i 从 0 开始,因此需要 +1
print('球总共经过的路程为[米]:', total)
>>>球第 1 次反弹高度: 50.0…                      # 程序输出(略)
```

(3) 遍历序列函数。函数 enumerate()也可以作为 for 循环的迭代器，函数的基本功能是遍历一个序列，它通过迭代器来实现，内存使用量很低，运行速度快。函数语法如下。

```
enumerate(序列, 索引号)
```

参数“序列”可以是列表、字符串、集合等。

参数“索引号”默认从 0 开始，也可以从指定编号开始(没有意义，见例 3-32)。

返回值：函数返回的迭代变量看上去是两个(如“索引号＋元素值”)，实际上是一个元组；迭代变量也可以只有一个，如“索引号”或者“元素值”。

【例 3-32】 用函数 enumerate()作为迭代器，循环打印列表元素。

```
lst = ['智者', '乐水', '仁者', '乐山']            # 定义列表
for x,y in enumerate(lst, 5):                    # 两个迭代变量 x 和 y,索引号从 5 开始
    print(f'{x}:{y}')                            # 打印元素序列
>>> 5:智者 6:乐水 7:仁者 8:乐山                   # 程序输出
```

3. 列表推导式

列表推导式是将输出表达式(新列表)、for 循环和 if 条件表达式封装在一个列表语句中的方法,它可以对源列表做映射或过滤等操作。列表推导式语法如下。

```
变量名 =[输出表达式 for 迭代变量 in 列表]                        # 语法 1
变量名 =[输出表达式 for 迭代变量 in 列表 if 条件表达式]           # 语法 2
```

【例 3-33】 利用列表推导式生成一个等差数列列表。

```
>>> lst = [1, 2, 3, 4, 5, 6, 7, 8]                # 定义源列表
>>> lst = [i * i for i in lst]                    # 用源列表生成一个平方后的新列表(映射)
>>> lst                                           # 输出新列表
[1, 4, 9, 16, 25, 36, 49, 64]
```

【例 3-34】 成绩为[65,82,75,88,90],过滤出 80~90 的成绩(见图 3-8)。

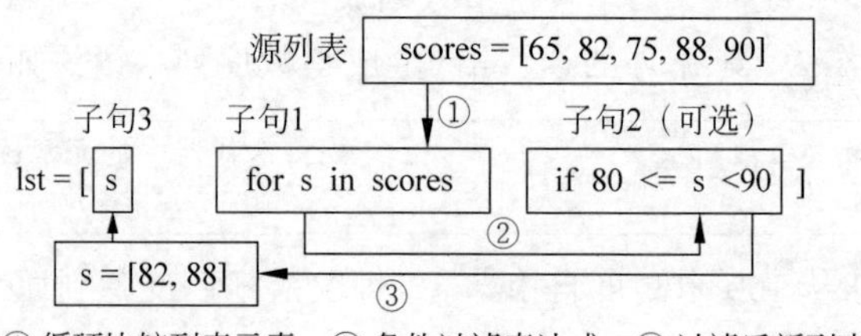

图 3-8 列表推导式执行过程示意图

```
1  >>> scores = [65, 82, 75, 88, 90]                 # 定义成绩列表
2  >>> lst = [s for s in scores if 80 <= s < 90]     # 在[]内的语句为列表推导式(过滤)
3  >>> print('成绩过滤新列表:', lst)                  # 打印新列表
   成绩过滤新列表:[82, 88]
```

案例分析:程序第 2 行的列表推导式看上去很复杂,难以理解,如果**对复杂语句按子句逐个分解,理解起来就容易多了**。如图 3-8 所示,列表推导式可以分为 3 个子句,子句 1 为列表循环,子句 2 为条件表达式(可选),子句 3 为输出表达式,各子句之间是嵌套关系。如图 3-8 所示,列表推导式的执行过程如下。

(1) 执行子句 1,从源列表 scores 中取出第一个元素(65)。

(2) 子句 2 对取出的元素进行条件选择,这时条件值为假,继续循环取第 2 个元素(82);这时条件值为真,将过滤出的元素存入子句 3 的表达式 s 中。

(3) 源列表所有元素循环判断完毕后,将子句 3 中的新列表赋值给变量 lst。

3.3.2 条件循环

条件循环有 while 条件循环(见图 3-9)和 while 永真循环(见图 3-10)两种结构。while 条件循环在运行前先判断条件表达式,若条件表达式的值为 True 则继续循环,若条件表达式的值为 False 则退出循环。while 永真循环则在循环开始设置条件为永真(True),然后在循环体内部设置条件判断语句,若条件表达式值为 True 则退出循环,否则继续循环。while 永真循环广泛应用于事件驱动程序设计和游戏程序设计。

说明:图 3-10 中,“if 条件表达式”语句可以设置条件为真退出循环,也可以设置条件为假退出循环,这里采用条件为真退出。while 永真循环中,条件为真退出循环设计方法广泛

用于 GUI 程序设计、游戏程序设计等。

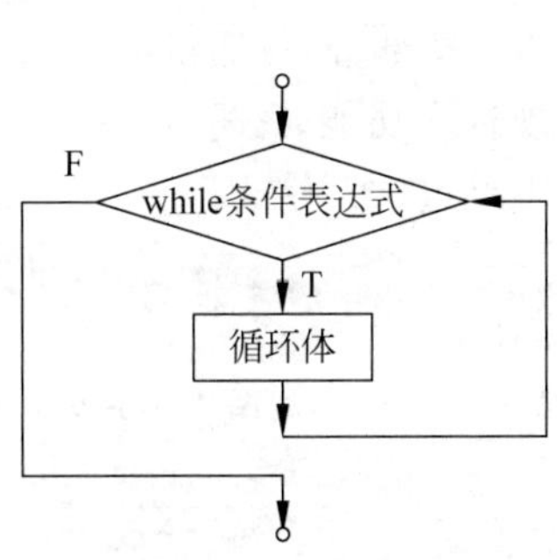

图 3-9　while 条件循环结构

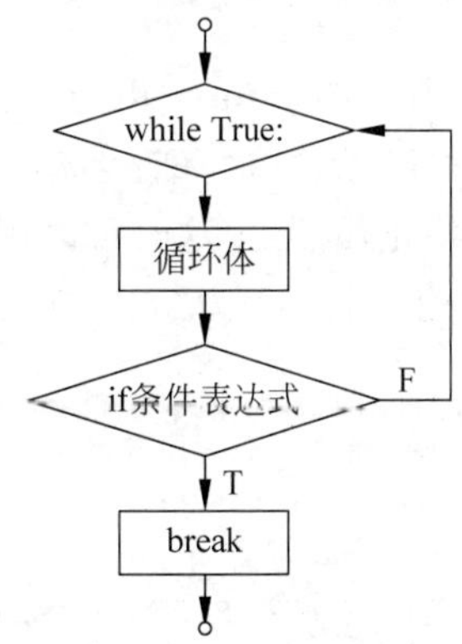

图 3-10　while 永真循环结构

while 条件循环语法如下。

```
while 条件表达式:                          # 如果条件表达式为 True,则执行循环体
    循环体                                 # 如果条件表达式为 False,则结束循环
```

while 永真循环语法如下。

```
while True:                                # while 永真循环
    循环体
    if 条件表达式:                         # 如果条件表达式为 False,则继续循环
        break                              # 如果条件表达式为 True,则强制退出循环
```

【例 3-35】　用 while 条件循环计算 1～100 的累加和。

```
n = 100                         # 定义循环终止条件
sum = 0                         # sum 存放累加和,初始化变量
counter = 1                     # 定义计数器变量,记录循环次数,并作为累加增量
while counter <= n:             # 循环判断,如果 counter <= n 为 True,则执行下面语句
    sum = sum + counter         # 累加和(sum 值 + counter 值后,再存入 sum 单元)
    counter += 1                # 循环计数(ounter <= n 为 False 时结束循环)
print(f'1 到{n}之和 = {sum}')   # 循环外语句,打印累加和
>>> 1 到 100 之和 = 5050        # 程序输出
```

【例 3-36】　输出简单正三角形。

```
i = 1                     # 变量初始化
while i <= 5:             # 循环终止条件
    print('*' * i)        # 打印 * 号
    i += 1                # 自加运算
>>>
*
**
***
****
*****
```

【例 3-37】　输出简单倒三角形。

```
i = 5                     # 变量初始化
while i >= 0:             # 循环终止条件
    print('*' * i)        # 打印 * 号
    i -= 1                # 自减运算
>>>
*****
****
***
**
*
```

3.3.3 中止和跳出循环

1. 循环中止：continue 语句

在程序循环结构中，有时会需要跳过循环序列中的某些部分，然后继续进行下一轮循环(注意，不是终止循环)。这时可以用 continue 语句实现这个功能。

【例 3-38】 字符串为"人间四月芳菲尽"，在输出中跳过"芳"字。

```
for s in '人间四月芳菲尽':               # 循环取出字符串中的字符
    if s == '芳':                        # 判断字符串如果是'芳'
        continue                         # 则跳过这个字符，回到循环开始处重新循环
    print(s,end='')
```

```
>>>人间四月菲尽                          # 程序输出
```

2. 强制跳出循环：break 语句

在循环体中，可以用 break 语句强制跳出当前 for 或 while 循环体。break 语句一般与 if 条件选择语句配合使用，在特定条件满足时，达到跳出当前循环体的目的。

【例 3-39】 字符串为"人间四月芳菲尽"，当遇到"芳"字时强制退出循环。

```
for s in '人间四月芳菲尽':               # 循环取出字符串中的字符
    if s == '芳':                        # 判断字符串如果是'芳'
        break                            # 则强制退出循环(比较与例 3-38 的区别)
    print(s,end='')
```

```
>>>人间四月                              # 程序输出
```

【例 3-40】 字典为{'宝玉'：85，'黛玉'：90，'宝钗'：88}，根据输入的姓名(键)，查找字典中对应的成绩(值)，如果找到对应的成绩则结束程序，否则继续循环查找。

```
1  dict1 = {'宝玉': 85, '黛玉': 90, '宝钗': 88}         # 定义字典
2  while True:                                          # 永真循环
3      key = input('请输入用户名:')                      # 输入姓名(键)
4      if key in dict1:                                 # 判断字典中的键
5          print(f'{key}的成绩是:', dict1.get(key))      # 打印查找到的值
6          break                                        # 强制退出循环
7      else:                                            # 否则
8          print('您输入的用户名不存在,请重新输入')
9          continue                                     # 返回循环开始处
```

```
>>>请输入用户名:                                         # 程序输出
```

程序说明：程序第 5 行，函数 dict1.get(key)为获取字典中键对应的值，如果字典中不存在输入的 key，则返回一个空值(None)。

注意，**break 语句是向下强制跳出循环；continue 语句暂停向下执行，继续向上循环。**程序中要谨慎使用 break 和 continue 语句：一是它们本质上都是 goto 语句；二是 break 语句造成了循环模块存在两个出口，这增加了程序测试的复杂度。

【例 3-41】 《石头—剪刀—布》游戏中，玩家赢则结束程序，否则游戏循环进行。

```
import random                                           # 导入标准模块——随机数

lst = ['石头', '剪刀', '布']                             # 定义字符串列表
```

```
4   win = [['布', '石头'], ['石头', '剪刀'], ['剪刀', '布']]              # 定义输赢标准
5   while True:                                                     # while 永真循环
6       computer = random.choice(lst)                               # 生成随机数
7       people = input('请输入【石头,剪刀,布】:').strip()              # 玩家输入
8       if people not in lst:                                       # 判断输赢方
9           people = input('请重新输入【石头,剪刀,布】:').strip()      # 重新输入
10          continue                                                # 回到循环起始处
11      if computer == people:                                      # 判断输赢
12          print('平手,再玩一次!')
13      elif [computer, people] in win:                             # 用成员运算判断输赢
14          print('电脑获胜!')
15      else:                                                       # 否则,玩家获胜
16          print('你获胜啦!')
17          break                                                   # 玩家获胜则退出循环
```

```
>>>                                                                 # 程序输出
请输入【石头,剪刀,布】= 石头                                           # 玩家输入"石头"
平手,再玩一次!
```

程序说明:

程序第 8～17 行为条件选择语句块,其中第 15～17 行为强制退出 while 永真循环。程序第 13 行,表达式"[computer, people] in win"为成员运算,它用来判断某一元素(如[computer, people])是否包含在变量中(如 win)。

3.3.4 程序的循环嵌套

循环嵌套就是一个循环体里面还有另外一个循环体,当两个以上的循环语句相互嵌套时,位于外层的循环结构简称为外循环,位于内层的循环结构简称为内循环。循环嵌套会导致代码的阅读性非常差,因此要避免出现三个以上的循环嵌套。

循环嵌套时,每执行一次外循环,都要进行一遍内循环。例如,读取一个 8 行 5 列的二维表格中的全部数据时,如果用循环遍历的方法读取表格内的数据,外循环 1 次时(读行),则内循环 5 次(读列),读取所有数据一共需要循环 8×5=40 次。

【例 3-42】 利用循环嵌套打印乘法口诀表。

案例分析:用外循环控制打印行,内循环控制打印列。乘法口诀表不需要重复打印,因此内循环迭代变量从第 1 列开始,到 $j+1$ 列结束(j 为列数)。

```
for i in range(1, 10):                          # 外循环 9 次,打印 9 行(i 行变量)
    for j in range(1, i + 1):                   # 内循环打印一行中的列(j 列变量)
        print(f'{j} × {i} = {i * j}\t', end = '')   # 按格式打印乘法口诀(\t 为空格)
    print()                                     # 换行
```

```
>>>                                             # 程序输出
1×1=1
1×2=2  2×2=4
1×3=3  2×3=6  3×3=9
1×4=4  2×4=8  3×4=12  4×4=16
1×5=5  2×5=10  3×5=15  4×5=20  5×5=25
1×6=6  2×6=12  3×6=18  4×6=24  5×6=30  6×6=36
1×7=7  2×7=14  3×7=21  4×7=28  5×7=35  6×7=42  7×7=49
1×8=8  2×8=16  3×8=24  4×8=32  5×8=40  6×8=48  7×8=56  8×8=64
1×9=9  2×9=18  3×9=27  4×9=36  5×9=45  6×9=54  7×9=63  8×9=72  9×9=81
```

程序说明：

程序第 1 行，语句 for i in range(1,10)为外循环，它控制行输出，共循环 9 次。

程序第 2 行，语句 for j in range(1,i+1)为内循环，它控制一行中每个表达式(如 1×1=1)的输出，由于迭代器为 range(1,10)，因此每行最多打印 9 个乘法口诀(9 列)。

程序第 3 行，语句 print()中，参数 f 为格式控制；{j}为乘数 1；×为乘号字符；{i}为乘数 2，{i * j}为乘积；\t 为水平制表符(即空格)；end=''为不换行打印。

程序第 4 行，语句 print()属于外循环，因此语句缩进与第 3 行 for 语句对齐，外循环每次循环中，它会执行一次。语句 print()中没有任何参数，它仅起到换行的作用。

【例 3-43】 输出 1～100 的素数。

案例分析：公元前 250 年，古希腊数学家埃拉托色尼(Eratosthenes)提出了一个构造出不超过 n 的素数算法。它基于一个简单的性质：对正整数 n，如果用 $2 \sim \sqrt{n}$ 的所有整数去除，均无法整除，则 n 为素数。$\sqrt{n}$ 为内循环次数。

```
1  import math                                     # 导入标准模块——数学
2  for n in range(2, 101):                         # 外循环,0 和 1 不是素数,n 从 2 开始
3      for j in range(2, round(math.sqrt(n)) + 1): # 内循环,j 为 2～sqrt(n)的整数
4          if n % j == 0:                          # 求余运算:n % j = 0 是合数(能整除)
5              break                               # 退出内循环,返回外循环
6      else:                                       # 语句是 for - else 结构,不是 if - else 结构
7          print('素数为', n)                       # n % j≠0 时,说明不能整除,n 为素数
   >>>素数为:2 3 5                                 # 程序输出(略)(注:输出为竖行)
```

程序说明：

程序第 3 行，变量 n 为外循环迭代变量；变量 j 为内循环迭代变量，值为 2～sqrt(n)的整数；math. sqrt(n)为求 n 的开方值；round()为取整数；range()为定义顺序整数。

程序第 4 行，如果 n 和 j 求余为 0，则 n 不是素数；如果余数不为 0，则 n 为素数。

程序第 6 行，语句 else 与第 3 行的 for 配套，语句含义是如果循环正常结束，则执行 else 中的代码；如果循环中执行了 break 语句，则 else 中的代码将不再执行。

3.3.5 案例：用 BBP 公式求 π 值

BBP(由算法学家 David Bailey、Peter Borwein、Simon Plouffe 三人的姓名而得名)公式非常神奇，它可以计算圆周率中的任何一位。BBP 公式如下。

$$\pi = \sum_{k=0}^{\infty}\left[\frac{1}{16^k}\left(\frac{4}{8k+1}-\frac{2}{8k+4}-\frac{1}{8k+5}-\frac{1}{8k+6}\right)\right]$$

式中，k 是 π 需要计算的小数位。公式的计算结果是十六进制数。虽然可以将十六进制数转换为十进制数，但是当把它转换为十进制数时，计算结果会被前后位数上的数所影响(二进制数没有影响)。

【例 3-44】 方法 1：利用 BBP 公式计算 π 值到小数点后第 100 位。

案例分析：为了进行比较，从网络(http://pai. babihu. com/pi/100. html)查找到圆周率的 100 位小数准确值为：π=3. 141 592 653 589 793 238 462 643 383 279 502 884 197 169 399 375 105 820 974 944 592 307 816 406 286 208 998 628 034 825 342 117 067 9。

```
N = int(input('请输入需要计算到小数点后第 n 位:'))        # 输入计算位数
pi = 0                                                    # 初始化变量 pi 值
for k in range(N):                                        # 循环计算 pi 值
    pi += 1/pow(16,k) * (4/(8 * k + 1) - 2/(8 * k + 4) - 1/(8 * k + 5) -
1/(8 * k + 6))                                            # BBP 公式
print(f'小数点后第{N}位的 pi 值为:', pi)                  # 打印计算结果
```

```
>>>                                                       # 程序输出
请输入需要计算到小数点后第 n 位:100
小数点后第 100 位的 pi 值为: 3.141592653589793
```

由以上程序输出结果可见，pi 值只能精确到小数点后 15 位。可对程序进行修改，如例 3-45 所示。

【例 3-45】 方法 2：利用 BBP 公式计算 π 值到小数点后第 100 位。

案例分析：对于浮点数的精确计算，需要用到 Python 标准函数库中的精确计算模块 decimal，以及计算精度设置函数 getcontext(). prec。

```
1  from decimal import Decimal, getcontext               # 导入标准模块——精确计算函数
2
3  getcontext().prec = 102                               # 设精度为 102 位(很重要)
4  N = int(input('请输入需要计算到小数点后第 n 位:'))    # 输入计算位数
5  pi = Decimal(0)                                       # 初始化 pi 值为精确浮点数
6  for k in range(N):                                    # 循环计算 pi 值
7      pi += Decimal(1/pow(16,k) * (4/(8 * k + 1) - 2/   # BBP 公式
   (8 * k + 4) - 1/(8 * k + 5) - 1/(8 * k + 6)))
8  print(f'小数点后第{N}位的 pi 值为:', pi)              # 打印 pi 值
```

```
>>>                                                      # 程序输出
请输入需要计算到小数点后第 n 位:100
小数点后第 100 位的 pi 值为:3.1415926535 8979320958 1689672085 3760862142 8145036074
3119042289 7105864764 2051543596 3184949209 0956344708 9
```

程序说明：

程序第 3 行，函数 getcontext(). prec 为设置在后续运算中的有效位数。

程序第 5 行，函数 Decimal(0)为设置参数 0 的精度为 102 位(默认 28 位)。参数可以为整数或者数字字符串(如'0')，但不能是浮点数，因为浮点数本身就不准确。

程序分析：从以上计算结果可以看到，虽然可以计算到 100 位，但是小数点后第 16 位以后已经与网络查找的 pi 值不相符了。问题出在哪里呢？检查程序，可以发现 N 和 k 没有设置浮点数精确计算，N 为循环计数序列，不设置精确值问题不大；但是 k 是迭代变量，如果不设置浮点数精确计算，将导致浮点数精确计算失败。可对程序进行修改，如例 3-46 所示。

【例 3-46】 方法 3：利用 BBP 公式计算 π 值到小数点后第 100 位。

```
from decimal import Decimal, getcontext               # 导入标准模块——精确计算函数

getcontext().prec = 102                               # 设计算精度为 102 位(很重要)
N = int(input('请输入需要计算到小数点后第 n 位:'))    # 输入计算位数
pi = Decimal(0)                                       # 初始化 pi 值为精确浮点数
```

```
for n in range(N):                                   # 循环计算 pi 精确值
    k = Decimal(n)                                   # 迭代变量为精确浮点数(很重要)
    pi += Decimal(1/pow(16,k) * (4/(8 * k + 1) - 2/(8 * k + 4) - 1/(8 * k + 5) - 1/(8 * k + 6)))   # BBP 公式
print(f'小数点后第{N}位的 pi 值为:', pi)                # 打印 pi 值
```

```
>>>                                                  # 程序输出
请输入需要精确到小数点后第 n 位:100
小数点后第 100 位的 pi 值为:3.1415926535 8979323846 2643383279 5028841971 6939937510
5820974944 5923078164 0628620899 8628034825 3421170679 8        # 校验计算结果正确
```

案例分析：从例 3-44、例 3-45、例 3-46 三个程序，可以总结出以下经验。

(1) 一个优秀的程序需要反复调试，很难一次就设计成功。

(2) 例 3-45 程序运行正常，但是程序结果错误，说明程序的逻辑错误很难发现。

(3) 高精度浮点运算时，一定要注意迭代变量的积累误差。

习 题 3

3-1　模块导入有哪些原则?

3-2　说明语句 import matplotlib.pyplot as plt 各部分的功能。

3-3　赋值语句应当注意哪些问题?

3-4　编程：从键盘输入三个随机整数，将这三个数由小到大排序输出。

3-5　编程：成绩≥85 分用"优"表示；75～84 分用"良"表示；60～74 分用"及格"表示；60 分以下用"不及格"表示。从键盘输入一个成绩，显示成绩的等级。

3-6　编程：一对兔子从出生后第 3 个月起，每个月都生一对兔子，小兔子长到第 3 个月后，每个月又生一对兔子。假设兔子都不死，问 9 个月内每月兔子总数为多少?

3-7　编程："水仙花数"指一个三位数，各位数字立方和等于该数本身。如 153 是一个"水仙花数"，因为 $153=1^3+5^3+3^3$。编程打印 100～1000 的所有"水仙花数"。

3-8　编程：用循环嵌套的方法，打印一个由 * 号组成的 6 行倒三角形。

3-9　编程：改写例 3-41 的程序，从键盘输入 1 时，代替汉字"石头"；输入 2 时，代替汉字"剪刀"；输入 3 时，代替汉字"布"；输入 q 时退出游戏。

3-10　编程：列表为[55,85,73,94,42,88]，将低于 60 的元素用"不及格"代替，大于或等于 60 的元素保留原值。用列表推导式编程，输出['不及格',85,73,94,'不及格',88]。

第4章　函数与绘图

Python 是一种富有表现力的编程语言。它提供了一个庞大的标准函数库，帮助我们快速完成工作。数学中的函数是指给定一个输入，就会有输出的一种对应关系。程序语言中的函数与它基本相同，但也有些差别。函数是一种可以重复调用的子程序，它减少了程序设计的重复代码，提高了程序可靠性，降低了程序设计难度。

4.1 标准函数

4.1.1 标准函数和调用方法

1. 函数的概念

函数是一段具有特定功能和可重用的程序语句块。函数实现了程序功能的抽象和对程序代码的封装。程序简洁性的最高形式是有人帮你写好了函数，你只要调用就行。**函数库就是别人帮你写好的程序库**。不同程序语言对函数有不同的名称，如函数、方法(面向对象编程)、过程(早期名称)、子程序等。一个函数可以被调用多次，也可以被不同语句调用。函数中可以嵌套调用其他函数，函数也可以自己调用自己(递归函数)。程序设计要善于利用函数，减少程序代码的重复编写工作。

2. Python 的函数类型

Python 有四种函数类型：内置标准函数、导入标准函数、第三方软件包中的函数、自定义函数。Python 标准函数库提供了 200 多个程序模块和数千个标准函数。

(1) 内置标准函数由 Python 自带，Python 启动后就可以调用，不需要导入。

(2) 导入标准函数由 Python 自带，需要用 import 语句导入相关模块才能调用。

(3) 第三方软件包中的函数需要用 pip 工具从网络下载和安装，Python 运行后也不会自行启动，需要用 import 语句导入，然后才能在程序中调用这些函数。

(4) 自定义函数由程序员在程序中编写，在程序中调用。自定义函数也可以做成单独的程序模块，保存在指定目录下，便于自己今后调用。

3. Python 内置标准函数

Python 内置标准函数包括变量、函数、模块和类，可以用 dir()查询内置函数。

【例 4-1】 用函数 dir()查看内置模块、内置变量、内置标准函数和内置方法。

```
>>> dir(__builtins__)                                      # 查看内置标准函数
['ArithmeticError', 'AssertionError', 'AttributeError',…        # 内置类、变量略
'_', '__build_class__', '__debug__', '__doc__', '__import__',…(输出略)  # 内置特殊方法略
```

```
   'abs', 'all', 'any', 'ascii', 'bin', 'bool', 'breakpoint',…(输出略)  # 内置标准函数略
2  >>> dir('str')                                                        # 字符串类内置方法
   …                                                                     # 输出略
3  >>>> len(dir(__builtins__))                                           # 内置变量和内置标准函数
   159
```

Python 3.11 常用内置标准函数(部分)如表 4-1 所示,列表常用内置函数如表 4-2 所示,字符串常用函数如表 4-3 所示,函数使用说明用 help('函数名')查看(参见 1.2.1 节)。

表 4-1　Python 3.11 常用内置标准函数(部分)

方　法	说　明	方　法	说　明	方　法	说　明
abs()*	返回对象绝对值	all()	判断对象是否全为 True	any()*	判断对象是否全为 False
ascii()	返回对象字符串	bin()	返回整数的二进制数	bool()*	将对象转换为布尔值
bytearray()	返回对象字节	bytes()	返回对象字节码	callable()	对象是否可调用
chr()	返回整数对应的字符	classmethod()*	对象无须实例化	compile()*	将对象编译为字节码
complex()	将复数转换为字符串	delattr()	删除对象属性	dict()*	将对象转换为字典
dir()*	返回当前的变量或属性	divmod()	返回除法商和余数	enumerate()*	返回枚举对象
eval()*	返回表达式计算结果	exec()*	字符串转换为执行语句	filter()*	过滤不符合条件的对象
float()*	将对象转换为浮点数	frozenset()	返回冻结的集合	getattr()	返回对象属性值
globals()	返回全局变量	hasattr()	判断对象属性	hash()	返回对象哈希值
help()*	返回对象帮助信息	hex()*	将对象转换为十六进制数	id()*	返回对象内存地址
input()*	返回输入字符串	int()*	将对象转换为整数	isinstance()	判断对象类型
issubclass()	对象是否为子类	iter()	生成迭代器	len()*	计算字符串长度
list()*	将对象转换为列表	locals()*	返回局部变量	map()*	映射到可迭代对象
max()	统计序列最大值	memoryview()	返回查看对象	oct()	将整数转换为 8 进制字符串
min()*	统计序列最小值	next()*	返回迭代器下一个对象	object()	返回对象类型
open()*	打开/创建文件	ord()*	将对象转换为 ASCII 码值	pop()*	删除列表最后一个元素
pow()*	返回 x 的 y 次方值	print()*	将对象打印到屏幕	range()*	生成顺序整数序列
round()*	返回小数四舍五入值	set()*	将对象转换为集合	setattr()	定义对象属性值

续表

方　法	说　明	方　法	说　明	方　法	说　明
slice()	返回切片对象	str()*	将对象转换为字符串	sum()*	返回对象累加和
super()	调用对象父类	tuple()*	将对象转换为元组	type()*	返回对象类型
vars()	返回对象属性	zip()*	序列打包和解包	__import__()*	动态加载函数

说明：表中 * 表示本书有应用案例。

表 4-2　Python 3.11 列表常用内置函数

方　法	说　明	方　法	说　明	方　法	说　明
lst.append()*	末尾添加元素	lst.clear()*	清空所有元素	lst.count()*	统计元素出现次数
lst.copy()*	浅拷贝列表	lst.del()	删除对应元素	lst.extend()*	在末尾添加元素
lst.index()*	返回元素索引号	lst.insert()*	将元素插入指定位置	lst.pop()*	按索引号删除元素
lst.remove()*	删除指定元素	lst.reverse()*	列表元素反转	lst.sort()*	列表排序

说明：表中 lst 为列表对象名，* 表示本书有应用案例。

表 4-3　Python 3.11 字符串常用函数

方　法	说　明	方　法	说　明	方　法	说　明
s.center()	字符串填充	s.count()*	统计某字符出现的次数	s.encode()*	指定编码格式
s.endswith()*	判断数据类型	s.expandtabs()	把\t 转换为空格	s.find()	查找子字符串索引号
s.format()*	字符串格式化	s.index()*	查找字符索引号	s.isalnum()	是否有空格
s.isalpha()*	字符串是否只有字母	s.isdecimal()	是否仅含数字	s.isdigit()*	是否只含正数
s.isidentifier()	标识符是否有效	s.islower()	是否都是小写字母	s.isnumeric()	是否为数字
s.isprintable()	是否为可打印字符	s.isspace()*	字符串是否有空格	s.isupper()	字符串是否为大写
s.join()*	连接生成新字符串	s.ljust()*	字符串左对齐	s.lower()	将大写转换为小写
s.lstrip()	删除字符串左边空格	s.partition()*	按分隔符切片	s.removeprefix()	删除前缀
s.removesuffix()	删除字符串后缀	s.replace()*	字符串替换	s.rfind()	字符最右侧索引号
s.rindex()	最右侧字符索引号	s.rjust()	字符串右对齐	s.rpartition()	从右侧开始切片

续表

方法	说明	方法	说明	方法	说明
s. rsplit()*	从右侧开始切片	s. rstrip()*	删除末尾指定字符	s. split()*	对指定字符串切片
s. starts-with()	以指定字符开头	s. strip()*	删除字符串前后空格	s. swap-case()	大小写转换
s. title()*	将首字母转换为大写	s. upper()*	将小写转换为大写	s. zfill()	右对齐,前面填 0

说明:表中 s 为对象名;需要导入 string 模块;表中 * 表示本书有应用案例。

4. 函数的点命名调用方法

函数 API(应用程序接口)包括函数名、功能、调用方法、形参、返回值等。**函数调用采用点命名法**(也称为对象命名法),点命名中点号的含义为形容词"的",表示对象之间的从属关系,起到连接作用。使用方法为模块.函数()、模块.类()、变量.模块.函数()、对象.属性、对象.方法()等。如函数 math.sin()点命名中,含义为 math 模块的 sin()函数,括号()内为函数参数。点命名方式可以避免同名函数或同名变量的冲突。

通常情况下,**函数调用与数据类型有关**,如列表的函数不能用在字符串上,反之亦然。例如,内置函数 reverse()的功能是用于数据反转,它仅仅对列表有效,这个函数对字符串、元组、字典等数据类型无效;而函数 len()对任何数据类型都适用。对大部分内置标准函数而言,很多数据类型都可以使用。Python 标准函数库中文参考手册参见 http://study.yali.edu.cn/pythonhelp/library/index.html。

4.1.2 内置标准函数程序设计

1. 字符串反转函数 reversed()

【例 4-2】 利用内置标准函数 reversed()实现字符串反转。

```
s1 = '客上天然居'                        # 定义字符串 s1
s2 = ''                                  # 初始化字符串变量 s2 为空
for i in reversed(s1):                   # 利用 reversed()函数实现字符串反转
    s2 += i                              # 字符串变量 s2 长度自增
print('原始字符串:', s1)                 # 打印原始字符串 s1
print('反转字符串:', s2)                 # 打印反转字符串 s2
```

```
>>>                                      # 程序输出
原始字符串:客上天然居
反转字符串:居然天上客
```

2. 列表排序函数 sort()

【例 4-3】 利用内置标准函数对列表进行排序。

案例分析:内置排序函数为 sort(),函数根据序列中元素的 UTF8 码排序(默认升序)如下:0-9→A-Z→a-z→符号→汉字(按康熙字典排序)。

```
>>> lst2 = ['Y', 'B', 'Hello', '666', 'book', 'P']        # 定义一个字符串列表
>>> lst2.sort()                                           # 列表排序(默认升序)
>>> lst2                                                  # 查看排序后的列表
['666', 'B', 'Hello', 'P', 'Y', 'book']                   # 按 UTF8 码值大小排序
```

3. 字符串转为语句函数 exec()

【例 4-4】 用函数 exec()将字符串转为可执行程序语句。

```
>>> exec("print('雪崩时,没有一片雪花觉得自己有责任。')")          #将字符串转为语句
雪崩时,没有一片雪花觉得自己有责任。
```

4. 序列打包函数 zip()

函数 zip()可以将多个序列(如列表、元组、字典、字符串等)打包成一个对象,即将这些序列中对应位置的元素重新组合生成一个新元组。由于函数 zip()通过元素打包可以减少元素数量,因此函数 zip()具有类似于压缩的功能。解包函数用 zip(* arges)表示,其中的 * 号表示解包,即将打包的元素解包为多个元素的元组。

【例 4-5】 两个列表共有 8 个元素,利用函数 zip()打包为 4 个元素。

```
1  >>> lst1 = ['a', 'b', 'c', 'd']                 # 定义列表 1(4 个元素)
2  >>> lst2 = [1, 2, 3, 4]                         # 定义列表 2(4 个元素)
3  >>> lst3 = zip(s1, s2)                          # 将列表 1 和列表 2 合并进行打包
4  >>> lst3
5  <zip object at 0x016ECB28>                      # 打包后的 lst3 为元组对象
6  >>> lst3 = list(zip(lst1, lst2))                # 列表 1 和列表 2 打包后再转换为列表
7  >>> lst3
8  [('a', 1), ('b', 2), ('c', 3), ('d', 4)]        # zip()打包后为 4 个元素,并且列转换为行
```

程序说明:程序第 6 行,函数 zip()可以将同一列的元素打包成一个元组(如('a',1)),这在表格行列转换、矩阵转置等运算中应用广泛。

【例 4-6】 某企业一季度产品销售额和成本如表 4-4 所示,毛利润=产品销售额-产品成本,求毛利润。

表 4-4 某企业一季度产品销售额和成本

类　　别	一月	二月	三月
产品销售额/元	45 000.00	22 500.00	57 000.00
产品成本/元	32 600.00	21 800.00	42 600.00

案例分析:以上表格如果采用循环处理会非常麻烦,利用函数 zip()进行行列互换,可以简化程序代码。

```
total_sales = [45000.00, 22500.00, 57000.00]            # 定义产品销售额列表
prod_cost = [32600.00, 18600.00, 42600.00]              # 定义产品成本列表
x = 0                                                   # 月份变量初始化
for sales, costs in zip(total_sales, prod_cost):        # 循环解包(迭代变量为元组)
    profit = sales - costs
    x += 1                                              # 月份递增
    print(f'{x}月份毛利润:{profit:.2f}')                 # 打印毛利润
```

```
>>>                                                     # 程序输出
1 月份毛利润:12400.00
2 月份毛利润:3900.00
3 月份毛利润:14400.00
```

4.1.3 导入标准函数程序设计

1. 随机数函数程序设计

Python 通过 random 模块提供各种伪随机数(用梅森旋转算法生成),它可以满足大部分应用的需求。random 模块的随机数函数如表 4-5 所示。

表 4-5 random 模块的随机数函数

函数语法	函数功能	函数参数
random. randint(m,n)	返回[m,n]中的一个随机整数	m、n 必须是整数
random. sample(x,k)	返回 x 序列中的 k 个随机元素	字符串、列表、元组
random. choice(x)	返回 x 序列中的一个随机元素	字符串、列表、元组
random. shuffle(list)	返回随机打乱列表中的元素	列表
random. randrange(m,n,k)	返回[m,n)中以 k 为倍数的随机数	m、n、k 是整数
random. random()	返回[0,1)之内的一个随机浮点数	无
random. uniform(m,n)	返回[m,n)中的一个随机浮点数	m、n 是整数或浮点数
random. getrandbits(k)	返回一个 k 位二进制整数	k 为整数
random. seed([x])	改变随机数生成器的种子	x 为种子,默认为系统时间

【例 4-7】 随机数函数应用案例。

```
>>> import random                                  # 导入标准模块——随机数
>>> random.randint(1, 100)                         # 生成 1~100 的一个整数
49
>>> random.sample(range(1000), 5)                  # 生成 1000 以内的序列,随机取 5 个元素
[995, 107, 916, 591, 487]
>>> lst1 = ['山', '雨', '欲', '来', '风', '满', '楼']   # 定义列表
>>> lst2 = random.sample(lst1, 3)                  # 在列表中随机取 3 个字符串
>>> lst2
['楼', '风', '雨']
>>> random.shuffle(lst1)                           # 打乱列表 lst1 元素的排列顺序
>>> lst1                                           # 注意,函数不会生成新列表
['雨', '欲', '满', '楼', '风', '来', '山']
```

2. 日期和时间函数程序设计

Python 提供了日期时间模块 datetime,它经常用于日期和时间的表达、日志文件、销量预测等应用。

【例 4-8】 日期和时间函数应用案例。

```
>>> from datetime import date, datetime      # 导入标准模块——日期和时间函数
>>>> print(datetime.now())                    # 打印当前日期和时间
2022-10-20 16:28:08.316027                    # 年-月-日 时:分:秒.毫秒
```

3. 时间戳函数程序设计

时间戳是指从 1970 年 1 月 1 日 0 时 0 分 0 秒至当前时间的总秒数。时间戳函数的应用很多,如计算程序运行时间、用于随机数的种子、用于加密算法等。

【例 4-9】 利用时间戳函数,计算程序中某段代码块的运行时间。

```
import time                                   # 导入标准模块——时间戳
start = time.time()                           # 获取起始时间戳
```

```
for i in range(10000000):                        # 循环计数(延时)
    pass                                         # 空语句,这里可插入其他语句
end = time.time()                                # 获取结束时间戳
print(f'循环运行时间:{end - start}秒')            # 打印运行时间
>>> 循环运行时间:0.6053812503814697 秒            # 程序输出
```

4. 容器函数程序设计

Python 提供了字符串、列表、元组、字典、集合等常用数据类型的容器,还提供了一个功能增强的 collection 容器模块。模块 collection 中的容器函数很多,如成员计数函数 Counter(),统计字符串中成员的数量;有序词典函数 OrderedDict(),记住成员插入顺序;双端队列函数 deque(),支持从队列两端添加和删除元素;命名元组函数 namedtuple(),元组使用别名访问成员(参见 5.2.5 节)。

【例 4-10】 容器模块 collection 应用案例。

```
>>> import collections                                    # 导入标准模块——容器
>>> s = collections.Counter('君生我未生,我生君已老。')      # 统计字符串中成员的数量
>>> s
Counter({'生':3, '君':2, '我':2, '未':1, ',':1, '已':1, '老':1, '。':1})
>>> char = collections.Counter(a = 4, b = 2, c = 0, d = 1)  # 定义字符重复出现次数
>>> list(char.elements())                                 # 重复指定的次数
['a', 'a', 'a', 'a', 'b', 'b', 'd']
>>> c = collections.Counter(a = 3, b = 1)                 # 定义字典 1
>>> d = collections.Counter(a = 1, b = 2)                 # 定义字典 2
>>> c + d                                                 # 字典 1 + 字典 2
Counter({'a': 4, 'b': 3})
```

【例 4-11】 对字符串"君生我未生,我生君已老。"进行字符成员数量统计。

案例分析:在程序设计中,经常会遇到计数和排序。如分析文本时,会得到一堆单词,其中有大量出现的关键字,也有大量出现的停止词(如"的"),还有一些出现过寥寥几次的单词。下面希望统计词语出现过的数量,但是只保留出现次数最高的若干单词。这个需求如果用 collections. Counter()方法实现,程序就会非常简单,而且省去了计数后的排序步骤,且会缩减成一行代码。

```
import collections                               # 导入标准模块——容器
s1 = '君生我未生,我生君已老。\
    君恨我生迟,我恨君生早。'                      # 定义字符串
s2 = collections.Counter(s1)                     # 统计所有成员出现次数
for letter in '君生我':                           # 循环打印指定成员
    print(f'{letter}, {s2[letter]}')             # 打印指定成员和统计数
>>> 君, 4      生, 5      我, 4                   # 程序输出(输出为多行)
```

程序说明:成员计数函数可用于对文件中指定关键字的统计。

5. 命名元组函数程序设计

【例 4-12】 创建命名元组(参见 5.2.5 节)。

```
import collections                                      # 导入标准模块——容器
point = collections.namedtuple('坐标', ['x', 'y'])      # 元组命名
p1 = point(2, 3)                                        # 坐标赋值
p2 = point(4, 2)
```

```
print(p1)                                              # 打印第 1 个坐标
print(p2)                                              # 打印第 2 个坐标
>>> 坐标(x = 2, y = 3)    坐标(x = 4, y = 2)           # 程序输出(输出为多行)
```


4.1.4 案例：利用唐诗和百家姓生成姓名

给小孩取名是一门大学问,民间通常有“女诗经男楚辞”之说(是否在理另当别论)。姓名能达到以下要求较好：一是姓名能够兼顾发音的平仄相对,听起来朗朗上口；二是兼顾姓名的笔画数,如美观上讲究笔画数的“多-少-多”,如传统中笔画数讲究“三才五格”等；三是姓名最好具有某种特殊含义,尽量避免产生歧义。下面用程序将百家姓和古代诗词集合在一起,随机生成姓名。

【例 4-13】 利用唐诗和百家姓随机生成人物虚拟姓名。

案例分析：可以利用百家姓文件来生成人物的“姓”,利用诗词或常用名词生成人物的“名”。姓和名可以利用随机函数进行选择,以生成随机不重复姓名。姓名的笔画数人工判断比较简单,程序也可以处理,但是处理过程麻烦一些。姓名语调的平仄处理比较简单,可以参见 7.4.3 节对语调平仄的判断。而对姓名隐含语义的判断,目前的程序尚无能为力,它需要人工进行判断和选择,可见程序也不是万能的。

```
1  import random as rd                                                      # 导入标准模块
2  x1 = '赵钱孙李周吴郑王冯陈褚卫蒋沈韩杨朱秦尤许何吕施张孔曹严华'        # 定义百家姓 1
3  m2 = '银烛秋光冷画屏轻罗小扇扑流萤天阶夜色凉如水卧看牵牛织女星'        # 定义唐诗名 2
4  m3 = '故人西辞黄鹤楼烟花三月下扬州孤帆远影碧空尽唯见长江天际流'        # 定义唐诗名 3
5  for i in range(10):                                                      # 随机生成姓名
6      name = rd.choice(x1) + rd.choice(m2) + rd.choice(m3)                 # 连接形成姓名
7      print(name)
   >>>蒋天辞    许轻唯    周光尽    张扑碧…                                  # 程序输出(略)
```

程序说明：程序第 6 行,函数 rd.choice(序列)表示在序列中随机选取一个值。序列可以是一个列表、元组或字符串。返回值是序列中一个随机项。

4.2 自定义函数

4.2.1 自定义函数程序设计

1. 自定义函数的语法

自定义函数是一个语句块,这个语句块有一个函数名,可以在程序中使用函数名调用自定义函数。函数定义语法如下。

```
def 函数名(形参):          # 保留字 def 为定义函数;形参为接收数据的变量名
    函数体                 # 函数执行主体,比 def 缩进 4 个空格
    return 返回值          # 函数结束,返回值传递给调用语句,比 def 缩进 4 个空格
```

(1) 函数名。函数名最好能见名知义,函数名不能重复并且是合法的。

(2) 形参。函数中形参(形式参数)的功能是接收调用语句传递过来的实参(实际参数),它相当于数学函数中的自变量。多个形参之间用逗号分隔。形参不用说明数据类型,函数会根据传递来的实参判断数据类型。形参有位置形参、默认形参、可变形参(关键字形

参)三种类型。**位置形参中,形参与实参的位置和数量必须从左到右一一对应**。

(3) 函数体。函数体是一个能完成具体功能的语句块,它比 def 缩进 4 个空格。

(4) 函数返回。函数结束并携带返回值,返回值可以是变量名、表达式或 None(空)。函数只能返回一个值,当返回值中有多个元素时,它们会被整合为一个元组。函数没有返回值或者没有 return 语句时,返回值为空。返回值相当于数学函数中的因变量。

2. 自定义函数的调用

函数的调用方法即应用程序接口,它包括调用函数的名称、参数、参数数据类型、返回值等。Python 是解释性程序语言,**函数必须先定义后调用**。**函数调用名必须与定义的函数名一致,并按函数要求传输参数**。函数调用方法如下。

```
函数名(实参)                # 实参可以有 0 到多个,多个实参之间用逗号分隔
```

实参是调用语句传递给函数中形参的值。实参可以是具体值,也可以是已赋值的变量,**实参不能是没有赋值的变量**。

【例 4-14】 用自定义函数计算圆柱体体积。

```
1  def volume(a, b):                              # 自定义函数,函数名为 volume,a,b 为形参
2      PI = 3.1415926                             # 函数体,常数赋值
3      v = PI * a * a * b                         # 函数体,计算圆柱体体积
4      return v                                   # 函数结束,返回 v 值
5
6  r = float(input('请输入圆柱体半径:'))          # 接收键盘输入(为实参 r 赋值)
7  h = float(input('请输入圆柱体高度:'))          # 接收键盘输入(为实参 h 赋值)
8  x = volume(r, h)                               # 调用函数,r、h 为实参,x 接收函数返回值
9  print('圆柱的体积为:', x)                      # 打印计算结果

   >>>                                            # 程序输出
   请输入圆柱体半径:5
   请输入圆柱体高度:12
   圆柱的体积为: 942.47778
```

程序说明:

程序第 1~4 行为自定义函数。a 和 b 为形参,它接收程序第 8 行的实参 r 和 h。

程序第 4 行,v 是返回值,**它是局部变量,它只在函数内部才有效**。

程序第 6~9 行为主程序块。程序第 8 行为调用自定义函数 volume(),并且传递实参 r 和 h 给自定义函数进行计算。**实参与形参的名称可以相同或不同**。

程序第 8 行,将返回值 v 赋值给变量 x。函数中参数传递过程示例如图 4-1 所示。

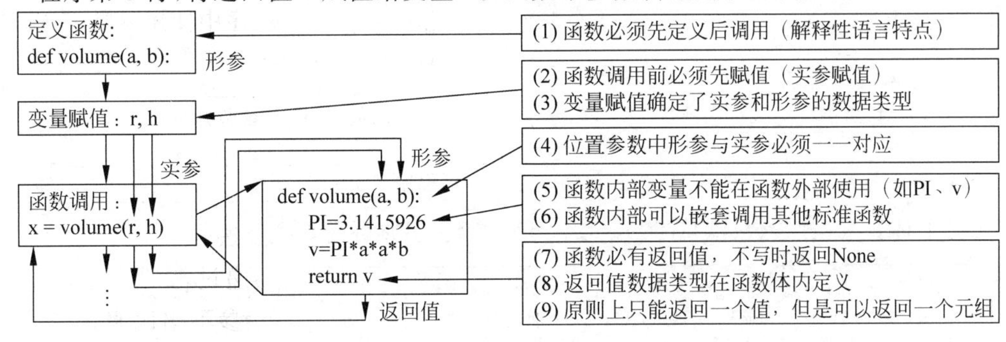

图 4-1 函数中参数传递过程示例

3. 形参和返回值的数据类型说明

Python 中,形参不需要说明数据类型,它与实参数据类型一致。但是对一些复杂的多模块调用程序,Python 可以在函数的形参中用的冒号(:)表示参数的数据类型;函数()后面的箭头(->)说明函数返回值的数据类型。

【例 4-15】 形参数据类型说明案例(程序片段)。

```
def add(num1: int, num2: int = 100) -> int:     # 形参为整数 int;返回值也为整数 int
```

4. 函数返回值

严格来说,一个函数只能返回一个值。在 Python 中,**如果函数有多个返回值时,它们将自动转换为元组数据类型**,返回值之间用逗号分隔。

【例 4-16】 函数有多个返回值时返回值为元组的案例。

```
def test():                          # 自定义函数 test()
    return 'Python', 520             # 多个返回值('Python', 520 是没有写括号的元组)
print(test())                        # 打印函数返回值
>>>('Python', 520)                   # 程序输出(返回值为元组)
```

4.2.2 默认参数和可变参数

Python 函数中的形参支持位置参数、默认参数和可变参数。位置参数的要求前面已经介绍(见图 4-1)。默认参数是在形参中直接赋值,不再需要传递实参。**可变参数是指可以使用任意个数的参数(包括 0 个参数),无须声明参数的个数**。可变参数有两种类型,一种是元组型形参(统称为 * args);另外一种是关键字形参(统称为 ** kw 或 kwargs,也称为字典型参数)。可变参数应用时需要注意以下问题。

(1) 参数名 * args 和 ** kw 是可变参数的统称,也可以使用其他名称。

(2) 使用可变参数时,不再为每个值分配变量名,所有值都是变量名的一部分。

(3) 参数 * args 和 ** kw 同时存在时,参数 * args 必须在 ** kw 之前。

(4) 参数 * args 中,实参的位置不可改变,如实参(100, 50)不能写为(50, 100)。

(5) **关键字参数(** kw)的实参格式为关键字=值**,如 font=20。

(6) 参数 ** kw 中,实参位置可以改变,如(x=30, y=10)与(y=10, x=30)等效。

【例 4-17】 简单可变参数案例。

```
def multi_sum(*args):                # 定义函数,*args 为可变参数(元组)
    s = 0                            # 初始化
    for i in args:                   # 循环计算
        s += i                       # 自加运算(与 s = s + i 等价)
    return s                         # 返回计算结果
x = multi_sum(3, 4, 5)               # 调用函数,传递实参列表
print(x)
>>> 12                               # 程序输出
```

【例 4-18】 位置参数、默认参数、元组可变参数、字典可变参数案例。

```
def do_something(name, age, sex = '男', *args, **kw):      # 定义函数(可变参数)
    print(f'姓名:{name}, 年龄:{age}, 性别:{sex}')          # 打印姓名,年龄,性别
    print(args)                                             # 打印输出(不要 * 号)
```

```
4       print(kw)                                              # 打印输出(不要 ** 号)
5   do_something('宝玉', 18, '男', 175, 70, 数学 = 30, 古文 = 60)    # 调用函数,传递实参
```

```
>>>                                                        # 程序输出
姓名:宝玉,年龄:18,性别:男
(175, 70)
{'数学': 30, '古文': 60}
```

程序说明:

程序第 1 行,形参(name,age,sex='男',*args,**kw)中,参数 name 和 age 是位置参数(形参与实参按位置一一对应);参数 sex='男'是默认参数;参数 *args(身高体重)是元组可变参数;参数 **kw(成绩)是字典可变参数(键值对称为关键字)。

程序第 5 行,实参('宝玉',20,'男',175,70,数学=30,古文=60)中,实参'宝玉'和 20 传递给形参 name 和 age;实参 175 和 70 实际上是没有写小括号的元组,这两个值传递给形参 *args(元组,参数个数可变);实参'数学=30'和'古文=60'实际上是 2 个键值对,它们是没有写大括号的字典,它们的值传递给形参 **kw(字典,参数个数可变)。

4.2.3 局部变量和全局变量

1. 变量的作用域

变量有一定的作用范围,变量的作用范围称为作用域。作用域是程序代码能够访问该变量的区域,如果超过该区域,程序将无法访问该变量。根据变量的作用域,可以将变量分为局部变量和全局变量。

2. 局部变量

局部变量是指在函数内部定义并使用的变量,它只在函数内部有效。内部函数执行时,系统会为该函数分配一块"临时内存空间",所有局部变量都保存在这块临时内存空间内。函数执行完成后,这块内存空间就被释放了,因此局部变量也就失效了。

【例 4-19】 在函数外部引用函数内部的局部变量时,将触发程序异常。

```
def test2():                           # 定义测试函数 test2()
    txt = '日无虚度'                    # 在函数内部定义局部变量 txt
test2()                                # 调用测试函数 test2()
print('局部变量 txt 的值为:', txt)      # 在函数外部打印局部变量 txt
```

```
>>> SyntaxError:…                     # 程序输出(异常信息略)
```

3. 全局变量

全局变量指作用于函数内部和外部的变量,即全局变量既可以在函数外部使用,也可以在函数内部使用。有两种方式定义全局变量:一是在函数体外部定义的变量一定是全局变量;二是在函数体内部可以用 global 保留字来定义全局变量。

【例 4-20】 在函数外部定义全局变量,在函数内部打印全局变量。

```
text = '咬定青山不放松'                 # 定义全局变量
def test3():                           # 定义函数(注意,函数没有传递参数)
    print(text)                        # 在函数内部调用全局变量
test3()                                # 调用函数
```

```
>>>咬定青山不放松                       # 程序输出
```

【例 4-21】 在函数内部,通过 global 保留字将局部变量声明为全局变量。

```
def test4():                                # 定义测试函数 test4()
    global text                             # 定义 text 为全局变量,global 为保留字
    text = '大道至简'                        # 全局变量 text 赋值
test4()                                     # 调用测试函数 test4()
print('全局变量 text 的值为:', text)          # 打印函数内部定义的全局变量 text
>>>全局变量 text 的值为:大道至简               # 程序输出
```

注意:全局变量和局部变量不要同名。如果重名,则局部变量会屏蔽全局变量。

4.2.4 自定义模块导入和调用

1. 一个简单的自定义模块

除了 Python 标准模块和第三方软件包外,用户也可以自己编写和导入模块。最简单的方法是编写一个 Python 程序,将它保存在 Python 的 Lib 目录下(或者保存在程序运行目录下)。这样,编写的程序就是一个模块,文件名就是模块名,可以在其他程序中通过 import 语句导入和使用这个模块。

【例 4-22】 自定义一个模块,并且导入自定义模块。

案例分析:简单自定义模块的定义和调用步骤如下。

(1) 在 IDLE 环境下编辑以下示例程序。

```
print('Hello,你好!')                         # 程序 hello.py 内容
```

(2) 将以上程序保存在 d:\test\目录下,并命名为 hello.py。

(3) 通过 import 语句导入 hello.py 模块。

```
>>> import hello                            # 导入自定义模块
Hello,你好!
```

2. 自定义模块的创建与调用

目录 D:\Python\Lib\sit-packages 是 Python 用来存放第三方软件包和模块,当然这个目录下也可以存放程序员自定义的模块。这个路径在 Python 安装时已经设置好了环境变量,因此**导入模块时,默认模块在 D:\Python\Lib\sit-packages 目录下**。

如果程序员需要编写一些功能较多、内容复杂的模块时,可以自己创建一个模块包。**创建模块包就是创建一个目录,目录中包含一组程序文件和一个内容为空的__init__.py 文件**,文件__init__.py 用于标识当前目录是一个包(package)。

【例 4-23】 定义一个自定义模块包,实现两个数的四则运算。

案例分析:在 D:\Python\Lib\sit-packages 目录下,创建一个 demo 子目录。打开 demo 目录,创建一个名为__init__.py 的文本文件(包),该文件内容为空。然后在该目录下创建 4 个程序文件(模块):add.py、sub.py、mul.py、div.py,程序如下。

加法程序(模块):add.py

```
def add(a, b):
    return a + b
```

减法程序(模块):sub.py

```
def sub(a, b):
    return a - b
```

乘法程序(模块)：mul. py

```
def mul(a, b):
    return a * b
```

除法程序(模块)：div. py

```
def div(a,b):
    return a/b
```

将这些文件保存在 demo 目录下，目录结构和文件如图 4-2 所示。

子目录 demo 和 5 个文件创建后，可以在程序或 Python 提示符下调用这些模块。

【例 4-24】 调用加法模块。

```
1  >>> import demo.add        # 导入自定义模块
2  >>> demo.add.add(2, 6)
   8
```

【例 4-25】 调用乘法模块。

```
>>> import demo.mul        # 导入自定义模块
>>> demo.mul.mul(4, 5)
20
```

程序说明：例 4-24 程序第 2 行，从 demo.add.add()中可以看到模块名(add)与函数名(add)相同，很容易引起误解。因此，模块名与函数名最好不要取相同的名字。

【例 4-26】 也可以将四则运算函数定义在 four.py 程序中，然后将 four.py 文件保存在 D:\Python\Lib\sit-packages\demo\目录下(见图 4-2)。

```
# four.py                               #【1. 四则运算】
def add(a, b):                          #【2. 定义加法函数】
    return a + b
def sub(a, b):                          #【3. 定义减法函数】
    return a - b
def mul(a, b):                          #【4. 定义乘法函数】
    return a * b
def div(a, b):                          #【5. 定义除法函数】
    return a/b
if __name__ == '__main__':              # 定义程序入口
    sum = add(5, 3)                     # 调用加法函数，并传输实参
    print('5 + 3 = ', sum)              # 为主程序运行时，打印输出
```

【例 4-27】 调用 four 模块中的四则运算函数(见图 4-2)。

```
>>> import demo.four                    # 导入自定义模块——四则运算
>>> demo.four.sub(4, 7)                 # 调用 sub()函数进行减法运算，4、7 为实参
-3
```

【例 4-28】 将 four.py 模块和 E0427.py 存放在同一个目录中运行(见图 4-3)。

```
# E0427.py                              # 模块——四则运算
import four                             # 导入自定义模块——四则运算
print(four.sub(4, 7))                   # 调用 sub()函数进行减法运算
>>> -3                                  # 程序输出
```

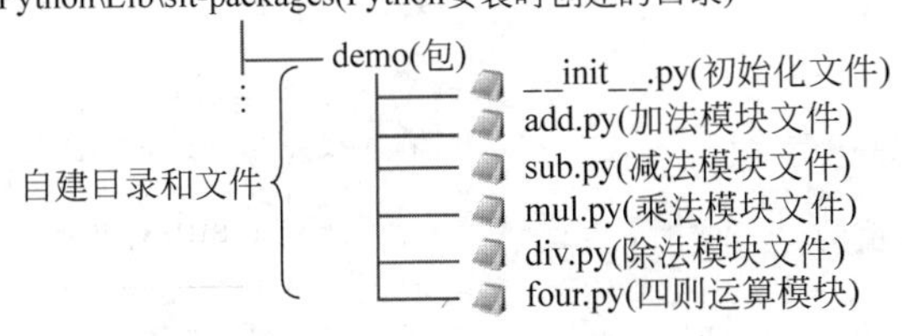

图 4-2　demo 模块包目录结构和文件

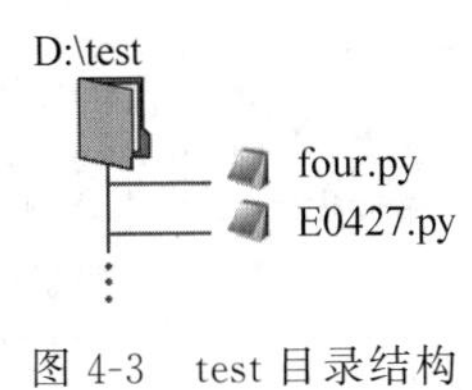

图 4-3　test 目录结构

案例说明：例 4-28 与例 4-27 的运行结果相同，第三方软件包安装时采用图 4-2 的方法，调用方法见例 4-27；自定义模块一般采用图 4-3 的方法，调用方法见例 4-28。

4.2.5 案例：蒙特卡洛法求 π 值

蒙特卡洛(Monte Carlo，赌城)算法由冯·诺依曼(John von Neumann)和乌拉姆(Stanisław Marcin Ulam)提出，目的是解决当时核武器中的计算问题。蒙特卡洛算法以概率和统计学的理论为基础，用于求得问题的近似解。蒙特卡洛算法能够求得问题的一个解，但是这个解未必是精确的。蒙特卡洛算法求得精确解的概率依赖于算法迭代次数，迭代次数越多，求得精确解的概率越高。

蒙特卡洛算法的基本方法是首先建立一个概率模型，使问题的解正好是该模型的特征量或参数。然后通过多次随机抽样试验，统计出某事件发生的百分比。只要试验次数很大，该百分比就会接近于事件发生概率。蒙特卡洛算法在游戏、机器学习、物理、化学、生态学、社会学、经济学等领域都有广泛应用。

【例 4-29】 用蒙特卡洛投点法计算 π 值。

案例分析：如图 4-4 所示，正方形内部有一个半径为 R 的内切圆，它们的面积之比是 $\pi/4$。向该正方形内随机投掷 n 个点，设落入圆内的点数为 k。当投点 n 足够大时，$k:n$ 之值也逼近"圆面积：正方形面积"的值，从而可以推导出经验公式：$\pi \approx 4k/n$。

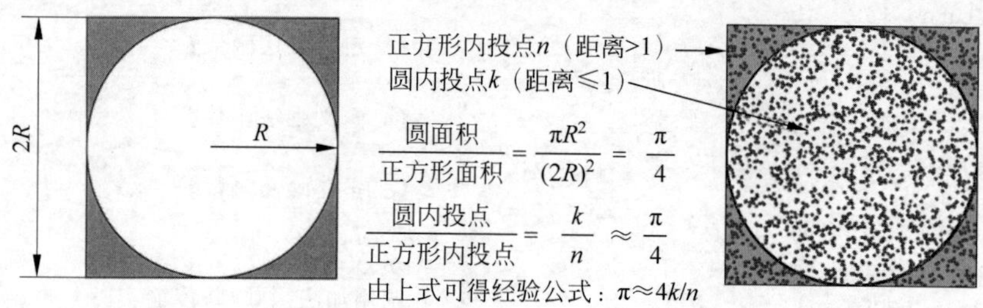

2R
R
正方形内投点n（距离>1）
圆内投点k（距离≤1）
$\frac{圆面积}{正方形面积} = \frac{\pi R^2}{(2R)^2} = \frac{\pi}{4}$
$\frac{圆内投点}{正方形内投点} = \frac{k}{n} \approx \frac{\pi}{4}$
由上式可得经验公式：π≈4k/n

图 4-4 蒙特卡洛投点法计算 π 值

蒙特卡洛算法计算 pi 值的程序如下。

```
import random                                        #【1.导入软件包】
import time                                          # 导入标准模块——时间戳
from math import sqrt                                # 导入标准模块——开方函数

def MC(n):                                           #【2.定义蒙特卡洛函数】
    k = 0                                            # 初始化计数器
    for i in range(n):                               # 循环生成随机投点坐标
        x = random.random()                          # 随机生成投点的 x 坐标
        y = random.random()                          # 随机生成投点的 y 坐标
        if sqrt(x * x + y * y) <= 1:                 # 判断投点到圆心的距离
            k = k + 1                                # 落在圆中的投点数累加
    return 4 * k/n                                   # 返回经验公式计算出的 pi 值

def main():                                          #【3.定义主函数】(无参数)
    n = int(input('请输入模拟次数,n = '))             # 输入投点次数,并对输入数取整
    t0 = time.time()                                 # 时间戳计时开始
    print('蒙特卡洛算法模拟的 pi 值为:', MC(n))        # 调用蒙特卡洛函数,输出 pi 值
    t1 = time.time()                                 # 时间戳计时结束
    print(f'程序处理时间为{(t1 - t0):.2f}秒')          # 参数":.2f"为打印 2 位小数
main()                                               #【4.执行主函数】
```

```
>>>                                             # 程序输出
请输入模拟次数,n = 1000000                      # 输入总投点数
蒙特卡洛算法模拟的 pi 值为:3.141684             # 输出 pi 模拟值(每次会有不同)
程序处理时间为:0.52 秒                          # 输出计算时间
```

从以上实验结果可以得出以下结论：

(1) 随着投点次数增加,圆周率 pi 值的准确率也在增加。

(2) 投点次数达到一定规模时,准确率精度增加减缓,因为随机数是伪随机的。

(3) 做两次 100 万个投点时,由于算法本身的随机性,因此每次实验结果会不同。

4.3 迭代与递归

4.3.1 迭代程序特征

1. 迭代的概念

迭代是通过重复执行代码处理数据的过程,并且本次迭代处理的数据要依赖上一次结果,上一次处理结果为下一次处理的初始状态。每次迭代过程,都可以从变量原值推出一个新值。例如,用 for 循环从列表[1,2,3]中依次循环取出元素进行处理,这个遍历过程就称为迭代。简单地说,**迭代利用循环进行处理**。

Python 中,可迭代对象包括有序数据集,如列表、元组、字符串、迭代器等；可迭代对象也包括无序数据集,如集合等。无论数据集是有序的还是无序的,迭代都可以用循环语句依次取出数据集中的每个元素进行处理。

2. 迭代的基本策略

利用迭代解决问题时,需要做好以下三方面工作。

(1) 确定迭代模型。在可以用迭代解决的问题中,至少存在一个直接或间接地不断由旧值递推出新值的变量,这个变量称为迭代变量。

(2) 建立迭代关系式。迭代关系式是指从变量前一个值推出下一个值的基本公式。迭代关系式是解决迭代问题的关键。

(3) 迭代过程控制。不能让迭代过程无休止地重复执行(死循环)。迭代过程的控制分为两种情况：一是迭代次数是确定值时,可以构建一个固定次数的循环来实现对迭代过程的控制；二是迭代次数无法确定时,需要在程序循环体内判断迭代结束条件。

【例 4-30】 用迭代法编写函数,求正整数 $n=5$ 的阶乘值。

```
def func(n):                        # 定义迭代函数 func(n)
    result = 1                      # 定义初始值
    for i in range(2, n + 1):       # 循环计算(迭代),从 i = 2 开始,到 i = n + 1 时终止
        result = result * i         # 计算阶乘值
    return result                   # 将值返回给调用函数
print(func(5))                      # 调用函数 func(n),并传入实参 5
>>> 120                             # 程序输出
```

【例 4-31】 用迭代法求 1+2!+3!+…+10!的值。

```
s = 0; t = 1                        # 初始化(迭代对象,数据集初始值)
for n in range(1, 11):              # 迭代变量 n 为迭代器 range()生成的数据
```

```
    t *= n                     # 迭代处理(从变量原值叠加出新值),与 t=t*n 等价
    s += t                     # 计算阶乘和,与 s=s+t 语句等价
print('1～10 的阶乘和 = ', s)
>>> 1～10 的阶乘和 = 4037913   # 程序输出
```

4.3.2 案例:迭代程序设计

【例 4-32】 阿米巴细菌以简单分裂的方式繁殖,它分裂一次需要 3 分钟。将若干阿米巴细菌放在一个盛满营养液的容器内,45 分钟后容器内就充满了阿米巴细菌。已知容器最多可以装阿米巴细菌 2^{20} 个。请问,开始时往容器内放了多少个阿米巴细菌?

(1) 案例分析。阿米巴细菌每 3 分钟分裂一次,那么从开始将阿米巴细菌放入容器里面到 45 分钟后充满容器,需要分裂 45/3=15 次。而容器最多可以装阿米巴细菌 2^{20} 个,即阿米巴细菌分裂 15 次以后得到的个数是 2^{20}。不妨用倒推的方法,从第 15 次分裂之后的 2^{20} 个,倒推出第 14 次分裂之后的个数,再进一步倒推出第 13 次分裂之后的个数,第 12 次分裂之后的个数,……,第 1 次分裂之前的个数。

(2) 数学建模。设第 1 次分裂之前的阿米巴细菌个数为 x_0 个,第 1 次分裂之后的个数为 x_1 个,第 2 次分裂之后的个数为 x_2 个,第 15 次分裂之后的个数为 x_{15} 个,则有 $x_{14}=x_{15}/2$,$x_{13}=x_{14}/2$,$x_{n-1}=x_n/2(n\geqslant1)$。

因为第 15 次分裂后的个数已知,如果定义迭代变量为 x,则可以将上面倒推公式转换为如下迭代基本公式:$x=x/2$(x 初值为第 15 次分裂之后的个数 2^{20},即 $x=2^{20}$)。

(3) 程序设计。让以上迭代基本公式重复执行 15 次,就可以倒推出第 1 次分裂之前的阿米巴细菌个数。因为迭代次数是确定值,所以可以使用迭代器循环实现对迭代过程的控制。

```
x = 2**20                           # 最终细菌数量赋值给 x(迭代初始条件)
for i in range(0, 15):              # 用 range()函数做迭代器,i 为迭代变量
    x = x/2                         # 用迭代基本公式(x=x/2)计算初始细菌数
print('初始阿米巴细菌数量为:', x)   # 输出初始细菌数
>>>初始阿米巴细菌数量为: 32.0       # 程序输出
```

4.3.3 递归程序特征

1. 递归的概念

在计算科学中,**递归是指函数自己调用自己**。递归函数能实现的功能与循环等价。**递归具有自我描述**(见图 4-5)、**自我繁殖的特点**(见图 4-6)。递归具有自我复制的特点,递归一词也常用于描述以自相似重复事物的过程(见图 4-7)。

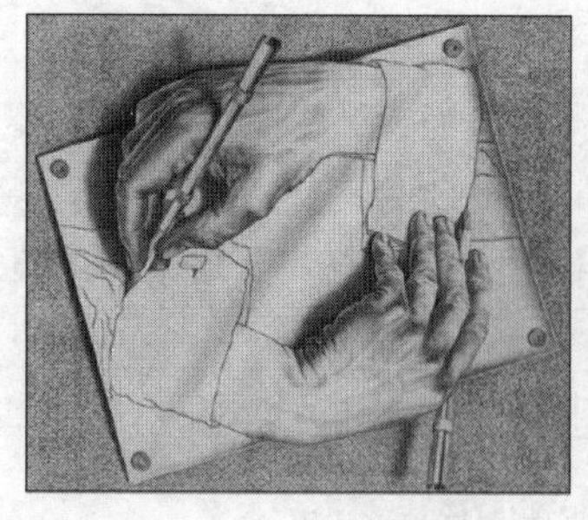

图 4-5 递归的自我描述

图 4-6 递归的自我繁殖

图 4-7 递归的自我重复

【例 4-33】 语言中也存在递归现象，童年时，小孩央求大人讲故事，大人有时会讲这样的故事："从前有座山，山上有个庙，庙里有个老和尚和小和尚，老和尚给小和尚讲故事，讲的是：从前有座山，山上有个庙……"。这是一个永远也讲不完的故事，因为故事中有故事，无休止地循环，讲故事人利用了语言的递归性。故事的递归程序如下。

```
import time                                              # 导入标准模块——时间戳

def story(lst):                                          # 定义故事函数
    print(lst)                                           # 打印输出故事
    time.sleep(1)                                        # 暂停 1 秒(调用休眠函数)
    return story(lst)                                    # 递归调用(自己调用自己)
lst = ['从前有座山,山上有个庙,庙里有个老和尚和小和尚,      # 故事赋值
老和尚给小和尚讲故事,讲的是:']
story(lst)                                               # 调用故事函数,传递实参 lst
>>>'从前有座山,山上有个庙,…'                               # 按 Ctrl+C 组合键强行中断(略)
```

案例分析：以上程序没有对递归深度进行控制，这会导致程序无限循环执行，这也充分反映了递归自我繁殖的特点。由于每次递归都需要占用一定的存储空间，程序运行到一定次数后(Python 递归默认深度为 1000 次)，就会因为内存不足导致内存溢出而死机。**计算机病毒程序和蠕虫程序正是利用了递归函数自我繁殖的特点**。

2. 递归的执行过程

在一个函数的定义中出现了对自己本身的调用，称为直接递归；或者一个函数 p 的定义中包含了对函数 q 的调用，而 q 的实现过程又调用了 p，即函数形成了环状调用链，这种方式称为间接递归。递归的基本思想是：将一个大型复杂的问题，分解为规模更小的、与原问题有相同解法的子问题来求解。递归只需要少量的程序，就可以描述解题过程需要的多次重复计算。设计递归程序的困难在于如何编写可以自我调用的递归函数。

递归的执行分为递推和回归两个阶段。在递推阶段，将较复杂问题(规模为 n)的求解，递推到比原问题更简单一些的子问题(规模小于 n)求解。在递归中，必须要有终止递推的边界条件，否则递归将陷入无限循环之中。在回归阶段，利用基本公式进行计算，逐级回归，依次得到复杂问题的解。

3. 递归的特征

(1) 递归问题的要求。一是问题可以按递归定义(如阶乘、汉诺塔等)；二是问题可以按递归算法求解(如回归)；三是数据结构可以按递归定义(如树遍历)。

(2) 递归的基本条件。递归解题必须满足两个条件：一是递归中的子问题与原问题有相同形式，即存在递归基本公式；二是存在边界条件，达到边界条件时退出递归。

(3) 递归的缺点。递归算法在时间和空间上的开销都很大。一是递归算法比迭代算法运行效率低；二是在递归调用过程中，递归函数每进行一次新调用时，都将定义一批新变量，计算机系统必须为每一层的返回点、局部变量等开辟内存单元(堆栈)来存储，如果递归深度过大(调用次数过多)，很容易造成内存单元不够而产生数据溢出故障。例如，在 Python 语言中，当递归深度大于 1000 时，将产生内存堆栈溢出故障。

(4) 递归与迭代的区别。**递归是自己调用自己，迭代用循环实现**；递归需要回归，迭代无须回归；递归多用于树搜索(见图 4-8)，迭代多用于重复性处理(见图 4-9)；递归占用内存多，迭代占用内存少；递归可转为迭代，迭代不一定能转为递归。

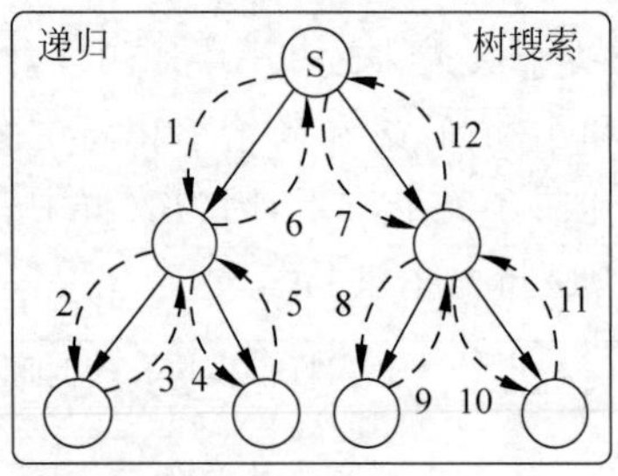

图 4-8　递归多用于树搜索

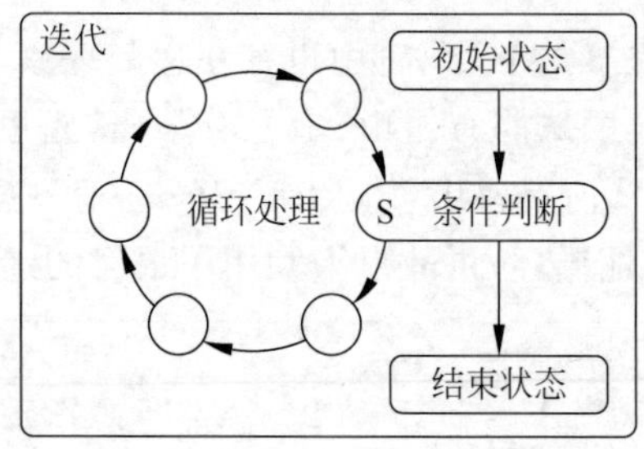

图 4-9　迭代多用于重复性处理

4.3.4　案例：递归程序设计

【例 4-34】　以 3!的计算为例，说明递归的执行过程。

解题算法步骤如下：

(1) 基本公式。对 $n>1$ 的整数，边界条件为 $0!=1$；基本公式为 $n!=n\times(n-1)!$。

(2) 递推过程。如图 4-10 所示，利用递归方法计算 3!时，可以先计算 2!，将 2!的计算值回代就可以求出 3!的值($3!=3\times2!$)；但是程序并不知道 2!的值是多少，因此需要先计算 1!的值，将 1!的值回代就可以求出 2!的值($2!=2\times1!$)(以上过程中，变量逐步压入栈，见图 4-11)；而计算 1!的值时，必须先计算 0!（变量逐步弹出栈，见图 4-11)，将 0!的值回代就可以求出 1!的值($1!=1\times0!$)。这时 $0!=1$ 是阶乘的边界条件，递归满足这个边界条件时，也就达到了子问题的基本点，这时递推过程结束。

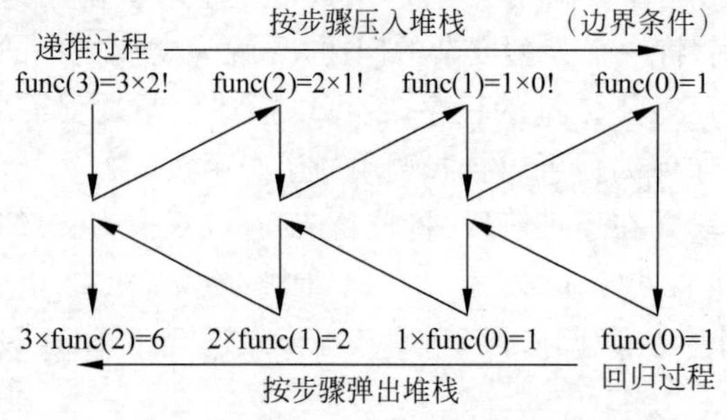

图 4-10　阶乘递归函数的递推和回归过程

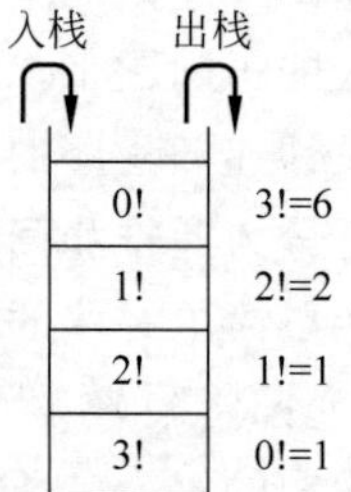

图 4-11　递归的栈操作

(3) 回归过程。递归满足边界条件后，或者说达到了问题的基本点后，递归开始进行回归，即($0!=1$)→($1!=1\times1$)→($2!=2\times1$)→($3!=3\times2$)；最终得出 $3!=6$。

从例 4-34 看出，递归需要花费很多的内存单元(栈)来保存中间计算结果(空间开销大)；另外，运算需要递推和回归两个过程，这样会花费更长的计算时间(时间开销大)。

(4) 递归算法程序设计案例。

【例 4-35】　利用递归函数求正整数 $n=5$ 的阶乘值。

```
def func(n):                                  # 定义递归函数 func(n)
    if n = = 0:                               # 判断边界条件,如果 n = = 0
        return 1                              # 返回值为 1
    return n * func(n - 1)                    # 阶乘函数递归调用,将值返回给调用函数
print('5 的阶乘 = ', func(5))                  # 调用 func(n)递归函数,并传入实参 5
```

```
>>> 5 的阶乘 = 120                             # 程序输出
```

【例 4-36】 对字符串“客上天然居”反向输出(与例 4-2 比较)。

```
def func(n):                              # 定义递归函数
    if n == 0:                            # 判断边界条件,如果 n == 0,终止递归函数
        return                            # 函数返回
    else:                                 # 否则
        print(mystr[n - 1], end = '')     # 每次打印一个字符,参数 end = ''为不换行
        func(n - 1)                       # 函数递归调用,递归一次,参数 n - 1
mystr = '客上天然居'                       # 定义字符串
print(mystr)                              # 打印源字符串
func(len(mystr))                          # 调用递归函数(反向输出字符串)
```

```
>>>                                       # 程序输出
客上天然居
居然天上客
```

【例 4-37】 用递归算法将十进制数转换为二进制数。

```
def T2B(n):                     # 定义 T2B()递归函数(T2B 为十进制转换为二进制)
    if n == 0:                  # 如果传入的参数为 0
        return                  # 函数返回
    T2B(int(n/2))               # 函数递归调用(自己调用自己)
    print(n % 2, end = '')      # 输出二进制数,end = ''为不换行输出
print('转换后的二进制数为:')
T2B(200)                        # 调用 T2B()递归函数,并传入实参 200
```

```
>>>转换后的二进制数为:11001000     # 程序输出
```

4.4 绘图程序设计

4.4.1 基本绘图函数

Turtle 是 Python 标准函数库的绘图模块。Turtle 的画笔形状早期是一个小海龟(目前默认为箭头),因此也称为海龟绘图。画笔可以通过函数指令控制它移动,在屏幕上绘制出图形。画笔有三个属性:画笔位置、画笔方向(角度)、画笔颜色和粗细。

1. 画布

设置画布大小。画布是 Turtle 绘图窗口,函数语法如下。

```
turtle.screensize(canvwidth, canvheight, bg)
```

参数 canvwidth 为画布宽(像素);参数 canvheight 为画布高;参数 bg 为背景颜色。

【例 4-38】 设置大小为 600×400 像素,背景为绿色的画布窗口。

```
import turtle                           # 导入标准模块——绘图
turtle.screensize(600, 400, 'green')    # 画布为 600×400 像素,背景为绿色
```

【例 4-39】 设置画布大小为 600×400 像素,画布居屏幕中间位置。

```
import turtle                           # 导入标准模块——绘图
turtle.setup(600, 400)                  # 画布为 600×400 像素,窗口位于屏幕中间
```

2. 绘图坐标

如图 4-12 所示,Turtle 绘图的默认坐标原点在画布中心,坐标原点(0,0)上有一个面朝

x 轴正方向的画笔(光标)。Turtle 绘图时,用位置和方向描述画笔的状态。

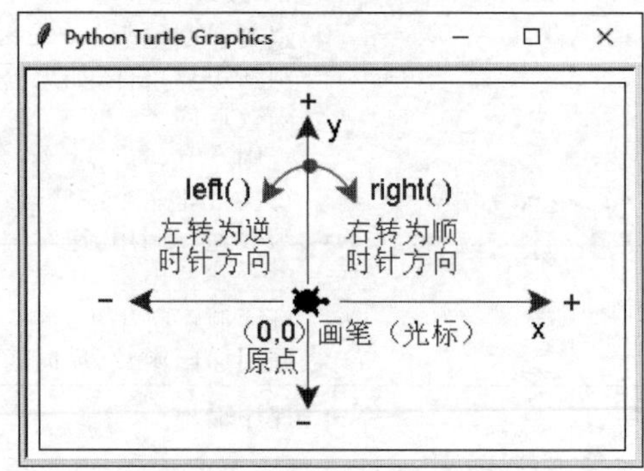

图 4-12　Turtle 绘图初始坐标

3. 绘图函数

Turtle 常用绘图函数如表 4-6～表 4-8 所示。

表 4-6　画笔运动函数

绘 图 函 数	说　明	示　例
bk()或 backward(x)	画笔沿相反方向移动 x 像素	turtle. bk(10),后退 10 像素
down()或 pendown()	画笔落下,移动时绘图(默认)	turtle. down(),画笔落下
fd()或 forward(x)	画笔沿当前方向移动 x 像素	turtle. fd(10),前进 10 像素
goto(x,y)	画笔移动到绝对坐标(x,y)位置	turtle. goto(0,0),坐标回到原点
home()	画笔恢复到初始状态	turtle. home(),画笔返回原点
lt()或 left(a)	画笔左转(逆时针方向)a°	turtle. lt(45),逆时针转动 45°
rt()或 right(a)	画笔右转(顺时针方向)a°	turtle. rt(60),顺时针转动 60°
seth(a)或 setheading(a)	画笔按绝对坐标旋转 a°	turtle. seth(90),画笔旋转 90°
setx(x)	将当前 x 轴移动到指定位置	turtle. setx(10),x 坐标为 10 像素
sety(y)	将当前 y 轴移动到指定位置	turtle. sety(20),y 坐标为 20 像素
speed(速度)	画笔速度,为整数 0～10,为 0 时最快	turtle. speed(2),画笔速度很快
up()或 penup()	画笔抬起,移动时不绘图	turtle. up(),画笔抬起

表 4-7　画笔绘图函数

绘 图 函 数	说　明	示　例
begin_fill()	准备开始填充图形	turtle. begin_fill()
bgpic('图片名. gif')	用 gif 或 png 图片作为画布背景	turtle. bgpic('千里江山图. gif')
circle(半径,角度)	画圆半径,画弧角度	turtle. circle(80,10)
color(笔色,'颜色名')	画笔颜色,填充颜色	turtle. color('red','pink')
dot(r,'颜色名')	画圆点,指定点的直径和颜色	turtle. dot(10,'red')
end_fill()	图形填充完成	turtle. end_fill()
fillcolor('颜色名')	图形填充颜色	turtle. fillcolor('red')
ht()或 hideturtle()	隐藏画笔光标形状	turtle. ht()
pencolor('颜色名')	画笔颜色	turtle. pencolor('yellow')
shape()	arrow=箭头(默认),turtle=海龟	turtle. shape('turtle')
showturtle()	显示画笔光标形状	turtle. showturtle()
width()或 pensize()	画笔线条粗细,为正整数	turtle. width(2),画笔线条为 2 像素
write(s,font)	写文本,s=文本,font 表示(字体,大小)	turtle. write('说明',font=('黑体',30))

表 4-8　绘图控制函数

绘 图 函 数	说　　明	示　　例
clear()	清空绘图窗口,画笔的位置和状态不改变	turtle. clear()
delay()	定义绘图延迟(单位为毫秒,用于动画)	turtle. delay(50)
distance()	获取距离	turtle. distance(30. 0,40. 0)
done()	启动事件循环,程序最后一个语句	turtle. done()或 turtle. mainloop()
heading()	返回当前画笔的朝向	turtle. heading()
isvisible()	返回当前画笔是否可见(返回布尔值)	turtle. isvisible()
position()	获取画笔当前坐标位置	turtle. position()
reset()	清空窗口,恢复所有设置	turtle. reset()
stamp()	复制当前图形	turtle. stamp()
towards()	目标方向(角度)	turtle. towards(100,0)

4. 画圆函数

画圆函数可以画圆、弧、折线、多边形等,语法如下。

```
circle(半径, 角度, steps = n)
```

参数"半径"为画圆半径(可正可负,方向不同);参数"角度"是绘制圆弧角度的大小(可正可负),没有这个参数时画圆;参数 steps=n 为画多边形,n 为边数。

【例 4-40】 用画圆函数绘制不同图形,图形如图 4-13 所示。

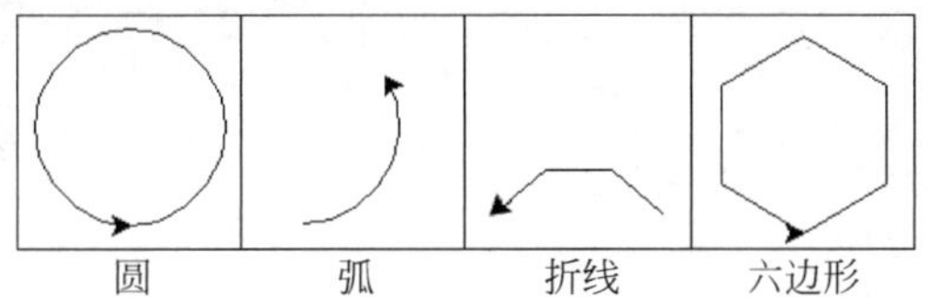

图 4-13　画圆函数图形示例

```
import turtle as t                      # 导入标准模块——绘图
t.up(); t.goto(-200, 0)                 # 抬笔;移动光标
t.down(); t.circle(50)                  # 落笔;画半径为 50 像素的圆
t.up(); t.goto(-100, 0)                 # 抬笔;移动光标
t.down(); t.circle (50, 120)            # 落笔;画半径为 50 像素、角度为 120°的弧
t.up(); t.goto(100, 0)                  # 抬笔;移动光标
t.down(); t.circle(50, 120, 3)          # 落笔;画半径为 50 像素、角度为 120°的三段折线
t.up(); t.goto(150, 70)                 # 抬笔;移动光标
t.down(); t.circle(50, steps = 6)       # 落笔;画外接圆半径为 50 像素的六边形
```

5. 绘图颜色

Turtle 有两种色彩模式:第一种为色彩模式 1.0(默认设置);第二种为色彩模式 255(即 RGB 模式)。色彩模式设置方法如下(程序片段)。

```
turtle.colormode(1.0)                   # 定义色彩模式为 1.0,使用颜色名称定义颜色
turtle.colormode(255)                   # 定义色彩模式为 255,使用 RGB 定义颜色
```

【例 4-41】 使用 1.0 模式设置颜色(程序片段)。

```
turtle.colormode(1.0)                   # 定义色彩模式为 1.0(默认模式,可省略)
turtle.pencolor('red')                  # 画笔为红色
turtle.fillcolor('#ff0000')             # 填充为红色
```

【例 4-42】 使用 255 模式设置颜色(程序片段)。

```
turtle.colormode(255)                    # 定义色彩模式为 255(不定义会出现出错告警)
turtle.pencolor(255, 0, 0)               # 画笔为红色:R = 255,G = 0,B = 0
turtle.fillcolor(230, 130, 160)          # 填充为桃红色:R = 230,G = 130,B = 160
```

4.4.2 案例:几何图形绘制

【例 4-43】 绘制一个等边三角形(见图 4-14),边长为 200 像素。

案例分析如下:

(1) 初始化状态。如图 4-15 所示,初始化状态下,画笔原点(0,0)处于画布中心,画笔朝+x 轴方向,画笔为落下状态,画笔默认为黑色,画笔线条为默认 1 像素。

(2) 画三角形。画笔从原点向前移动 200 像素,画第一条边;然后画笔逆时针方向旋转 120°(见图 4-15),向前移动 200 像素,画第二条边;按以上步骤画第三条边。

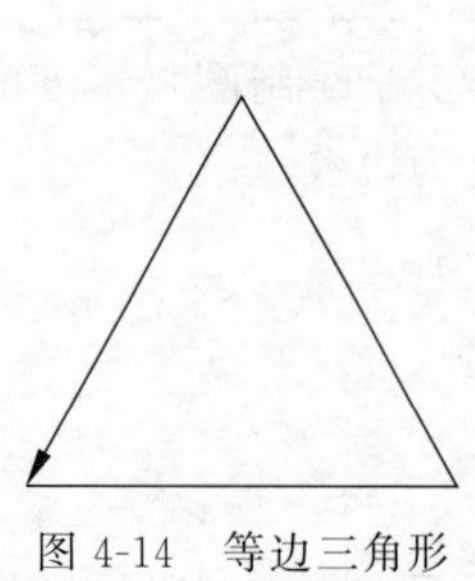

图 4-14　等边三角形

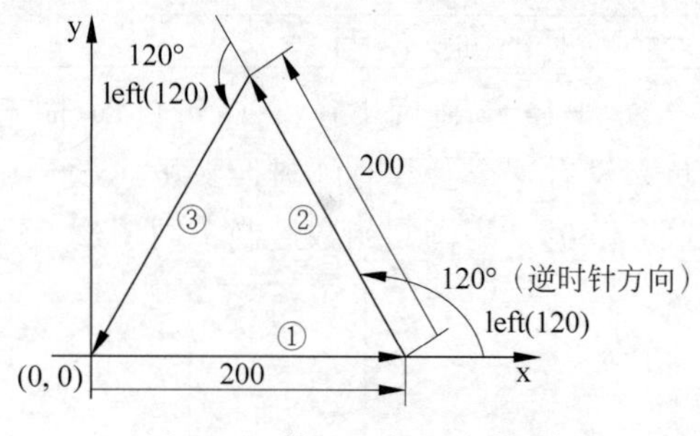

图 4-15　等边三角形绘制坐标

(3) 不同程序画图。简单图形绘制可以每个线条逐步画出(如 E0442A. py),也可以利用循环结构实现(如 E0442B. py)。

```
#E0442A.py【绘图 - 画三角形 A】
import turtle as t                       # 导入标准模块——绘图
t.forward(200)                           # 向前 200 像素(画线)
t.left(120)                              # 左转 120°(逆时针)
t.forward(200)
t.left(120)
t.forward(200)
t.done()                                 # 事件消息循环
>>>                                      # 输出见图 4 - 14
```

```
#E0442B.py【绘图 - 画三角形 B】
import turtle as t

t.setup()                                # 画布默认大小
for i in range(3):                       # 循环画线
    t.seth(i*120)                        # 旋转 120°
    t.fd(200)                            # 向前 200 像素
t.done()                                 # 事件消息循环
>>>                                      # 输出见图 4 - 14
```

【例 4-44】 绘制 5 个不同颜色的同心圆(见图 4-16),线条为 8 像素。

案例分析：图 4-16 绘制比较简单，利用画圆函数循环绘制即可，注意圆环半径(i×20)与画笔起点坐标(0，−i×20)的绝对值相同。可以将颜色定义为列表(序列)，如['green','yellow','blue','pink','red')，然后利用序列循环选择圆环的不同颜色。

```
import turtle as t                                  # 导入标准模块——绘图

t.setup(300, 250)                                   # 定义画布大小(语句可省略)
i = 0                                               # 画笔坐标和圆环半径初始化
t.width(8)                                          # 画笔宽度 8 像素
for s in ['green', 'yellow', 'blue', 'pink', 'red']:  # 序列循环画圆
    t.up()                                          # 画笔抬起
    i += 1                                          # 画笔坐标和圆环半径递增
    t.goto(0, - i * 20)                             # 圆环坐标为 x = 0, y = ( - i * 20)(见图 4 - 17)
    t.down()                                        # 画笔落下
    t.color(s)                                      # 迭代变量 s 为画笔颜色
    t.circle(i * 20)                                # 画圆,(i * 20)为圆环半径(见图 4 - 17)
t.done()                                            # 事件消息循环
>>>                                                 # 程序输出见图 4 - 16
```

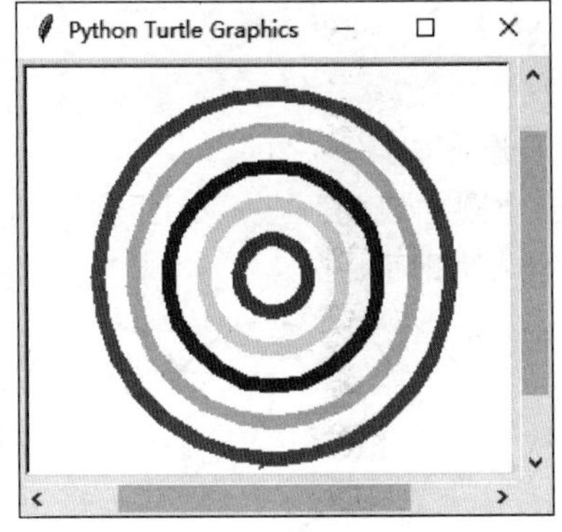

图 4-16　同心圆

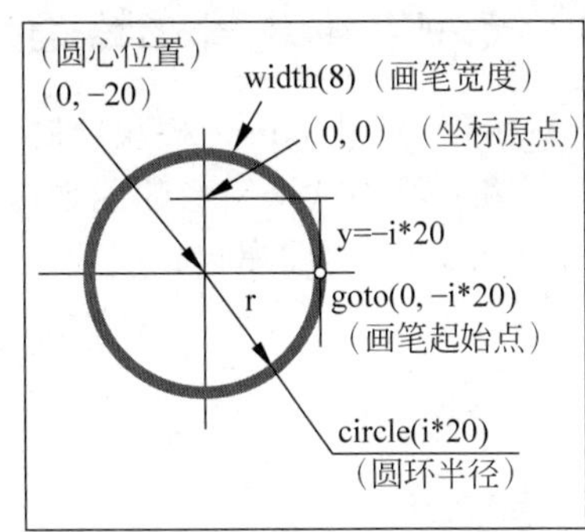

图 4-17　同心圆绘制坐标

【例 4-45】　利用 Turtle 模块绘制一个彩色五角星(见图 4-18)。

案例分析：

(1) 初始化。设置画笔宽度(5 像素)、画笔颜色(黄色)、填充色(红色)。

(2) 画五角星。如图 4-19 所示，画笔向前移动 200 像素画第 1 条边；然后画笔右转(顺时针)114°；循环画出 5 条边；在循环外结束颜色填充。

图 4-18　五角星

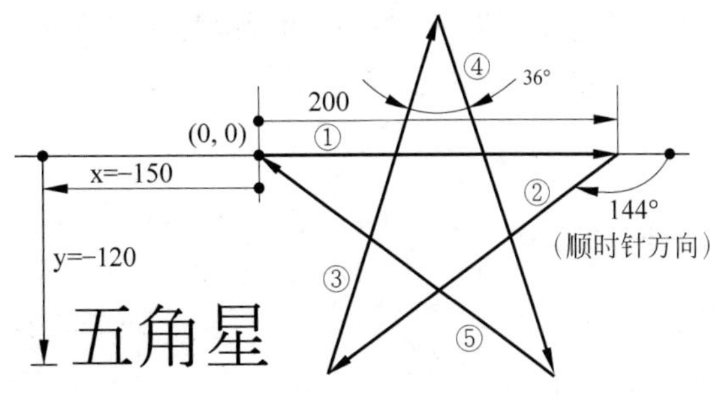

图 4-19　五角星绘制坐标

(3) 绘制文字。抬起画笔,将画笔移动到合适位置(如 goto(−150,−120)),设置文字颜色(默认黑色),用 write()函数绘制文字内容、文字颜色、字体、大小。

```
import turtle as t                                    # 导入标准模块——绘图

t.pensize(5)                                          # 画笔宽度为 5 像素
t.pencolor('yellow')                                  # 五角星线条为黄色
t.fillcolor('red')                                    # 五角星填充红色
t.begin_fill()                                        # 颜色填充开始
for _ in range(5):                                    # 循环 5(0~4)次
    t.forward(200)                                    # 画线,线条步长 200 像素(见图 4-19)
    t.right(144)                                      # 画笔顺时针旋转 144°(见图 4-19)
t.end_fill()                                          # 颜色填充结束
t.penup()                                             # 抬起画笔
t.goto(-150, -120)                                    # 画笔移动到 x 为 -150,y 为 -120 处
t.color('violet')                                     # 定义文字颜色(Violet 为紫色)
t.write('五角星', font=('黑体', 45, 'bold'))          # 绘制文字,黑体,大小为 45,加粗
t.mainloop()                                          # 事件消息循环(与 t.done()等效)
>>>                                                   # 程序输出见图 4-18
```

4.4.3 案例:曲线图形绘制

【例 4-46】 利用 Turtle 模块绘制一个带文字的心形图(见图 4-20)。

案例分析:绘制这个图形的困难在于两个类似于半圆曲线的画法。如图 4-21 所示,图形为对称分布,因此只需要讨论斜线 A-B、曲线 B-C 的画法即可。

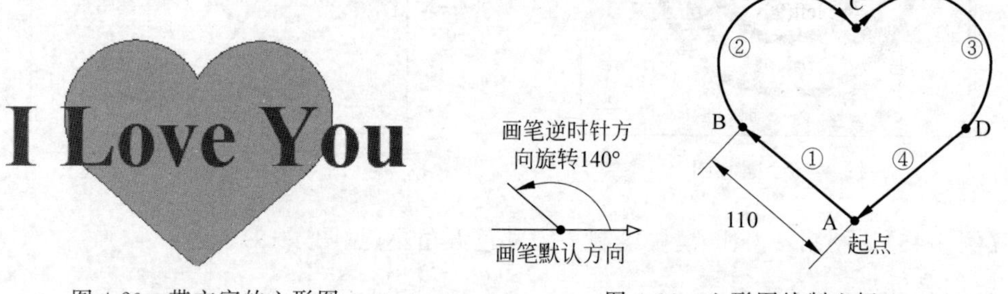

图 4-20 带文字的心形图　　图 4-21 心形图绘制坐标

(1) 画斜线 A-B。将画笔左转(逆时针)140°,画长 110 像素的线条。

(2) 画曲线 B-C。用循环画点的方法实现,每个步长旋转一个角度(如 1°),然后画出一个极短的线条(如 1 像素),这样循环画线,循环到合适次数(如 200)后终止,循环次数为曲线路径长度。利用这个方法可以画出不同形状的曲线。

```
import turtle as t                                    # 导入标准模块——绘图函数
                                                      #【1.画曲线】
def curvemove():                                      # 定义曲线绘图函数
    for i in range(200):                              # 循环绘制曲线(很重要)
        t.right(1)                                    # 画笔右转(顺时针)1°(很重要)
        t.forward(1)                                  # 线条步长 1 像素画线(很重要)
t.color('red', 'pink')                                # 线条为红色(red),内部填充桃红色(pink)
                                                      #【2.画斜线和颜色填充】
t.begin_fill()                                        # 开始填充图形
```

```
t.left(140)                                        # 将画笔向左(逆时针)旋转 140°
t.forward(110)                                     # 向前移动 110 像素,画线
curvemove()                                        # 调用绘图函数,绘制心形左半边
t.left(120)                                        # 将画笔向左(逆时针)旋转 120°
curvemove()                                        # 调用绘图函数,绘制心形右半边
t.forward(110)                                     # 向前移动 110 像素,画线
t.end_fill()                                       # 结束填充
                                                   #【3.绘制文字】
t.penup()                                          # 抬笔
t.goto(-150, 60)                                   # 文字起始坐标
t.color('red')                                     # 文本颜色
t.write('I Love You', font = ('Times', 50, 'bold'))  # 文字,新罗马字体,50 像素,加粗
t.hideturtle()                                     # 隐藏画笔(光标)
t.done()                                           # 事件消息循环
>>>                                                # 程序输出见图 4-20
```

【例 4-47】 用 Turtle 模块绘制旋转的文字(见图 4-22、图 4-23)。

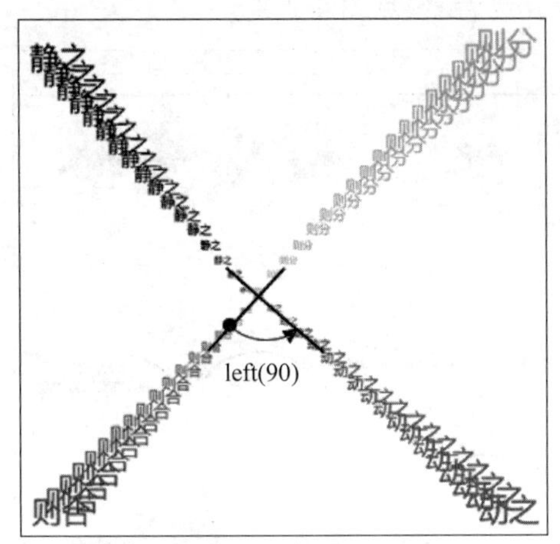

图 4-22　旋转 90°的文字

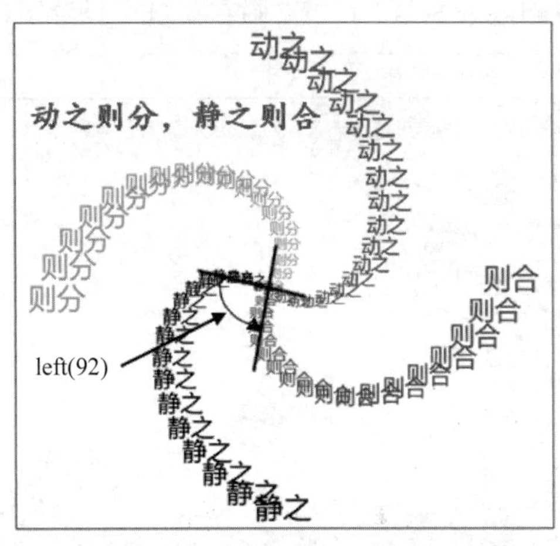

图 4-23　旋转 92°的文字

案例分析:

(1) 文字呈 X 形分布。绘制如图 4-22 所示图形比较简单,绘制完一个文字后,画笔旋转 90°,绘制出第 2 个文字;绘制完 4 个不同文字后,利用迭代变量加大文字绘制的尺寸;这样循环绘制就会形成一个呈 X 形分布的文字。

(2) 模运算。程序可以充分利用模运算(%)来实现各种功能,如文字有 4 种颜色变化,可以通过模运算 colors[i%4]实现;文字内容变化通过模运算 text[i%4]实现;文字大小变化通过取整运算 int(i/4+4)实现。

(3) 文字旋转。程序另一个技巧是循环时,如果每次旋转 90°(left(90)),则文字呈 X 形分布(见图 4-22);如果每次旋转 92°(left(92)),则文字呈旋转状态分布(见图 4-23);如果希望图形右旋,则将旋转函数更换为 right(92)即可。

```
import turtle as t                                 # 导入标准模块——绘图函数
                                                   #【1.初始化】
t.title('动静')                                    # 窗口标题(语句可省略)
colors = ['orange','red','black','green']          # 颜色列表赋值
```

```
text = ['动之', '则分', '静之', '则合']                      # 文字列表赋值
                                                            #【2.绘制旋转文字】
for i in range(70):                                         # 循环绘制 70 次
    t.pencolor(colors[i % 4])                               # 用模运算选择画笔颜色
    t.penup()                                               # 抬起画笔
    t.forward(i * 6)                                        # 画笔移动距离
    t.pendown()                                             # 画笔落下(准备绘图)
    t.write(text[i % 4], font = ('黑体', int(i/4 + 4)))     # 绘制文字,字体,大小(很重要)
    t.left(92)                                              # 画笔左转 92°(很重要)
    t.hideturtle()                                          # 隐藏画笔(光标)
                                                            #【3.绘制文字】
t.penup()                                                   # 抬笔
t.goto( - 300, 200)                                         # 画笔移动
t.write('动之则分,静之则合', font = ('楷体', 30, 'bold'))    # 绘制文字
t.done()                                                    # 事件消息循环
>>>                                                         # 程序输出见图 4 - 23
```

【例 4-48】 在 Turtle 画布窗口中设置图片作为背景(见图 4-24)。

图 4-24　用图片作为背景(图片大小 907×409 像素)

案例分析：Turtle 模块支持 GIF、PNG 格式的图片作为背景。窗口设置时，窗口比图片稍微小一点，这样图片就会填满窗口。本例图片大小为 907×409 像素，窗口大小为 900×400 像素。

```
import turtle as t                                  # 导入标准模块——绘图函数
                                                    #【1.导入图片】
t.setup(900, 400)                                   # 定义窗口(比图片稍微小一点)
t.bgpic('d:\\test\\04\\千里江山图.gif')             # 加载背景图片(注意为 gif 格式)
t.penup()                                           # 抬笔(注意,不抬笔会画线)
t.goto(50, 110)                                     #【2.绘制文字】文字起始位置
t.color('red')                                      # 画笔为红色
t.write('江山如此多娇', font = ('魏碑 45, bold'))    # 绘制文字,字体,大小,加粗
t.hideturtle()                                      # 隐藏画笔(光标)
t.done()                                            #【3.事件消息循环】
>>>                                                 # 程序输出见图 4 - 24
```

4.4.4　案例：分形图绘制

1. 科赫曲线

如图 4-25 所示，科赫(Koch)曲线是将一个线段三等分；然后将中间线段去掉，用两个斜边构成一个基本的尖角图形(见图 4-25)；然后在每个线段重复以上操作，如此进行下去，直到达到预定递归深度停止，这样就得到了科赫曲线。如果改变科赫曲线的角度和基本边长，可以画出不同形状的科赫曲线(见图 4-26～图 4-28)。

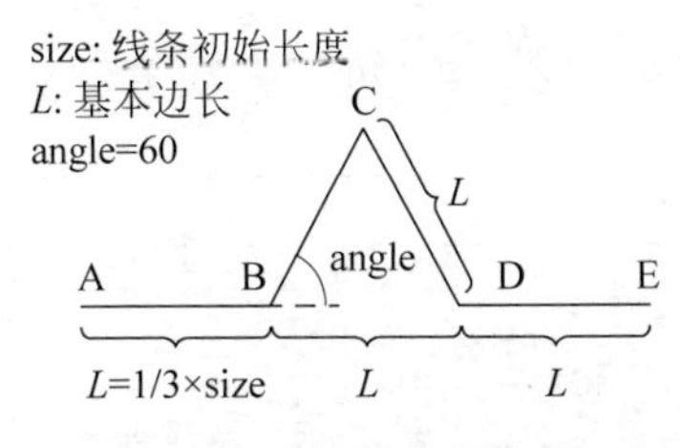

图 4-25　曲线基本图形

angle=80

图 4-26　角度为 80°

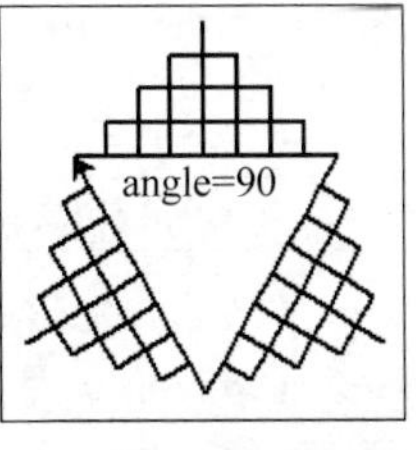

图 4-27　角度为 90°

图 4-28　扩展图形

2. 科赫曲线递归程序设计

【例 4-49】　绘制如图 4-29 所示科赫曲线。图形递归深度 level＝3(三阶科赫曲线)，初始线段长度为 size＝400，起点和终点坐标为(－200，100)，旋转角度为 120°等。

案例分析：定义一个递归函数 Koch(size，n)，功能为按线段长度(size)和递归深度(n)画出曲线的基本形状(见图 4-30)，图形分三次画出(见图 4-31，A-B、B-C、C-D)，由于三段线条的起始坐标不同，需要在主函数中控制画图坐标(goto(x，y)和旋转角度(right(120))，以及抬笔(penup())和落笔(pendown())。

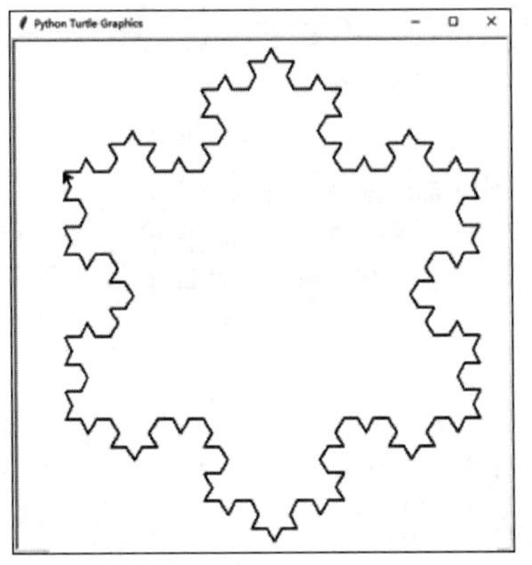

图 4-29　科赫曲线

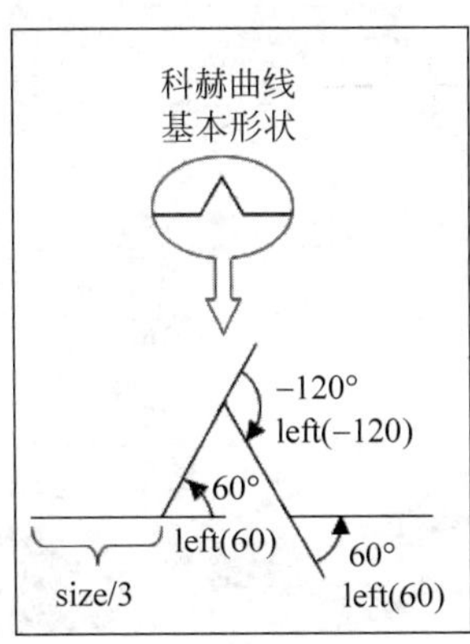

图 4-30　基本形状坐标

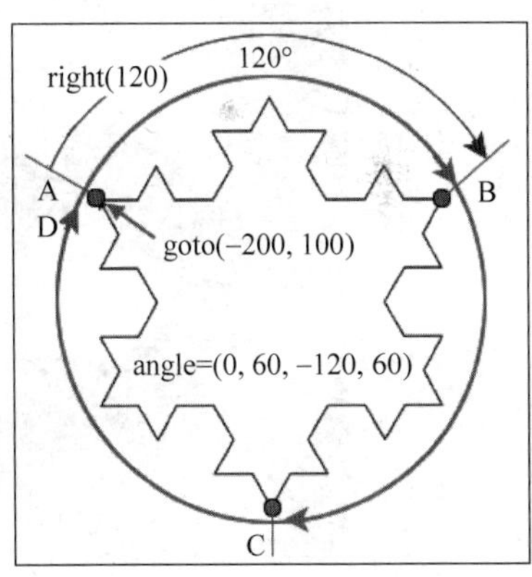

图 4-31　三段曲线坐标

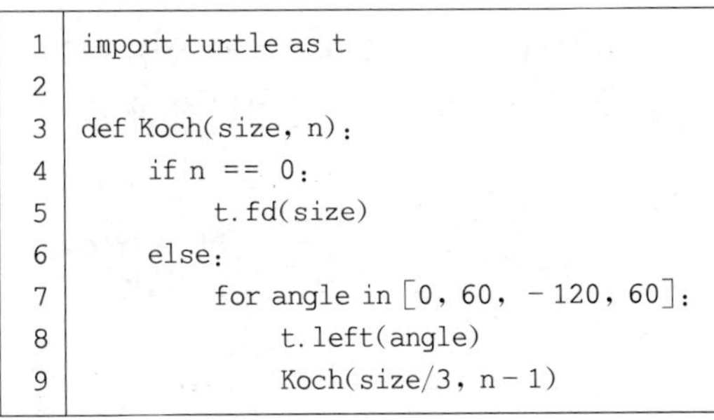

```
import turtle as t                          # 导入标准模块——绘图
                                            #【1.定义科赫递归函数】
def Koch(size, n):                          # size 为线长，n 为递归深度形参
    if n == 0:                              # 判断递归深度，零阶科赫曲线是一条直线
        t.fd(size)                          # 向前画长度为 size 的线条
    else:                                   # 否则，绘制高阶科赫曲线
        for angle in [0, 60, -120, 60]:     # 画笔角度为列表[0,60,-120,60](见图 4-31)
            t.left(angle)                   # 画笔左转(逆时针)angle 度
            Koch(size/3, n-1)               # 执行递归函数，画 1/3 长度的科赫线条
```

```
10                                                #【2.调用递归函数绘图】
11  t.setup(600, 600)                             # 定义窗口大小,600×600 像素
12  t.penup()                                     # 画笔抬起
13  t.goto(-200, 100)                             # 画笔移到(-200,100)处(坐标原点在窗口中间)
14  t.pendown()                                   # 画笔放下
15  t.pensize(2)                                  # 画笔粗细为 2 像素
16  level = 3                                     # 科赫曲线递归深度为 3(数字越大,图形越细腻)
17  Koch(400, level)                              # 调用递归函数画 A-B 段线条
18  t.right(120)                                  # 画笔在 B 点右转 120°(见图 4-31)
19  Koch(400, level)                              # 调用递归函数画 B-C 段线条
20  t.right(120)                                  # 海龟光标在 C 点处向右旋转 120°
21  Koch(400, level)                              # 调用递归函数画 C-D 段线条
    >>>                                           # 程序输出见图 4-29
```

程序说明:

程序第 7 行,光标在"尖角"四条线上改变的角度分别为 0°、60°、−120°、60°。

程序第 8 行,对应上面 4 个角度,科赫曲线的基本形状一共需要转 4 次弯。

程序第 9 行,每个角度的一条边,对应低一阶曲线的"尖角";至此完成递归函数本身的循环和复用,画出一个 n 阶科赫曲线的基本形状(见图 4-29)。

程序第 18 行,如图 4-31 所示,A-B 段曲线画完后,需要旋转一个角度(如 120°),开始绘制曲线 B-C 段曲线;然后绘制 C-D 段曲线,形成一个封闭图形的科赫曲线。如果旋转角度为其他角度,则可能形成其他图形的科赫曲线。

3. 芒德勃罗分形图迭代程序设计

【例 4-50】 绘制芒德勃罗(B. B. Mandelbrot)分形图(见图 4-32)。

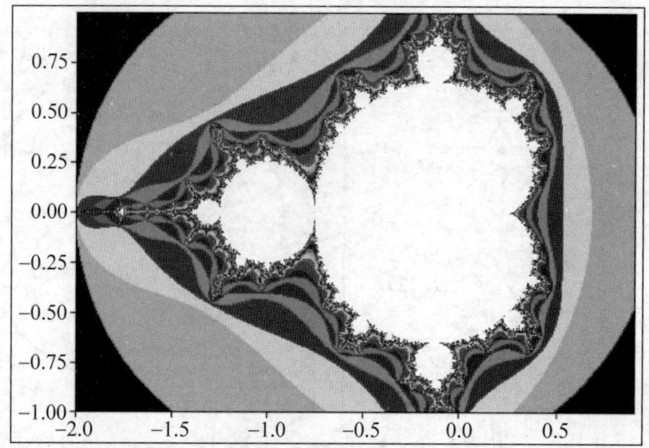

芒德勃罗分形图基本公式:

$Z_{n+1}=Z_n^2+C\ (Z_0=0)$

(Z和C都是复数,C是虚数)

改变幂指数2会改变图形外观;

不同的虚数C对应不同的图形;

系数Z正或负控制图形朝向左或右。

芒德勃罗变形公式:

$x_{n+1}=x_n^2+\sqrt{C}$

$x_{n+1}=aXY_n+bY_n+e$

$x_{n+1}=\sin(aY_n+C^*\cos(aX_n))$

图 4-32　芒德勃罗分形图和基本公式

案例分析:芒德勃罗分形图是在复平面上,将所有属于芒德勃罗集合上的点标记为白色,所有不属于芒德勃罗集合的点按照发散速度赋予不同的颜色,就得到了芒德勃罗分形图。

```
from pylab import *                               # 导入第三方包——图形可视化
import numpy as np                                # 导入第三方包——科学计算

def mandelbrot(c):                                # 定义芒德勃罗函数
```

```
5      z = 0                                             # 定义初始值
6      for n in range(1, 100):                           # 迭代次数
7          z = z**2 + c                                  # 分形图基本公式,z、c 为复数
8          if abs(z) > 2: return n                       # 逃逸半径 z 用作图形点的颜色
9      return NaN                                        # 返回空值
10 X = np.arange(-2, 0.9, 0.004)                         # 等差数列 X:起-止-步长
11 Y = np.arange(-1, 1, 0.004)                           # 等差数列 Y:起-止-步长(迭代数)
12 Z = np.zeros((len(Y), len(X)))                        # 数据转换为 Y 行 X 列的二维数组
13 for iy, y in enumerate(Y):                            # 循环生成图形点 y 坐标
14     print(f'总迭代{len(Y)}', f'迭代{iy}次')             # 打印程序迭代次数(显示进度)
15     for ix, x in enumerate(X):                        # 循环生成图形点 x 坐标
16         Z[iy, ix] = mandelbrot(x + 1j * y)            # 点坐标,1j * y 为虚数,1 是数字
17 imshow(Z, cmap = plt.cm.prism, interpolation = 'none',    # 绘制芒德勃罗分形图
18     extent = (X.min(), X.max(), Y.min(), Y.max()))
19 #savefig('芒德勃罗分形图 out.png')                    # 保存分形图
20 show()                                                # 显示图像
   >>>总迭代 500 迭代 499 次                            # 程序输出见图 4-32
```

软件包 NumPy 安装方法参见 1.1.4 节。

程序说明：程序第 17、18 行，imshow()为 Matplotlib 绘图函数；Z 为二维数组；cmap=plt.cm.prism 将标量数据映射到颜色的名称；interpolation='none'为插值方法；extent=(X.min(),X.max(),Y.min(),Y.max())为定义颜色数据的覆盖范围。

习　题　4

4-1　Python 中各种函数库有哪些特征？

4-2　函数调用时，采用什么命名形式？举例说明。

4-3　函数中的形参有哪些特征？举例说明。

4-4　简要举例说明局部变量和全局变量。

4-5　编程：用递归算法求 1+2+3+…+100 的值。

4-6　编程：修改例 4-49 程序中的角度 angle，绘制图 4-26、图 4-27 所示的图形。

4-7　编程：用递归算法打印一个 5 行“*”号的倒三角形（见图 4-33(a)）。

4-8　编程：打印出一个 5 行的杨辉三角形（见图 4-33(b)）。

4-9　编程：生成长度为 4（如 XuYm，PT8c，…），由随机数字和字母组成的验证码。

4-10　编程：绘制图 4-33(c)～图 4-33(e)所示的图形。

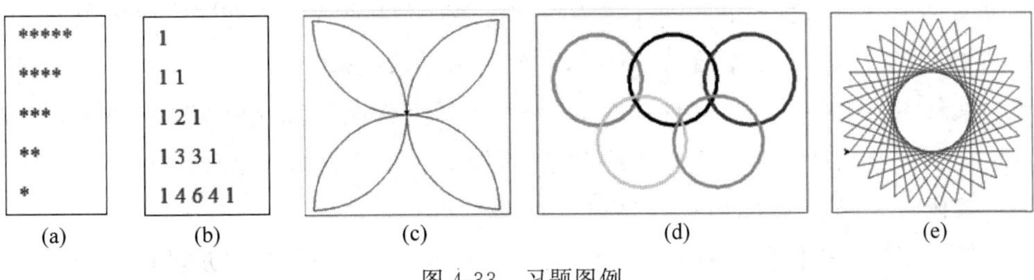

图 4-33　习题图例

第5章 文件读写

文件是计算机存储数据的重要形式,用文件组织和表达数据更加有效和灵活。文件有不同编码和存储形式,如文本文件、图像文件、音频和视频文件、数据库文件、特定格式文件等。每个文件都有各自的文件名和属性,对文件进行操作是 Python 的重要功能。

5.1 文本文件读写

5.1.1 读取文件全部内容

文本文件的读取通常有 3 个基本步骤: 打开文件、读取文件和关闭文件。

1. 打开文件

文件访问前必须先打开文件,并指定文件将做什么操作。Python 通过内置标准函数 open()打开或创建文件,函数返回文件句柄。打开文件语法如下。

```
文件句柄 = open('文件名', '操作模式', '编码')
with open('文件名', '操作模式'', '编码') as 文件句柄:
with open(file_name1) as file1, open(file_name2) as file2, open(file_name3) as file3:
```

(1) 文件句柄。文件读取是一个非常复杂的过程,它涉及设备(如硬盘)、通道(数据传输方式)、路径(文件存放位置)、进程(读写操作)、文件缓存(文件在内存中的存放)等复杂问题。文件句柄是函数 open()的返回值,它隐藏了设备、通道、路径、进程、缓存等复杂操作,帮助程序员关注正在处理的文件。**文件句柄用变量名表示**(如 file、file_data、f 等),它通过函数 open()与文件连接。文件打开或创建后,文件句柄就代表了打开的文件对象,这简化了程序设计,程序员可以方便地读取文件中的数据。

(2) 文件函数。函数 open()可以打开一个文本文件或者新创建一个文本文件。函数 open()参数为'文件名'、'操作模式'、编码,参数用引号括起来。

(3) 文件名。文件名表示文件的存储位置,包括文件路径和文件名。文件可以采用相对路径,如'江南春.txt'; 也可以采用绝对路径,如'd:\\test\\05\\江南春.txt'。

(4) 编码。编码指源文件的编码模式,如 encoding='utf8'、encoding='gbk'等。

(5) 操作模式。操作模式即文件的读写模式,操作模式用引号括起来,如'r'、'rb'、'w'、'a'等。常用操作模式如表 5-1 所示。

表 5-1　文件打开常用操作模式

操作模式	参数说明
r	仅读。待打开的文件必须存在；若文件不存在则会返回异常 FileNotFoundError
w	仅写,不可读。若文件已存在则内容将先被清空；若文件不存在则创建文件
a	仅写。若文件已存在则在文件最后追加新内容；如果文件不存在则创建文件
r+	可读,可写,可追加。待打开的文件必须存在(+参数说明允许读和写)
a+	读写。若文件已存在,则内容不会清空
w+	读写,若文件已存在,则内容将先被清空
rb	仅读,读二进制文件。待打开的文件必须存在(b 参数说明读二进制文件)
wb	仅写,写二进制文件。若文件已存在,则内容将先被清空
ab	仅写,写二进制文件。若文件已存在,则内容不会清空

2. 读取文件

Python 提供了 read()、readlines()和 readline()三个文件读取函数。这 3 种方法都会把文件每行末尾的'\n'(换行符)也读进来,可以用 splitlines()等函数删除换行符。

(1) **函数 read()一次读取文件的全部内容,返回值是一个大字符串**。读取文件时会包含行末尾的换行符(\n)。它常用于文本按字符串处理,如统计文本中字符的个数。

【例 5-1】　用函数 read()读取"琴诗.txt"文件中全部内容。

```
>>> f = open('d:\\test\\05\\琴诗.txt', 'r', encoding = 'gbk')     # 打开文件,f 为文件句柄
>>> s = f.read()                                                  # 读取文件全部内容
>>> s                                                             # 输出内容为字符串
'[宋] 苏轼《琴诗》\n若言琴上有琴声,放在匣中何不鸣? \n若言声        # 参数\n 为换行符
在指头上,何不于君指上听? \n'
```

【例 5-2】　读取"琴诗.txt"文件中全部内容,并且删除文件中的换行符。

```
>>> file = open('d:\\test\\05\\琴诗.txt', 'r')                # 打开文件,file 为文件句柄
>>> s = file.read()                                          # 读取文件全部内容
>>> s = s.splitlines()                                       # 删除字符串中的换行符
>>> s                                                        # 输出内容已转换为列表
['[宋] 苏轼《琴诗》', '若言琴上有琴声,放在匣中何不鸣?', '若言      # 输出已经删除换行符
声在指头上,何不于君指上听?']
```

(2) **函数 readlines()一次读取文件的全部内容,返回值是以行为元素的字符串列表**,该列表可以用 for 循环进行处理。注意,行可能是文本中的一个短行,也可能是一个大的段落。它常用于文本按行处理,如统计文本中字符串的行数(参见 5.2.5 节)。

【例 5-3】　用函数 readlines()读取"琴诗.txt"文件中全部内容。

```
>>> file = open('d:\\test\\05\\琴诗.txt', 'r')              # 打开文件,file 为文件句柄
>>> file.readlines()                                       # 读取文件全部内容
['[宋] 苏轼《琴诗》\n', '若言琴上有琴声,放在匣中何不鸣?      # 输出内容为列表
\n', '若言声在指头上,何不于君指上听? \n']
```

(3) **函数 readline()每次只读取一行,返回值是字符串**。它的读取速度比 readlines()慢得多,只有在没有足够内存一次读取整个文件时,才会使用 readline()函数。

【例 5-4】　用函数 readline()读取"琴诗.txt"文件中一行内容。

```
>>> file = open('d:\\test\\05\\琴诗.txt', 'r')          # 打开文件,file 为文件句柄
>>> file.readline()                                      # 读取文件一行内容
'[宋] 苏轼《琴诗》\n'                                     # 输出一行字符串
>>> file.close()                                         # 关闭文件
```

3. 关闭文件

文件使用结束后一定要关闭,这样才能保存文件内容,释放文件句柄占用的内存资源。关闭文件语法如下。

```
文件句柄.close()
```

5.1.2 读取文件指定内容

1. 文件指针

文件打开后,对文件的读写有一个读取指针(元素索引号),从文件中读入内容时,读取指针不断向文件尾部移动,直到文件结束位置。Python 提供了两个读写文件指针位置相关的函数 tell()和 seek()。它们的语法如下。

```
文件对象名.tell()                          # 获取当前文件操作指针的位置
文件对象名.seek(偏移量[, 偏移位置])        # 改变当前文件操作的指针位置
```

函数 seek()中,偏移量表示要移动的字节数,正数表示向文件尾部移动,负数表示向文件头部移动。数字、英文字符、换行符等占 1 字节,GBK 编码下汉字占 2 字节。

函数 seek()中,偏移位置=0 表示文件开头,偏移位置=1 表示当前位置,偏移位置=2 表示文件结尾位置。函数 seek()返回文件行指针位置。

【例 5-5】 获取文件指针位置。

```
>>> file = open('d:\\test\\05\\琴诗.txt')
>>> file.tell()                            # 获得当前文件读取指针
0
>>> file.seek(10)                          # 将文件指针向后移动 10 字节
10
>>> file.seek(0, 2)                        # 将文件读取指针移动到文件尾部
85                                         # 文件大小为 85 字节
```

2. 读取文件指定行

【例 5-6】 文件"成绩 utf8.txt"内容如下所示,读取文件中第 2、3 行。

```
1  学号,姓名,班级,古文,诗词,平均
2  1,宝玉,01,70,85,0
3  2,黛玉,01,85,90,0
4  3,晴雯,02,40,65,0
5  4,袭人,02,20,60,0
```

案例分析:用函数 readlines()读出文件到列表,循环对列表指定数据进行切片。

```
file_name = 'd:\\test\\05\\成绩 utf8.txt'                  # 路径赋值(绝对路径)
with open(file_name, 'r', encoding = 'utf8') as file:      # 打开文件(文件编码为 UTF8)
    lines = file.readlines()                               # 读取全部文件到列表 lines
```

```
4       for i in lines[1:3]:                     # 循环对列表切片,读取文本行
5           print(i.strip())                     # 函数 strip()为删除字符串两端的空格
```

```
>>>                                              # 程序输出
1,宝玉,01,70,85,0
2,黛玉,01,85,90,0
```

程序说明：程序第 4 行,语句 for i in lines[1:3]中,[1:3]为列表切片索引号位置。其中,0 行是表头,不读取,列表第 3 行不包含,因此语句功能为循环读取列表第 1、2 行。

程序扩展：如果希望对文件数据隔一行读一行时,只需要修改程序第 5 行中列表索引号即可,如“for i in lines[1:4:2]:”。语句表示读取列表第 1～4 行,步长＝2(即读第 1、3 行)。

【例 5-7】 读取“成绩 utf8. txt”文件中第 2 行的内容。

案例分析：只要文件是 UTF8 编码,都可以用标准模块 linecache 中函数 getline()读出文件中的指定行。函数语法为 linecache. getline(文件名,行号)。

```
import linecache                                      # 导入标准模块——行读取
s = linecache.getline('d:\\test\\05\\成绩 utf8.txt', 2)   # 读取文件第 2 行
print('第 2 行:', s)
```

```
>>>第 2 行: 1,宝玉,01,70,85,0                           # 程序输出
```

【例 5-8】 读取“梁山 108 将 gbk. txt”文件,然后随机打印 5 个人。

```
import random                                         # 导入标准模块——随机数
n = 1                                                 # 计数器初始化
file = open('d:\\test\\05\\梁山 108 将 gbk.txt', 'r')    # 打开文件
members = file.readlines()                            # 按行读取文件
while n <= 5:
    winner = random.choice(members)                   # 随机返回列表中的一个元素
    print(winner)                                     # 打印人物姓名
    n = n+1                                           # 计数器自增
```

```
>>>段景住    扈三娘    穆春    鲁智深    呼延灼            # 程序输出
```

5.1.3 文件内容遍历

文件遍历就是读取文件中每个数据,然后对遍历结果进行某种操作,如输出遍历结果、将遍历结果赋值到某个列表、对遍历结果进行统计(如字符数、段落数等)、对遍历结果进行排序、将遍历结果添加到其他文件等操作。遍历是一个非常重要的操作。

1. 文件遍历方法

用 open()或 with open()都可以实现文件遍历,它们的差别如下。

(1) 用 open()读取文件后,需要用 close()关闭文件；用 with open()读取文件结束后,语句会自动关闭文件,不需要再写 close()。

(2) 用 open()读取文件如果发生异常,则没有任何处理功能；而 with open()会处理好上下文产生的异常。

(3) open()一次只能读一个文件；with open()一次可以读多个文件。

【例 5-9】 文件遍历 1：逐行读取文件内容。

```
with open('登鹳雀楼.txt','r') as file:     # 打开文件(相对路径,当前目录在 d:\test\05)
    content = file.read()                 # 循环读取文件中每一行
```

```
    print(content)                                   # 输出行内容
>>>[唐] 王之涣…                                      # 程序输出(略,输出无空行)
```

【例 5-10】 文件遍历 2:一次全部读入文件内容到列表,再逐行遍历列表。

```
file = open('d:\\test\\05\\登鹳雀楼.txt', 'r')       # 打开文件(绝对路径),'r'为读操作
lst = file.readline()                               # 将文件内容一次全部读入列表 lst
while lst:                                          # 循环输出列表 lst 中的内容
    print(lst, end = '')                            # 参数 end = ''为不换行输出
    lst = file.readline()                           # 读取列表中行的内容
file.close()                                        # 关闭文件
>>>[唐] 王之涣…                                      # 程序输出(略,输出无空行)
```

【例 5-11】 文件遍历 3:循环读取文件内容到列表,再输出列表。

```
for lst in open('登鹳雀楼.txt','r'):                 # 打开文件,循环输出列表内容(相对路径)
    print(lst)                                      # 输出列表内容
>>>[唐] 王之涣…                                      # 程序输出(略,输出有空行)
```

【例 5-12】 文件遍历 4:文件内容一次全部读入列表,再逐行遍历列表内容。

```
file = open('d:\\test\\05\\登鹳雀楼.txt', 'r')       # 打开文件(绝对路径),r 为读操作
lst = file.readlines()                              # 读取文件全部内容到列表
for s in lst:                                       # 循环读取列表中的行
    print(s, end = '')                              # 输出行内容(没有 end = ''参数会多输出一些空行)
file.close()                                        # 关闭文件
>>>[唐] 王之涣…                                      # 程序输出(略,输出无空行)
```

【例 5-13】 文件遍历 5:一次读取 2 个文件全部内容到列表,再输出列表。

```
with open('d:\\test\\05\\金庸名言 1.txt', 'r') as file1,     # 读入文件 1
    open('d:\\test\\05\\金庸名言 2.txt', 'r') as file2:      # 读入文件 2
    print(file1.read())                                     # 打印第 1 个文件
    print(file2.read())                                     # 打印第 2 个文件
>>>                                                         # 程序输出
侠之大者,为国为民。
——金庸《射雕英雄传》
只要有人的地方就有恩怨,有恩怨就会有江湖,人就是江湖。
——金庸《笑傲江湖》
```

【例 5-14】 文件遍历 6:读取"成绩 utf8.txt"文件,打印内容和统计行数。

案例分析:函数 enumerate()的功能是遍历一个序列(参见 3.3.1 节),可以用它显示文件内容,用循环计数的方法统计文件行数。

```
file = open('d:\\test\\05\\成绩 utf8.txt', 'r', encoding = 'utf8')   # 打开文件,定义文件编码
count = 0                                                           # 计数器初始化
for index, value in enumerate(file):                                # 循环读取文件(元组变量)
    count += 1                                                      # 行数累加
    print(f'{index}:{value}')                                       # 打印索引号和行内容
file.close()                                                        # 关闭文件
print('文件行数为:', count)                                          # 打印文件并统计行数
>>> 0:学号,姓名,班级,…                                               # 程序输出(略,输出有空行)
```

程序说明：

程序第 1 行，文件必须为 UTF8 编码，而且设置编码参数 encoding='utf8'。

程序第 3 行，函数 enumerate()返回的迭代变量是元组。

2. 用 if 语句判断文件结束

【例 5-15】 用 if 语句判断文件是否结束。

```
1  file_path = 'd:\\test\\05\\登鹳雀楼.txt'    # 路径变量赋值
2  file = open(file_path, 'r')                  # 读取文件全部内容,file 为文件句柄,r 为读取模式
3  while True:                                  # while 永真循环
4      line = file.readline()                   # 读取文件行
5      if (line != ''):                         # 如果 line 不等于空,则文件没有结束
6          print(line)                          # 打印行内容
7      else:
8          break                                # 强制退出循环
9  file.close()                                 # 关闭文件
   >>>[唐] 王之涣…                               # 程序输出(略,输出有空行)
```

程序说明：程序第 5 行，语句 if (line!='')为判断第 4 行 readline()读到的内容是否为空，行内容为空意味着文件结束。如果语句 readline()读到一个空行，也会判断为文件结束吗？事实上空行并不会返回空值，因为空行的末尾至少还有一个换行符(\n)。所以，即使文件中包含空行，读入行的内容也不为空，这说明语句 if (line!='')判断是正确的。

5.1.4 文件写入数据

1. 覆盖写入文件

Python 提供了两个文件写入函数，语法如下。

```
文件句柄.write('单字符串')                # 语法 1:向文件写入一个字符串或字节流
文件句柄.writelines('行字符串')           # 语法 2:将多个字符串元素写入文件
```

函数 write()是将字符串写入一个打开的文件。注意，字符串也可以是二进制数据；函数 write()不会在字符串结尾添加换行符(\n)。

【例 5-16】 用函数 write()将字符串内容写入名为"杜甫诗歌 1.txt"的文件。

```
1  str1 = '百年已过半,秋至转饥寒。\n 为问彭州牧,何时救急难? \n'   # 符号\n 为换行符
2  file = open('d:\\test\\05\\杜甫诗歌 1.txt', 'w')                 # 以写模式打开文件
3  file.write(str1)                                                  # 字符串内容写入文件
4  file.close()                                                      # 关闭文件
5  print('字符串写入成功。')
   >>>字符串写入成功。                                                # 程序输出
```

程序说明：

程序第 1 行，由于函数 write()不会在字符串结尾自动添加换行符(\n)，因此字符串中必须根据需要人为加入换行符。

程序第 2 行，如果这个文件已经存在，那么源文件内容将会被新内容覆盖。

【例 5-17】 用函数 writelines()将内容写入名为"寄征衣 out.txt"的文件。

```
s = ['欲寄君衣君不还,', '不寄君衣君又寒。', '寄与不寄间,',          # 定义列表
    '妾身千万难。\n ——[元] 姚燧《寄征衣》']                        # 写模式打开文件
```

```
file = open('d:\\test\\05\\寄征衣 out.txt', 'w')          # 列表写入文件
file.writelines(s)                                         # 关闭文件
file.close()
print('列表写入成功。')
>>>列表写入成功。                                           # 程序输出
```

2. 追加写入文件

【例 5-18】 将字符串内容追加写入"杜甫诗歌 1.txt"文件的结尾。

```
file = open('d:\\test\\05\\杜甫诗歌 1.txt', 'a+')           # 以追加模式打开已存在的文件
file.write('——杜甫《因崔五侍御寄高彭州一绝》\n')          # 将字符串内容追加写入文件末尾
file.close()                                               # 关闭文件
print('追加写入成功。')
>>>追加写入成功。                                           # 程序输出
```

3. 二进制文件的读写

【例 5-19】 读取"图片.png"文件,并且写入"图片复制.png"文件。

```
file_read = open('d:\\test\\05\\图片.png', 'rb')            # 以二进制读方式打开文件
file_write = open('图片复制 out.png', 'wb')                 # 以二进制写方式创建文件
file_write.write(file_read.read())                         # 读二进制文件并写二进制文件
file_write.close()                                         # 关闭写文件
file_read.close()                                          # 关闭读文件
>>>                                                        # 程序输出
```

5.2 常用文件操作

5.2.1 文件的格式化

1. 结构化数据和非结构化数据

结构化数据也称为行数据,它有规定的数据类型、规定的存储长度、规范化的数据结构等要求,可以用数据库进行存储和管理。常见的结构化数据有数据库文件、Excel 文件、CSV 文件、部分结构规范的文本文件等。结构化数据非常适合程序进行处理。

非结构化数据主要有办公文档(文档编码不一)、数据结构不一的文本文件(如字符串、数值、日期格式不一致)、网页(各种 HTML 标签和控制符)、各类图片、音频、视频等数据。非结构化数据不适宜用关系数据库进行存储和管理,程序处理非结构化数据非常麻烦。数据清洗的主要工作是将非结构化数据转换为结构化数据,便于程序处理。

2. 英文字母大小写转换

【例 5-20】 将莎士比亚(Shakespeare)名言中的英语单词进行各种转换。

```
>>> char = 'The pyramid is built with stones pieces of.'   # 金字塔是用一块块石头堆砌而成
>>> print(char.upper())                                    # 所有字符转换为大写字母
THE PYRAMID IS BUILT WITH STONES PIECES OF.
>>> print(char.lower())                                    # 所有字符转换为小写字母
the pyramid is built with stones pieces of.
>>> print(char.capitalize())                               # 语句第一个字母转换为大写字母
The pyramid is built with stones pieces of.                # 其余为小写
```

```
>>> print(char.title())                    # 每个单词的第一个字母转换为大
The Pyramid Is Built With Stones Pieces Of.  # 写,其余为小写
```

3. 文本格式对齐

【例 5-21】 如图 5-1 所示,文件"成绩 1. txt"中文本行中的空格参差不齐,试对文本行中的空格进行对齐处理(见图 5-2)。

```
01    贾宝玉   85.5
  02      林黛玉      90
03    薛宝钗        88.5
   04       袭人      65
```

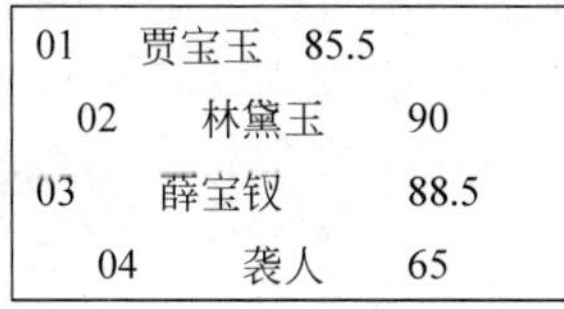

图 5-1　成绩 1. txt

```
01  贾宝玉  85.5
02  林黛玉  90
03  薛宝钗  88.5
04  袭人    65
```

图 5-2　对齐后的文本格式

案例分析: 图 5-1 中,行中空格数参差不齐,可以用函数 split()对字符串进行切分(参见 2.1.3 节),将每行切分为 3 个元素; 然后用函数 format()对一行中的字符串进行格式化排列对齐(参见 3.1.3 节)。

```
1  with open('d:\\test\\05\\成绩 1.txt', 'r') as file:          # 用绝对路径打开文件
2      for s in file:
3          L = s.split()                                        # 用空格符对字符串进行切分
4          t = '{0:<4}{1:<5}{2:4}'.format(L[0], L[1], L[2])    # 字符串格式化对齐
5          print(str(t))
>>> 01    贾宝玉    85.5 …                                        # 程序输出见图 5-2(略)
```

程序说明: 程序第 4 行,参数{0: <4}为 0 号元素(序号),占 4 个字符; 参数{1: <5}为 1 号元素(姓名),占 5 个字符; 参数{2: 4}为 2 号元素(成绩),占 4 个字符。格式化函数 format()中,L[0]为 0 号元素,L[1]为 1 号元素,L[2]为 2 号元素。

5.2.2　多个文件合并

文本处理时,往往需要将多个文件合并在一起,再进行数据处理。多个文件合并时,先创建一个新文件,其次读入文件 A,然后将文件 B 添加在文件 A 之后,文件 C 添加在文件 B 之后,以此类推。文件合并后,还需要对合并后的文件进行清理,如排列格式化、删除空格、删除空行、删除乱码等操作。

【例 5-22】 文件如图 5-3～图 5-5 所示,将"琴诗 1. txt""琴诗 2. txt""琴诗 3. txt"文件合并成一个文件。

```
[宋] 苏轼 《琴诗》
```

图 5-3　琴诗 1. txt

```
若言琴上有琴声,
放在匣中何不鸣?
```

图 5-4　琴诗 2. txt

```
若言声在指头上,
何不于君指上听?
```

图 5-5　琴诗 3. txt

案例分析: 多个文本文件合并时,首先将所有文件合并成一个新文件,然后对新文件进行格式化处理,如删除多余的空行、对齐文本行、对文件乱码进行处理等。

(1) 合并文件。

```
file_list = ['d:\\test\\05\\琴诗 1.txt',       # 定义文件列表
        'd:\\test\\05\\琴诗 2.txt',
```

```
    'd:\\test\\05\\琴诗 3.txt']
file = open('d:\\test\\05\\琴诗 4.txt', 'w')         # 创建新的临时文件琴诗 4.txt
for data in file_list:                               # 外循环遍历读取源文件列表
    for txt in open(data, 'r'):                      # 内循环读取某个文件中的每一行
        file.write(txt + '\r')                       # 行内容写入文件,行尾加回车符(\r)
file.close()                                         # 关闭文件
>>>                                                  # 程序输出
```

程序说明：用记事本程序查看新创建的“琴诗 4.txt”文件,会发现文件中出现了多余的空行,因此需要进行删除空行的处理。

(2) 删除文件“琴诗 4.txt”中的空行。

```
1  file = open('d:\\test\\05\\琴诗 4.txt', 'r')               # 以读方式打开临时文件
2  tup = list()                                               # 函数 list()将元组转换为列表
3  for line in file.readlines():                              # 循环读取文件中每一行
4      line = line.strip()                                    # 删除每行头尾的空白字符
5      if not len(line) or line.startswith('#'):              # 判断是否为空行,或是以#开始的行
6          continue                                           # 空行跳过不处理,返回循环头部
7      tup.append(line)                                       # 插入一个新行
8  open('琴诗 5.txt', 'w').write('%s' % '\n'.join(tup))       # 创建新文件,并将内容写入文件
9  file.close()                                               # 关闭文件
   >>>                                                        # 程序输出
```

程序说明：

程序第 4 行,函数 line.strip()用于删除指定字符,如果没有指定字符则删除空白字符(包括换行符'\n'、回车符'\r'、制表符'\t'、空格' ')。函数从原字符尾部开始寻找,找到指定字符就将其删除,直到遇到一个不是指定字符就停止删除。

程序第 5 行,函数 startswith('#')用于检查字符串是否以'#'子字符串开头,如果是则返回 True,否则返回 False。也可以用“if line.count('\n')==len(line)”判断是否为空行。

程序第 8 行,函数 write('%s'%'\n'.join(s))中,%s 为字符串占位符(参见 3.1.3 节);%'\n'为换行占位符;函数 join(s)用于将字符串 s 连接成一个新字符串。

5.2.3 多个文件连接

文件连接与文件合并的相同之处是两个文件合并形成一个新文件,不同之处是文件合并是文件 B 连接在文件 A 之后,而文件连接是文件 A 与文件 B 的第 1 行连接在一起,文件 A 与文件 B 的第 2 行连接在一起,以此类推,最后形成一个新文件。

文件连接有以下要求：一是两个文件的行与行之间为一一对应的关系；二是两个文件的行数一致；三是两个文件的编码一致(如均为 UTF8 编码)。

【例 5-23】 “企业 A.txt”记录了企业职工工号和姓名(见图 5-6)；“企业 B.txt”记录了职工工号和工资(见图 5-7)。要求将两个文件按行连接,即企业 A 的第 1 行连接到企业 B 的第 1 行,其余以此类推；然后打印输出连接后的文件。

案例分析：首先创建“企业 A.txt”和“企业 B.txt”的文件句柄；其次创建一个新的输出文件“企业 AB_out.txt”；然后循环读入文件句柄 a 中的一行,与文件句柄 b 中的一行连接在一起；最后将连接好的新行写入新建文件即可。

```
100 Jason Smith（杰森·史密斯）
200 John Doe（约翰·多伊）
300 Sanjay Gupta（桑贾伊·古普塔）
400 Ashok Sharma（阿肖克·夏尔马）
```

图 5-6　企业 A.txt(工号，姓名)

```
100 $5000
200 $500
300 $3000
400 $1250
```

图 5-7　企业 B.txt(工号，工资)

```
1  file_a = open('d:\\test\\05\\企业 A.txt', 'r', encoding='utf8')        # 创建文件句柄
2  file_b = open('d:\\test\\05\\企业 B.txt', 'r', encoding='utf8')
3  new_file = open('d:\\test\\05\\企业 AB_out.txt', 'a', encoding=      # 创建新文件，追加模式
   'utf8')
4  for i in file_a:                                                     # 循环写入文件内容
5      line_c = i.strip() + '  ' + file_b.readline().strip() + '\n'     # 连接文件行(很重要)
6      new_file.write(line_c)                                           # 连接好的行写入新文件
7      print(line_c)                                                    # 打印连接后的新行
8  file_a.close()                                                       # 关闭文件
9  file_b.close()
10 new_file.close()
```

```
>>>                                                                     # 连接文件如下
100 Jason Smith(杰森·史密斯) 100  $ 5000
200 John Doe(约翰·多伊) 200  $ 500
300 Sanjay Gupta(桑贾伊·古普塔) 300  $ 3000
400 Ashok Sharma(阿肖克·夏尔马) 400  $ 1250
```

程序说明：程序第 5 行，变量 line_c 为连接后的新行；函数 i.strip()为删除文件 a 中一行字符串的前后空格；参数' '为元素之间添加 2 个空格；函数 file_b.readline().strip()为读取文件 b 中的一行，并删除前后空格；参数'\n'为在行尾添加换行符。

从程序输出结果可见，工号在同一行中有重复，虽然可以用集合函数将重复元素删除，但是集合的无序性会导致行中元素混乱，因此对重复元素需要另外编程处理。

【例 5-24】 文件内容如图 5-8～图 5-10 所示，将三个文件连接成一个新文件，要求将文件按行连接，即 test1.txt 第 1 行后面连接 test2.txt 第 1 行，其余以此类推。

```
01 杨天黄
02 何冷烟
03 李屏西
```

图 5-8　test1.txt

```
程序设计 70
程序设计 80
程序设计 85
```

图 5-9　test2.txt

```
计算科学导论 82
计算科学导论 88
计算科学导论 85
```

图 5-10　test3.txt

案例分析：以下解决方案比例 5-23 复杂，程序用了函数 zip(* files)进行解包。

```
import itertools as it                                                   # 导入标准模块

file = 'd:\\test\\05\\test1.txt d:\\test\\05\\test2.txt d:\\test\\      # 定义文件变量
05\\test3.txt'.split()
with open('d:\\test\\05\\test_out.txt', 'w', encoding='utf8') as out_file:   # 创建新文件
    files = [open(fname, 'r', encoding='utf8') for fname in file]       # 读入文件
    for text in it.zip_longest( * files):                               # 用函数 zip()解包
        out_file.write('\t'.join(t.strip() if t else '' for t in text)  # 新行写入
+ '\n')
for f in files:
    f.close()                                                           # 循环关闭文件
```

```
>>>                                                                     # 程序输出
```

程序说明：

程序第 5 行，读入 test1. txt、test2. txt、test3. txt 三个文件(均为 UTF8 编码)，注意读取和写入文件时采用 UTF8 编码(encoding='utf8')，否则程序会异常退出。

程序第 6 行，函数 it. zip_longest(* files)为解包(参见 4.1.2 节)。

5.2.4 文件内容去重

网络上下载的文件(如文本小说、密码字典等)有时会存在大量的重复行、空行、空格等；多个文件合并时，合并后的文件中可能会含有相同的内容。因此，需要对文本进行清洗，消除重复行(去重)、空行、空格等。

对两个内容疑似相同的文件，可以通过函数 md5()计算两个文件的哈希值，通过哈希值比较，判断文件内容是否相同，然后删除重复文件。

在一个文本文件内，内容去重的方法很多：一是利用 set()集合函数删除重复数据；二是利用正则表达式删除重复数据；三是利用程序语句删除文件中指定行或指定内容；四是将文件 A 内容读入列表变量中，然后读入文件 B 的一行内容，如果这行内容没有出现在列表变量中，则将这行内容写入新文件 C 中。

【例 5-25】 如图 5-11 所示，对"成绩 2. txt"文件进行去重操作，要求：①删除空行；②删除重复行；③删除空格；④生成一个新文件(见图 5-12)。

```
学号, 姓名,  班级,古文,  诗词,    平均
1,     宝玉,01,      70,   85,   0
       2,  黛玉, 01,     85,     90,   0


3,晴雯,02,       40,   65,       0
   2,  黛玉, 01,     85,    90,   0
```

图 5-11 源文件"成绩 2. txt"

```
学号,姓名,班级,古文,诗词,平均
1,宝玉,01,70,85,0
2,黛玉,01,85,90,0
3,晴雯,02,40,65,0
```

图 5-12 去重后新文件"成绩 3. txt"

案例分析：首先创建一个新文件，读入源文件中的行，删除字符串前后的空格(行中间空格后面再处理)，然后写入临时文件 1 中。再创建临时文件 2，读入临时文件 1 中的行，删除其中的重复行、空行、行中间的空格等，将数据写入临时文件 2 即可。

```
file1 = open('d:\\test\\05\\成绩 2.txt', 'r', encoding='utf8')    #【1.删除空行】
file_new = open('d:\\test\\05\\成绩 tmp1.txt', 'w')                # 创建临时文件 1
for line in file1.readlines():                                     # 循环读入每一行
    data = line.strip()                                            # 删除本行字符头尾空格
    if len(data) != 0:                                             # 如果此行长度不等于 0
        file_new.write(data)                                       # 写入本行数据
        file_new.write('\n')                                       # 写入换行符
file1.close()                                                      # 关闭源文件
file_new.close()                                                   # 关闭临时文件
                                                                   #【2.删除重复行】
tmp_file = open('d:\\test\\05\\成绩 tmp2.txt', 'w')                # 创建临时文件 2
lst1 = []                                                          # 建立空列表 lst1
for line in open('d:\\test\\05\\成绩 tmp1.txt', 'r'):              # 循环读入临时文件 1 中字符
    tmp = line.strip()                                             # 删除字符串首尾的空格
    if tmp not in lst1:                                            # 判断是否为重复行
        lst1.append(tmp)                                           # 在列表末尾添加新对象
        tmp_file.write(line)                                       # 逐行写入临时文件
tmp_file.close()                                                   # 关闭临时文件
                                                                   #【3.删除空格】
```

```
20 lst2 = []                                              # 建立空列表 lst2
21 with open('d:\\test\\05\\成绩 tmp2.txt', 'r') as file2:  # 打开临时文件 2
22     data = file2.read()                                 # 读临时文件 2
23     s1 = data.split(' ')                                # 通过空格对字符串进行切片
24 lines = s1
25 for i in lines:                                         # 循环替换
26     if i != '\r':                                       # 是否不为回车符
27         k = i.strip()                                   # 不是回车符时删除头尾空格
28     if i != '\n':                                       # 是否不为换行符
29         k = i.replace('\t', '')                         # 不是换行符时删除空格
30         lst2.append(k)                                  # 在列表末尾添加新对象
31                                                         #【4.写入新文件】
32 with open('d:\\test\\05\\成绩 3out.txt', 'w') as file3:  # 创建新文件
33     for i in lst2:
34         file3.write(i)                                  # 写入处理过的内容到'成绩 3.txt'
>>>                                                        # 程序输出(生成文件见图 5-12)
```

程序说明：

程序第 4 行，函数 line.strip()用于删除字符串头尾指定字符(默认为空格或换行符)，返回一个新字符串。注意，该函数只能删除开头或结尾的字符，不能删除中间的字符。

程序第 23 行，函数 data.split(' ')为指定分隔符(如空格符)对字符串进行切片，如果不指定分隔符，默认分隔符为换行符(\n)、回车符(\r)、制表符(\t)。

程序第 29 行，函数 i.replace('\t','')表示把旧字符串(此处为\t，即空格)替换成新字符串(此处新字符为''，即删除空格)。

5.2.5 案例：文件字符统计

【例 5-26】 统计"全唐诗.txt"文本中的字数和行数。

```
with open('d:\\test\\05\\全唐诗.txt', encoding='utf8') as file1:  # 打开当前目录下的文件
    word = file1.read()                                           # 读取全部字符
print('全唐诗总字数:', len(word))                                  # 打印全部字符数
with open('d:\\test\\05\\全唐诗.txt', encoding='utf8') as file2:  # 打开当前目录下的文件
    lines = file2.readlines()                                     # 按行读入文件
print('全唐诗总行数:', len(lines))                                 # 打印文件行数
>>>                                                               # 程序输出
全唐诗总字数: 4646026
全唐诗总行数: 387171
```

【例 5-27】 统计某个字符串中汉字、英文、空格、数字、标点个数。

案例分析：

(1) 用 string.ascii_letters 方法生成英文大小写字母，然后判断字符串中是否含有英文字母；用函数 isdigit()判断字符串中是否含有数字；用函数 isspace()判断字符串中是否含有空格；用函数 isalpha()判断字符串中是否有汉字；其余字符串为标点符号。

(2) 函数有多个返回值时，可以用命名元组的方法使用返回值。

```
import string                          # 导入标准模块——字符串模块
from collections import namedtuple     # 导入标准函数——命名元组

```

```
4  def str_count(s):                              # 定义字符统计函数
5      en = dg = sp = zh = pu = 0                 # 变量初始化
6      for c in s:                                # 循环统计各种字符数
7          if c in string.ascii_letters:          # 生成 a~z、A~Z 字母并且判断
8              en += 1                            # 英文字符统计
9          elif c.isdigit():                      # 判断字符串中是否含有数字
10             dg += 1                            # 数字统计
11         elif c.isspace():                      # 判断字符串中是否含有空格
12             sp += 1                            # 空格统计
13         elif c.isalpha():                      # 判断是否有其他语言中的字母
14             zh += 1                            # 中文字符统计
15         else:
16             pu += 1                            # 标点符号统计
17     total = zh + en + sp + dg + pu             # 统计所有字符
18     return namedtuple('Count', ['total','zh','en','space','digit','punc'])(total,zh,en,sp,dg,pu)
19                                                # 返回值用命名元组(很重要)
20 s = '66The pyramid is built with stones pieces of. 金字塔是用一块块石头堆砌而成 88.'
21 count = str_count(s)                           # 调用字符统计函数
22 print(f'共{count.total}个字符,其中{count.zh}个汉字,{count.en}\
23 个英文,{count.space}个空格,{count.digit}个数字,{count.punc}个标点符号')
>>>共 63 个字符,其中 14 个汉字,35 个英文,8 个空格,4 个数字,2 个标点符号
```

程序说明:

程序第 7 行,函数 string.ascii_letters 生成所有 a~z、A~Z 的字符串。

程序第 18 行,函数 namedtuple()为命名元组,普通元组中的元素只能按索引号访问,不能为元组中的每个元素命名。命名元组可以构造一个带字段名的元组,命名元组有两个参数:参数'Count'是元组名;参数['total','zh','en','space','digit','punc']是每个元素的名称。参数(total,zh,en,sp,dg,pu)是函数中的变量名,它们与元素名称一一对应。

【例 5-28】 命名元组应用案例。

```
1  >>> from collections import namedtuple                       # 导入标准函数——命名元组
2  >>> user = namedtuple('user', ['name', 'lesson', 'score'])   # 定义命名元组,['字段名 1', …]
3  >>> s1 = user('宝玉', '古文', '60')                           # 实例化命名元组
4  >>> print(s1.name, s1.score)                                 # 通过类属性 user 获取值
   宝玉 60
5  >>> print(s1._fields)                                        # 通过_fields 获取获字段名
   ('name', 'lesson', 'score')
```

5.3 文本编码处理

5.3.1 字符集的编码

字符集是各种文字和符号的总称,它包括文字、符号、图形、数字等。字符集种类繁多,每个字符集包含的字符个数不同,编码方法不同。如 ASCII(America Standard Code for Information Interchange,美国信息交换标准码)、GBK(国家标准扩展的汉语拼音)字符集、Unicode(统一码)字符集等。计算机要处理各种字符集的文字,就需要对字符集中每个字符

进行唯一性编码，以便计算机能够识别和存储各种文字。

1. Unicode 字符集和编码

（1）Unicode 字符集。Unicode 是一个信息领域的国际字符集标准。Unicode 字符集目前有 $2^{21}=2\,097\,152$ 个编码（理论值）。Unicode 为全球每种语言和符号中的每个字符都规定了一个唯一代码点和名称，如“汉”字的名称和码点是“U＋6C49”（U 为名称，6C49 为码点）。Unicode 目前规定了 17 个语言符号平面（大约 110 万编码），如 CJK（中日韩统一表意文字）平面收录了中文简体汉字、中文繁体汉字、日文假名、韩文谚文、越南喃字。**Unicode 字符集有多种编码**，如 UTF8（UTF8-1，UTF8-2、UTF8-3、UTF8-4）、UTF16、UTF32 等，其他大多数字符集（如 GB2312、ASCII 等）都只有一种编码。**Unicode 字符集中汉字码点按《康熙字典》的偏旁部首和笔画数排列**，编码排序与 GB（国家标准）字符集排序不同。

【例 5-29】 打印字符串的 Unicode 编码。Python 程序如下。

```
str = input('请输入一个字符串：')                  # 输入字符串
a = [0] * len(str)                                  # 计算字符串长度
i = 0                                               # 计数器初始化
for x in str:                                       # 循环计算编码
    a[i] = hex(ord(x))                              # 将字符 x 转换为 Unicode 编码
    i = i + 1                                       # 计数器累加
result = list(a)                                    # 转换为列表
print('字符串的 Unicode 编码为：', result)          # 打印 Unicode 编码
```

```
>>>                                                 # 程序输出
请输入一个字符串：a 中国
字符串的 Unicode 编码为：['0x61', '0x4e2d', '0x56fd']   # 输出字符串的十六进制编码
```

（2）UTF8 编码。UTF8 采用变长编码。UTF8-1 编码中，128 个 ASCII 字符只需要 1 字节；UTF8-2 编码中，带有变音符号的拉丁文、希腊文、西里尔字母、亚美尼亚语、希伯来文、阿拉伯文、叙利亚文等需要 2 字节；UTF8-3 编码中，汉字为 3 字节；UTF8-4 编码中，其他辅助平面符号为 4 字节。Python 3.x 程序采用 UTF8 编码，Linux 系统、因特网协议、浏览器等均采用 UTF8 编码。

（3）UTF16 编码。UTF16 采用 2 字节或 4 字节编码。Windows 内核采用 UTF16 编码，但支持 UTF16 与 UTF8 的自动转换。UTF16 编码有 Big Endian（大端字节序）和 Little Endian（小端字节序）之分，UTF8 编码没有字节序问题。

（4）UTF32 编码。UTF32 采用 4 字节编码，由于浪费存储空间，因此很少使用。

2. 中文字符集标准

（1）GB 2312 编码。GBK 2312 是最早的国家标准中文字符集，它收录了 6763 个常用汉字和符号。GBK 2312 采用定长 2 字节编码。

（2）GBK 编码。GBK 是 GB 2312 的扩展，加入了对繁体字的支持，兼容 GB 2312，也与 Unicode 编码兼容。GBK 使用 2 字节定长编码，共收录 21 003 个汉字。

（3）GB 18030 编码。GB 18030 与 GB 2312 和 GBK 兼容。GB 18030 共收录 70 244 个汉字，它采用变长多字节编码，每个汉字或符号由 1～4 字节组成。Windows 7/8/10 默认支持 GB 18030 编码。

（4）繁体中文 Big5 编码。Big5 是港澳台地区繁体汉字编码。它对汉字采用 2 字节定

长编码,一共可表示 13 053 个中文繁体汉字。Big5 编码的汉字先按笔画再按部首进行排列。Big5 编码与 GB 系列编码互不兼容。

5.3.2 字符编码转换

1. 字符的编码和解码

Python 程序中定义的字符串默认为 UTF8 编码(即 Unicode 码),字符串解码函数为 decode(),字符串编码函数为 encode()。函数 encode()的作用是将字符串编码为字节码(bytes),函数 decode()的作用是将字节码解码成字符串,语法如下。

```
decode([解码标准], [errors = 'ignore'])
encode([编码标准], [errors = 'ignore'])
```

参数"解码标准"有 utf8(也可写为 utf-8、utf、UTF8、UTF-8)、gbk 等。

参数 errors='ignore'为忽略非法字符,或者设置为 errors='replace'(用?号取代非法字符);如果为 errors='strict'(默认),则表示遇到非法字符时抛出异常。

【例 5-30】 字符串的编码与解码。

```
>>> s1_utf8 = '汉字 hz'                          # 定义字符串,默认为 UTF8 编码
>>> s2_utf8 = s1_utf8.encode('utf8')             # 对字符串进行编码
>>> print(s2_utf8)                               # 打印字符串编码
b'\xe6\xb1\x89\xe5\xad\x97hz'                    # 字符串的 UTF8 编码
>>> s3_utf8 = s2_utf8.decode('utf8')             # 对字符串进行解码
>>> print(s3_utf8)                               # 打印解码后的字符串
汉字 hz
```

【例 5-31】 网址中的"%xx"字符编码转换。

```
1  >>> url = 'https://www.baidu.com/s? wd = code520 中国'          # 定义 URL
2  >>> from urllib.parse import quote                              # 导入标准函数——字符编码
3  >>> url_utf = quote(url, safe = ';/?:@&= + $ , ', encoding = 'utf8')
                                                                   # ';/?:@&= + $ ,'字符不编码
4  >>> print('url_utf 编码: %s' % url_utf)                         # 打印 UTF 编码的 URL
   url_utf 编码:https://www.baidu.com/s? wd = code520 %E4 %B8 %AD %E5 %9B %BD
5  >>> from urllib import parse                                    # 导入标准函数——编码转字符
6  >>> print(parse.unquote('https://www.baidu.com/s? wd = code520 %E4 %B8 %AD %E5 %9B %BD'))
   https://www.baidu.com/s? wd = code520 中国
```

程序说明:

程序第 3 行,函数 quote()将 url 中的字符转换为"%xx"形式;参数 safe=';/?:@&=+$,'为特殊字符(;/?:@&=+$)不转换为"%xx"形式;字符串编码为 UTF8。

程序第 5 行,函数 urllib.parse.unquote()将 url 中的"%xx"序列解码为 Unicode 字符;url 必须是字符串;默认编码为 UTF8。

2. GBK 与 UTF8 编码的转换

【例 5-32】 字符串的 GBK 与 UTF8 编码的相互转换。

案例分析：当字符串为 GBK 编码，希望转换为 UTF8 编码时，可以采用函数 s.decode('gbk').encode('utf8')；当字符串为 UTF8 编码，希望转换为 GBK 编码时，可以采用函数 s.decode('utf8').encode('gbk')。

```
1  >>> s = '汉字 hz'                                              # 字符串默认为 UTF8 码
2  >>> s_gbk = s.encode('gbk')                                   # 无须解码，直接编码为 GBK
3  >>> s_gbk
   b'\xba\xba\xd7\xd6hz'
4  >>> gbk_utf8 = s_gbk.decode('gbk', 'ignore').encode('utf8')   # 字符串的 GBK 编码
5  >>> gbk_utf8                                                  # 解码 GBK，编码 UTF8
   b'\xe6\xb1\x89\xe5\xad\x97hz'
6  >>> s_utf8 = gbk_utf8.decode('utf8')                          # 字符串的 UTF8 编码
7  >>> s_utf8                                                    # 将 GBK 解码为 UTF8
   '汉字 hz'                                                     # 字符串的 UTF8 编码
```

程序说明：程序第 4 行，函数 s_gbk.decode('gbk','ignore').encode('utf8')中，参数'gbk'为读取 GBK 编码文件，参数'ignore'为忽略非法字符；解码后的字符串编码为 UTF8。

5.3.3 文件编码转换

1. Windows 文件编码形式

Windows 系统默认采用 GBK 编码，但是系统可以进行 GBK 与 Unicode 编码的处理。Windows 下部分软件可以自动识别文件的编码形式，如“记事本”软件；但是大部分软件没有自动识别文件编码功能，如“写字板”软件。

【例 5-33】 用“记事本”程序打开 test_utf8.txt 文件时，程序可以自动识别文件的编码形式，不会发生乱码(见图 5-13)；但是用“写字板”程序打开 test_utf8.txt 文件时，由于写字板程序不能自动识别文件编码，因此文件会显示出现乱码(见图 5-14)。

```
《江南春》[唐]杜牧，许渊冲英语翻译
Spring on the Southern Rivershore
千里莺啼绿映红，
```

图 5-13 用“记事本”程序打开 test_utf8.txt 文件

```
銆婃睙鍗楁槬銆媅鍞愮鏉滅墽锛岃鑸掑啿鑻辫鏋佺炕璇
Spring on the Southern Rivershore
鍗冮噷鑾哄暭缁挎槧绾   紝
```

图 5-14 用“写字板”程序打开 test_utf8.txt 文件

记事本程序如何确定文件编码呢？记事本程序的处理方法是在文件最前面保存一个编码标签。程序检查到文件头部标签是 FF FE 时，说明文件采用 UTF-16LEB 编码(小端 Unicode 码)；如果文件头部标签是 FE FF，则文件采用 UTF-16BE 编码(大端 Unicode 码)；如果头部标签是 EF BB BF，则是 UTF8 编码(注意，头部标签不是 UTF8 标准的规定，这个头部标签也很容易导致 Python 程序出现异常)；没有以上 3 个头部标签的文件是 ANSI 编码，如果系统是简体中文 Windows，ANSI 编码就是 GBK 编码。

2. 检查文件的编码格式

不知道文件的编码格式时，文件打开时会无法设置编码格式，使得读取的内容出现乱码。可以用第三方软件包 chardet 检测文件编码格式，软件包 chardet 安装方法如下。

```
> pip install - i https://pypi.tuna.tsinghua.edu.cn/simple chardet        # 版本为 2.1.1
```

【例 5-34】 新建测试文件“江南春.txt”，保存时编码为 ANSI(即 GBK 编码)。

```
1  import chardet                                      # 导入第三方包——编码
2  file = open('d:\\test\\05\\江南春.txt', 'rb')        # 二进制读文件
3  data = file.read()                                  # 读入文件内容
4  print(chardet.detect(data))                         # 打印文件编码
5  file.close()                                        # 关闭文件
>>>{'encoding': 'GB2312', 'confidence': 0.711, 'language': 'Chinese'}
                                                       # GB 2312 可信度为 71 %
```

程序说明：程序第 2 行，**采用字节码读模式(rb)打开文件可以避免很多读错误**，指定编码格式反而可能报错。测试文件内容过少时，检测的语言可能会有偏差。

3. GBK 编码文件与 UTF8 文件的相互转换

【例 5-35】 将 d:\test\05\目录下的“江南春 gbk. txt”文件转换为 UTF8 编码，将文件重命名为“江南春 utf8. txt”。

案例分析：中文 Windows 下用函数 open()打开文件时，如果没有传递 encoding 参数，Python 会自动采用 GBK 编码打开文件，这容易引起读取文件时出错。解决方法是在 open()函数中传递编码参数 encoding='gbk'，或者 encoding='utf8'。

```
with open('d:\\test\\05\\江南春.txt', encoding = 'gbk', errors = 'ignore') as file:
                                                       # 以 GBK 编码打开文件
    while True:                                        # while 永真循环
        data = file.read()                             # 读取文件内容
        if data:
            open('d:\\test\\05\\江南春 utf8.txt', 'a', encoding = 'utf8', errors = 'ignore').
write(data)
        else:
            break                                      # 强制退出循环
print('文件 GBK 转换为 UTF8 完成')
>>>文件 GBK 转换为 UTF8 完成                            # 程序输出
```

【例 5-36】 将当前目录下的“江南春 utf8. txt”文件转换为 GBK 编码，将文件重命名为“江南春 gbk. txt”。

```
def utf8_to_gbk(inFilePath, outFilePath):              # 定义转换函数
    with open(inFilePath, 'rb') as file1:              # 创建文件(二进制码)
        a = file1.read()                               # 读取文件内容
        b = a.decode('utf8', 'ignore')                 # 文件编码
        with open(outFilePath, 'w', encoding = 'gbk') as file2:  # 创建新文件(GBK 编码)
            file2.write(b)                             # 写入文件内容
        print('文件转换完成')

utf8_to_gbk('d:\\test\\05\\江南春 utf8.txt','江南春 gbk.txt')  # 调用转换函数
>>>文件转换完成                                         # 程序输出
```

5.3.4 文本乱码处理

1. 文本文件中的乱码

乱码是用文本编辑器(如笔记本程序或 Word 程序)打开源文件时，文本中部分字符是

无法阅读或无法理解的一系列杂乱符号。在数据处理过程中,乱码问题让人头疼。

【例 5-37】 文本文件中的乱码现象如图 5-15 所示。如果文本内容全是乱码(见图 5-15(a)),说明文件是二进制编码,或者编辑器不支持这种文本编码。如果文本中只有某几行出现乱码(见图 5-15(b)),说明文本出现了编码错误,程序读取这种文本时非常容易出错,处理起来也非常麻烦。有些文本中含有不可见的控制符(见图 5-15(c)、图 5-15(d)),程序读取这些文本时也很容易出错。有些文件中含有 HTML(Hyper Text Mark Language,超文本标记语言)标识符(见图 5-15(e))和一些特殊符号(见图 5-15(f)),这都需要编程处理。

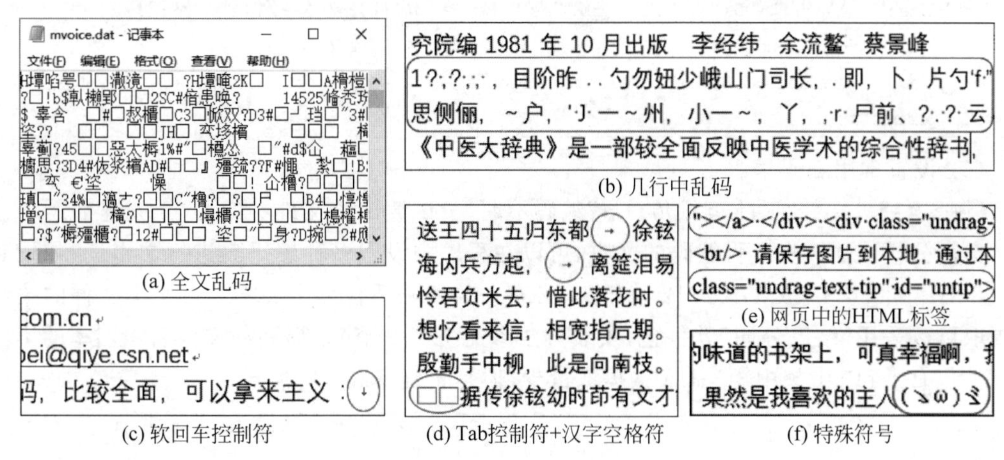

(a) 全文乱码 (b) 几行中乱码 (c) 软回车控制符 (d) Tab控制符+汉字空格符 (e) 网页中的HTML标签 (f) 特殊符号

图 5-15 文本中的乱码现象

2. 文本文件乱码原因

(1) 软件包原因。Python 程序经常会用到第三方软件包,一些国外软件包可能采用单字节编码(如 ISO 8859),这些软件包打开双字节语言(如 GBK)文件时,如果不能正确识别文件分割符,就容易把一个汉字编码(2 字节)从中分割为两段,这会导致紧接在后面的整个一行全部都是乱码(见图 5-15(b))。

(2) 数据库原因。数据库字符编码与程序字符编码不一致,如数据库采用 GBK 编码,客户端程序采用 UTF8 编码,数据导出时就容易出现乱码(见图 5-15(a))。

(3) 数据错误。例如,大部分网页都采用了 JavaScript 脚本程序,而 JavaScript 语言默认编码为 ISO 8859。网络爬虫在爬取 JSP 网页数据后,如果存储为 UTF8 或 GBK 编码文件,以后 Python 程序读取这些文本时,就容易造成读写错误。

(4) 存储格式原因。例如,一些文本文件采用了字节保存模式,而 Python 程序采用文本读写操作时,就会出现读写错误。

3. 文本读错误的处理方法

(1) 开发环境设置。Python 3. x 默认使用 UTF8 编码,因此程序开发和文本文件存储时应尽量选用 UTF8 编码,而不是 GBK 编码(Windows 下为 ANSI 编码)。第一次使用 IDE(如 PyCharm)时,应将默认文本编辑器修改为 UTF8 编码。

(2) 对输入文本采用字节读的模式。

【例 5-38】 文本中夹杂有二进制字节码时,可对文本采用字节读(rb)模式。

```
file = open('d:\\test\\05\\三国演义.txt', 'rb')          # 采用二进制字节读模式
```

(3) 指明文本编码。

【例 5-39】 如果文本中有中文,可以在打开文件时指明文本编码模式。

```
file = open('d:\\test\\05\\三国演义.txt', 'rb', encoding = 'gbk')    # 说明文本编码模式(GBK
                                                                     # 编码)
```

(4) 用解码函数忽略非法字符。

【例 5-40】 利用函数 decode()忽略文本中的非法字符。

```
with open('d:\\test\\05\\春.txt', 'rb') as file:      # 打开文本文件(绝对路径)
    data = file.read()                                 # 读取文本文件
    txt = data.decode('GB2312', errors = 'ignore')     # 参数 errors = 'ignore'为忽略非法字符
    print(txt)
```

(5) 设置常用编码集。

【例 5-41】 文件"射雕英雄传.txt"编码不明,尝试读出该文件中的 20 个关键字。

案例分析:对某些不明编码的文本,可以在程序中设置多种编码集进行文本读,如设置 UTF8、GB 18030、GBK、GB 2312 编码集,必有一款编码适合读出文本。对文本文件的关键字提取可以采用"结巴分词"软件包(安装方法参见 7.3.2 节)。提高中文人名识别率的第三方软件包有 LTP(中规中矩)、LAC(提取量少,但是正确率高)等。

```
1   import jieba.analyse                                   # 导入第三方包——结巴分词
2
3   def read_from_file(directions):                        # 定义文本解码函数
4       decode_set = ['utf8', 'gb18030', 'gbk', 'gb2312', 'ISO-8859-2', 'Error']
                                                           # 定义编码集
5       for k in decode_set:                               # 编码集循环
6           try:
7               file = open(directions, 'r', encoding = k)
8               read_file = file.read()                    # 如果解码失败引发异常,就跳到 except
9               file.close()
10              break                                      # 如果文本打开成功,则跳出编码匹配
11          except:
12              if k == 'Error':                           # 如果出现异常就终止程序运行
13                  raise Exception('射雕英雄传.txt 文件无法解码!')    # 出错提示信息
14              continue
15      return read_file
16  file_data = str(read_from_file('d:\\test\\05\\射雕英雄传.txt'))    # 读取文本文件
17  tfidf = jieba.analyse.extract_tags(file_data, topK = 20)          # 提取关键字
18  print('关键字:', set(tfidf))
    >>>                                                    # 程序输出
    关键字:{'洪七公', '郭靖', '欧阳锋', '周伯通', '黄蓉', '武功', '爹爹', '说道', '郭靖', '黄蓉道',
    '欧阳克', '柯镇恶', '裘千仞', '丘处机', '师父', '梅超风', '黄药师', '功夫', '完颜洪烈', '两人'}
```

程序说明:程序第 4 行,用多种编码读文本,常用编码放在前面,减少程序试错时间。由于 GB 18030 字符集较大,汉字覆盖较好,不容易出错,因此放在 GBK 编码前面。

习　题　5

5-1　简要说明“文件句柄”的功能和在程序中的作用。

5-2　简要说明函数 read()与函数 readlines()的相同和不同之处。

5-3　open()语句或 with open()语句都可以实现文件读写，它们有哪些差别？

5-4　简要说明 UTF8 编码的特点。

5-5　简要说明文本读错误的处理方法。

5-6　编程：统计“唐诗三百首.txt”文件中的字数和行数。

5-7　编程：数据文件 test.txt 内容如图 5-16 所示，把数据读入二维矩阵中。

5-8　编程：读取并打印“鸢尾花数据集.csv”。

5-9　编程：读取并打印“鸢尾花数据集.csv”数据集中第 2 行。

5-10　编程：将图 5-17 中数据保存到“成绩.csv”文件中。

```
1 2 2.5
3 4 4
7 8 7
```

图 5-16　数据集 1

学号	姓名	性别	班级	古文	诗词
100001	宝玉	男	1 班	85	70
100002	黛玉	女	2 班	88	85

图 5-17　数据集 2

第6章 深入编程

Python是面向对象的编程语言。在Python中,函数、模块、变量、字符串等都是对象。Python完全支持继承、重载、派生、多继承等功能,这些特性有益于增强代码的复用性。Python对函数式编程也提供了一些基本的支持。

6.1 异常处理编程

6.1.1 程序错误原因

1. 错误和异常

人们往往把操作失败和程序运行中断都称为"错误",其实它们很不一样。操作失败是所有程序都会遇到的情况,只要错误被妥善处理,它们不一定说明程序存在bug(错误)或者存在严重的问题。如"文件找不到"会导致操作失败,但是它并不一定意味着程序出错了,有可能是文件格式错误,或文件内容被破坏,或文件被删除,或文件路径错误等。

Python中错误与异常有些细微区别。错误是指Python规定的Error类,可以将错误传递给程序进行处理;如果程序不进行处理,则Python会抛出一个异常(见图6-1)。或者说,**异常是一种没有被程序处理的错误**。

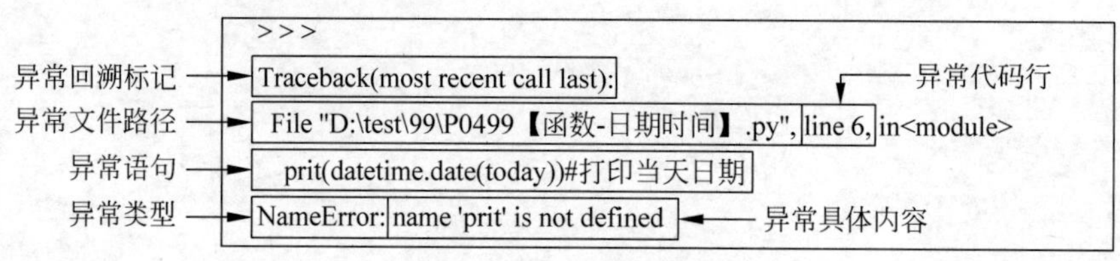

图6-1 Python抛出的程序异常信息

2. 程序运行失败的原因

如表6-1所示,程序运行失败的原因主要有操作错误、运行时错误、程序错误(由于书籍篇幅的限制,本书只讨论程序错误)。

表6-1 程序运行失败的原因

错误类型	错误原因	处理方式
操作错误	输入错误:如要求输入整数,但输入的是小数; 按键错误:如用户按Ctrl+C组合键中断了程序运行; 内容错误:如输入数据文件格式错误或损坏	校验用户输入; 提示正确处理方法; 程序强制改正等

续表

错误类型	错误原因	处理方式
运行时错误	交互错误：如网络故障，无法连接到服务器； 资源错误：如内存不足、程序递归层太深； 兼容性错误：如 32 位系统调用 64 位程序； 环境错误：如导入模块路径错误	检查网络； 记录日志； 抛出异常； 中断执行等
程序错误	语法错误：如没有缩行、大小写混淆； 语义错误：如先执行后赋值、赋值与等于混淆； 逻辑错误：如对输入数据没有做错误校验	程序调试； 黑盒测试，白盒测试； 等价类测试等

3. 程序错误类型

(1) 语法错误。语法错误是程序设计初学者出现得最多的错误。如，冒号":"是条件语句(如 if)结尾标志，如果忘记了写英文冒号":"，或者采用了中文冒号"："，都会引发语法错误。程序语法错误是编写程序时没有遵守语法规则，书写了错误的语法代码，从而导致 Python 解释器无法正确解释源代码而产生的错误。常见的语法错误有非法字符、括号不匹配、变量没有定义、缺少 xxx 之类的错误。程序发生语法错误时会中断执行过程，给出相应提示信息，可以根据提示信息修改程序。

(2) 语义错误。语义错误是指语句中存在不符合语义规则的错误，即一个语句试图执行一个不可能执行的操作而产生的错误，如从键盘输入的数字没有经过数据转换就参与四则运算。语义错误只有在程序运行时才能检测出来。常见的语义错误有变量声明错误(如数据类型不匹配)、作用域错误(如在函数外部使用函数内部变量)、数据存储区溢出错误等。语义错误很容易导致错误株连，即程序中一个错误将导致一连串的错误发生。

(3) 逻辑错误。逻辑错误是指程序可以正常运行，但得不到期望的结果，也就是说程序并没有按照程序员的思路运行。例如，求两数之和的表达式应该写成 z=x+y，鬼使神差写成了 z=x−y，这就会引发逻辑错误。Python 解释器不能发现逻辑错误，这类错误只能认真仔细地对源程序进行分析，将运行结果与设计算法进行对比来发现。

6.1.2 异常处理语句 try-except

1. 程序异常处理风格

程序异常处理有两种编程风格：第一种是 EAFP(Easier to Ask for Forgiveness than Permission，**求原谅比获得许可更容易**)编程风格，Python 等语言采用 EAFP 编程风格，编程时会假定所需数据属性是存在的，并假定程序错误都能够被 try-except 语句捕获，这种编程风格的特点是简洁快速；第二种是 LBYL(Look Before You Leap，**三思后而行**)编程风格，C、Java 等编程语言采用这种编程风格，即程序先排除错误，再执行代码，因此程序编译时会进行严格的程序错误检查。

2. 异常处理语句 try-except 语法

异常表示一个错误。当 Python 程序发生异常时需要捕获并处理它，否则程序会终止执行。语句 try-except 用来检测 try 语句块中的错误，从而让语句 except 捕获异常信息并处理。异常处理语句 try-except 语法如下。

```
try:                                        # 子句 try，准备捕获异常
```

```
    try 子语句块                        # 执行可能触发异常的程序代码
except 异常类名:                        # 子句 except,按''异常类名''处理
异常处理语句块 1                        # 执行异常处理的代码
except 异常类名:                        # 子句 except,按''异常类名''处理
异常处理语句块 2                        # 执行异常处理的代码
except:                                 # 子句 except,处理所有其他异常
异常处理语句块 3                        # 执行其他所有异常处理的代码
```

3. 异常处理过程

(1) 执行 try 子句块(保留字 try 和 except 之间的语句),准备捕获异常。

(2) 如果没有发生异常,则忽略 except 子句,try 子句块执行完后结束语句块。

(3) 如果执行 try 子句的过程中发生了异常,则 try 子句剩余部分将被忽略。如果异常与 except 子句中的“异常类名”相符,则执行对应的异常处理语句。

(4) 异常处理 try-except 语句中,可以包含多个 except 子句,它们分别处理不同的异常类型,但是其中只有一个分支会被执行。

(5) 一个 except 子句可以处理多个异常,多个“异常类名”放在括号里。

(6) 最后一个 except 子句可以忽略异常类名,它被当作通配符使用。

(7) 如果异常没有相匹配的处理子句,那么 Python shell 窗口会抛出异常信息。

(8) 语句 try-except 在结构上与多条件选择语句相似,只是功能不同。

4. 异常处理案例

【例 6-1】 除数为 0 会触发程序异常,捕获这个异常并进行处理。

```
try:                                # 异常捕获子句,准备捕获异常
    res = 2/0                       # 触发一个异常(除数不能为 0)
except ZeroDivisionError:           # 处理捕获的异常,ZeroDivisionError 为异常类名
    print('错误:除数不能为 0! ')     # 异常提示(异常类处理代码)
>>>错误:除数不能为 0!               # 程序输出
```

程序说明:以上程序捕获到了 ZeroDivisionError 异常类,如果希望捕获并处理多个异常,有两种方法:一是给一个 except 子句传入多个异常类名;二是写多个 except 子句,每个子句都传入想要处理的异常类参数。

【例 6-2】 从键盘输入一个整数,判断输入数据是不是整数。如果输入错误,则用 try-except 语句捕捉异常,并要求重新输入数据;如果输入正确,则执行后继代码。

```
while True:                                     # 设置永真循环
    try:                                        # 异常捕获子句,准备捕获异常
        x = int(input('请输入一个整数:'))       # 获取输入数据
        break                                   # 如果输入正确,则强制退出循环
    except ValueError:                          # 处理 ValueError 异常类
        print('输入数据不是整数,请重新输入!')  # 异常处理,并返回到循环头部
>>>                                             # 程序输出
请输入一个整数:宝玉
输入数据不是整数,请重新输入!
```

6.1.3 异常处理语句 try-finally

1. 异常处理语句 try-finally 语法

异常处理语句 try-finally 语法如下。

```
try:                                          # 捕获异常
    语句块
finally:                                      […]常
    语句块                                    […]常与异常总是会执行
```

【例 6-3】 文件没有[…]

```
try:                                          […]异常
    file = open('[…]                           […]异常,打开一个不存在的文件
    file.write('这[…]
finally:                                      […]处理
    print('异常:[…]                            […]出时总是执行这个子句
>>>异常:读文件[…]                              […]序输出
```

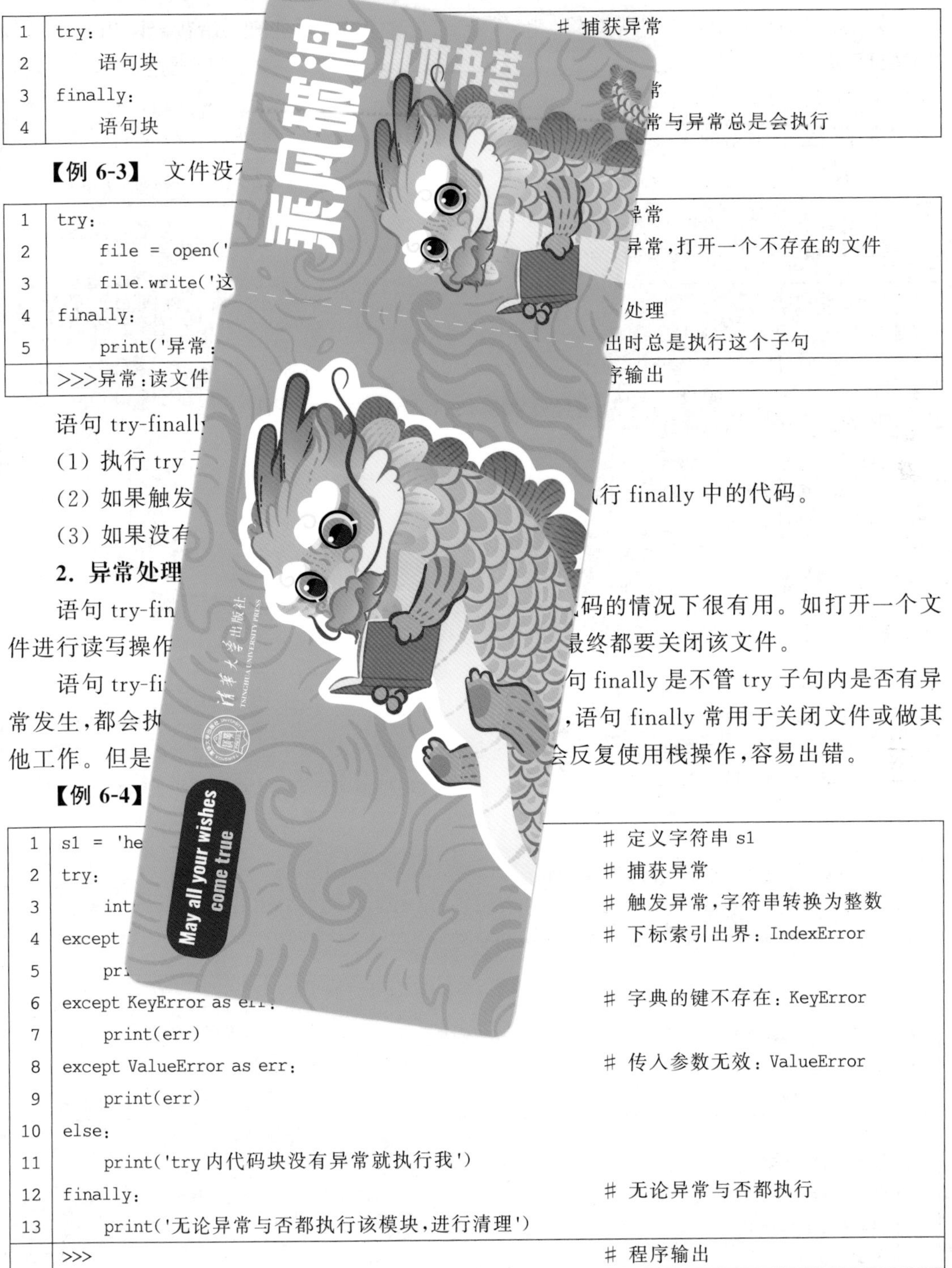

语句 try-finally[…]

(1) 执行 try 子[…]

(2) 如果触发[…]行 finally 中的代码。

(3) 如果没有[…]

2. 异常处理[…]

语句 try-fin[…]码的情况下很有用。如打开一个文件进行读写操作[…]最终都要关闭该文件。

语句 try-fi[…]句 finally 是不管 try 子句内是否有异常发生,都会执[…],语句 finally 常用于关闭文件或做其他工作。但是[…]会反复使用栈操作,容易出错。

【例 6-4】[…]

```
s1 = 'he[…]                                   # 定义字符串 s1
try:                                          # 捕获异常
    int[…]                                    # 触发异常,字符串转换为整数
except […]                                    # 下标索引出界: IndexError
    pri[…]
except KeyError as err:                       # 字典的键不存在: KeyError
    print(err)
except ValueError as err:                     # 传入参数无效: ValueError
    print(err)
else:
    print('try 内代码块没有异常就执行我')
finally:                                      # 无论异常与否都执行
    print('无论异常与否都执行该模块,进行清理')
>>>                                           # 程序输出
```

```
invalid literal for int() with base 10: 'hello'
无论异常与否都执行该模块,进行清理
```


6.1.4 自定义异常类

异常在 Python 中是一种类对象。除了可以使用 Python 内置的异常类外,用户也可以定义自己的异常类,用来处理一些特殊的错误。创建自定义异常类,可以通过创建一个新类来实现,这个新类必须从 Exception 类继承(直接或间接继承均可)。

可以创建一个新的 Exception 类定义自己的异常。自定义异常应该继承自 Exception 类,或者直接继承,或者间接继承。大多数异常类的名字都以 Error 结尾,就跟标准异常命名一样,如 MyError 等。

【例 6-5】 方法 1:自定义一个异常类 MyError。

```
class MyError(Exception):                           # 自定义异常类,继承 Exception 基类
    def __init__(self, value):                      # 定义异常类初始化方法
        self.value = value
    def __str__(self):                              # 定义异常类方法
        return repr(self.value)
try:                                                # 捕获异常
    raise MyError(2 * 3)                            # 抛出一个异常
except MyError as e:                                # 处理捕获的异常
    print('自定义异常被触发,异常值 = ', e.value)
>>>自定义异常被触发,异常值 = 6                        # 程序输出
```

【例 6-6】 方法 2:自定义异常类。

```
class myError(Exception):                           # 自定义 myError 异常类
    def __init__(self, age):                        # 重写构造函数,创建新成员 age
        self.age = age
    def __str__(self):                              # 使新成员信息能够显示
        return self.age
def age1():                                         # 定义函数 age1()
    age2 = int(input('输入年龄:'))
    if age2 <= 0 or age2 > 100:                     # 判断年龄范围
        raise myError('年龄只能在 0 到 100 岁之间')    # raise 会抛出一个异常
try:                                                # 捕获异常
    age1()                                          # 调用函数 age1()
    print('数据输入有效')
except myError as m:                                # 处理异常
    print(m)                                        # 异常信息,m 是 myError 的实例
>>>                                                 # 程序输出
输入年龄:-10
年龄只能在 0 到 100 岁之间
>>>输入年龄:60
数据输入有效
```

6.2 面向对象编程

6.2.1 面向对象概述

1. 面向对象程序设计的简单案例

如果以面向对象的程序设计方法设计一个与《西游记》类似的游戏，游戏的主要问题是把西天的经书传到东土大唐。游戏的主要对象是四个人：唐僧、孙悟空、猪八戒、沙和尚（四个对象），他们之间是团队关系（属于师徒类），他们之中每个人都有各自的特征（属性）和技能（方法）。然而这样的游戏设计并不好玩，于是再安排一群妖魔鬼怪（多个对象，定义为妖魔类），为了防止师徒四人在取经路上被妖怪杀死，又安排了一群神仙保驾护航（神仙类），以及"打酱油"的凡夫俗子。师徒四人、妖魔鬼怪、各路神仙、凡夫俗子，这些对象之间就会出现错综复杂的场景。然后游戏开始，师徒四人与妖魔鬼怪互相打斗，与各路神仙相亲相杀，与凡夫俗子排忧解难，直到最后取得真经。由不同游戏玩家扮演的师徒四人会按什么流程去取经？这是程序员无法预测的结果。

2. Python 中的面向对象

Python 中一切皆为对象，简单地说，用变量表示对象的特征，用函数表示对象的技能，给变量赋值就是对象实例化。具有相同特征和技能的一类事物就是"类"，对象则是这一类事物中具体的一个，一个对象包含了数据和操作数据的函数。面向对象编程时，需要记住：**抽象的是类，具体的是对象**。

3. 面向对象的基本名词和概念

面向对象的基本思想是使用类、对象、属性、方法、接口、消息等基本概念进行程序设计。面向对象编程的基本概念如图 6-2 所示。

(1) 类（class）。类是具有共同属性和共同行为的一组对象，任何对象都隶属于某个类。使用类生成对象的过程称为实例化。例如，苹果、梨、橘子等对象都属于水果类。类的用途是封装复杂性。类可视为提供某种功能的程序模块。

(2) 对象（object）。对象是程序中事物的描述，世间万事万物都是对象，如学生、苹果等。对象名是对象的唯一标志，如学号可作为每个学生对象的标识。**对象的状态用属性进行定义，对象的行为用方法进行操作**。简单地说，对象＝属性＋方法，属性用于描述对象的状态（如姓名、专业等）；方法是一段程序代码（与函数类似），用来描述对象的行为（如选课、活动等）；对象之间通过消息进行联系，消息用来请求对象执行某一处理。

(3) 属性。属性是描述对象特征的一组数据。例如，汽车的颜色、型号等；学生的姓名、学号、专业等。属性是对象的具体值，它通过赋值语句实现。

(4) 方法。方法是一种操作，它是对象行为的描述。每一个方法确定对象的一种行为或功能，如汽车的行驶、转弯、停车等动作。

(5) 实例化。类转换为对象的过程，类的具体对象（形式上与赋值语句相同）。

(6) 继承。由父类派生的子类可以继承父类的属性和方法。继承是模拟 is-a 关系（x 是 a 中的一个），如在 class Dog(Animal)语句中，子类 Dog 是父类 Animal 中的一员。

(7) 封装。封装是对外部隐藏对象的细节，不用关心对象如何构建，直接调用即可。

(8) 多态。可以对不同类的对象使用相同的接口操作。

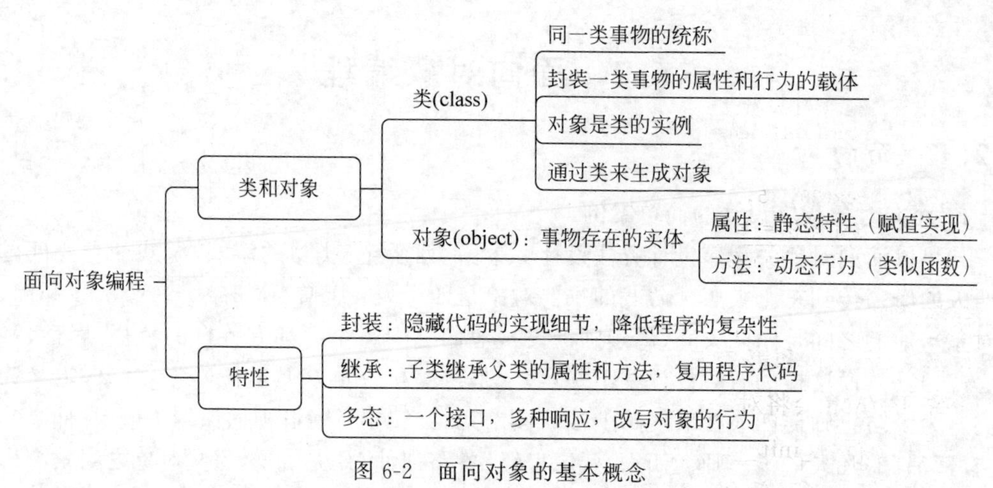

图 6-2　面向对象的基本概念

6.2.2　类的构造

1. 类构造的语法

Python 中使用 class 保留字构造类，并在类中定义属性和方法。通常认为类是对象的模板，对象是类创建的产品，对象是类的实例。构造类的语法如下。

```
class 类名(父类名):                          # 如果没有父类,则为 object
    属性定义
    方法定义
    类参数:__init__(self, argv)
```

【例 6-7】 构造一个简单的类。

```
1  class Student(object):                    # 构造一个 Student 类
2      name = 'Student'                      # 定义类的公有属性
```

程序说明：程序第 1 行，class 后面紧接着是类名(Student)，**类名通常是大写开头的单词**，紧接着用一对小括号来定义对象(object)，表示该类是从哪个类继承而来。

类构建中，父类名说明本类继承自哪个父类，不知道继承自哪个类时为 object。由于历史原因，Python 类定义的形式有 class A、class A()、class A(object)等写法，class A 和 class A()为经典类(旧式类)，class A(object)为新式类。在 Python 3. x 中，虽然可以写成 class A、class A()旧类形式，但是默认继承 object 类，所有类都是 object 的子类。

2. 构造类方法

方法与函数本质上相同。在类内部，可以用 def 为类定义方法，与一般函数定义不同，**类方法必须包含参数 self，而且 self 为第 1 个参数**。参数 self 表示类实例对象本身(注意，不是类本身)。

【例 6-8】 构造一个计算立方体体积的类和方法。

```
class Box(object):                                  #【1.创建类】Box 为类名
    def __init__(self, length, width, height):      #【2.定义类方法】创建对象时自动执行
        self.length = length                        # 将对象的属性与 self 绑定在一起
        self.width = width                          # 在实例中使用类定义的函数或变量时
```

```
5           self.height = height                           # 必须通过 self 才能使用
6
7       def volume(self):                                  #【3.定义类方法】
8           return self.length * self.width * self.height  # 返回体积值
9                                                          #【4.调用类方法】
10  my_box = Box(20, 15, 10)                               # 对象实例化(定义对象 my_box)
11  print('立方体体积 = %d' % (my_box.volume()))            # 通过实例调用类方法 volume()并打印
    >>>立方体体积 = 3000                                    # 程序输出
```

程序说明：

程序第 2～5 行和第 7、8 行，定义类方法，类方法的第一个参数必须为 self，调用时不必传入参数，Python 会将对象传给 self。

程序第 2 行，__init__()是构造方法，它用于完成对类的初始化工作，当创建这个类的实例时(如程序第 11 行)就会自动执行该方法。

程序第 2 行，形参 length、width、height 为此类共有的属性。

程序第 3 行，实例使用类定义的函数或变量时，必须与 self 绑定才能使用。

程序第 10 行，对象 my_box 是通过 Box 类建立的实例。

程序第 11 行，方法 my_box.volume()为对象属性的访问。

3. 实例属性和类属性

实例化类在其他编程语言中一般用保留字 new，但是 Python 并没有这个保留字，类的实例化与函数调用相同。由于 Python 是动态语言，因此可以根据类创建的实例添加任意属性。给实例添加属性的方法是通过实例变量，或者通过 self 变量，形式与变量赋值相同。

【例 6-9】 类的实例化和实例添加属性的方法。

```
class Student(object):              # 创建 Student 类，不知道继承哪个类时写 object
    def __init__(self, name):       # 定义类方法，self 指定实例变量，name 为实例变量
        self.name = name            # 定义类属性
s = Student('贾宝玉')                # 对象实例化(创建实例)
s.score = 80                        # 对象实例化，给实例添加一个 score 属性
s.score = 88                        # 对象实例化，修改实例 score 属性
```

对象的操作有属性引用和实例化。属性引用采用点命名法，如“对象名.属性名”或“对象名.方法名()”等；实例化方法与变量赋值的形式相同。

【例 6-10】 创建一个类实例，并将该对象赋给变量 x，程序如下。

```
class NewClass(object):             # 定义一个新类 NewClass
num = 123456                        # 定义类属性(类似于赋值)
    def f(self):                    # 定义类方法(类似于定义函数)
        return 'hello Python'       # 类方法返回值
x = NewClass()                      # 实例化类(将对象赋值给变量 x)
print('类属性为:', x.num)            # 访问类属性 x.num(属性引用)
print('类方法为:', x.f())            # 访问类方法 x.f()
>>>                                 # 程序输出
类属性为: 123456
类方法为:hello Python
```

4. 类的实例变量 self

类中定义的函数有一点与普通函数不同,这就是第一个参数永远是实例变量 self,并且调用时,不用传递该参数。参数 self 代表类的实例,而非类。除此之外,类的方法和普通函数没有什么区别,所以,仍然可以用位置参数、默认参数、可变参数等。

【例 6-11】 类实例变量 self 应用案例。

```
class Test(object):                        # 构造一个 Test 类
    def prt(self):                         # 定义类方法
        print(self)
        print(self.__class__)
t = Test()                                 # 实例化对象
print(t)                                   # 访问类方法
>>> <__main__.Test object…                 # 程序输出(略)
```

程序说明:参数 self 代表类的实例,代表当前对象的地址。由于 self 不是 Python 的保留字,因此把它换成 instance 或其他字符也可以正常执行。

6.2.3 公有属性和私有属性

私有属性(相当于函数中的私有变量)和私有方法都是类独自私有的,不能在类外部直接调用,但是可以使用特殊方法间接调用。

类属性定义时,以两个下画线"__"开头表示私有属性,没有下画线表示公有属性。公有属性既可以在类内部访问,又可以在类外部访问。私有属性只能在类内部使用,如果希望在类外部使用私有属性,可以通过"对象名._类名__私有属性名"进行访问。公有属性和私有属性定义语法如下。

```
公有属性名 = 值或表达式                      # 定义公有属性
对象名.公有属性名 = 值或表达式                # 公有属性调用(访问)
__私有属性名 = 值或表达式                    # 定义私有属性
对象名._类名__私有属性名 = 值或表达式          # 私有属性调用(访问)
```

说明:不能通过"类名.__私有属性名"的语法引用类的私有属性。

【例 6-12】 公有属性和私有属性的访问。

```
class Car(object):                                           # 定义汽车类 Car
    salePrice = 150000                                       # 销售价(定义类公有属性)
    __discountPrice = 120000                                 # 折扣价(定义类私有属性)
    def __init__(self, name1, name2):                        # 初始化属性
        self.name1 = name1                                   # 定义方法公有对象属性
        self.__name2 = name2                                 # 定义方法私有对象属性
print('访问类的公有属性 salePrice:', Car.salePrice)            # 外部访问:类名.公有属性名
print('访问类的私有属性 discountPrice:',
    Car._Car__discountPrice)                                 # 类名._类名__私有属性名
c = Car('大众', '高尔夫')                                     # 实例化对象
print('访问对象 c 的公有属性 name1:', c.name1)                 # 对象名.公有属性名
print('访问对象 c 的私有属性__name2:', c._Car__name2)          # 对象名._类名__私有属性名
>>>                                                          # 程序输出
访问类的公有属性 salePrice: 150000
```

```
访问类的私有属性 discountPrice：120000
访问对象 c 的公有属性 name1：大众
访问对象 c 的私有属性__name2：高尔夫
```

类的公有属性和私有属性的语法如表 6-2 所示。

表 6-2　类的公有属性和私有属性的语法

类的操作方式	语 法 格 式	应 用 案 例
类公有属性定义格式	公有属性名	salePrice
类公有属性引用格式	类名.公有属性名	Car. salePrice
类私有属性定义格式	__私有属性名	__discountPrice
类私有属性引用格式	类名._类名__私有属性名	Car. _Car__discountPrice
对象公有属性定义格式	对象名=类(值)	c = Car('大众','高尔夫')
对象公有属性引用格式	对象名.私有属性名	c. name1
对象私有属性定义格式	self.__私有属性名=值	self. __name2 = name2
对象私有属性引用格式	对象名._类名__私有属性名	c. _Car__name2

说明：以上格式中，类名前面是一个下画线，私有属性前面是两个下画线。

6.2.4　面向对象方法的创建

1. 方法的类型

面向对象中的方法包括普通方法(也称为实例方法)、类方法和静态方法，三种方法在内存中都归属于类，区别在于调用方式不同。

普通方法由对象调用，至少有一个 self 参数。执行普通方法时，自动将调用该方法的对象赋值给 self。类方法由类调用，至少有一个 cls 参数。执行类方法时，自动将调用该方法的类复制给 cls。

2. 普通方法

普通方法(实例方法)是对类某个给定的实例进行操作，语法如下。

```
def 方法名(self, 形参):
    方法体
```

普通方法(实例方法)调用语法如下。

```
对象名.方法名(实参)
```

普通方法(实例方法)必须至少有一个名为 self 的参数，并且是普通方法的第一个形参。参数 self 代表对象本身，普通方法访问对象属性时需要以 self 为前缀，但在类外部通过对象名调用对象方法时，并不需要传递这个参数，如果在外部通过类名调用对象方法则需要 self 参数传值。虽然普通方法的第一个参数为 self，但**调用时，用户不需要也不能给 self 参数传值**。事实上，Python 自动把对象实例传递给该参数。

【例 6-13】　用普通方法对同一个属性进行获取、修改、删除操作。

```
class Goods(object):                          # 定义商品类 Goods
    def __init__(self):                       # 定义类方法
        self.original_price = 100             # 定义类属性，原价
```

```
        self.discount = 0.8                                          # 定义类属性,折扣
    def get_price(self):                                             # 定义获取方法
        new_price = self.original_price * self.discount              # 实价 = 原价 * 折扣
        return new_price
    def set_price(self, value):                                      # 定义修改方法
        self.original_price = value
    def del_price(self, value):                                      # 定义删除方法
        del self.original_price
    PRICE = property(get_price, set_price, del_price, '价格属性描述')  # 定义类属性
obj = Goods()                                                        # 实例化对象
obj.PRICE                                                            # 获取商品价格
obj.PRICE = 200                                                      # 修改商品原价
#del obj.PRICE                                                       # 删除商品原价
print(Goods.PRICE)                                                   # 打印类属性地址
print(obj.PRICE)                                                     # 打印商品价格
```

```
>>><property object at 0x0000000C6FAD04F8>                           # 类属性内存地址
160.0
```

3. 类方法

由于Python类中只能有一个初始化方法,不能按照不同的情况初始化类,因此类方法用于定义多个构造函数的情况。类方法通过装饰器@classmethod来定义,对应的类方法不需要实例化,第一个形参通常为cls。类方法定义语法如下。

```
@classmethod                       # 通过装饰器定义类方法
def 类方法名(cls, 形参)             # 参数cls是类的函数init()(构造器)
    方法体
```

类方法调用语法如下。

```
类名.类方法名(实参)                 # 装饰器定义时调用语法,见例6-14
对象名.类方法名(实参)               # 普通定义时调用语法,见例6-15
```

值得注意的是,虽然类方法的第一个参数为cls,但调用时,用户不需要也不能给该参数传值。事实上,Python自动把类对象传递给该参数。在Python中,类本身也是对象。调用子类继承父类的类方法时,传入的cls是类或子类本身,而非父类对象。

【例6-14】 用装饰器定义和调用类方法。

```
class Bird(object):                        #【1.定义类】
    @classmethod                           # 用装饰器定义类方法
    def fly(cls, color):                   # 定义类方法
        print(f'我是一只快乐的{color}小鸟')
        return
Bird.fly('蓝色')                            #【2.调用类方法】无须实例化对象
```

```
>>>我是一只快乐的蓝色小鸟                      # 程序输出
```

【例6-15】 普通方法的定义和调用(与例6-14进行比较)。

```
class Bird(object):                            #【1.定义类】
    def fly(self, color):                      # 用普通方法定义类方法
        print(f'我是一只快乐的{color}小鸟')
        return
blue_bird = Bird()                             #【2.实例化对象】
```

```
blue_bird.fly('蓝色')                              #【3.调用类方法】
>>>我是一只快乐的蓝色小鸟                          # 程序输出
```

4. 公有方法和私有方法

公有方法定义语法如下。

```
def 公有方法名()
    方法体
```

公有方法访问(调用)语法如下。

```
对象名.公有方法名
```

私有方法的定义和调用与公有方法不同。所有方法不能通过对象名直接调用,只能通过 self 调用或者在类外部通过特殊方法调用。

定义私有方法语法如下。

```
def __私有方法名()
    方法体
```

私有方法访问(调用)语法如下。

```
self._私有方法名
```

6.2.5 面向对象特征:封装

程序设计中,封装是对具体对象的一种抽象,即将某些部分隐藏起来(简单地说,封装就是隐藏),在程序外部看不到,使其他程序无法调用。封装离不开"私有化",私有化就是将类或者是函数中的某些属性限制在某个区域之内,使外部无法调用。

程序封装有数据封装和方法(函数)封装。数据封装的主要目的是保护隐私(把不想让别人知道的数据封装起来);方法(函数)封装的主要目的是隔离程序的复杂度(如把电视机的电器元件封装在黑匣子里,提供给用户的只是几个按钮接口,用户通过按钮就能实现对电视机的操作)。程序封装后要提供调用接口(如函数名、参数类型、参数意义等)。

在编程语言中,对外提供接口(API)的典型案例是函数。例如,在程序设计中需要调用函数 print()时,不需要了解函数 print()的内部结构和组成,但是需要知道函数 print()的接口参数和形式,如:直接输出提示信息时,首先,需要用单引号或双引号将提示信息括起来;其次,有多个参数时,每个参数之间用逗号分隔;最后,如果需要按格式输出,则需要用百分号加字母(如%s)按规定输出格式等。

【例 6-16】 在自动提款机中,取款是功能要求,而这个功能由许多辅助功能组成,如插卡、用户认证、输入取款金额、打印账单、取款等。对使用者来说,只需要知道取款这个功能即可,其余功能都可以隐藏起来,这样隔离了复杂度,同时也提升了安全性。

```
class ATM(object):                          # 构造 ATM 类
    def __card(self):                       # 定义"插卡"方法
        print('插卡')
    def __auth(self):                       # 定义"用户认证"方法
        print('用户认证')
    def __input(self):                      # 定义"输入取款金额"方法
        print('输入取款金额')
```

```
    def __print_bill(self):                          # 定义"打印账单"方法
        print('打印账单')
    def __take_money(self):                          # 定义"取款"方法
        print('取款')
    def withdraw(self):                              # 定义 ATM 取款方法
        self.__card()                                # 调用"取款"方法
        self.__auth()                                # 调用"用户认证"方法
        self.__input()                               # 调用"输入取款金额"方法
        self.__print_bill()                          # 调用"打印账单"方法
        self.__take_money()                          # 调用"取款"方法
a = ATM()                                            # 实例化类,将对象赋值给变量 a
a.withdraw()                                         # 调用 ATM 取款方法
>>>插卡 用户认证 输入取款…                              # 程序输出(略)
```

封装的优点在于明确区分内外。修改类的代码不会影响外部调用。外部调用只要接口名(函数名)、参数格式不变,调用的代码就无须改变。这为程序模块化供良好的基础。简单地说,只要程序接口(API)不变,那么内部代码的改变不足为虑。

6.2.6 面向对象特征:继承

继承是一个对象从另一个对象中获得属性和方法的过程。例如,子类从父类继承方法,使得子类具有与父类相同的行为。继承实现了程序代码的重用。

在面向对象程序设计中,定义一个类时,可以从某个现有的类继承,新的类称为子类,被继承的类称为基类、父类或超类。

【例 6-17】 编写一个名为 Animal 的类,有一个 run()方法可以输出。

```
class Animal(object):                                # 定义动物类 Animal
    def run(self):                                   # 定义动物类方法 run()
        print('动物可以跑…')
```

【例 6-18】 编写 Dog 和 Cat 类时,可以直接从 Animal 类继承。

```
class Dog(Animal):                                   # 定义类 Dog,从 Animal 类继承
    pass                                             # 空语句(用于程序预留结构)
class Cat(Animal):                                   # 构造类 Cat,从 Animal 类继承
    pass                                             # 空语句
```

程序说明:对 Dog 来说,它的父类是 Animal;对 Animal 来说,它的子类是 Dog。

继承的最大好处是子类获得了父类的全部功能。由于 Animal 实现了 run()方法,因此,Dog 和 Cat 作为它的子类,什么事也没干,就自动拥有了 run()方法。

【例 6-19】 继承应用的简单案例。

```
class People(object):                                #【1.定义父类】(基类)
    name = ''                                        # 定义基本属性,姓名
    age = 0                                          # 定义基本属性,年龄
    weight = 0                                       # 定义私有属性,体重
    def __init__(self, n, a, w):                     #【2.构造方法】
        self.name = n                                # n,姓名
        self.age = a                                 # a,年龄
        self.weight = w                              # w,体重
```

```
    def speak(self):                                          #【3.定义说话方法】
        print(f'{self.name}说:我{self.age}岁了。')

class Student(People):                                        #【4.定义子类】People 为父类名
    grade = ''                                                # 初始化变量,grade,年级
    def __init__(self, n, a, w, g):                           #. 调用父类的构造方法
        People.__init__(self, n, a, w)                        # 调用父类的方法
        self.grade = g
    def speak(self):                                          # 覆盖父类的 speak()方法
        print('%s 说:我 %d 岁了,我在读 %d\                      # 行尾\为换行符
年级。'%(self.name, self.age, self.grade))
                                                              #【5.调用类方法】
s = Student('葫芦娃', 10, 60, 3)                               # 实例化对象(对象赋值)
s.speak()                                                     # 调用 s.speak()方法
>>>葫芦娃说:我 10 岁了,我在读 3 年级。                           # 程序输出
```

父类的__init__()方法可以被子类调用。子类如果包含和父类一样的变量或方法,会在调用时,覆盖父类的变量或方法。

6.2.7 面向对象特征:多态

1. 多态

多态以封装和继承为基础,多态是一个接口,有多种响应。通俗地说,**多态是允许不同对象对同一方法做出不同响应**。

【例 6-20】 如图 6-3 所示,如果定义了一个动物类,它有不同的动物(对象),这些动物都有一些相同的行为(方法),但是这些相同行为会产生不同的响应。

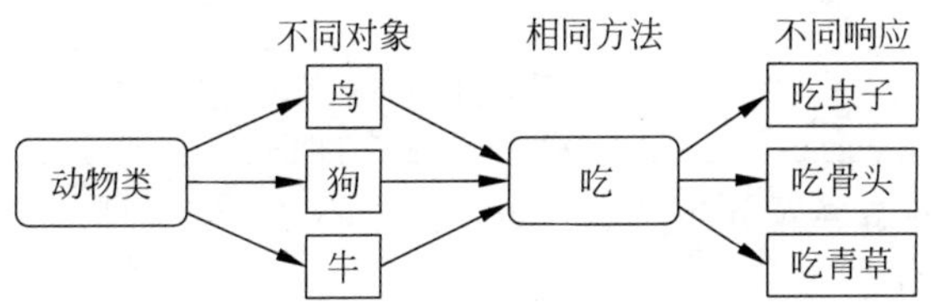

图 6-3 动物类的多态案例

```
class Animal(object):                      #【1.定义父类】动物类
    def func(self):                        #【2.定义父类的方法】
        print('动物在吃饭')
class Bird(Animal):                        #【3.定义子类】鸟(继承父类 Animal)
    def func(self):                        # 在子类中重写父类的方法
        print('鸟在吃虫子')                  # 子类的方法实现不同的功能(如'吃虫子')
class Dog(Animal):                         #【4.定义子类】狗(继承父类 Animal)
    def func(self):                        # 在子类中重写父类的方法
        print('狗在吃骨头')                  # 子类的方法实现不同的功能(如'吃骨头')
class Cattle(Animal):                      #【5.定义子类】牛(继承父类 Animal)
    def func(self):                        #【6.在子类中重写父类的方法】
        print('牛在吃青草')                  # 子类的方法实现不同的功能(如'吃青草')
class Feeder(object):                      #【7.定义饲养员类】不是 Animal 类
    def func(self):                        #【8.定义类方法】
        print('饲养员在工作')                # 实现不同的功能
```

```
def work(eat: Animal):                  #【9.定义调用接口】Animal 为父类说明
    eat.func()
                                        #【10.调用类方法】
work(Bird())                            # 调用鸟的方法
work(Dog())                             # 调用狗的方法
>>>                                     # 程序输出
鸟在吃虫子                              # 多态 1 运行结果
狗在吃骨头                              # 多态 2 运行结果
```

案例分析：以上程序体现了面向对象程序设计的继承、重写、接口、多态等概念。一个父类(Animal)有多个子类(Bird、Dog、Cattle)，另外还有饲养员类(Feeder)。不同的子类采用相同的调用接口(work(eat:Animal))，它们会产生多种形态的执行结果。

2. 鸭子类型

鸭子类型源于诗人莱利(James Whitcomb Riley)的一首诗："当看到一只鸟走起来像鸭子，游起来像鸭子，叫起来也像鸭子，那么这只鸟就可以称为鸭子。"鸭子类型不关心对象的类型，而是关心对象的行为。**鸭子类型是一种面向对象的多态行为**。

Python 中，函数的参数没有类型限制，所以多态在 Python 中的体现并不是很严谨。多态的概念主要用于 Java 等强类型语言，而 Python 崇尚鸭子类型，鸭子类型并不要求严格的继承关系，它不关注对象的类型本身，而是关注它的调用方法(行为)。

【例 6-21】 函数调用中对象的数据类型是一个典型的鸭子类型。

```
def add(x, y):                  # 定义鸭子类型函数 add()，对象(x, y)为形参
    return x + y                # 返回值为 x + y
print(add(500, 20))             # 调用函数 add()，实参(500, 20)为"鸭子 1"
print(add('三国', '演义'))      # 调用函数 add()，实参('三国', '演义')为"鸭子 2"
>>>
520                             # 运行结果：鸭子 1
三国演义                        # 运行结果：鸭子 2
```

案例分析：Python 解释器并不关心对象 x、y 是什么数据类型，只要它们都可以进行加法运算，那就是一群相同的鸭子。

6.3 函数式编程

6.3.1 基本概念

1. 函数式编程语言

函数式编程是一种程序设计的风格，主要思想是把运算过程尽量写成一系列嵌套的函数调用。最古老的函数式编程语言是 LISP，现代函数式编程语言有 Haskell、Clean、Erlang、Miranda 等。Python 语言也引进了部分函数式编程功能。

2. 函数的定义

函数式编程中的"函数"是一个纯数学领域的概念。数学函数的定义为：给定一个数集 A，对 A 施加对应的法则 f，记作 $f(A)$，这时会得到另一个数集 B，也就是 $B=f(A)$。那么这个关系式就称为函数关系式(简称函数)。函数有三个要素：定义域 A、值域 C 和对应法则 f。其中，对应法则 f 是函数的本质特征。

函数式编程语言最重要的理论基础是λ(Lambda,兰姆达)演算,而λ演算接收函数作为输入(参数)和输出(返回值)。也就是说,函数既可以当作参数传送,函数也可以作为返回值。函数式编程语言将数据、操作、返回值都集成在一起。

3. 函数式编程的特征

(1) **函数式编程语言中没有临时变量**。函数只要输入是确定的,输出就是确定的,这种纯函数没有副作用。它是允许使用临时变量(如循环中保存中间值的变量)的编程语言,由于变量状态不确定,同样的输入可能得到不同的输出,这种函数有副作用。

(2) **函数式编程没有循环,而是使用递归实现循环的功能**。在递归函数中,函数将反复自己调用自己。由于没有循环,因此也就极大地减少了临时变量。

(3) **函数式编程要求只使用"表达式",不使用"语句"**。表达式是一个单纯的运算过程,总是有返回值;语句是执行某种操作,没有返回值。函数式编程的主要思想就是把程序尽量写成一系列嵌套的函数调用。这样,数据、操作和返回值都放在一起,这使代码写得非常简洁,但也可能非常难懂。

(4) 函数式编程的主要概念有匿名函数、高阶函数、闭包、偏函数等。函数式编程提倡柯里化(Currying)编程,即让函数回归到原始状态:一个参数进去,一个值出来。

4. Python 对函数式编程的支持

理论上,Python 中的普通函数可以实现 lambda 函数的任何功能;但是反过来却不行,lambda 函数无法实现 Python 中普通函数能做的所有事情。

Python 不是纯函数式编程语言。Python 对函数式编程仅仅提供了部分支持。

6.3.2 匿名函数

1. 匿名函数的特点

Python 使用保留字 lambda 创建匿名函数,这里的匿名是指函数没有自己的名称。匿名函数 lambda 是一个表达式,它不是一个代码块。匿名函数 lambda 有自己的命名空间,它不能访问自己参数之外的变量。匿名函数与普通函数的区别如下。

(1) 匿名函数是没有名字的函数;普通函数有函数名。

(2) 匿名函数是一个表达式,返回值是表达式的结果;普通函数是一个语句。

(3) 匿名函数不用 def 定义,不用写 return;普通函数要用 def 定义并且写 return 返回语句。

(4) 匿名函数只有一行代码,比较"优雅";普通函数一般有多行代码。

2. 匿名函数的语法

匿名函数语法如下。

```
变量名 = lambda 形参:表达式
```

保留字 lambda 为匿名函数;冒号前面是形参,名称自定,但必须与冒号后面表达式中变量名一致;冒号后面是表达式,它作为返回值。有多个形参时以逗号分隔;表达式中不能包含循环、return,可以包含 if-else 语句;表达式的计算结果直接返回给变量名。也就是说,匿名函数 lambda 可以接收多个参数,返回值是一个表达式。

【例 6-22】 利用匿名函数求乘方值。

```
>>> pf = lambda x: x * x                    # 定义匿名函数,x为形参,x * x为表达式
>>> pf(3)                                   # 调用高阶函数pf(),并传递实参
9
```

【例 6-23】 在匿名函数中嵌入三元表达式。

```
1  >>> calc = lambda x, y: x * y if x > y else x/y     # 冒号左边是形参,冒号右边是三元表达式
2  >>> print(calc(2, 5))                               # 调用高阶函数calc(),并传递实参
   0.4
```

程序说明:程序第1行,语句"x * y if x ＞ y else x/y"为三元条件表达式(见图6-4),语句的功能是如果x>y为真,则将x * y值返回给变量calc;否则将x/y值返回给变量calc。

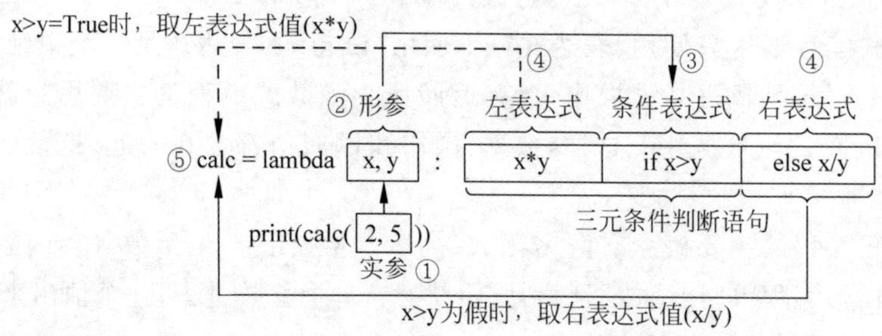

图 6-4 在匿名函数中嵌入三元表达式

程序第2行,利用变量名调用匿名函数,函数calc(2,5)表示将实参(2,5)传递给匿名函数的形参x,y,并且将函数calc()返回值直接打印出来。

6.3.3 高阶函数

1. 高阶函数的特征

一个函数可以接收另一个函数作为参数,这种函数就称为高阶函数。**高阶函数是可以把函数作为参数或者作为返回值的函数。**

【例 6-24】 高阶函数可以让函数接收的参数也是一个函数。

```
>>> def add(x, y, f):               # 定义高阶函数add(),它可以接收函数f作为参数
        return f(x) + f(y)          # 返回值也是函数
>>> print(add(-5, 6, abs))          # 函数abs()作为一个参数,传给高阶函数add()的形参f
11
```

【例 6-25】 在函数式编程中,"函数即变量",函数名其实就是指向函数的变量。函数本身可以赋值给变量,变量可以指向函数。

```
>>> f = abs                 # 函数abs()本身也可以赋值给变量(变量f指向函数abs())
>>> f(-10)                  # 变量f指向函数abs()本身,完全和调用函数abs()相同
10
```

程序说明:可以把函数名abs看成变量,它指向一个可以计算绝对值的函数。

2. 内置高阶函数 map()

内置高阶函数语法如下。

```
map(函数, 序列)
```

函数map()用于参数传递。它有2个参数,它们是函数f和列表,并通过把函数f依次

作用在列表的每个元素上，得到一个新的列表并返回。

【例 6-26】 简单高阶函数 map()应用案例。

```
1  >>> def f(x):                                   # 定义高阶函数
2          return x * x                            # 返回值
3  >>> r = map(f, [1, 2, 3, 4, 5, 6, 7, 8, 9])     # 传递参数(函数和列表)
4  >>> list(r)                                     # 查看返回值
   [1, 4, 9, 16, 25, 36, 49, 64, 81]
```

程序说明：程序第 3 行，函数 map()传入的第一个参数是 f，即函数本身。由于结果 r 是一个列表，因此可以通过函数 list()让它把整个序列都计算出来，并返回一个列表。

实际上函数 map()就是执行了一个 for 循环操作，处理序列中的每个元素，得到的结果是一个"可迭代对象"，该可迭代对象中元素的个数和位置与原来一样。

3. 内置高阶函数 filter()

函数 filter()用于过滤序列。与函数 map()类似，函数 filter()也接收一个函数和一个列表；与 map()不同的是，filter()把传入的函数依次作用于每个元素，然后根据返回值是 True 还是 False，再决定保留还是丢弃该元素。

【例 6-27】 在一个列表中，删掉偶数，只保留奇数。

```
1  >>> def is_odd(n):                                      # 定义高阶函数
2          return n % 2 == 1                               # 返回值
3  >>> list(filter(is_odd, [1, 2, 4, 5, 6, 9, 10, 15]))    # 传递参数(函数和列表)
   [1, 5, 9, 15]
```

程序说明：程序第 3 行，用函数 filter()可以实现筛选功能。函数 filter()的功能是遍历序列中的每个函数，判断每个元素并得到布尔值，如果结果是 True，就保留下来。函数 filter()返回的是一个可迭代序列，可以用函数 list()获得所有结果并返回列表。

4. 高阶函数 reduce()

函数 reduce()通常用来对一个列表进行计算。语法如下。

```
1  reduce(函数, 列表)
```

函数 reduce()用于对一个列表进行计算。它的功能是把一个函数作用在一个列表[x1, x2, x3, …]上，然后函数 reduce()把结果继续和列表的下一个元素做累积计算。它的运算过程为 reduce(f, [x1, x2, x3, x4]) = f(f(f(x1, x2), x3), x4)。

【例 6-28】 求一个列表的乘积为每个单独的数字相乘在一起的结果。

```
1  >>> from functools import reduce                             # 导入标准模块——高阶函数工具
2  >>> product = reduce((lambda x, y: x * y),[1, 2, 3, 4])      # 求列表乘积的结果(匿名函数)
3  >>> product
   24
```

程序说明：

程序第 1 行，模块 functools 是高阶函数工具模块，常用的函数有序列计算函数 reduce()和偏函数 partial()(偏函数主要用于设置默认参数)等。

程序第 2 行，匿名函数 lambda x, y: x * y 冒号前为输入值，冒号后为表达式。

6.3.4 闭包函数

"闭包"一词在程序设计中广泛使用，哈罗德・阿贝尔森(Harold Abelson)在《计算机程序的构造和解释》一书中指出:"术语'闭包'来自于抽象代数,在抽象代数里,一个集合的元素称为在某个运算(操作)之下封闭,如果将该运算作用于这一集合的元素,产生出的仍然是该集合里的元素。然而LISP社团(很不幸)还用术语'闭包'描述另一个与此毫不相干的概念。**闭包是一种带有自由变量的过程而用于实现的技术"**。

闭包是一种特殊函数,**闭包是外部函数对内部函数的引用**。简单地说,闭包把引用的东西放在一个上下文中"包"了起来,它是一种函数嵌套。**Python中闭包的主要作用是读取函数的内部变量**,Python中的"装饰器"就是闭包的一个应用。

闭包会将函数中的变量都保存在内存中,这会增加内存消耗。所以不能滥用闭包,否则会造成程序性能问题,甚至导致内存溢出。其实,不使用闭包函数,在内部函数中定义全局变量时,外部函数也可以访问内部函数的变量。

【例6-29】 设计实现两个数相加的闭包函数。

```
1  def plus(a):                     # 定义外部函数
2      def add(b):                  # 定义内部函数(闭包函数)
3          return a + b             # 闭包函数返回值
4      return add                   # 返回闭包函数,外函数返回内函数
5
6  add = plus(3)                    # 访问外部函数,获取内部函数的地址
7  s = add(2)                       # 访问闭包函数(实现闭包的外部访问)
8  print(s)
   >>> 5                            # 程序输出
```

程序说明:

程序第2行,闭包函数add()包含了引用变量、代码块、作用域。

程序第4行,闭包可以将函数作为返回值。

程序第6行,闭包函数虽然有函数名(如add),但是,从闭包外面不能直接访问它,它是一个内部函数。这行代码通过访问外部函数,可以获取内部函数的地址,为下面访问闭包函数做准备工作。

程序第7行,调用闭包函数(实现闭包的外部访问)。

通过闭包可以将n个函数相互连接起来,函数相互之间的结果可以进行映射,闭包是函数式编程的核心。返回闭包时必须牢记:**返回函数不要引用任何循环变量**,或者后续会发生变化的变量。要确保引用的局部变量在函数返回后不会改变。

6.4 程序设计常见问题

技巧就像一把椅子,有人喜欢简单朴素,有人讲究高端大气,编程技巧也大致如此。

6.4.1 编程新手易犯的错误

代码格式不规范是编程新手易犯的错误。如等号两边没有空格、逗号后面没有空格、函数之间没有空行等。

对程序异常考虑不充分也是编程新手易犯的错误。如程序要求用户输入数据时,用户没有输入数据就确认了,或者输入的数据类型不正确,这都会导致程序运行异常。

另外,程序中的语法错误、语义错误、运行时错误也是编程新手易犯的错误。

(1) 语法错误:程序中用中文符号。**切记:程序中的逗号、引号、括号、冒号等都是英文符号。**

【例 6-30】 错误语句。

```
s = "操纵失度"          # 引号为中文符号
```

【例 6-31】 正确语句。

```
s = '运筹帷幄'
```

(2) 语法错误:语句中 if、else、elif、for、while、class、def、try、except、finally 等保留字语句末尾忘记添加英文冒号。

【例 6-32】 错误语句(程序片段)。

```
if x == 100                # 行尾没有冒号
    print('故作高深')
```

【例 6-33】 正确语句(程序片段)。

```
if x == 100:
    print('融会贯通')
```

(3) 语法错误:在语句中用赋值符号(=)代替等号(==)。

【例 6-34】 错误语句(程序片段)。

```
if x = 100:                # 赋值符代替等号
    print('执迷不悟')
```

【例 6-35】 正确语句(程序片段)。

```
f x == 100:
    print('集思广益')
```

(4) 语法错误:语句缩进量不一致错误。确保没有嵌套的代码从最左边的第 1 列开始,包括 shell 提示符中没有嵌套的代码。Python 用缩进来区分嵌套的代码段,因此在代码左边的空格意味着嵌套的代码块。代码行缩进不一致是容易被忽视的错误。

【例 6-36】 错误语句(程序片段)。

```
  if x == 100:          # 没有从第 1 列开始
      print('Hello!')
print('完事大吉')       # 与上一行缩进不一致
```

【例 6-37】 正确语句(程序片段)。

```
if x == 100:
        print('Hello!')
        print('精益求精')
```

(5) 语法错误:语句中变量或者函数名拼写错误。

【例 6-38】 错误语句。

```
Print('马前卒,飘飘然')     # P 大写错误
```

【例 6-39】 正确语句。

```
print('诗情放,剑气豪')
```

(6) 语法错误:语句中用 Tab 键空格。在代码块中,避免 Tab 键和空格键混用来缩进,否则在编辑器中看起来对齐的代码,在 Python 解释器中会出现缩进不一致的情况。

【例 6-40】 错误语句(程序片段)。

```
if x == 100:
    print('摇唇鼓舌')   # 缩进为 Tab 键
    print('趋时奉势')   # 缩进为空格键
```

【例 6-41】 正确语句(程序片段)。

```
if x == 100:
    print('光明磊落')
    print('堂堂正正')
```

(7) 语法错误:语句中用空格代替点表示符。

【例 6-42】 错误语句(程序片段)。

```
s = math ceil(12.34)     # 点表示符为空格
```

【例 6-43】 正确语句(程序片段)。

```
s = math.ceil(12.34)
```

(8) 语法错误:C/C++等语言用++做自增操作符;Python 用+=做自增操作符。

【例 6-44】 错误语句。

```
x = 1
x++                      # C语言自增操作符
```

【例 6-45】 正确语句。

```
x = 1
x += 1                   # 或 x = x+1
```

(9) 语义错误：语句中序列的索引号位置错误。

【例 6-46】 错误语句。

```
lst = ['白', '也是眼', '青', '也是眼']
print(lst[4])                    # 索引号越界
```

【例 6-47】 正确语句。

```
lst = ['得', '他命里', '失', '咱命里']
print(lst[3])
```

(10) 语义错误：语句中不同数据类型混用。**函数 input()从键盘接收的数据都是字符串**,当键盘输入的是数字时,很容易在编程时造成错觉。

【例 6-48】 错误语句。

```
x = input('输入一个整数:')
y = x+5              # 字符串与整数混合运算
```

【例 6-49】 正确语句。

```
x = int(input('输入一个整数:'))
y = x+5
```

(11) 语义错误：在 Python 3.x 环境下采用 Python 2.x 版本代码。

【例 6-50】 错误语句。

```
print '秋风萧瑟'        # Python 2.x 格式
```

【例 6-51】 正确语句。

```
print('洪波涌起')
```

(12) 语义错误：函数输出的数据类型很容易忽视,这在后续操作中很容易出错。如期望用函数 range()定义列表,但是 range()返回的是 range 对象,而不是列表。

【例 6-52】 错误语句。

```
s = range(10)
s[4] = -1              # 返回值是对象
```

【例 6-53】 正确语句。

```
s = list(range(10))
s[4] = -1              # 返回值是列表
```

(13) 语义错误：不能直接改变不可变的数据类型,如元组、字符串都是不可变数据类型,不能直接改变它们的值。但是,可以用切片和连接的方法构建一个新对象。

【例 6-54】 错误语句。

```
tup = (1,2,5)     # 定义元组
tup[2] = 3        # 将第 3 个元素修改为 3
```

【例 6-55】 正确语句。

```
1  tup1 = (1,2,5)
2  tup2 = tup[:2]+(3,)   # 构建新对象
```

程序说明：例 6-55 第 2 行,变量 tup2 为重新赋值的新对象；tup[:2]表示原元组中第 1～2 号元素；“+”为连接运算；(3,)表示只有 1 个值的元组(**元组只有 1 个元素时,必须在元素后加逗号以示区别**)。

(14) 语义错误：字符串中的元素可以读取,但字符串不可修改。

【例 6-56】 错误语句。

```
s = '无边落木萧下'
s[3] = '萧'            # 修改字符串错误
print(s)
>>> TypeError:…(异常信息略)
```

【例 6-57】 正确语句。

```
s = '不尽长江滚来'
s = s[0:4] + '滚' + s[4:6]
# s 重新赋值
print(s)
>>>不尽长江滚滚来
```

(15) 语义错误：Python 中,变量没有赋值之前无法使用。因此,一定要记得初始化变量。这样做一是可以避免输入失误；二是可以确认数据类型(如 0,None,'',[]等)；三是将 Python 中的变量引用计数器初始化。

【例 6-58】 错误语句。

```
print('面朝大海', s)
# 变量 s 没有定义
```

【例 6-59】 正确语句。

```
s = '春暖花开'
print('面朝大海', s)
```

(16) 运行时错误：调用某些函数或方法时没有安装或导入相应的模块。

【例 6-60】 错误语句(程序片段)。

```
s = math.ceil(12.34)
# 没有导入数学模块
```

【例 6-61】 正确语句(程序片段)。

```
import math
s = math.ceil(12.34)
```

(17) 运行时错误：调用文件时，路径错误或者本路径下不存在文件。

【例 6-62】 错误语句。

```
file = open('朱自清《春》.txt', 'r')
# 当前目录没有'朱自清《春》.txt'文件
```

【例 6-63】 正确语句。

```
file = open('d:\\test\\06\\春.txt', 'r')
# 定义文件绝对路径
```

(18) 运行时错误：语句中忘记为方法的第 1 个参数添加 self 参数。

【例 6-64】 错误语句。

```
class A(object):
    def __init__(self, name):
        self.name = name
    def hello(self):
        print(name)     # 缺少 self 参数
a = A('累了就睡觉')
a.hello()
```

【例 6-65】 正确语句。

```
class A(object):
    def __init__(self, name):
        self.name = name
    def hello(self):
        print(self.name)
a = A('醒了就微笑')
a.hello()
```

(19) 在函数调用时，要注意变量的作用域，不要在函数外部调用局部变量。

【例 6-66】 错误语句。

```
def demo():
    x = 10
    return x
demo()
print(x)           # 错误，访问局部变量
>>> NameError: name 'x' is not defined
```

【例 6-67】 正确语句。

```
x = 10
def demo():
    print(x)       # 访问全局变量
    return
demo()
>>> 10
```

6.4.2 Python 程序设计的"坑"

Python 程序语言虽然简单易用，但是也容易给程序员造成一些难以捕捉的错误。**程序总会有一些出乎意料的输出结果**，这就是程序员通常所说的"坑"。编程的乐趣之一就在于不经意之间自己给自己挖了一个"坑"，掉到"坑"里后还一直挠头纳闷，爬出"坑"后倍感欣慰。下面是 Python 编程中一些常见的"坑"，祈祷读者千万不要再掉到"坑"里。

Python 程序设计中的三大"坑"是逗号、路径分隔符和乱码，使用不当就会出现一些灵异现象。程序路径分隔符中的"坑"，本书在 1.2.6 节进行了讨论；乱码问题在 5.3.2～5.3.4 节中进行了深入讨论；下面讨论程序中的逗号和其他问题。

1. 神奇的逗号

【例 6-68】 加逗号定义元组。

```
>>> tup = ('坑',)          # 定义一个元组
>>> type(tup)              # 查看变量类型
<class 'tuple'>            # 变量为元组
```

【例 6-69】 坑：列表元素加逗号。

```
>>> lst = ['坑',]     # 定义列表
>>> type(lst)         # 检查数据类型
<class 'list'>        # 变量为列表
```

程序说明：Python中，小括号既可以表示元组，又可以表示表达式的小括号，这样很容易产生二义性。因此，Python规定，小括号中只有1个元素时，加逗号表示是元组(见例6-68)。然而灵异的是列表中元素加逗号后依然是列表(见例6-69)。

【例6-70】 不加逗号时为字符串。

```
>>> tup = '坑'      # 定义字符串
>>> type(tup)
<class 'str'>       # 变量为字符串
```

【例6-71】 不加逗号时为同一元素。

```
>>> lst = ['君子''坦荡荡']
>>> lst             # 元素之间无逗号
['君子坦荡荡']  # 则视为同一元素
```

【例6-72】 加逗号时返回元组。

```
>>> def f():
        return 1,          # 有逗号
>>> type(f())
<class 'tuple'>            # 返回值为元组
```

【例6-73】 不加逗号时返回整数。

```
>>> def f():
        return 1    # 无逗号
>>> type(f())
<class 'int'>       # 返回值为整数
```

【例6-74】 正常的列表定义。

```
>>> lst = [10]
>>> y = lst
>>> y
[10]                      # 变量为列表
```

【例6-75】 坑：带尾巴的变量名。

```
>>> lst = [10]
>>> y, = lst        # 列表转换为整数
>>> y
10                  # 变量为整数
```

程序说明：如例6-75所示，令人吃惊的是变量名居然可以有“尾巴”(y,)。

【例6-76】 灵异语法(程序片段)。

```
line, = ax.plot(x, np.sin(x))
```

【例6-77】 例6-76还原(程序片段)。

```
w = ax.plot(x, np.sin(x))
line = w[0]
```

程序说明：例6-76的完整形式如例6-77所示。例6-76中，返回值“line,”的作用与例6-77的“line”相同，它是将返回值的元组转换为整数。例6-77中的w为函数返回值，它是一个列表；w[0]表示取列表中的第1个元素，并将它转换为整数。

2. 神奇的星号

Python中的星号(*)用途很多，既可以用于算术运算，又可以用于字符加倍，还可以用于导入模块中的所有函数。在函数中，一般用*表示元组类型数据，用**表示字典类型数据；它们既可以用在函数形参中，又可以用在函数zip()的解包运算中。

【例6-78】 用*和**号做算术运算。

```
>>> 2 * 3                # 2乘3
>>> 2 ** 3               # 2的3次方
>>> 2 ** 1/2             # 2的平方根
```

【例6-79】 用*表示字符的倍数。

```
>>> print('上善若水 ' * 3)
上善若水 上善若水 上善若水
```

【例6-80】 用*表示元组可变参数。

```
def test1( * a):         # 形参*a为元组
    print(a)
test1(1,2,3)             # 实参为元组
>>>((1, 2, 3),)          # 注意尾部有逗号
```

【例6-81】 用**表示字典可变参数。

```
def test2( ** k):    # 形参**k为字典
    print(k)
test2(x = 1, y = 2)  # 实参为字典
>>>{'x': 1, 'y': 2}
```

【例 6-82】 函数 zip()打包。

```
lst1 = ['a','b','c']; lst2 = [1, 2, 3]
k = zip(lst1, lst2)
print(list(k))
>>>[('a', 1), ('b', 2), ('c', 3)]
```

【例 6-83】 函数 zip(* k)解包。

```
k = [('a', 1), ('b', 2), ('c', 3)]
x = zip( * k)
print(list(x))
>>>[('a', 'b', 'c'), (1, 2, 3)]
```

【例 6-84】 元组的赋值。

```
>>> a, b, * c = [1, 2, 3, 4]
>>> print(f'a = {a} b = {b} c = {c}')
a = 1 b = 2 c = [3, 4]
```

【例 6-85】 用 ** 表示一个字典。

```
>>> d = {'a':1,'b':2,'c':3}
>>> s = '{a} - {b} - {c}'.format( ** d)
>>> s
'1 - 2 - 3'
```

3. 其他神奇运算

【例 6-86】 用下画线做临时变量。

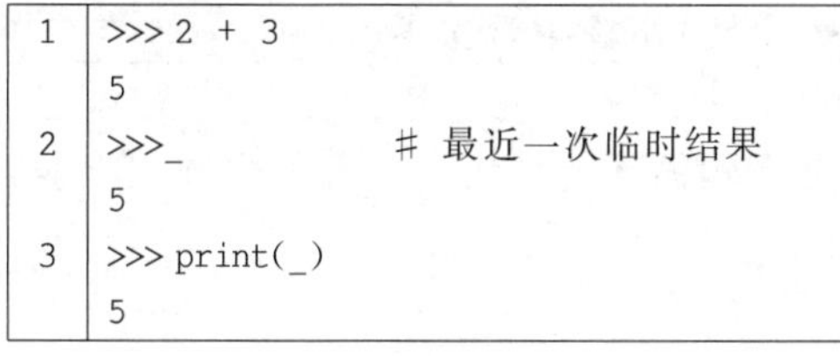

```
>>> 2 + 3
5
>>>_                # 最近一次临时结果
5
>>> print(_)
5
```

【例 6-87】 省略号也是对象。

```
>>> def foo():
        ...   # 用...替代 pass 语句
# Python 中,...是一个内置对象
# 它的正式名称为 Ellipsis(省略号)
>>>…
Ellipsis
```

程序说明:如例 6-86 所示,可以用"_"获取最近一次的临时结果;Python 程序有用"_"作为临时变量名的传统。

【例 6-88】 数字与前缀 0。

```
>>> print(02.0)    # 浮点型数支持前缀 0
2.0
>>> print(02)      # 整型数不支持前缀 0
SyntaxError…       # 抛出异常
```

【例 6-89】 字符型数字的前缀 0。

```
>>> eval('09.9')     # 浮点型数支持前缀 0
9.9
>>> eval('09')       # 整型数不支持前缀 0
SyntaxError…         # 抛出异常
```

程序说明:例 6-88、例 6-89 中,浮点型数支持前缀 0,整型数不支持前缀 0。

【例 6-90】 带参数调用返回结果。

```
def a(x):
    return x * x
print(a(3))               # 命令式编程
>>> 9
```

【例 6-91】 调用函数名返回地址。

```
def a(x):
    return x * x
print(a)                  # 函数式编程
>>> <function a at 0x060D7DF8>
```

【例 6-92】 坑:定义多个列表。

```
>>> lst = [[]] * 3      # 定义 3 个空列表
>>> print(lst)
[[], [], []]
>>> lst[0].append(1)    # 元素 0 赋值 1
>>> print(lst)
[[1], [1], [1]]         # 坑:3 个元素赋值
```

【例 6-93】 定义多个列表的方法。

```
>>> lst = [[] for _ in range(3)]
>>> print(lst)
[[], [], []]
>>> lst[0].append(1)      # 元素 0 赋值 1
>>> print(lst)
[[1], [], []]             # 1 个元素赋值
```

【例 6-94】 坑：变量数据类型注释。

```
>>> a:str = 10          # 注释a为字符串
                        # 坑:a实际为整数
```

【例 6-95】 容易混淆的->符号。

```
def add(x, y) -> int:
 # 符号->int注释返回值为整数
```

程序说明：例6-95中,冒号左边是变量名,冒号右边是注释,它用于说明变量的数据类型。这个语法很容易引起误会,如例6-94中a为整数类型,而注释为字符串。

【例 6-96】 逻辑运算符and、or通常用作判断,很少用它来取值。如果用逻辑运算符赋值,表达式中所有值都为真时,or会选择第1个值,而and则会选择第2个值。

```
>>>(2 or 3) * (5 and 7)          # 或运算or选择第1个值2,与运算and选择第2个值7
14                               # 14=2*7
```

【例 6-97】 到底循环了多少次?

```
1  for i in range(4):                # 用迭代器生成迭代变量
2      print(i)                      # 打印迭代变量i
3      i = 10                        # 改变变量i不影响迭代次数
   >>> 0   1   2   3                 # 程序输出(竖行)
```

程序说明：程序第3行,赋值语句i=10并不会影响循环。每次迭代开始之前,迭代器range(4)函数生成的下一个元素赋值给迭代变量i。

6.4.3 Python优雅编程案例

很多程序语言都可以实现优雅编程,优雅编程要求代码干净、整洁、一目了然。除前面章节案例中列举的一些优雅编程方法(如列表推导式、三元表达式、匿名函数等)外,还有下面一些常见的Python优雅编程方法。

【例 6-98】 多值判断常规编程。

```
num = 1
if num == 1 or num == 3 or num == 5:
    type = '奇数'
print(type)
>>>奇数
```

【例 6-99】 多值判断优雅编程。

```
num = 1
if num in(1,3,5):
    type = '奇数'
print(type)
>>>奇数
```

【例 6-100】 变量赋值常规编程。

```
info = ['高', '高处苦', '低', '低处苦']
s1 = info[0]
s2 = info[1]
s3 = info[2]
s4 = info[3]
print(s1, s2, s3, s4)
>>> 高 高处苦 低 低处苦
```

【例 6-101】 变量赋值优雅编程。

```
info = ['高', '高处苦', '低', '低处苦']
s1, s2, s3, s4 = info
print(s1, s2, s3, s4)
>>> 高 高处苦 低 低处苦
```

【例 6-102】 区间判断常规编程。

```
score = 82
if score >= 80 and score < 90:
    level = '良好'
print(level)
>>>良好
```

【例 6-103】 区间判断优雅编程。

```
score = 82
if 80 <= score < 90:
    level = '良好'
print(level)
>>>良好
```

【例 6-104】 判断常规编程。

```
A,B,C = [1,3,5],{},''
if len(A) > 0:
    print('A 为非空')
if len(B) > 0:
    print('B 为非空')
if len(C) > 0:
    print('C 为非空')
>>> A 为非空
```

【例 6-105】 判断优雅编程。

```
A,B,C = [1,3,5],{},''
if A:
    print('A 为非空')
if B:
    print('B 为非空')
if C:
    print('C 为非空')
>>> A 为非空
```

程序说明：if 后面的执行条件可以简写，只要条件是非零数值、非空字符串、非空列表等，就判断为 True，否则为 False。

【例 6-106】 遍历序列常规编程。

```
lst = ['莺莺', '燕燕', '春春']
for i in range(len(lst)):
    print(i, ':', lst[i])
>>> 0 : 莺莺 1 : 燕燕 2 : 春春
```

【例 6-107】 遍历序列优雅编程。

```
lst = ['花花', '柳柳', '真真']
for k,v in enumerate(lst):
    print(k, ':', v)
>>> 0 : 花花 1 : 柳柳 2 : 真真
```

【例 6-108】 字符串连接常规编程。

```
lst = ['赤', '橙', '黄', '绿', '青', '蓝',
'紫']
result = ''
for s in lst:
    result += s
print(result)
>>> 赤橙黄绿青蓝紫
```

【例 6-109】 字符串连接优雅编程。

```
lst = ['柴', '米', '油', '盐', '酱', '醋',
'茶']
result = ''.join(lst)
print(result)
>>> 柴米油盐酱醋茶
```

【例 6-110】 键值交换常规编程。

```
people = {'姓名':'宝玉', '年龄':18}
exchange = {}
for key, value in people.items():
    exchange[value] = key
print(exchange)
>>> {'宝玉': '姓名', 18: '年龄'}
```

【例 6-111】 键值交换优雅编程。

```
people = {'姓名':'宝玉', '年龄':18}
exchange = {value : key for key,
    value in people.items()}
print(exchange)
>>> {'宝玉': '姓名', 18: '年龄'}
```

【例 6-112】 循环常规编程。

```
s = '位卑未敢忘忧国'
i = 0
while i < len(s):
    print(s[i], end = '')
    i += 1
>>>位卑未敢忘忧国
```

【例 6-113】 循环优雅编程。

```
s = '事定犹须待阖棺'
for x in s:print(x, end = '')
# 循环体只有一行语句时
# 可以和循环语句写在同一行
>>>事定犹须待阖棺
```

遍历一个序列时，用序列循环（如 for x in 序列:）比用迭代器循环（如 for x in range(n):）运行速度更快。Python 编程时，简单至上。

【例 6-114】 表格的行列互换，矩阵转置等操作，如果采用循环处理会非常麻烦，而用函数 zip()进行行列互换可以简化程序代码（参见 4.1.2 节，数据打包）。

```
1  >>> a1 = [1, 2, 3]; a2 = [4, 5, 6]; a3 = [7, 8, 9]        # 定义列表
2  >>> list(zip(a1, a2, a3))                                  # 列表行列互换
   [(1, 4, 7), (2, 5, 8), (3, 6, 9)]
3  >>> a4 = [[1, 2, 3], [4, 5, 6], [7, 8, 9]]                  # 定义嵌套列表(矩阵)
4  >>> list(zip( * a4))                                       # 矩阵行列互换(解包)
   [(1, 4, 7), (2, 5, 8), (3, 6, 9)]
```

程序说明：程序第 3 行,zip(* a4)为逆解压过程,可用于行列互换。

【例 6-115】 操作符 ** 可以解包字典,这在合并字典时非常有用。

```
>>> dict1 = {'a':1, 'b':2}; dict2 = {'b':3, 'c':4}          # 定义字典
>>> print({ ** dict1, ** dict2})                            # 合并两个字典
{'a': 1, 'b': 3, 'c': 4}                                    # 键不能重复,'b':2 丢弃
```

【例 6-116】 在()、[]、{}符号中间,在元素逗号处换行可以省略续行符。

```
>>> lst = [1,2,3,
       4,5,6]
>>> tup = (1,2,3,
        4,5,6)
>>> dict1 = {'姓名': '宝玉',
          '年龄': 18}
```

【例 6-117】 用一行代码打印迷宫。

```
>>> print(''.join(__import__('random').choice('\u2571\u2572') for i in range(50 * 24)))
```

【例 6-118】 用一行代码打印漫画。

```
>>> import antigravity                    # 相当于执行 D:\Python\Lib\antigravity.py 文件
```

【例 6-119】 用一行代码打印 Python 之禅。

```
>>> import this                           # 相当于执行 D:\Python\Lib\this.py 文件
```

6.4.4 命名空间和作用域

1. 命名空间

命名空间是名称与对象的一种映射关系。例如,在《西游记》中,唐僧师徒四人就构成了一个命名空间,"大师兄"这个名称对应了"孙悟空"这个对象(映射关系)。而且这个命名空间只对唐僧师徒有效,如果在其他神仙或妖怪中,"大师兄"这个名称就不一定对应"孙悟空"了。命名空间避免了程序中变量名和函数名的冲突。每个命名空间都是独立的,在同一个命名空间中变量不能重名,但是不同的命名空间中,变量重名没有任何影响。

2. 命名空间的类型

Python 设计了内置名称、全局名称、局部名称三种命名空间。

(1) 内置名称是 Python 内置函数的命名空间,如函数名 input、math、print 等。

(2) 全局名称是程序定义的名称,如变量、函数、类、导入模块等。

(3) 局部名称是函数内部定义的名称,如函数内部定义的变量和参数。

Python 对变量名称的查找顺序为：局部命名空间→全局命名空间→内置命名空间。如果在以上命名空间没有找到变量,它将放弃查找,并引发一个 NameError 异常。

3. 命名空间的作用域

命名空间的生命周期取决于对象的作用域，**如果对象执行完成，则该命名空间的生命周期就结束了**。因此，无法从外部命名空间访问内部命名空间的对象。

如图 6-5 所示，变量的作用域决定了哪一部分程序可以访问哪个特定的变量名。Python 的作用域有内置作用域、全局作用域、嵌套函数的局部作用域、局部作用域。

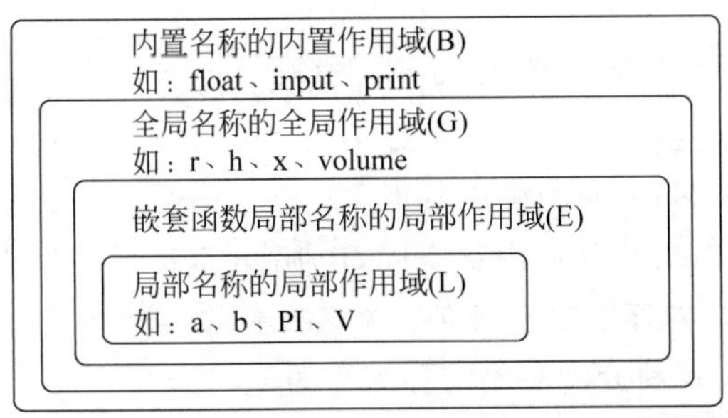


```
def volume(a, b):
    PI=3.1415926
    v=PI*a*a*b
    return v

r=float(input('请输入圆柱体半径：'))
h=float(input('请输入圆柱体高度：'))
x=volume(r, h)
print('圆柱的体积为：', x)
```

图 6-5　不同命名空间的作用域和程序案例

变量的查找顺序为：局部作用域→嵌套函数的局部作用域→全局作用域→内置作用域。如果变量按以上顺序都找不到，那么系统就会抛出异常信息。

4. 全局命名空间的程序块

Python 中，只有模块(程序)、类(class)、函数(def、lambda)才会存在作用域问题，其他程序块(如 if-else、try-except、for、while 等)不会引入新的作用域，也就是说这些程序模块内定义的变量都是全局变量。

【例 6-120】 在条件选择语句中定义的变量都是全局变量。

```
>>> if True:                                  # 定义条件选择语句
msg = '春意两丝牵，秋水双波溜。'              # 选择语句内定义变量
>>> msg                                       # 调用变量
'春意两丝牵，秋水双波溜。'
```

以上案例中，变量 msg 定义在 if 语句块中，但是外部可以访问。

【例 6-121】 如果变量 msg 定义在函数中，它就是局部变量，外部程序不能访问。

```
>>> def test():                               # 定义函数
msg_inner = '春意两丝牵，秋水双波溜。'        # 函数内定义变量
>>> msg_inner                                 # 调用函数内部变量
NameError: name 'msg_inner' is not defined…   # 抛出异常信息(略)
```

异常信息说明变量 msg_inner 没有定义，无法使用，因为它是函数内部的局部变量，只能够在函数内部使用。

6.4.5 Python 内存管理方法

内存管理是指在程序运行过程中，内存的分配和回收过程。如果内存只分配，不回收，那么计算机的内存很快就会用光。好的程序能够高效使用内存，不好的程序会造成过多内存消耗、内存溢出等问题。幸运的是，Python 会自动管理内存的分配和回收，Python 内存管理机制主要有**对象引用计数、内存池、垃圾回收**。简单地说，**程序员无须关心变量的内存管理，Python 解释器会自动回收内存垃圾**。

1. 对象引用计数机制

对不同对象赋相同值时,Python 会只分配一个存储单元,对象计数机制会+1(对象引用增加 1 次)。Python 内部采用引用计数来追踪内存中的对象,所有对象都有引用计数。

2. 内存池机制

Python 中,很多时候申请的内存都是小块内存,这些小块内存在申请后很快又会被释放。这就意味着 Python 运行期间,会大量执行 malloc(申请)和 free(释放)操作,频繁地在操作系统的用户态和核心态之间进行切换,这将严重影响 Python 的执行效率。为了加速 Python 的执行效率,Python 引入了内存池机制,它用于管理对小块内存的申请和释放。Python 将暂时不使用的内存放到内存池,而不是返回给操作系统。

(1) 小整数内存池。为了避免整数频繁申请和释放内存空间,Python 定义了一个小整数池[−5,256],这些整数对象 Python 已经在内存中提前建立好了,它们不会被当作垃圾回收。但是,对大于 256 的整数,Python 需要重新分配对象的存储空间。

(2) 字符串驻留(intern)机制。Python 使用字符串驻留机制来提高短英文字符串使用效率,它就是对同样的短英文字符串对象仅仅保存一份,放在一个共用的字符串存储池中。这也是字符串是不可变对象的原因。注意,短字符串中有空格时无效;短字符串字母长度大于 20 时无效;短字符串为中文时无效。

3. 垃圾回收机制

当 Python 中对象越来越多、占据越来越大的内存时,Python 就会启动垃圾回收,将很久没有使用的对象清除。但是,频繁的垃圾回收工作将会大大降低 Python 的工作效率。因此,Python 运行时,会记录对象分配次数和取消次数(计数),当两者差值高于某个阈值时,Python 才会启动垃圾回收机制。

Python 中分为大内存和小内存(以 256KB 为界限)。大内存使用 malloc(申请)进程分配;小内存使用内存池进行分配。如果对象请求内存为 1~256 字节时(如小整数、小字符串等),使用内存池进行分配。Python 每次会向操作系统申请一块 256KB 的大块内存,并且不会释放这个内存,这块内存将留在内存池中,以便下次使用。

6.4.6 程序打包为分发文件

1. Python 程序的两种打包形式

将 Python 程序封装成分发包,一是为了技术与业务分离;二是使程序在其他开源软件项目中得到推广应用。Python 程序有两种打包形式:一种是打包为分发文件;另一种是打包为执行文件(.exe)。打包为执行文件时,仅对没有导入软件包的程序有效;如果程序中导入了 Python 标准函数模块或者第三方软件包,常常会造成打包文件兼容性错误,打包成功率很低。Python 官方不推荐程序打包成可执行文件。

2. 分发包文件格式

Python 程序分发包有 Wheel(扩展名为.whl)和 Egg(扩展名为.egg)两种格式。Wheel 是 Python 二进制文件包的标准格式,如果将打包文件的.whl 扩展名修改为.zip,解压后就可以看到软件包中的文件。Egg 是早期打包文件格式,目前已弃用。

3. 创建分发包文件和目录

创建一个目录(如 d:\test),将需要打包的程序存放在这个目录中。它们包括

README. md(说明文档)、LICENSE(软件许可证文件)、setup. py(软件包安装脚本程序，很重要)、__init__. py(包说明文件，内容可为空)、程序模块文件等。

【例 6-122】 打包程序目录结构如下所示。

```
D:\test\                                # 打包文件目录
 ├── LICENSE                            # 软件许可证文件(文本文件)
 ├── README.md                          # 说明文档(文本文件)
 ├── demo                               # 包目录(根据程序需要取名)
 │     ├── __init__.py                  # 包说明文件(内容可以为空)
 │     ├── print_test.py                # Python 程序 1
 │     ├── sum_test.py                  # Python 程序 2
 │     └── main.py                      # Python 程序 3
 └── setup.py                           # 软件包安装脚本程序(很重要)
```

【例 6-123】 假设需要封装的程序 print_test. py 内容如下。

```python
def test():
    print('这是一个测试文件。')
```

README. md 为文本文件，它用于对文件使用信息进行描述。

4. 创建安装包脚本文件 setup. py

安装文件 setup. py 包含了软件包中相应信息，以及软件包的文件和数据。

【例 6-124】 创建 setup. py 文件，文件基本内容如下(可根据需要增减)。

```python
from setuptools import setup                        # 导入标准模块——模块打包
setup(
    name = 'print_test',                            # 软件包名称
    py_modules = ['print_test'],                    # 打包的.py 文件
    version = '1.0.0',                              # 软件包版本
    description = 'A print test for PyPI',          # 软件包详细说明
    author = 'ttf',                                 # 作者信息
    author_email = 'ttf@163.com',                   # 作者邮箱
    url = 'https://www.python.org/',                # 软件包主页,Python 或 GitHub 网站
    license = 'MIT',                                # 软件包开源许可证协议为 MIT 类型
    keywords = 'pip test',                          # 软件包关键字列表
    project_urls = 'https://github.com/aaa/bbb'     # 软件包项目网址
    packages = find_packages(),                     # 打包目录,可被导入的文件
    install_requires = [                            # 依赖包的版本要求
        'numpy >= 1.14',
        'tensorflow >= 1.7'
        ],
    python_requires = '>= 3'                        # Python 依赖版本
    package_data = {                                # 将.txt 和.rst 文件也打包进去
        '': ['*.txt', '*.rst'],
    },
    data_file = ['etc/xkd.conf',],                  # 软件包的数据集文件
)
```

5. 创建分发包

打包工具 setuptools 是 Python 自带的模块，用它创建和发布软件包步骤如下。

(1) 进入 Windows shell 窗口。

(2) 升级最新版的 pip、setuptools、wheel 软件包(可选操作)。

```
> pip install -U pip setuptools wheel                    # 版本为 49.2.1
```

(3) 创建分发包(打包方法)。

```
> python setup.py sdist bdist_wheel
```

说明:

① 创建软件包的命令为固定格式。

② 必须确保 setup.py 文件存在于当前路径下。

③ 打包后会生成 build、dist、xkdpackage.egg-info 目录。命令运行结束后,会在 dist 目录下存放相应的.whl 文件和.tar.gz 文件。其中,.tar.gz 是 Python 包的源文件;而.whl 是软件分发包。安装时,pip 命令首先尝试安装软件分发包;如果安装失败,接着会尝试采用源文件包进行安装。

6. 应用创建的分发包

(1) 进入 Windows shell 窗口。

(2) 把软件包安装到本地。

```
> python setup.py install
```

(3) 在程序中用 import 语句导入软件包模块,对分发软件包进行测试。

7. 上传分发包到 PyPI 网站

(1) 在 Python 官方网站(https://pypi.org/)注册一个 PyPI 账号。

(2) 在本机安装打包文件 demo,方法如下。

```
> pip install demo                    # 安装测试软件包,自定义版本为 0.1.5
```

(3) 上传 demo 软件分发包方法如下。

```
> demo upload dist/ *                 # 上传分发包
>                                     # 输入注册的 PyPI 账号和密码
```

说明:如果 demo 上传失败,可能是模块命名出现了重复。

习 题 6

6-1 简述 Python 中错误与异常的区别。

6-2 程序运行失败主要有哪些原因?

6-3 简要说明面向对象的基本概念:类、对象、属性、方法。

6-4 举例说明 Python 中的冒号(:)有哪些神奇用法。

6-5 简要说明程序打包为分发的主要步骤。

6-6 编程:设计实现两个数相除的闭包函数。

6-7 编程:用面向对象的方法编程计算圆柱体体积。

6-8 编程:用函数 sys.exit()进行异常处理。

6-9 编程:打开一个文件,在该文件中写入内容,对文件异常处理进行编程。

6-10 编程:用匿名函数编写 $g=x+1$ 的代码。

第二部分
程序设计应用

第7章 文本分析程序设计

"80%的商业信息来自非结构化数据，主要是文本数据"(Seth Grimes)。这一说法可能夸大了文本数据在商业数据中的占比，但是文本数据蕴含的价值毋庸置疑。在信息爆炸的社会，文本数据量如此庞大，因此需要对文本进行数据挖掘，获取有价值的信息。

7.1 CSV文件读写

7.1.1 CSV文件格式规范

1. CSV格式文件概述

CSV(Comma Separated Values，字符分隔值)文件以纯文本格式存储数据，CSV文件由任意数量的记录组成。每个记录为一行，行尾是换行符；每个记录由一个或多个字段组成，字段之间最常见的分隔符有逗号、空格等。CSV文件广泛用于不同系统平台之间的数据交换，它主要解决数据格式不兼容的问题。

CSV是一个纯文本文件，所有数据都是字符串。CSV可以用Excel打开，但是它不能保存公式，不能指定字体颜色，没有多个工作表，不能嵌入图像和图表。

2. CSV格式文件规范

CSV文件没有通用的格式标准，因特网工程任务组(IETF)在RFC 4180(因特网标准文件)中提出了一些CSV格式文件的基础性描述，但是没有指定文件使用的字符编码格式，采用7位ASCII码是最基本的通用编码。目前大多数CSV文件遵循RFC 4180标准提出的基本要求，它们有以下规则。

(1) 回车符。一行为一条记录，用回车符分隔(见例7-1)。

(2) 标题头。第一行可以有一个可选的标题头，格式和普通记录行相同。标题头包含文件字段对应的名称，应当有记录字段一样的数量(见例7-2)。

【例7-1】 回车符案例。

```
aaa,bbb,ccc
zzz,yyy,xxx
```

【例7-2】 标题头案例。

```
field_name,field_name,field_name
aaa,bbb,ccc
zzz,yyy,xxx
```

(3) 字段分隔。标题行和记录行中，用逗号分隔字段。整个文件中，每行应包含相同数量的字段，空格也是字段的一部分。每一行记录最后一个字段后面不能跟逗号。注意，字段之间一般用逗号分隔，也有用其他字符(如空格)分隔的CSV(见例7-3)。

【例7-3】 字段分隔案例。

```
aaa,bbb,ccc
```

(4) 字段双引号。字段之间可用双引号括起来(见例 7-4,注意,Excel 不用双引号)。如果字段中包含回车符、双引号或者逗号,则该字段要用双引号括起来(见例 7-5)。

【例 7-4】 字段双引号案例 1。

```
"aaa","bbb","ccc"
zzz,yyy,xxx
```

【例 7-5】 字段双引号案例 2。

```
aaa, b
bb,"c,cc"
zzz,yyy,xxx
```

3. CSV 格式文件应用案例

【例 7-6】 二手汽车价格如表 7-1 所示,将表格内数据按 CSV 格式存储。

表 7-1 二手汽车价格

出厂日期	制造商	型号	说明	价格
2015	福特	SUV2015 款	ac,abs,moon	30 000.00
2016	雪佛兰	前卫"扩展版"		49 000.00
2017	雪佛兰	前卫"扩展版,大型"		50 000.00
2016	Jeep	大切诺基	低价急待出售! air,moon roof,loaded	47 990.00

将表 7-1 内的数据以 CSV 文件格式表示(注意:不是程序)。

```
出厂日期,制造商,型号,说明,价格                         # 标题头,字段之间逗号分隔
2015,福特,SUV2015 款,"ac, abs, moon",30000.00           # 字段中包含逗号用双引号分隔
2016,雪佛兰,"前卫""扩展版""","",49000.00              # 空字段用双引号+逗号分隔
2017,雪佛兰,"前卫""扩展版, 大型""","",50000.00        # 字段中包含引号用双引号分隔
2016,Jeep,大切诺基,"低价急待出售!                      # 长字段跨行时,用双引号跨行标注
air, moon roof, loaded",47990.00                        # 注意,双引号跨行,后面字段也跨行
```

7.1.2 CSV 文件读取数据

1. 用标准模块读取数据

Python 标准库支持 CSV 文件的操作,读取 CSV 文件函数语法如下。

```
csv.reader(csvfile, dialect = 'excel', ** kw)
```

参数 csvfile 为 CSV 文件或者列表对象。

参数 dialect 为指定 CSV 格式,dialect='excel'表示 CSV 文件格式与 Excel 格式相同。

参数 ** kw 为关键字参数,用于设置特殊的 CSV 文件格式(如空格分隔等)。

返回值:函数 csv.reader()返回值是一个可迭代对象(如列表)。

【例 7-7】 "梁山 108 将 gbk.csv"文件内容如图 7-1 所示,读取和输出文件表头。

```
import csv                                              # 导入标准模块
with open('d:\\test\\07\\梁山 108 将 gbk.csv') as file:  # 打开文件循环读取
    reader = csv.reader(file)                           # 创建读出对象
    head_row = next(reader)                             # 读文件第 1 行数据
    print(head_row)
>>>['座次', '星宿', '诨名', '姓名', '初登场回数', …      # 程序输出(略)
```

程序说明:

	A	B	C	D	E	F	G	H
1	座次	星宿	诨名	姓名	初登场回数	入山时回数	梁山泊职位	
2	1	天魁星	及时雨、呼	宋江	第18回	第41回	总督兵马大元帅	
3	2	天罡星	玉麒麟	卢俊义	第61回	第67回	总督兵马副元帅	
4	3	天机星	智多星	吴用	第14回	第20回	掌管机密正军师	
5	4	天闲星	入云龙	公孙胜	第15回	第20回	掌管机密副军师	
6	5	天勇星	大刀	关胜	第63回	第64回	马军五虎将之首兼左军	
7	6	天雄星	豹子头	林冲	第7回	第12回	马军五虎将之二兼右军	

图 7-1 “梁山 108 将 gbk.csv”文件内容(片段)

程序第 3 行,没有指明 CSV 文件编码时,如果文件中有文字符串,则采用 GBK 编码。

程序第 4 行,从 CSV 文件读出的数据都是字符串。

【例 7-8】 “梁山 108 将 gbk.csv”文件内容如图 7-1 所示,读取 CSV 文件中第 4 列(“姓名”)对应的所有数值,并且打印输出。

```
1  import csv                                            # 导入标准模块——CSV 读写
2  with open('d:\\test\\07\\梁山 108 将 gbk.csv') as file:   # 打开文件,绝对路径
3      reader = csv.reader(file)                          # 创建读出对象
4      column = [row[3] for row in reader]                # 循环读文件第 4 列数据
5      print(column)
   >>> ['姓名', '宋江', '卢俊义', '吴用', …              # 程序输出(略)
```

程序说明:程序第 5 行,这种方法需要先知道列序号,如“姓名”在第 4 列。

2. 用 Pandas 包读取数据

【例 7-9】 “梁山 108 将 utf8.csv”文件内容如图 7-1 所示,用 Pandas 软件包读取和输出文件中“诨名”和“姓名”两列数据的前 5 行。

从清华大学镜像网站安装 Pandas 软件包(使用方法参见 11.2 节)。

```
> pip install -i https://pypi.tuna.tsinghua.edu.cn/simple pandas        # 版本为 1.5.1
> pip install -i https://pypi.tuna.tsinghua.edu.cn/simple openpyxl      # 版本为 3.0.10
```

读取和输出 CSV 文件程序如下。

```
1  >>> import pandas as pd                               # 导入第三方包——数据分析
2  >>> data = pd.read_csv('d:\\test\\07\\梁山 108 将 utf8.csv',
   usecols = ['诨名', '姓名'], nrows = 5)
3  >>> print(data)
       诨名 姓名
   0 及时雨、呼保义、孝义黑三郎 宋江…(输出略)
```

程序说明:程序第 2 行,pd.read_csv()是 Pandas 读取 CSV 文件数据的函数;参数 usecols=['诨名','姓名']表示只读取文件中的这 2 列;参数 nrows=5 表示读取前 5 行的记录。

注意,软件包 Pandas 路径前不能有 r 参数;文件默认编码为 UTF8。

7.1.3 CSV 文件写入数据

1. 创建 CSV 文件

【例 7-10】 创建一个“学生 gbk.csv”新文件。

```
import csv                                               # 导入标准模块——CSV 读写

```

```
3  csvPath = 'd:\\test\\07\\学生 gbk.csv'                      # 定义 CSV 文件保存路径
4  file = open(csvPath, 'w', encoding = 'gbk', newline = '')   #【1.创建文件对象】
5  csv_writer = csv.writer(file)                               #【2.构建写入对象】
6  csv_writer.writerow(['姓名', '年龄', '性别'])                 #【3.构建表头标签】
7  csv_writer.writerow(['贾宝玉', '18', '男'])                   #【4.写入行内容】
8  csv_writer.writerow(['林黛玉', '16', '女'])
9  csv_writer.writerow(['薛宝钗', '18', '女'])
10 file.close()                                                #【5.关闭文件】
11 print('文件创建成功!')
   >>>文件创建成功!                                             # 程序输出
```

程序说明：程序第 4 行，参数 newline="解决写入数据时 CSV 文件出现的空行。

2. 向 CSV 文件尾部追加数据

【例 7-11】 “成绩 gbk.csv”文件如图 7-2 所示，在文件尾部写入一行新数据。

	A	B	C	D	E	F
1	学号	姓名	班级	古文	诗词	平均
2	1	宝玉	1	70	85	0
3	2	黛玉	1	85	90	0
4	3	晴雯	2	40	65	0
5	4	袭人	2	30	60	0

图 7-2 “成绩 gbk.csv”文件

```
import csv                                          # 导入标准模块——CSV 读写
with open('d:\\test\\07\\成绩 gbk.csv', 'a') as file:  # 打开文件,添加模式
    row = ['5', '薛蟠', '01', '20', '60', '0']        # 插入行赋值
    write = csv.writer(file)                        # 创建写入对象
    write.writerow(row)                             # 在文件尾写入一行数据
    print('写入完成!')
>>>写入完成!                                         # 程序输出
```

3. 两个 CSV 文件行合并

【例 7-12】 “成绩 gbk.csv”文件存放所有源数据(见图 7-2)，另一个文件“成绩 update.csv”存放更新数据(见图 7-3)。两个文件表头相同，将“成绩 update.csv”文件内容添加到“成绩 gbk.csv”文件中。

	A	B	C	D	E	F
1	学号	姓名	班级	古文	诗词	平均
2	6	史湘云	1	80	80	0
3	7	刘姥姥	2	0	30	0

图 7-3 “成绩 update.csv”文件

```
import csv                                          # 导入标准模块——CSV 读写
import pandas as pd                                 # 导入第三方包——数据分析

reader = csv.DictReader(open('d:\\test\\07\\成绩 update.
csv'))                                              # 读取文件,相对路径
header = reader.fieldnames                          # 获取表头标签信息
with open('d:\\test\\07\\成绩 gbk.csv', 'a') as csv_file:  # 以追加模式打开源文件
    writer = csv.DictWriter(csv_file, fieldnames = header)  # 批量写入新内容
    writer.writerows(reader)                        # 内容写入文件
print('写入完成!')
>>>写入完成!                                         # 程序输出
```

程序说明:

程序第 4 行,函数 DictReader()为 Pandas 读取 CSV 文件。

程序第 7 行,函数 DictWriter()为 Pandas 写入 CSV 文件。

4. 两个 CSV 文件列连接

【例 7-13】 “成绩 gbk.csv”源文件如图 7-4 所示,“成绩扩展.csv”文件如图 7-5 所示。将两个文件进行列连接,连接后保存为“成绩 out.csv”文件。

	A	B	C	D	E	F
1	学号	姓名	班级	古文	诗词	平均
2	1	宝玉	1	70	85	0
3	2	黛玉	1	85	90	0
4	3	晴雯	2	40	65	0
5	4	袭人	2	30	60	0

图 7-4 “成绩 gbk.csv”源文件

	A	B	C
1	姓名	性别	年龄
2	宝玉	男	18
3	黛玉	女	16
4	晴雯	女	15
5	袭人	女	20

图 7-5 “成绩扩展.csv”文件

案例分析:从图 7-4 与图 7-5 可以发现,源文件中“姓名”一列与扩展文件中“姓名”一列的属性相同,内容相同,可以以这一列为主键,把扩展文件中的“性别”“年龄”这 2 列的数据添加到源文件中。如果扩展文件缺少某些行,则空着,最后源文件的行数不变。文件列连接后内容如图 7-6 所示。

	A	B	C	D	E	F	G	H
1	学号	姓名	班级	古文	诗词	平均	性别	年龄
2	1	宝玉	1	70	85	0	男	18
3	2	黛玉	1	85	90	0	女	16
4	3	晴雯	2	40	65	0	女	15
5	4	袭人	2	30	60	0	女	20

图 7-6 文件列连接后的“成绩 out.csv”文件

```
1  import pandas as pd                                                     # 导入第三方包
2  
3  df1 = pd.read_csv('d:\\test\\07\\成绩 gbk.csv', encoding = 'gbk')       #【1.读入主文件】
4  df2 = pd.read_csv('d:\\test\\07\\成绩扩展.csv', encoding = 'gbk')       #【2.读入扩展文件】
5  outfile = pd.merge(df1, df2, how = 'left', left_on = '姓名', right_on = '姓名')
                                                                          #【3.定义合并主键】
6  outfile.to_csv('d:\\test\\07\\成绩 out.csv', index = False, encoding = 'gbk')
                                                                          #【4.保存 CSV 文件】
7  print('文件合并完成!')
   >>>文件合并完成!                                                       # 程序输出
```

程序说明:

程序第 3 行,语句 df1=pd.read_csv()为读入 CSV 文件内容,返回值 df1 为 Pandas 中的 DataFrame 二维表,即源文件“成绩 gbk.csv”为 5 行 6 列,df1 也为 5 行 6 列。

程序第 5 行,语句 pd.merge(df1,df2,how='left',left_on='姓名',right_on='姓名')中,参数 how='left'表示两表列连接时以左侧为主键;参数 left_on='姓名'表示左侧主键名称为“姓名”;参数 right_on='姓名'表示右边的关联键名称也为“姓名”。

5. 解决 CSV 文件乱码问题

用 UTF8 编码创建 CSV 文件后,如果用 Excel 打开时会显示乱码,这是因为 UTF8 编码分为两种:一种是不带 BOM(Byte Order Mark,字节顺序标记)的标准格式;另一种是带

BOM 的微软 Excel 格式。UTF8 以字节为编码单元,它没有字节序的问题,因此它并不需要 BOM 格式。但是 Excel 的 UTF8 文件默认带 BOM 格式,即 UTF8-sig(UTF8 with BOM)。写入 CSV 文件时,定义 encoding='UTF8-sig'就可以解决 Excel 乱码问题。

【例 7-14】 创建一个“CSV 乱码.csv”文件。

```
1   import csv                                                        # 导入标准模块
2
3   file = open('\\test\\07\\csv乱码.csv', 'w', encoding = 'utf8', newline = '')   # 创建新文件
4   wr = csv.writer(file)                                             # 创建写入对象
5   wr.writerow(['姓名', '成绩'])                                      # 写入表头列名
6   wr.writerow(['宝玉', 85])                                          # 写入数据行
7   wr.writerow(['黛玉', 90])
8   wr.writerow(['宝钗', 88])
9   file.close()                                                      # 关闭文件句柄
10  print('文件写入成功。')
    >>>文件写入成功。                                                   # 程序输出
```

案例分析:程序第 3 行,本语句写 CSV 文件后,用 Windows 自带的“记事本”程序打开 CSV 文件,则 CSV 文件显示正常(见图 7-7);如果用 Excel 打开刚刚写入的文件,就会发现文件内容是乱码(见图 7-8),这说明 Excel 的默认编码存在问题。

程序修改:将以上程序第 3 行修改为以下形式,就解决了乱码(见图 7-9)。

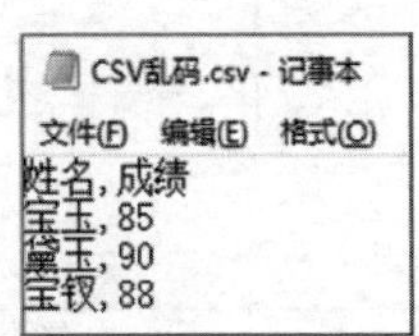

图 7-7 用“记事本”打开文件正常

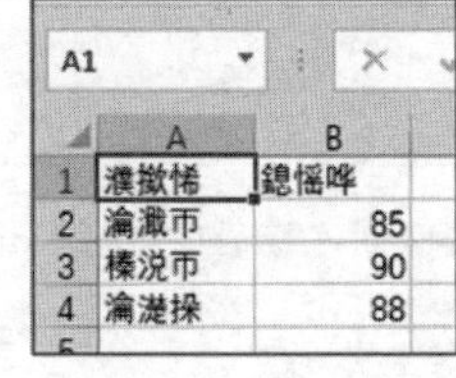

图 7-8 用 Excel 打开出现乱码

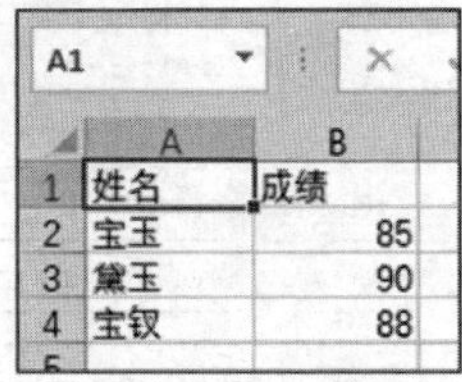

图 7-9 用 Excel 打开正常

```
3   file = open('d:\\test\\07\\csv乱码解决.csv', 'w', encoding = 'utf8-sig', newline = '')
```

7.2 Excel 文件读写

7.2.1 Excel 文件常用函数

1. 第三方软件包基本功能

处理 Excel 文件的第三方软件包有 xlrd/xlwt、Pandas、xlutils、openpyxl、xlsxwriter、win32com 等。由于设计目的不同,每个模块通常着重于某一方面功能,各有所长。

软件包 xlrd/xlwt 广泛用于 Excel 文件读写,它可以工作在任何平台,这意味着可以在 Linux 下读取 Excel 文件。软件包 xlrd 和 xlwt 是两个相对独立的模块,它们主要是针对 Office 2003 或更早版本的 xls 文件格式。软件包 xlrd 可读取 xls 或 xlsx 文件;软件包 xlwt 只能写入 xls 文件,除了最基本的写入数据和公式,软件包 xlwt 提供的功能非常少。

2. 软件包 xlrd 和 xlwt 的安装

软件包 xlrd 和 xlwt 的安装方法如下。

```
1 >pip install -i https://pypi.tuna.tsinghua.edu.cn/simple xlrd==1.2.0    # 安装指定版本为1.2.0
2 >pip install -i https://pypi.tuna.tsinghua.edu.cn/simple xlwt           # 版本为1.3.0
```

说明：程序第 1 行，xlrd 高于 2.0 版时，仅支持 xls 格式的文件。解决方法：一是安装老版本（如本例，指定安装 xlrd 1.2.0 版本）；二是可以使用 openpyxl 软件包进行替代（7.1.2 节已经安装）。

导入 xlrd 模块（import xlrd）后，可以通过 help（xlrd）命令查看 xlrd 使用指南，它会输出 xlrd 包中的一些模块，以及一些成员变量、常量、函数等。

3. Excel 文件的基本概念

Excel 中，一个工作簿（book）就是一个独立的文件，一个工作簿可以有 1 个或者多个工作表（sheet），工作簿是工作表的集合。

工作表有行和列，行以数字表示，列以大写字母表示。工作表由单元格（cell）组成，单元格可以存储数值和字符串，单元格以"行号"和"列号"进行定位。

注意：读取 Excel 数据时，sheet 号、行号、列号都是从索引 0 开始。

4. Excel 常用操作函数

软件包 xlrd 中，Excel 文件的常用函数应用如表 7-2 所示。

表 7-2 软件包 xlrd 中，Excel 文件的常用函数应用

常用函数应用示例	说　明
import xlrd	导入读模块，能读不能写，可读 xlsx、xls 文件
data = xlrd.open_workbook('文件名.xlsx')	打开 Excel 文件读取数据（workbook 工作簿）
table = data.sheets()[0]	读工作表，由索引顺序获取（sheet 工作表）
table = data.sheet_by_name('工作表名')	读工作表，对工作表进行命名
name = table.name	读工作表的名称
nrows = table.nrows	读工作表的行数
nclos = table.ncols	读工作表的列数
row_value= table.row_values(k)	读工作表第 k 行的值
col_value = table.col_values(j)	读工作表第 j 列的值
cell_A1 = table.cell_values(2,3)	读单元格第 2 行第 3 列的值
cell_A1 = table.row(0)[0].value	读单元格第 0 行第 0 列的值
for i in range(nrows): 　　print(table.row_values(i))	循环获取行数据
for j in range(nclos): 　　print(table.col_values(j))	循环获取列数据

7.2.2 Excel 文件读取数据

1. 打开 Excel 工作簿

在软件包 xlrd 下，打开 Excel 工作簿的语法如下。

```
import xlrd
open_workbook('文件名', '读模式')
```

函数返回值是一个 book 对象，通过 book 对象可以获得一个 sheet 工作表。

【例 7-15】 "股票数据片段.xlsx"文件有 2 个工作表（股票数据片段 1、股票年报数据片段 2),内容分别如图 7-10、图 7-11 所示,读取工作表(sheet)的名称。

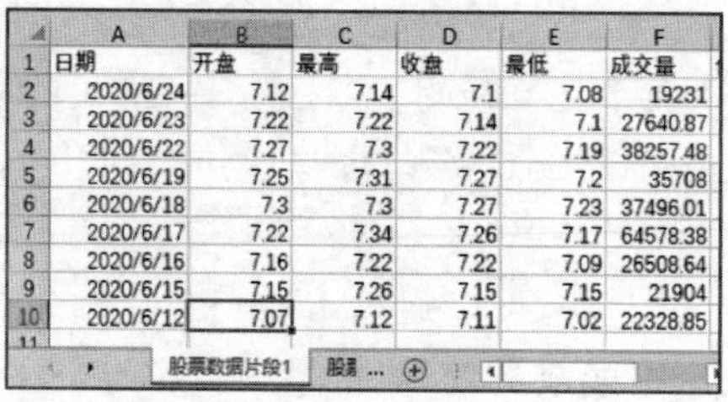

	A	B	C	D	E	F
1	日期	开盘	最高	收盘	最低	成交量
2	2020/6/24	7.12	7.14	7.1	7.08	19231
3	2020/6/23	7.22	7.22	7.14	7.1	27640.87
4	2020/6/22	7.27	7.3	7.22	7.19	38257.48
5	2020/6/19	7.25	7.31	7.27	7.2	35708
6	2020/6/18	7.3	7.3	7.27	7.23	37496.01
7	2020/6/17	7.22	7.34	7.26	7.17	64578.38
8	2020/6/16	7.16	7.22	7.22	7.09	26508.64
9	2020/6/15	7.15	7.26	7.15	7.15	21904
10	2020/6/12	7.07	7.12	7.11	7.02	22328.85

股票数据片段1 | 股票 ...

图 7-10 “股票数据片段. xlsx”中 sheet1 内容

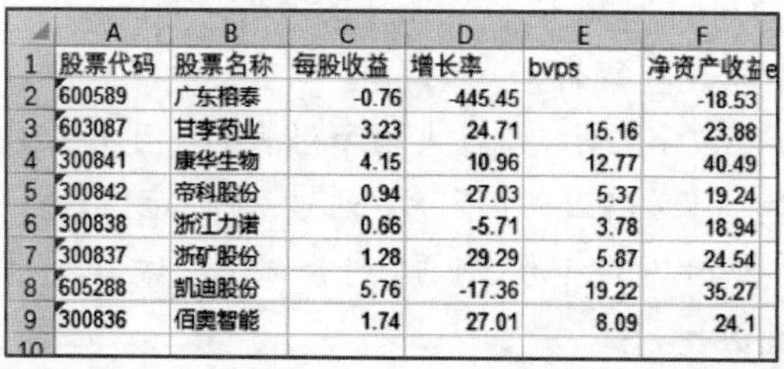

	A	B	C	D	E	F
1	股票代码	股票名称	每股收益	增长率	bvps	净资产收益
2	600589	广东榕泰	-0.76	-445.45		-18.53
3	603087	甘李药业	3.23	24.71	15.16	23.88
4	300841	康华生物	4.15	10.96	12.77	40.49
5	300842	帝科股份	0.94	27.03	5.37	19.24
6	300838	浙江力诺	0.66	-5.71	3.78	18.94
7	300837	浙矿股份	1.28	29.29	5.87	24.54
8	605288	凯迪股份	5.76	-17.36	19.22	35.27
9	300836	佰奥智能	1.74	27.01	8.09	24.1

图 7-11 “股票数据片段. xlsx”中 sheet2 内容

```
import xlrd                                       # 导入第三方包——读 Excel 数据
file = 'd:\\test\\07\\股票数据片段.xlsx'           # 定义文件变量名
data = xlrd.open_workbook(file, 'r')              # 打开 Excel 文件读取数据
table = data.sheets()                             # 获取所有工作表数据
for sheet in table:                               # 遍历工作表
    print(sheet.name)                             # 打印工作表名称
>>>股票数据片段 1                                  # 程序输出
股票年报数据片段 2
```

2. 读取 Excel 单元格内数据

软件包 xlrd 读取 Excel 单元格数据语法如下。

```
sheet.cell(行号, 列号)          # 读取 Excel 单元格内数据(行、列均从 0 起)
sheet.cell_type(行号, 列号)     # 判断 Excel 单元格内数据类型(行、列均从 0 起)
```

【例 7-16】 “股票数据片段. xlsx”文件中,sheet1 内容如图 7-10 所示,sheet2 内容如图 7-11 所示。读取和打印 2 个工作表中第 4 行第 2 列单元格中的数据。

```
import xlrd                                       # 导入第三方包——读 Excel 数据
file = 'd:\\test\\07\\股票数据片段.xlsx'
data = xlrd.open_workbook(file)                   # 打开 Excel 文件读取数据
table = data.sheets()                             # 获取所有工作表数据
for sheet in table:                               # 遍历工作表
    print(sheet.cell_value(3, 1))                 # 打印 sheet1 和 sheet2 第 4 行第 2 列单元格
>>> 7.27     康华生物                              # 程序输出
```

【例 7-17】 “股票数据片段. xlsx”内容如图 7-10、图 7-11 所示,输出相关数据。

```
>>> import xlrd                                   # 导入第三方包——读 Excel 数据
>>> file = 'd:\\test\\07\\股票数据片段.xlsx'       # 文件变量赋值
>>> data = xlrd.open_workbook(file)               # 打开 Excel 文件读取数据
```

```
>>> print(data.nsheets)                                          # 打印 sheet 数量
2
>>> print('工作表名称:', data.sheet_names())                      # 打印 sheet 名称
工作表名称:['股票数据片段 1', '股票年报数据片段 2']                # 命名 sheet2
>>> sheet2 = data.sheet_by_name('股票年报数据片段 2')              # 命名工作表 sheet2
>>> n_rows = sheet2.nrows                                        # 读 sheet2 行数
>>> n_rows
9
>>> n_cols = sheet2.ncols                                        # 读 sheet2 列数
>>> n_cols
11
>>> row_list = sheet2.row(rowx = 0)                              # 读 sheet2 第 0 行
>>> row_list
[text:'股票代码', text:'股票名称',…(输出略)                        # 数据类型:字段值
>>> cols_list = sheet2.col(colx = 0)                             # 读 sheet2 第 0 列
>>> cols_list
[text:'股票代码', text:'600589', …(输出略)                        # 数据类型:字段值
>>> row_data = sheet2.row_values(0, start_colx = 0, end_colx = None)  # 读 sheet2 第 0 行
>>> row_data
['股票代码', '股票名称', '每股收益', …(输出略)                     # 仅输出行字段值
>>> cols_data = sheet2.col_values(0, start_rowx = 0, end_rowx = None)  # 读 sheet2 第 0 列
>>> cols_data
['股票代码', '600589', '603087', '300841', …(输出略)               # 仅输出列字段值
>>> cell_B3 = sheet2.cell(rowx = 2, colx = 1)                    # 读单元格第 3 行第 2 列
>>> cell_B3
text:'甘李药业'
```

【例 7-18】 "股票数据片段.xlsx"文件如图 7-10、图 7-11 所示,输出全部数据。

```
import xlrd                                          # 导入第三方包——读 Excel 数据

data = xlrd.open_workbook('股票数据片段.xlsx')        # 打开 Excel 文件
sheet_names = data.sheet_names()                     # 获取所有工作表名称
for i in range(len(sheet_names)):                    # 读取工作表 sheet 中的数据
    sheet = data.sheets()[i]                         # 读第 i 个工资表
    rows = sheet.nrows                               # 读取行数
    for j in range(rows):                            # 循环读取工作表行
        data2 = sheet.row_values(j, 0, None)         # 读第 j 行 0 到最后列的数据
        print(f'工作表{i},第{j+1}行数据为:{data2}')   # 打印工作表数据
    print('-' * 50)                                  # 打印两个表之间的分界线
>>>工作表 0,第 1 行数据为…                           # 程序输出(略)
```

7.2.3 Excel 文件写入数据

1. Excel 写操作语法

数据写入 Excel 文件需要用到第三方软件包 xlwt,常用函数应用如表 7-3 所示。

表 7-3 软件包 xlwt 常用函数应用

常用函数应用示例	说　明
import xlwt	导入写入库,只能写不能读,仅支持 xls 文件
book = xlwt.Workbook()	新建一个 Excel 文件
sheet = book.add_sheet('红楼梦_sheet')	添加一个名称为"红楼梦"的工作表 sheet
sheet.write(row,col,s)	向单元格写入数据
book.save('test_out.xls')	保存到当前目录下,注意,只能保存为 xls 文件

2. 创建 Excel 文件并写入数据

软件包 xlrd 和 xlwt 是两个相对独立的模块,软件包 xlwt 只提供写入方法,无法读取 Excel 中的数据,因此对已经写入的数据无法修改。除了最基本的写入数据和公式外,软件包 xlwt 提供的功能非常少,而且 Excel 文件只能保存为 xls 格式。

【例 7-19】 创建一个新文件"红楼梦 excel_out.xls",并写入相关数据。

```
import xlwt                                            # 导入第三方包——写 Excel 数据

stus = [['姓名', '年龄', '性别', '分数'],              # 定义工作表数据(列表嵌套)
        ['宝玉', 20, '男', 90],
        ['黛玉', 18, '女', 95],
        ['宝钗', 18, '女', 88],
        ['晴雯', 16, '女', 80]
        ]
book = xlwt.Workbook()                                 # 新建一个 Excel 工作簿文件
sheet = book.add_sheet('红楼梦_sheet')                 # 添加一个工作表 sheet 页
row = 0                                                # 行初始化
for stu in stus:                                       # 行循环控制
    col = 0                                            # 列初始化
    for s in stu:                                      # 列循环控制
        sheet.write(row, col, s)                       # 在 row 行 col 列的单元格写数据 s
        col += 1                                       # 列自增
    row += 1                                           # 行自增
book.save('d:\\test\\07\\红楼梦 out.xls')              # 保存为 xls 文件
print('Excel 文件写入完成!')
>>> Excel 文件写入完成!                                # 程序输出见图 7-12
```

	A	B	C	D	E
1	姓名	年龄	性别	分数	
2	宝玉	20	男	90	
3	黛玉	18	女	95	
4	宝钗	18	女	88	
5	晴雯	16	女	80	

图 7-12 "红楼梦 excel_out.xls"文件

7.3 文本关键字提取

7.3.1 文本语料处理

1. 文本处理基本概念

(1) 语料。语料是一组原始文章的集合,每篇文章又是一些原始字符的集合。语料可大可小，小语料可以是一个字符串（如百家姓字符串、一本小说等），大语料库包含百万条以上记录（如电商网站用户评价记录），理论上语料越大越好。语料库并不等于语言知识，语料需要经过加工（分析和处理）才能成为有用的资源。

(2) 关键字。关键字提取是从语料中把文本主题内容相关的一些词语提取出来。关键字在很多领域有重要的应用，如自动文摘、文本主题分析、社交网络、新闻热点分析、情感检测、文本分类、专利检索、商业智能等。例如，从某天所有新闻中提取出这些新闻的关键字，就可以大致了解那天发生了什么事情；或者将某段时间内几个人的微博拼成一篇长文本（语料），然后提取关键字就可以知道他们主要在讨论什么话题。

(3) 字词的权重。一个词预测主题的能力越强，权重就越大，反之权重就越小。例如，一个网页标题是“李白诗歌的风格”，“李白”一词或多或少能反映这个网页的主题，而“风格”一词对网页主题反映不大，因此“李白”一词的权重比“风格”大。

2. 用 TF-IDF 算法提取文本关键字

(1) TF(Term Frequency，词频)。TF 指某一给定词语在当前文件中出现的频率。即 TF＝词语在一个文件中出现的次数/文件总词数。

(2) IDF(Inverse Document Frequency，逆向文件频率)。在文章中出现次数最多的词不一定是关键字，例如，一些对文章并没有多大意义的停用词（如英语中的 the、is、at、which、on 等；如汉字中的在、也、的、它、为等）出现频率很高，但是它们并不是关键字。所以需要一个调整系数来衡量一个词是不是常见词，而 IDF 是衡量一个词语普遍重要性的度量值。如果一个词语只在很少的文件中出现，表示它更能代表文件主题，它的权重也就越大；如果一个词语在大量文件中都出现，表示这个词语不清楚代表什么内容，它的权重就小。即 IDF 大小与一个词语的常见程度成反比。IDF 计算公式如下：

$$\mathrm{IDF}=\log(\text{文件总数}/(\text{包含该词的文件数}+1))$$

说明：为了避免公式分母为 0，因此分母需要＋1。

(3) TF-IDF 算法。TF-IDF 算法思想：**一个词语的重要性与它在文档中出现的次数成正比，与它在语料库中出现的频率成反比**。TF-IDF 计算公式如下：

$$\text{TF-IDF}=\mathrm{TF}\times\mathrm{IDF}$$

TF-IDF 算法的优点是简单快速，结果比较符合实际情况。但是这种算法无法体现词语的位置信息，词语出现位置靠前和靠后都视为同样重要，这是不合理的。

3. TextRank 算法原理

TextRank 算法由 PageRank 算法改进而来。PageRank 算法早期被谷歌公司用来计算网页的重要性，它将整个互联网看作一张有向图，网页就是其中的节点。PageRank 算法认为，如果网页 A 存在到网页 B 的链接，那么就有一条从网页 A 指向网页 B 的有向边。

TextRank 算法的核心思想是，把文本拆分成单词，将单词作为网络节点，组成单词网络图模型。单词之间的相似关系看成一条边，通过边的相互连接，不同节点会有不同的权重，权重高的节点可以作为关键字。TextRank 算法计算公式如下：

$$S(v_i)=(1-d)+d\sum_{(j,i)\in\varepsilon}\frac{w_{ji}}{\sum_{v_k\in\mathrm{out}(v_j)}w_{jk}}S(v_j)$$

式中：v_i＝节点 v_i（单词）；$S(v_i)$＝节点 v_i 的权重（单词 v_i 的权重）；d 是阻尼系数（一般为 0.85）；w_{ji}＝边 $j-i$ 的权重（单词 i 与单词 j 之间的关系）；$\mathrm{out}(v_j)$是节点集合中元素

个数(单词总数); w_{jk} = 边 $j-k$ 的权重; $S(v_j)$ = 节点 v_j 的权重(单词 v_j 的权重)。

计算公式 TextRank 的意思:单词权重取决于与前面各个节点(单词)组成边(单词与单词的关系)的权重,以及这个节点(单词)到其他边(关系)的权重之和。

7.3.2 结巴分词

1. 结巴分词的模式

目前流行的第三方中文分词软件包有 Jieba(结巴分词,开源免费)、SnowNLP(开源免费,https://github.com/isnowfy/snownlp)、Pynlpir(中科院分词系统,软件包许可证有效期为 1 个月)等。结巴分词是一个简单实用的中文分词软件包,结巴分词官方网站提供了详细说明文档(见 https://github.com/fxsjy/jieba)。结巴分词默认采用隐马尔可夫模型(HMM)进行中文分词,它提供 3 种分词模式:精确模式、全模式和搜索引擎模式,并且支持中文简体和繁体分词,支持自定义词典,支持多种编程语言。结巴分词软件包使用 UTF8 编码,如果语料文本不是 UTF8 编码,可能会出现乱码情况。结巴分词安装方法如下。

```
> pip install -i https://pypi.tuna.tsinghua.edu.cn/simple jieba        # 版本为 0.42.1
```

【例 7-20】 结巴分词精确模式案例。

```
>>> import jieba                                    # 导入第三方包——结巴分词
>>> lst1 = jieba.cut('已结婚的和尚未结婚的青年')       # 设为精确分词模式(默认)
>>> print('/ '.join(lst1))                          # 分词之间用/连接
已/ 结婚/ 的/ 和/ 尚未/ 结婚/ 的/ 青年                 # 难点:和/尚未;和尚/未
>>> lst2 = jieba.cut('请上传一卡通图片')               # 精确分词
>>> print('/ '.join(lst2))
请/ 上传/ 一/ 卡通图片                                # 难点:一/卡通图片;一卡通/图片
>>> lst3 = jieba.cut('请上传一卡通照片')
>>> print('/ '.join(lst3))
请/ 上传/ 一卡通/ 照片                                # 难点:一卡通/照片;一/卡通照片
```

【例 7-21】 结巴分词全模式案例。

```
>>> import jieba                                    # 导入第三方包——结巴分词
>>> s = '南京市长江大桥'
>>> cut = jieba.cut(s, cut_all = True)              # cut_all = True 设为全模式
>>> print(','.join(cut))
南京,南京市,京市,市长,长江,长江大桥,大桥             # 难点:南京/市长/江大桥
```

可见全模式就是把文本分成尽可能多的词。

【例 7-22】 结巴分词搜索引擎模式,并标记单词的词性。

```
>>> import jieba.posseg as psg                      # 导入第三方包——分词
>>> s = '我想和女朋友一起去北京故宫博物院参观和闲逛。'
>>> print([(x.word, x.flag) for x in psg.cut(s)])
[('我', 'r'), ('想', 'v'), ('和', 'c'), ('女朋友', 'n'), ('一起', 'm'), ('去', 'v'),
('北京故宫博物院', 'ns'), ('参观', 'n'), ('和', 'c'), ('闲逛', 'v'), ('。', 'x')]
>>> print([(x.word, x.flag) for x in psg.cut(s) if x.flag.startswith('n')])   # 提取名词
[('女朋友', 'n'), ('北京故宫博物院', 'ns'), ('参观', 'n')]
```

每个词都有词性，如名词(n)、动词(v)、代词(r)、标点(x)等。每个字母分别表示什么词性，读者可在网站 https://github.com/fxsjy/jieba 中查阅词性表。

2. 结巴分词自定义词典

结巴分词软件包含自定义词典、载入字典、调整词典等。词典定义语法如下。

```
jieba.load_userdict('词典路径和文件名')
```

词典文件名＝文件名包括文件相对路径(如字典.txt)或绝对路径(如 d:\test\字典.txt)；字典文件类型为文本文件(txt)，文件编码为 UTF8 编码。

词典文件格式为：1 个词占 1 行；每 1 行分 3 部分：词语、词频(可省略)、词性(可省略)，用空格隔开，顺序不可颠倒。如创新办 3 i；又如哪吒 nz。

3. 软件包 Jieba 中的 TF-IDF 算法

结巴分词软件可以实现基于 TF-IDF 算法的关键字提取，关键字提取语法如下。

```
keywords = jieba.analyse.extract_tags(content, topK = 5, withWeight = True, allowPOS = ())
```

参数 content 为待提取文本语料或语料变量名。

参数 topK＝5 为返回权重最大的 5 个关键字。

参数 withWeight＝True 为返回关键字权重值；withWeight＝False 为不返回(默认)。

参数 allowPOS＝()为空表示不过滤词性；allowPOS＝(['n','v'])为过滤名词、动词。

【例 7-23】 语料为莫言《檀香刑》中的片段，提取 top5 关键字，用空格隔开。

```
import jieba.analyse                                      # 导入第三方包——关键字提取模块
text = '世界上的事情，最忌讳的就是个十全十美，你看那天上的月亮，一旦圆满了，马上就要亏厌；
树上的果子，一旦熟透了，马上就要坠落。凡事总要稍留欠缺，才能持恒。'
keywords = jieba.analyse.extract_tags(text, topK = 5)     # 提取 5 个关键字
print(keywords)                                           # 打印关键字
>>>['亏厌', '持恒', '马上', '就要', '一旦']                   # 程序输出
```

7.3.3 案例：《全宋词》关键字提取

【例 7-24】 中华书局于 1999 年出版了唐圭璋编写的《全宋词》一书，全书共计收集宋朝词人 1330 余位，收录词作 2 万多首，200 万字左右。如果对《全宋词》进行高频词汇统计，基本可以反映出宋代文人的诗词风格和生活情趣。

```
import jieba                                  # 导入第三方包——结巴分词
from collections import Counter               # 导入标准模块——计数

def get_words(txt):                           # 定义词频统计函数
    lst = jieba.cut(txt)                      # 利用结巴分词进行词语切分
    c = Counter()                             # 统计文件中每个单词出现的次数
    for x in lst:                             # x 为 lst 中一个元素，遍历所有元素
        if len(x)> 1 and x != '\r\n':         # x>1 表示不取单字，取 2 个字以上词
            c[x] += 1                         # 往下移动一个词
    print('《全宋词》高频词汇统计结果：')
    print(c.most_common(20))                  # 输出前 20 个高频词
```

```

with open('d:\\test\\07\\全宋词.txt', 'r') as file:        # 读模式打开统计文本,并读入 file 变量
    txt = file.read()                                       # 将统计文件读入变量 txt
get_words(txt)                                              # 调用词频统计函数
>>>《全宋词》高频词汇统计结果:                                # 程序输出
[('东风', 1371), ('何处', 1240), ('人间', 1159), ('风流', 897), ('梅花', 828), ('春风', 808),
('相思', 802), ('归来', 802), ('西风', 780), ('江南', 735), ('归去', 733), ('阑干', 663), ('如
今', 656), ('回首', 648), ('千里', 632), ('多少', 631), ('明月', 599), ('万里', 574), ('黄昏',
561), ('当年', 537)]
```

案例分析:由以上大数据统计结果可知,宋词的基本风格是“江南流水,风花雪月”,宏大叙事极少。

7.3.4 案例:《三国演义》关键字提取

1. 分词不准确的处理

【例 7-25】 结巴分词在应用中,识别结果(尤其是人名识别)总是存在漏洞。如《三国演义》第四十三回“诸葛亮舌战群儒,鲁子敬力排众议”某段落文本分词如下。

```
import jieba                                                # 导入第三方包——结巴分词
print(''.join(jieba.cut("孔明笑曰:“亮自见机而变,决不有误。”肃乃引孔明至幕下。早见张昭、
顾雍等一班文武二十余人,峨冠博带,整衣端坐。孔明逐一相见,各问姓名。施礼已毕,坐于客位。
张昭等见孔明丰神飘洒,器宇轩昂,料到此人必来游说。张昭先以言挑之曰:昭乃江东微末之士,久
闻先生高卧隆中,自比管乐。此语果有之乎?")))
>>>                                                         # 程序输出
孔明笑 曰 : “ 亮 自见 机而变 , 决不 有误 。” 肃乃引 孔明至 幕下 。早见 张昭、顾雍 等 一班 文
武 二十余 人 , 峨冠博带 , 整衣 端坐 。孔明 逐一 相见 , 各问 姓名 。施礼 已毕 , 坐于 客位 。张
昭 等 见 孔明 丰神 飘洒 , 器宇轩昂 , 料道 此人 必来 游说 。张昭先 以言 挑 之 曰 : 昭 乃 江东
微末 之士 , 久闻 先生 高卧 隆中 , 自比 管乐 。此语果 有 之乎 ?
```

案例分析:从结巴分词结果看,分词出现了多处错误。如“孔明笑”“自见”“肃乃引”等,出现了分词不准确的现象。而且同一人物的名称也出现了前后不一致,如“孔明笑”“孔明至”“孔明”。错误原因是结巴分词字典中没有相应的单词。解决办法:一是可以在结巴分词字典中增加相应名词,但是这会造成字典越来越大,程序运行效率降低;二是可以在程序中增加临时停用词,这种方法处理效率高,缺点是需要人工列出停用词。

2. 人物别名处理

《三国演义》语言接近古文,文本处理存在一些难题。例如,人物存在姓名、字号、别名等问题。如《三国演义》中,刘备的别名有刘玄德、玄德、刘皇叔、刘豫州、主公、先主、使君等。计算机怎么知道“玄德”是指“刘备”呢?这就需要建立一个知识库(如人物字典.txt 等),即告诉计算机“玄德”是“刘备”的一个别名。可以利用知识库或人物别名列表,对结巴分词结果再进行一次处理,以校正分词不准确的结果。

3. 停用词处理

结巴分词本身没有停用词表,既可以在网络上查找已有的停用词表,也可以自己建立一个停用词表。程序设计时,在分词过程中,将分词后的语料与停用词表进行比较,如果语料中的单词不在停用词表中,就写入分词结果,否则就跳过停用词(不记录停用词)。

停用词表一般是 txt 文件,文本中是希望删除的单词,一般是一个单词一行。也可以在

程序中利用列表，将停用词赋值到列表变量中。

4.《三国演义》文本关键字提取案例

【例 7-26】 统计《三国演义》中人物高频出现次数。

案例分析：关键字提取过程：读入语料文本→分词→去停用词(包含去无意义单词、空格、回车符、标点符号等)→词频统计(包括别名归一化)→输出高频关键字。

```
1   import jieba                                                # 导入第三方包——结巴分词
2
3   txt = open('d:\\test\\07\\三国演义 utf8.txt', 'r',          # 打开文件并读出语料
    encoding='utf8').read()
4   words = jieba.cut(txt)                                      # 用结巴分词精确模式进行分词
5   stopwords = ['将军', '二人', '不可', '荆州', '如此', '商议', '如何', '军士', '左右', '引兵', '次
6   日', '上马', '天下', '于是', '今日', '人马', '不知', '此人', '众将', '只见', '东吴', '大军', '何
7   不', '忽报', '先生', '先锋', '原来', '令人', '都督', '正是', '大叫', '下马', '军马', '大败', '却
8   说', '百姓', '大事', '蜀兵', '接应', '引军', '魏兵', '大怒', '大惊', '可以', '心中', '以为', '不
    敢', '不得', '休走', '帐中', '可得', '一人', '不能', '大喜']   # 定义停用词
9   nums = {}                                                   # 定义一个空字典
10  for word in words:
11      if len(word) == 1 or word in stopwords:                 # 单词如果为单字或停用词
12          continue                                            # 则返回循环头部;否则进行以下统计
13      elif word in ['丞相', '曹孟德', '孟德', '曹阿瞒', '曹贼']:
14          nums['曹操'] = nums.get('曹操', 0) + 1
15      elif word in ['孔明曰', '诸葛亮', '卧龙', '武乡侯', '忠武侯', '蜀相']:
16          nums['孔明'] = nums.get('孔明', 0) + 1
17      elif word in ['刘玄德', '玄德', '玄德曰', '刘皇叔', '刘豫州', '主公', '先主', '使君']:
18          nums['刘备'] = nums.get('刘备', 0) + 1
19      elif word in ['关公', '关云长', '云长', '寿亭侯', '美髯公']:
20          nums['关羽'] = nums.get('关羽', 0) + 1
21      else:
22          nums[word] = nums.get(word, 0) + 1                  # 返回字典 nums 中 word 元素对应的值
23  numslist = list(nums.items())                               # 以列表形式返回可遍历的(键,值)元组
24  numslist.sort(key=lambda x:x[1], reverse=True)              # 按人物出现次数排序(利用匿名函数)
25  for i in range(20):                                         # 输出 20 个高频词
26      word, count = numslist[i]
27      print('{} {}'.format(word, count))
    >>> 刘备 1909 曹操 1467 孔明 1423 关羽 820 张飞 349 吕布 299…(略)
```

程序说明：

程序第 3 行，程序执行过程中，经常会遇到 GBK 编码错误信息。例如，"三国演义.txt"文件是 ANSI 编码(即 GBK 编码)，要正常运行就必须把 TXT 文本编码转换为 UTF8 编码。转换步骤：用记事本打开 TXT 文件→文件→另存为→编码→UTF8→确定。

程序第 5～8 行，定义停用词列表，这些单词在分词时高频出现，但是没有意义。

程序第 11 行，判断分词后单词是否长度为 1(单字)，或者是否为停用词。

程序第 13～20 行，对语料中的人物别名按同一人物进行累加统计。

程序第 24 行，排序函数 sort()中，参数 reverse=True 为降序排列。参数 key=lambda x:x[1]较复杂，其中 key 是排序关键字；匿名函数 lambda 语法为 lambda 变量：变量[索引

号](参见 6.3.2 节)。表达式 key=lambda x:x[1]的含义:冒号右边列表中元素索引号为 1(即 x[1])的值返回给冒号左边的 x;最后,匿名函数 lambda 赋值给变量 key。

7.4 文本应用程序设计

7.4.1 图文打印方法

1. Windows API 安装

第三方软件包 pywin32 包含了几乎所有 Windows API。如 win32api(用户常用 API,如 MessageBox 等)、win32gui(图形窗口 API,如 FindWindow)、win32con(消息常量操作 API,如 MB_OK)、win32com(COM 组件操作 API)、win32file(文件操作 API)、win32print(Windows 打印机 API)等。软件包 pywin32 用户指南存放在 D:\Python\Lib\site-packages\PyWin32.chm 文档中,安装方法如下。

```
> pip install -i https://pypi.tuna.tsinghua.edu.cn/simple pywin32    # 版本为 304
```

【例 7-27】 调用 win32gui 模块函数,输出消息框(见图 7-13)。

```
import win32con, win32api                                    # 导入第三方包——对话框
win32api.MessageBox(0, '你好,Python!', '测试',
    win32con.MB_OK | win32con.MB_ICONWARNING)                # 输出消息框
>>>                                                          # 程序输出见图 7-13
```

图 7-13 输出消息框

2. 模块 win32api 常用函数

模块 win32api 为 Microsoft 32 位应用程序接口,该模块的使用指南网址为 http://www.yfvb.com/help/win32sdk/webhelplefth.htm。函数 ShellExecute()语法如下。

```
ShellExecute(hWin, op, file, params, dir, bShow)
```

参数 hWin 为父窗口的句柄,如果没有父窗口则为 0,如 0。

参数 op 为要进行的操作,如"open"、"print"、空等。

参数 file 为要运行的程序名,或者打开的文件脚本,如'notepad.exe'。

参数 params 为要向程序传递的参数,如果打开的为文件,则为空,如"。

参数 dir 为程序初始化的目录,如"。

参数 bShow 为是否显示窗口,1 为显示窗口,0 为不显示窗口。

【例 7-28】 调用 win32api 模块中的函数 ShellExecute(),输出消息框。

```
>>> import win32api                                             # 导入第三方包
>>> win32api.ShellExecute(0, 'open', 'notepad.exe', '', '', 1)  # 打开记事本
```

```
>>> win32api.ShellExecute(0, 'open', 'notepad.exe', 'd:\\test\\07\\春.txt','',1)
                                                                    # 打开文本文件
>>> win32api.ShellExecute(0, 'open', 'http://www.baidu.com', '','',1)     # 打开网站
>>> win32api.ShellExecute(0, 'open', 'd:\\test\\13\\寒鸦戏水.mp3', '','',1)  # 播放音乐
```

程序说明：以上示例说明，使用函数 ShellExecute()就相当于在资源管理器中双击文件图标，系统会自动打开相应的程序，执行相应的操作。

3. 文件内容打印方法

前面章节介绍的函数 print()是将信息打印到屏幕上，并不是输出到打印机。如何将文档内容向打印机输出呢？这需要根据不同需求，使用不同的程序模块。

(1) 如果只是简单地打印文档(如 Office 文档)，可以使用函数 win32api. ShellExecute()，这个函数可以打印 Word、Excel、PPT、pdf、txt 等图文混排文档。

(2) 如果需要打印单独的图片文件，需要软件包 PIL。

【例 7-29】 利用 Windows API，打印 Word 图文混排文档(见图 7-14)。

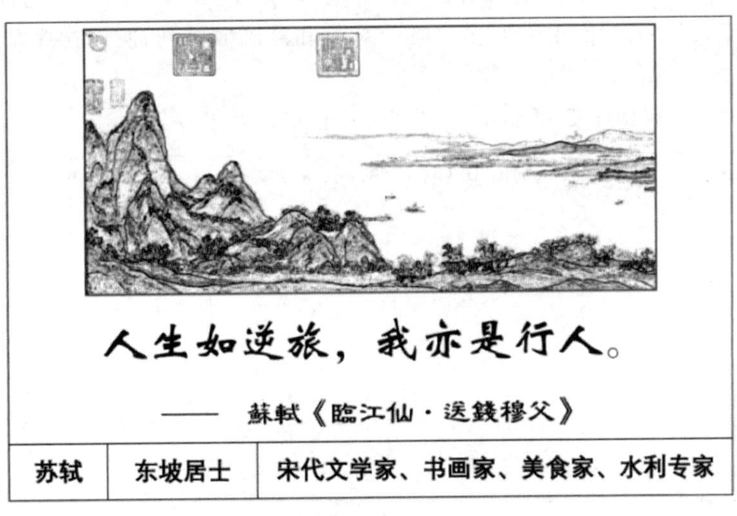

图 7-14　图文混排文档打印效果(局部)

案例分析：图片单独打印时需要其他软件包，可以将图片插入 Word 或 Excel 文档中打印。打印程序直接调用 Windows API 即可，方法如下面程序所示。

```
import win32api                                      # 导入第三方包——Windows API 模块
import win32print                                    # 导入第三方包——Windows 打印模块

file_name = 'd:\\test\\07\\打印机测试.docx'          # 打印文件赋值
win32api.ShellExecute(                               # 调用 win32api
    0,                                               # 参数 0 为没有父窗口
    'print',                                         # 参数'print'为打印操作
    file_name,                                       # 参数 file_name 为要打印的文档名
    '/d:"%s"' % win32print.GetDefaultPrinter(),      # 修改默认打印文档类型
    '.',                                             # 参数'.'为当前目录
    0)                                               # 参数 0 为不显示打印窗口
>>>                                                  # 程序输出效果见图 7-14
```

程序说明：

程序第 5 行，调用 Windows API，程序与打印机型号无关，打印机型号和驱动程序默认操作系统已安装好，并且打印机已经打开电源准备好。

程序第 9 行，函数 ShellExecute()可以打印不同的文件类型，但是默认打印文件类型为 pdf。参数“'/d: "%s"' % win32print. GetDefaultPrinter()”将其修改输出为 Windows 默认打印机，这样就可以打印 txt、docx、xlsx、pdf 等文件类型。

7.4.2 汉字排序方法

1. Python 标准函数排序

Python 根据字符的 Unicode 编码值大小进行比较。排序函数 sort()可以为数字和英文字母排序，因为它们在 Unicode 字符集中就是顺序排列的。

中文通常有拼音和笔画两种排序方式，在中文标准 GB 2312 中，3755 个一级中文汉字按照拼音序进行编码，另外 3008 个二级汉字则按部首笔画排列。后来扩充的 GBK 和 GB 18030 编码标准为了向下兼容，都没有更改之前的汉字顺序，因此排序后的汉字次序很乱。Unicode 编码中，汉字按《康熙字典》的 214 个部首和笔画数排列，所以排序结果与 GB 2312 编码也不相同。

【例 7-30】 对“梁山 108 将 utf8. txt”文件用标准函数排序。

```
file = open('d:\\test\\07\\梁山 108 将 utf8.txt', 'r', encoding    # 打开文件
 = 'utf8')
s = file.read()                                # 读文件所有数据
s = s.splitlines()                             # 删除回车符
file.close()                                   # 关闭文件
print(s)                                       # 打印源文件排列顺序
char = sorted(s)                               # 进行标准函数排序
print(char)                                    # 打印函数排序
>>>                                            # 程序输出
['姓名', '宋江', '卢俊义', '吴用',…            # 源文件顺序(略)
['丁得孙', '乐和', '侯健', '公孙胜',…          # 按《康熙字典》部首和笔画数排序(略)
```

案例说明：结果既不按拼音，又不按笔画排序，而是按《康熙字典》部首和笔画数排序。

2. 中文字符串的拼音处理

软件包 PyPinyin 支持中文转拼音输出，它可以根据词组智能匹配正确的拼音，支持带声调的拼音，支持多音字，支持自定义拼音，支持繁体字拼音，支持老式注音符号，支持多种不同拼音风格的转换。软件包 PyPinyin 的安装方法如下。

```
> pip install - i https://pypi.tuna.tsinghua.edu.cn/simple pypinyin        # 版本为 0.47.1
```

软件包 PyPinyin 的使用指南见 https://pypinyin. readthedocs. io/zh_CN/master/#contents。函数 pinyin()语法如下。

```
pinyin(hans, style = Style.TONE, heteronym = False, errors = 'default', strict = True)
```

参数 hans 为中文字符串。

参数 style=Style. NORMAL 为不带声调(默认)style=Style. TONE 为带声调。

参数 heteronym=False 为非多音字(默认)，heteronym=True 加注多音字拼音。

参数 errors='default'为默认输出，errors='ignore'为不输出非拼音字符。

参数 strict=True 为控制声母和韵母是否严格遵循《汉语拼音方案》标准。

【例 7-31】 字符串的拼音操作案例。

```
1   >>> from pypinyin import lazy_pinyin, pinyin              # 导入第三方包——拼音排序
2   >>> pinyin('茕茕孑立')                                     # 函数 pinyin()默认带声调
    [['qióng'], ['qióng'], ['jié'], ['lì']]                    # 列表输出(用于识别生僻字)
3   >>> lazy_pinyin('月是故乡明')                               # 函数 lazy_pinyin()默认不带声调
    ['yue', 'shi', 'gu', 'xiang', 'ming']
4   >>> lazy_pinyin('月是故乡明', 1)                            # 返回拼音(1 为用标准声调标注)
    ['yuè', 'shì', 'gù', 'xiāng', 'míng']                      # 用于识别诗歌韵律
5   >>> lazy_pinyin('月是故乡明', 2)                            # 返回拼音(2 为用数字标注声调)
    ['yue4', 'shi4', 'gu4', 'xia1ng', 'mi2ng']                 # 语调为"仄仄仄平平"
6   >>> lazy_pinyin('周光尽', 2)
    ['zho1u', 'gua1ng', 'ji3n']                                # 姓名语调为"平平仄"【佳】
7   >>> lazy_pinyin('王天江', 2)
    ['wa2ng', 'tia1n', 'jia1ng']                               # 姓名语调为"平平平"【欠佳】
8   >>> pinyin('朝阳', heteronym = True)                        # 返回多音字的多个读音
    [['zhāo', 'cháo'], ['yáng']]
9   >>> lazy_pinyin('朝云暮雨', 2)                              # 智能识别多音字 1,2 为数字声调
    ['zha1o', 'yu2n', 'mu4', 'yu3']                            # 语调为"平平仄仄"
10  >>> lazy_pinyin('百鸟朝凤', 2)                              # 智能识别多音字 2,2 为数字声调
    ['ba3i', 'nia3o', 'cha2o', 'fe4ng']
11  >>> lazy_pinyin('百鸟朝凤', 10)                             # 数字 10 为注音符号
    ['ㄅㄞˇ', 'ㄋㄧㄠˇ', 'ㄔㄠˊ', 'ㄈㄥˋ']
12  >>> lazy_pinyin('☀明媚!')                                   # 非拼音字符原样输出(默认)
    ['☀', 'ming', 'mei', '!']
13  >>> lazy_pinyin('☀明媚!', errors = 'ignore')                # 非拼音字符不输出
14  ['ming', 'mei']                                            # 不输出☀和!符号
    >>> s = '百尺竿头'
    >>> sorted(s, key = lambda ch:lazy_pinyin(ch))             # 按拼音排序输出
    ['百', '尺', '竿', '头']
```

程序说明:程序第 14 行,使用了 Python 内置标准排序函数 sorted()、内置标准匿名函数 lambda 以及第三方软件包拼音转换函数 lazy_pinyin()。

【例 7-32】 对函数返回的拼音不满意时,可以定义自己的拼音字典。

```
>>> from pypinyin import lazy_pinyin, load_phrases_dict    # 导入第三方包——拼音排序
>>> print(lazy_pinyin('大夫'))                               # 返回拼音(默认不带声调)
['dai', 'fu']
>>> personalized_dict = {'大夫': [['da'], ['fu']]}           # 定义拼音字典
>>> load_phrases_dict(personalized_dict)                    # 载入自定义的字典
>>> print(lazy_pinyin('大夫'))                               # 打印自定义汉字的拼音
['da', 'fu']
```

3. 中文字符串的拼音排序

【例 7-33】 对"梁山 108 将 utf8. txt"文件按拼音排序。

```
from itertools import chain                                                  # 导入标准模块
from pypinyin import pinyin, Style                                           # 导入第三方包

file = open('d:\\test\\07\\梁山 108 将 utf8.txt', 'r', encoding = 'utf8')    # 打开文件
```

```
data = file.read()                                   # 读文件
s = data.splitlines()                                # 删除前后空格
file.close()                                         # 关闭文件
def to_pinyin(s):                                    # 定义排序函数
    return ''.join(chain.from_iterable(pinyin(s, style=Style.TONE3)))   # 返回排序列表
print(sorted(s, key=to_pinyin))                      # 打印拼音排序
>>>['安道全', '白胜', '鲍旭', '蔡福', …              # 程序输出(略)
```

4. 中文字符串的笔画排序

安装第三方中文笔画排序软件包。

```
> pip install - i https://pypi.tuna.tsinghua.edu.cn/simple chinese - stroke - sorting
                                                                   # 版本为 0.3.1
```

【例 7-34】 对“梁山 108 将 utf8.txt”文件按笔画排序。

```
from chinese_stroke_sorting import sort_by_stroke          # 导入第三方包
file = open('d:\\test\\07\\梁山 108 将 utf8.txt', 'r', encoding='utf8')   # 打开文件
data = file.read()                                         # 读入文件
name_list = data.splitlines()                              # 删除首尾空格
file.close()                                               # 关闭文件
print(sort_by_stroke(name_list))                           # 打印笔画排序
>>>['丁得孙', '马麟', '王英',…                              # 程序输出(略)
```

7.4.3 案例：诗词平仄标注

声调是指语音的高低、升降、长短。平仄是古代诗词中用字的声调,平指平直,仄指曲折。古汉语有平、上、去、入四种声调,除平声外,上、去、入三种声调都有高低变化,故统称为仄声。现代普通话中,入声归入上、去两种声调中,这导致用普通话判别古代诗词的平仄会有少许误读。诗歌写作中,如果懂得古代音韵的平仄当然最好,如果搞不懂古代音韵,用今韵也可。**现代拼音中,一二声为平,三四声为仄。**

【例 7-35】 用现代拼音的四种声调,标注诗词的平仄。

案例分析:标注诗词的平仄有两种方法:一是利用古代韵书(如《平水韵》等)为字典,查找诗词对应的平仄;二是根据拼音的声调数字标注,判断诗词的平仄。

```
from pypinyin import lazy_pinyin, pinyin      # 导入第三方包——拼音转换
import re                                     # 导入标准模块——正则表达式

def py_num(py_str):                           # 定义拼音转数字函数
    mould = ('[0-4]\d*')                      # 定义正则模板,提取 0~4 的字符串
    list_str = re.findall(mould, py_str)      # 提取数字字符串,如:['3','2','4','2','4']
    list_num = []                             # 初始化数字列表
    for num in list_str:                      # 循环将数字字符串转换为数值列表
        num = int(num)                        # 字符串数字转换为整数,如:'3'转换为 3
        list_num.append(num)                  # 建立数字列表,如:[3,2,4,2,4]
    return list_num                           # 返回数字列表,如:[3,2,4,2,4]

poems = input('请输入诗句:')                   # 输入诗句,如:举头望明月
py_list = lazy_pinyin(poems, 2)               # 诗句转拼音列表,如:['ju3', 'to2u', 'wa4ng',…]
```

```
py_str = ''.join(py_list)                    # 列表转字符串,如:'ju3, to2u, wa4ng, …'
num_list = py_num(py_str)                    # 调用拼音转数字函数,返回数值列表
print(poems)                                 # 打印输入诗句
for pz in num_list:                          # 循环标注诗句中单字的平仄
    if pz < 3:                               # 如果声调数值小于 3(不含 3)
        print('平', end = '')                # 打印诗句中的字为平声(end = ''为不换行)
    else:                                    # 否则
        print('仄', end = '')                # 打印诗句为仄声
>>>                                          # 程序输出
请输入诗句:举头望明月                        # 输入诗句或姓名
举头望明月                                   # 打印输入诗句
仄平仄平仄                                   # 打印诗句平仄
```

7.4.4 案例:文本情感分析

1. 文本情感分析的概念

维基百科对文本情感分析的定义:文本情感分析(也称为意见挖掘)是指用自然语言处理、文本挖掘以及计算机语言学等方法来识别和提取原素材中的主观信息。互联网(如新闻、博客、产品评论等)产生了大量用户参与的对于人物、事件、产品等的评论信息。这些评论表达了人们的各种情感色彩和情感倾向性。通过这些评论,可以了解大众舆论对于某一事件或产品的看法。如何自动提取读者评论的情感态度就成为了一项重要工作。这项工作可以通过半自动(算法筛选+人工编辑)的方法来编制一个情感单词列表,列表中对一些常见单词人为地赋予一个情感分(如 0~1 的评分),如单词“赞”的情感分为 1,而单词“差评”的情感分为 0 等。然后提取语料中的情感关键字,利用情感单词表对语料中所有关键字打分,从而得出一个情感总分,达到文本情感分析的目的。

2. 中文语言处理软件包 SnowNLP

中文处理软件包 SnowNLP 用 Python 编写,主要功能有中文分词、词性标注、情感分析、文本分类、汉字转换拼音、提取关键字、提取文本摘要、关键字信息衡量、分割句子等,并且自带了一些训练好的字典。软件包 SnowNLP 安装方法如下。

```
pip install -i https://pypi.tuna.tsinghua.edu.cn/simple snownlp      # 版本为 0.12.3
```

【例 7-36】 用 SnowNLP 软件包处理自然语言案例。

```
>>> from snownlp import SnowNLP                         # 导入第三方包——语言处理
>>> s = SnowNLP('\                                      # 定义文本
    你站在桥上看风景,看风景的人在楼上看你。\
    明月装饰了你的窗子,你装饰了别人的梦。')
>>> print(s.words)                                      #【1.文本分词】
['你', '站', '在', '桥', …                              # 程序输出(略)
>>> print(s.sentences)                                  #【2.用标点分句】
['你站在桥上看风景', …(输出略)
>>> print(s.keywords(3))                                #【3.关键字提取】
['装饰', '风景', '看']
>>> print(s.summary(3))                                 #【4.文本摘要】
['你站在桥上看风景', …(输出略)
>>> print(s.tf)                                         #【5.计算 TF 词频】
```

```
[{'': 1}, {'': 1}, {'你': 1}, …(输出略)
>>> print(s.idf)                                        #【6.计算 IDF 词频】
{'你': 2.1465808445174646, …(输出略)
>>> print(s.pinyin)                                     #【7.汉字转拼音】
['ni', 'zhan', 'zai',
>>> s1 = SnowNLP('这个电影不错')                          # 文本定义
>>> print(s1.sentiments)                                #【8.情感分析】
0.9578396243486766                                      # 情感评分最大为 1,最小为 0
>>> s2 = SnowNLP('这个片子太烂')
>>> print(s2.sentiments)
0.09718328130472953
```

3. 情感分析中需要注意的问题

(1) 文本情感判定需要上下文和背景知识,如果这类信息缺乏,判别的正确率就会受到很大影响。

(2) 任何文本情感分析工具都需要训练。训练时用的文本语料会直接影响模型的适用性。例如,SnowNLP 的训练文本是商品评论数据,如果用它来分析商品或事件,效果可能不错;但是,如果用它分析小说、诗歌等,准确率就会大打折扣。因为这样的文本数据组合形式模型没有见过,解决办法就是用其他类型的文本语料去训练模型。

4. 情感分析案例

【例 7-37】 某影片的"电影评价 600.txt"文件如图 7-15 所示,试进行情感分析,并绘制情感分析柱状图(见图 7-16)。

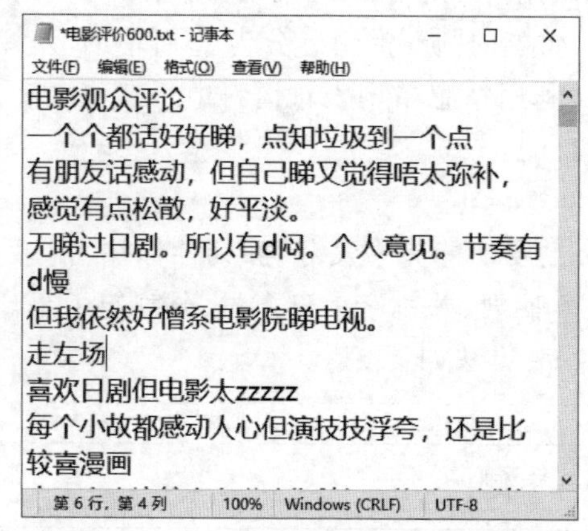

图 7-15 "电影评价 600.txt"文件(部分)

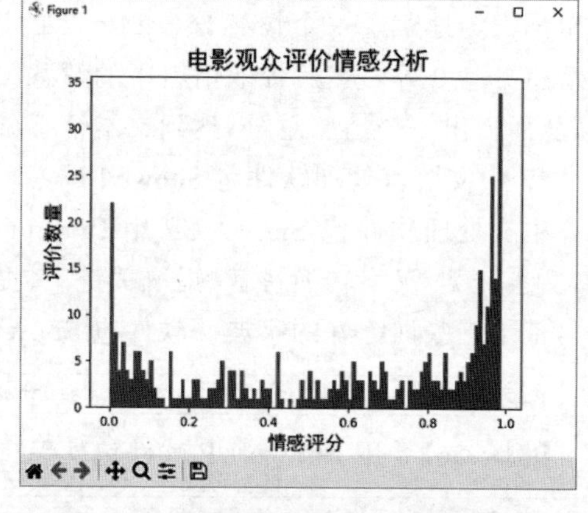

图 7-16 电影观众评价情感分析柱状图

案例分析:用 SnowNLP 软件包对影评(一行影评为一条记录)进行情感评分,利用循环语句将评分数据放入列表,然后用第三方软件包 Matplotlib 进行绘图。

```
from snownlp import SnowNLP                                        # 导入第三方包
import matplotlib.pyplot as plt                                    # 导入第三方包
import numpy as np                                                 # 导入第三方包
                                                                   #【1.读入文件】
source = open('d:\\test\\07\\电影评价 600.txt', 'r', encoding = 'utf8')  # 打开评价文件
line = source.readlines()                                          # 按行读入文件
sentiments_list = []                                               # 评分列表初始化
for i in line:                                                     #【2.统计评分】
```

```
    s = SnowNLP(i)                                          # 获取情感评分
    #print(s.sentiments)                                    # 打印情感评分
    sentiments_list.append(s.sentiments)                    # 添加到评分列表
                                                            【3.绘制图形】
plt.hist(sentiments_list, bins=np.arange(0, 1, 0.01), facecolor='g')   # 绘制竖条
plt.xlabel('情感评分', fontproperties='simhei', fontsize=16)    # 水平坐标字符
plt.ylabel('评价数量', fontproperties='simhei', fontsize=16)    # 垂直坐标字符
plt.title('电影观众评价情感分析', fontproperties='simhei', fontsize=20)   # 绘制表头字符
plt.show()                                                  # 绘制图形
>>>                                                         # 程序输出见图 7-16
```

习 题 7

7-1 简要说明 CSV 格式文件的基本规范。

7-2 简要说明 UTF8 编码的特征。

7-3 简要说明 CSV 文件乱码的解决方法。

7-4 编程：参考例 7-15，读取 Excel 文件“股票数据片段.xlsx”。

7-5 编程：参考例 7-23，提取一个文本文件中的 top5 关键字。

7-6 编程：参考例 7-24 所示的高频词统计程序，编程统计《唐诗三百首》中的高频词。

7-7 编程：参考例 7-25 所示的分词程序，编程对《水浒传》中某章进行分词处理。

7-8 编程：参考例 7-26 所示的关键字统计程序，编程获取《红楼梦》中的关键字。

7-9 编程：参考例 7-31，对中文字符串做拼音化处理，并检查你姓名的平仄声调。

7-10 编程：参考例 7-33 和例 7-34，对某个文件中的中文姓名，按拼音和笔画排序。

第 8 章　图形用户界面程序设计

图形用户界面(GUI)是指用图形窗口方式显示和操作的用户界面。GUI 程序是一种基于事件驱动的程序,程序的执行依赖于与用户的交互,程序实时响应用户的操作。GUI 程序执行后不会主动退出,程序在循环等待接收消息或事件,然后根据事件执行相应的操作。Tkinter 是 Python 的 GUI 标准模块,它主要用来快速设计 GUI 程序。

8.1　窗口组件属性

8.1.1　常用 GUI 软件包

1. 软件包 PyQt5

软件包 Qt 是一个应用广泛跨平台的 C++图形用户界面函数库。函数库 Qt 目前被芬兰软件公司 Digia 收购。PyQt5 是基于 Qt5 的 Python 接口,它由一组 Python 模块构成,最新版本是 PyQt6。由于软件包发布不久,因此网络上的资料没有 PyQt5 多。

PyQt5 是一个优秀的 GUI 组件函数库,每个 PyQt5 组件都对应一个 Qt5 组件,因此 PyQt5 的 API 与 Qt5 的 API 非常接近,学习 PyQt5 的程序设计经验,可以很快地移植到其他编程语言中。PyQt5 提供了 GPL 版和商业版,自由软件开发者可以使用免费的 GPL 许可证,如果 PyQt5 用于商业开发应用,则必须购买它的商业许可证。

PyQt5 有以下特性:高性能的 GUI 组件集合;用户界面(UI)设计时,**组件可以拖曳式设计;用户界面程序与控制程序分离,可以自动生成用户界面的 Python 代码**;程序能跨平台运行。PyQt5 由一系列 Python 模块组成,它有 620 多个类、6000 多个函数和方法。

PyQt5 不只是一个 GUI 工具包,它还包括线程、Unicode、正则表达式、SQL 数据库、SVG、OpenGL、XML 和 Web 浏览器,以及许多功能丰富的 GUI 组件集合。

2. 标准模块 Tkinter

Tkinter 是 Python 内置的 GUI 函数库,它使用 TCL(Tool Command Language,工具命令语言)实现,Python 中内嵌了 TCL 解释器,使用 Tkinter 时不用安装额外的软件包,直接用 import 导入即可。Tkinter 的不足之处在于组件不支持拖曳式布局,而且只有 21 种常用组件,显示效果比较简陋。Tkinter 语法简单易学,有助于设计出简单实用的桌面应用程序。Tkinter 提供了各种常用组件,如窗口、标签、按钮、文本框、复选框、选项卡、菜单等。Tkinter 主要有以下主要特征。

(1) Python 是一种脚本语言,一般不会用它来开发复杂的商业应用程序。如果将 Tkinter 作为一个简单灵活的 GUI 工具,那么 Tkinter 足够胜任。

(2) Tkinter 是 Python 自带函数库，不需要下载和安装第三方软件包。

(3) 所有 Python 函数和命令都可以通过 Tkinter 图形用户界面显示。

8.1.2 窗口属性和函数

1. 窗口属性

GUI 程序中，都会有一个主窗口。主窗口中包含了需要用到的组件对象，如标签、按钮、文字、图片、选项卡、文本框、菜单等，也就是说，所有组件都需要附着在主窗口中。如果程序没有指定组件的窗口，组件默认在主窗口中。如果程序没有定义主窗口，系统将自动创建一个。Tkinter 中的组件没有分级，所有组件类都是平等级别。

运行 GUI 程序时，如果用户什么都不做，Tkinter 就处于事件循环检测状态。当用户对窗口中的组件进行操作时（如单击等事件），这些操作（事件）就会产生消息，GUI 程序会根据这些消息采取相应的操作（如触发回调函数），这个过程称为事件驱动。

【例 8-1】 查看 Tkinter 的窗口属性参数。

```
import tkinter as tk                    # 导入标准模块——GUI 模块
root = tk.Tk()                          # 创建主窗口 root
print(root.keys())                      # 打印窗口属性参数
root.mainloop()                         # 事件消息循环
```

```
>>>['bd', 'borderwidth', 'class', 'menu', 'relief', 'screen', 'use', 'background', 'bg', 'colormap',
'container', 'cursor', 'height', 'highlightbackground', 'highlightcolor', 'highlightthickness',
'padx', 'pady', 'takefocus', 'visual', 'width']
```

2. 窗口常用函数

Tkinter 的 GUI 函数中，窗口常用函数如表 8-1 所示。

表 8-1 Tkinter 窗口常用函数

窗口函数	参数说明和应用示例
after(参数)	自动触发事件，root. after(n，命令)，表示 n 秒后自动执行命令。 例：root. after(1000，__writeText)
aspect(参数)	窗口宽高比。例：root. aspect(100，100，250，230)
configure(参数)	定义窗口样式。 语法：root. config(bg='', cursor='', width=宽, height=高)。 例：root. config(bg='black', fg='yellow') #黑色背景，黄色前景
deiconify()	无参数。例：root. deiconify()　　#隐藏窗口重新显示在屏幕上
geometry('WxH+x+y')	W 为窗口宽，H 为窗口高，x 为乘号，x+y 为窗口与屏幕之间的距离(像素)。 例：root. geometry('300x300+150+100') #root 为主窗口名称
iconbitmap('图标名')	窗口标题图标。例：root. iconbitmap('图标 1. ico')
mainloop()	事件消息循环，无参数。例：root. mainloop()
maxsize(width，height)	窗口最大缩放的宽和高(像素)。例：root. maxsize(800，600)
minsize(width，height)	窗口最小缩放的宽和高(像素)。例：root. minsize(150，100)
overrideredirect(bool)	删除窗口边框，0 为有边框，1 为无边框。 例：root. overrideredirect(1)；例：root. overrideredirect(True)
quit()或 destroy	关闭所有子窗口退出，无参数。例：command=root. destroy

续表

窗口函数	参数说明和应用示例
resizable(bool,bool)	窗口长和宽是否可改变,0 为不可变,1 为可变(默认)。 例:root.resizable(0,0)　#窗口宽和高不可改变
root.update()	刷新窗口,无参数。例:root.update()
state('参数')	例:root.state('normal') #窗口正常显示 root.state('icon') #窗口最小化 root.state('zoomed') #窗口最大化 root.state('withdrawn') #隐藏窗口
title('标题名')	窗口标题名称,默认为'tk'。例:root.title('测试')
transient(主窗口名)	子窗口随主窗口变化,如窗口最小化等。例:root.transient(root)
winfo_x()	返回窗口左侧与屏幕左侧的距离(像素),无参数。例:root.winfo_x()
winfo_y()	返回窗口上侧与屏幕上侧的距离(像素),无参数。例:root.winfo_y()
withdraw()	隐藏窗口,无参数。例:root.withdraw() #隐藏窗口(没有销毁)
wm_attributes(参数) 或 attributes(参数)	窗口透明度。例:root.wm_attributes('-alpha',0.7) #0 为全透明,1 为不透明。 窗口透明色。例:root.attributes('-transparentcolor','yellow')

说明:表中 root 为主窗口名称。

3. GUI 程序设计步骤

Tkinter GUI 编程时,可以将组件看作一个一个的积木块,用户界面编程就是将这些积木块(如窗口、标签、按钮等)拼装起来。

【例 8-2】 简单 GUI 程序设计步骤案例,界面和说明如图 8-1 所示。

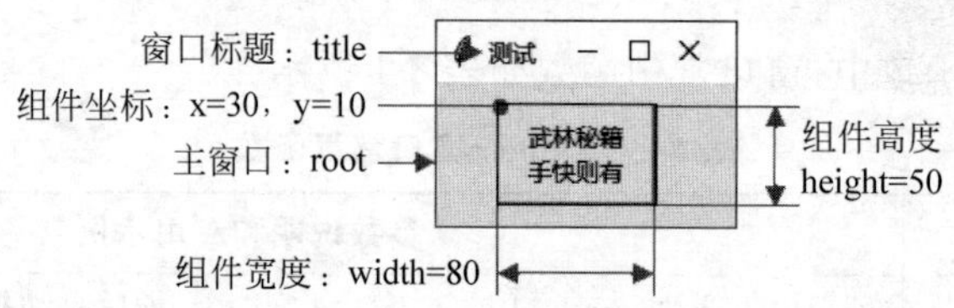

图 8-1　简单 GUI 程序界面和说明

```
1  import tkinter as tk                                   #【1.导入标准模块】
2  root = tk.Tk()                                         #【2.创建主窗口】
3  root.geometry('150x70')                                #【3.定义窗口大小】
4  root.title('测试')                                      #【4.定义窗口标题】
5  pass                                                   #【5.定义回调函数】(省略)
6  but = tk.Button(root, text = '武林秘籍\n手快则有')        #【6.创建按钮组件】
7  pass                                                   #【7.触发回调函数】(省略)
8  but.place(x = 30, y = 10, width = 80, height = 50)     #【8.组件坐标布局】
9  root.mainloop()                                        #【9.事件消息循环】
   >>>                                                    # 程序输出见图 8-1
```

程序说明:

程序第 2 行,创建主窗口。主窗口也称为根窗口、顶层窗口(一般命名为 root 或 win),注意 tk.Tk()的大小写不可出错。窗口是一种容器,可以在窗口中创建许多组件,如标签、按钮、文本框、列表框、框架等(见图 8-1),也可以在主窗口中创建其他的子窗口。

程序第 3 行，定义窗口大小(可省略)。窗口大小单位为像素。如果不定义窗口大小，Tkinter 会根据窗口内部组件的大小，自动创建一个适合组件的最小窗口。

程序第 4 行，定义窗口标题。省略本语句时，窗口默认名称为 tk。

程序第 6 行，参数 but 是组件对象；tk.Button()是按钮创建函数；参数 root 是主窗口名；参数 text='武林秘籍\n 手快则有'是按钮中显示的文字，\n 为换行符。

程序第 8 行，函数 but.place()是组件布局，它负责组件在窗口中摆放。Tkinter 组件管理器有 Place(坐标布局)、Grid(网格布局)、Pack(顺序布局)3 种方法。

程序第 9 行，事件消息循环。它的功能是不断检测事件消息，不断循环刷新窗口。**所有 GUI 程序都必须有类似 root.mainloop()的函数**。

8.1.3 常用组件概览

窗口和组件是 GUI 程序的两大可视化组成部分。组件也称为部件或者控件，常用组件有标签、按钮、文本框、滚动条、菜单、框架等。每个组件都有一些属性，如大小、位置、颜色等，同时还必须指定该组件的父窗口，即该组件放置在何处。最后，还需要设置组件布局管理器，组件布局管理器主要解决组件在窗口中的位置。

Tkinter 常用组件如图 8-2 和表 8-2 所示。

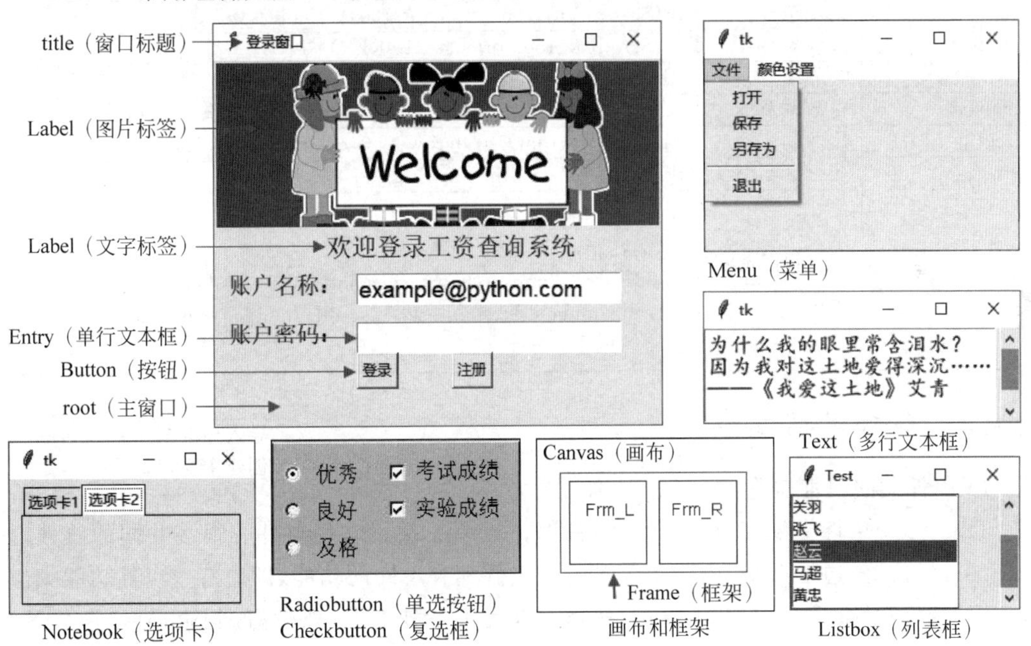

图 8-2 Tkinter 常用组件

表 8-2 Tkinter 常用组件

组件名称	说明	应用示例
Button	按钮	tk.Button(self.frame,text='确定',width=10)
Canvas	画布	tk.Canvas(top,width=400,height=300,bg='orange')
Checkbutton	复选框	tk.Checkbutton(top,text='数学',command=myEvent2)

续表

组件名称	说　明	应用示例
Combobox	下拉列表框	ttk. Combobox (master = root, height = 10, width = 20, state = 'readonly', cursor='arrow',font=('黑体',15),textvariable=value)
Entry	单行文本框	tk. Entry(top,width=50)
Frame	框架	tk. Frame(root,width=200,height=200)
Label	标签	tk. Label(root,text='无边丝雨细如愁',font=('楷体',20,'bold'))
LabelFrame	标签框架	tk. LabelFrame(root,text='君向潇湘我向秦',padx=5,pady=5)
Listbox	列表框	tk. Listbox(root,selectmode=MULTIPLE)
Menu	菜单	显示主菜单、下拉菜单、弹出菜单。例: tk. Menu(root)
Menubuon	菜单项	tk. Menubutton(root,text='确定',relief=RAISED)　#凸起菜单
Message	消息框	tk. Message(root,bg='lightyellow',text='提示',font='黑体 16')
Notebook	选项卡	ttk. notebook. add(frame1,text='选项卡 1')
PanedWindow	中分栏窗口	ttk. PanedWindow(orient='vertical')
Progressbar	进度条	ttk. Progressbar(root,length=200,cursor='spider', mode='determinate',orient=tk. HORIZONTAL)
Radiobutton	单选按钮	tk. Radiobutton(root,text='儒家',variable=v,value=1)
Scale	刻度条	tk. Scale(root,from_=1,to=100,variable=v)
Scrollbar	滚动条	tk. Scrollbar(root,orient=HORIZONTAL)
Separator	分隔线	ttk. Separator(root,orient=tk. HORIZONTAL)
Spinbox	整数调节框	tk. Spinbox(root,values=('心心','念念','羞羞','哒哒'))
Sizegrip	尺寸调节器	ttk. Sizegrip(root). grid(row=99,column=99,sticky='se')
Text	多行文本框	tk. Text(root,width=30,height=4)

Treeview	表格视图或目录树	ttk. Treeview(master=tabel_frame, height=10,
		# 父容器,显示行数
		columns=columns, show='headings',　# 显示列,隐藏首列
		xscrollcommand=xscroll. set, yscrollcommand=yscroll. set)
		# 滚动条

8.1.4 组件共同属性

1. 组件共同属性概览

Tkinter 中组件类没有分级,所有组件都是兄弟关系。这些组件有很多共同的属性,如锚点、换行、位置、边框形状、内边距等。每个组件都有不同的功能,即使有些组件功能相似,但它们的适用场景不同。Tkinter 中,图形组件受到各种参数(属性)的约束,有些参数是组件的独有属性,如 command、expand、fill 等,这些参数在以下讨论各个组件时进行具体说明。有些参数是多个组件的共同属性,如表 8-3 所示。

表 8-3　组件共同属性

序　号	组件属性	属性说明和应用示例
1	anchor	锚点,E 为东/W 为西/S 为南/N 为北/CENTER 居中。例: compound='CENTER'
2	bd 或 borderwidth	组件边框的宽度,单位为像素(默认为 2 像素)。例: bd=5
3	bg 或 background	背景颜色(默认为灰色)。例: bg='pink'

续表

序　号	组 件 属 性	属性说明和应用示例
4	bitmap	Tkinter 内置位图。例：bitmap='error'
5	command	回调命令，command=回调函数名。例：command=root.destroy
6	compound	图文混排，left/right/top/bottom。例：compound='center'(图文叠加)
7	cursor	光标经过组件时的形状(默认为箭头)。例：cursor='hand2'(手形)
8	destroy	结束程序，关闭窗口。例：command=root.destroy(回调函数)
9	fg 或 foreground	组件前景色，即文字的颜色(默认黑色)。例：fg='red'
10	font	字体设置，中文默认为宋体，10 像素。例：font=('楷体',15,'bold')
11	height	组件高度。例：height=20(注意，有像素和字符两个单位)
12	image	组件中显示的图片。例：image='花.png'
13	ipadx	水平内边距，文字与边框之间的内边距(像素)。例：ipadx=15
14	ipady	垂直内边距，文字与边框之间的内边距(像素)。例：ipady=10
15	justify	'left'左对齐，'right'右对齐，'center'居中(默认)。例：justify='left'
16	msgShow	显示隐藏信息。例：command=msgShow(回调函数)
17	padx	组件与组件之间的水平外边距(像素)。例：padx=20
18	pady	组件与组件之间的垂直外边距(像素)。例：padx=10
19	relief	边框样式，flat/raised/sunken/groove/ridge。例：relief='ridge'
20	Separator	分隔线。例：orient=HORIZONTAL(水平分隔线)
21	state	组件显示，normal/active/disabled。例：oot.state('icon')(窗口最小化)
22	text	显示文本包含换行符。例：text='欢迎使用'
23	underline	字符下画线。例：underline=2(第 3 个字符添加下画线)
24	width	组件宽度。例：width=60(注意，有像素和字符两个单位)
25	wraplength	每行文字的长度控制，单位为像素。例：wraplength=200

2. 组件属性输出函数：keys()

Tkinter 中所有组件都可以用函数 keys()输出这个组件的所有属性参数。

【例 8-3】 打印标签组件中的所有参数。

```
import tkinter as tk                                    # 导入标准模块——GUI
root = tk.Tk()                                          # 创建主窗口
lab = tk.Label(root, text = '列出组件所有参数')           # 定义标签，文字
lab.pack()                                              # 组件顺序布局
print(lab.keys())                                       # 打印标签的所有参数(很重要)
root.mainloop()                                         # 事件消息循环
>>>['activebackground', 'activeforeground',…            # 程序输出(略)
```

3. 组件共同属性：锚点

锚点(anchor)指组件与窗口上下左右居中的关系。锚点定义了一系列的位置常量来表示组件的方位。注：Tkinter 模块提供了一系列大写值，它等价于字符型小写值，用 import tkinter 导入标准模块时，锚点用大写值，如 W、LEFT 等(见图 8-3)；如果用 import tkinter as tk 导入时，锚点用小写加引号写，如'w'、'left'等(见图 8-4)。

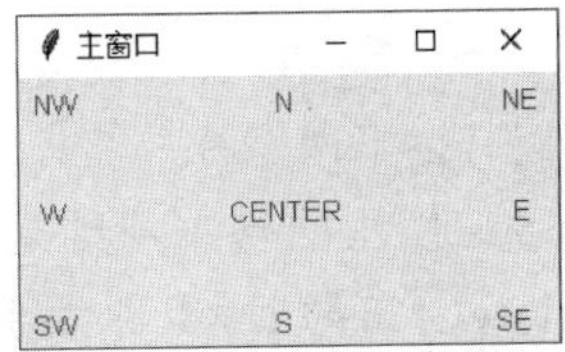

图 8-3　锚点位置大写定义

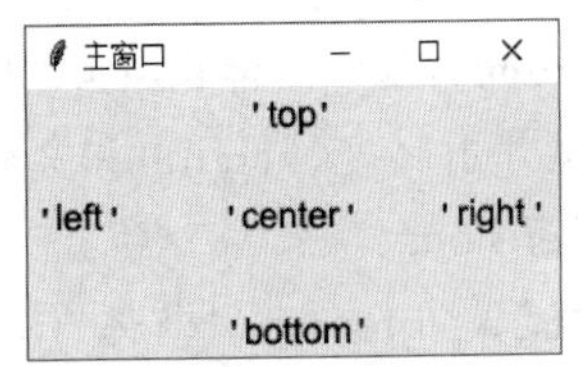

图 8-4　锚点位置小写定义

【例 8-4】 参数 anchor=tk.SE 表示组件布局在容器(窗口或框架)右下角(见图 8-3);参数 justify='left'表示多行文字时居左对齐(见图 8-4)。

4. 组件共同属性:文字行长控制 wraplength

属性 wraplength 设置多行文字在多少宽度(像素)后自动换行。

5. 组件共同属性:边框形状 relief

边框形状可以用于标签、按钮、文本框等组件。如图 8-5 所示,参数有 flat(无边框)、groove(沟纹)、raised(凸起)、ridge(山脊)、solid(黑边)、sunken(凹进)等。

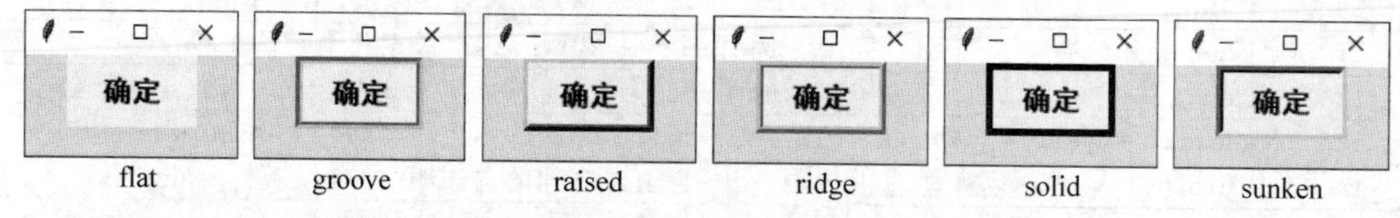

图 8-5 组件边框形状

6. 组件共同属性:组件尺寸和布局

设计标签等组件时,如果不设置组件大小,系统将使用最小空间作为组件大小。可以通过参数 width 和 height 设置组件的大小,用 font 参数设置文字的大小。

【例 8-5】 创建 2 个按钮,组件尺寸和布局如图 8-6 所示。

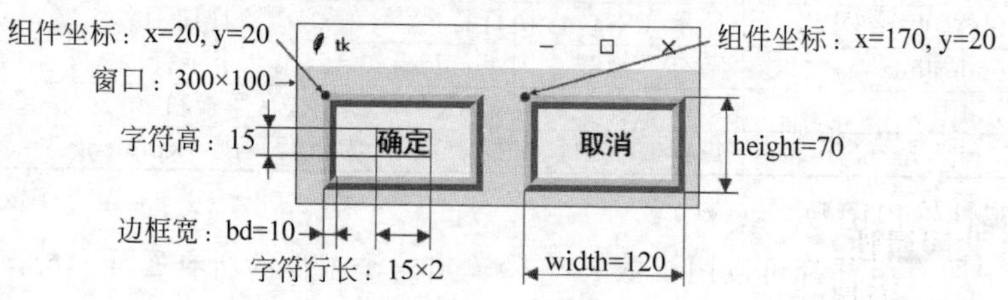

图 8-6 组件尺寸和布局

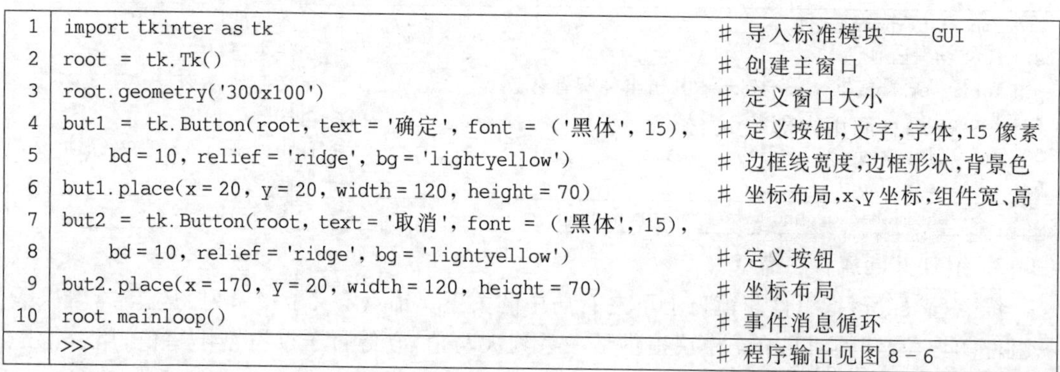

```
import tkinter as tk                                          # 导入标准模块——GUI
root = tk.Tk()                                                # 创建主窗口
root.geometry('300x100')                                      # 定义窗口大小
but1 = tk.Button(root, text = '确定', font = ('黑体', 15),     # 定义按钮,文字,字体,15 像素
    bd = 10, relief = 'ridge', bg = 'lightyellow')            # 边框线宽度,边框形状,背景色
but1.place(x = 20, y = 20, width = 120, height = 70)          # 坐标布局,x、y 坐标,组件宽、高
but2 = tk.Button(root, text = '取消', font = ('黑体', 15),
    bd = 10, relief = 'ridge', bg = 'lightyellow')            # 定义按钮
but2.place(x = 170, y = 20, width = 120, height = 70)         # 坐标布局
root.mainloop()                                               # 事件消息循环
>>>                                                           # 程序输出见图 8-6
```

组件中的字符以行高计算,单位为像素(px);组件宽和高(width,height)、边框宽度(bd)等单位为像素,字符行长(像素)=字符高×字符个数。

7. 组件共同方法:组件尺寸单位

组件的尺寸由高度(height)和宽度(width)确定,它们有以下两个标准。

(1) Dimensions(像素)。默认单位是像素,Dimensions 使用的基本规则是:**字体的大小总用像素表示**,如 font=('楷体 15');**组件用函数 place()布局时,组件大小为像素**,如 width=200,height=100 等。也可以通过设置使用其他单位(如 cm 等)。

(2) Characters(字符)。Characters 使用的基本规则是：**用函数 grid()和 pack()布局时，组件大小以字符数来度量**。如 height=2，width=10 表示组件高为 2 个字符，宽为 10 个字符。如 font=('楷体 15')，width=10 时，组件宽度=15 像素×10=150 像素。

8. 组件共同方法：配置 config()

组件在建立时可以直接设置对象属性，如果部分属性没有设置，则可以使用函数 config()建立或更改布局属性。

【例 8-6】 用函数 config()设置窗口属性。

```
1  import tkinter as tk                                          # 导入标准模块——GUI
2  root = tk.Tk()                                                # 创建主窗口
3  root.config(bg = 'yellow', cursor = 'hand2', width = 200, height = 100)  # 定义窗口属性
4  root.mainloop()                                               # 事件消息循环
   >>>                                                           # 程序输出
```

程序说明：程序第 3 行，cursor='hand2'表示光标在组件内时为“手”的形状。

9. 组件共同属性：位图 bitmap

位图文件 xbm 是一种起源于 X-Window 系统的文本格式单色位图文件。xbm 专用于各种小位图，如光标、按钮等 GUI 组件。Tkinter 内部定义了 10 个 xbm 位图(见图 8-7)，参数 bitmap 有 error(错误)、gray75(灰 75%)、gray50(灰 50%)、gray25(灰 25%)、gray12(灰 12%)、hourglass(运行)、info(信息)、questhead(疑问)、question(问题)、warning(警告)。如果要指定自定义位图，则需要给出完整路径，并在前面加一个@，如：bitmap='@pic/xxx.xbm'。

10. 组件共同属性：位置 compound

位置(compound)属性的功能与锚点功能有些相似，它是指位图与文字的关系，如 left(图像与文字共存时，图像在文字左边)、right(图像与文字共存时，图像在文字右边)、top(图像与文字共存时，图像在文字上面)、bottom(图像与文字共存时，图像在文字下面)、center(图像与文字共存时，文字在图像中间)。

【例 8-7】 调用内部位图，位图显示在文字左边(见图 8-8)。

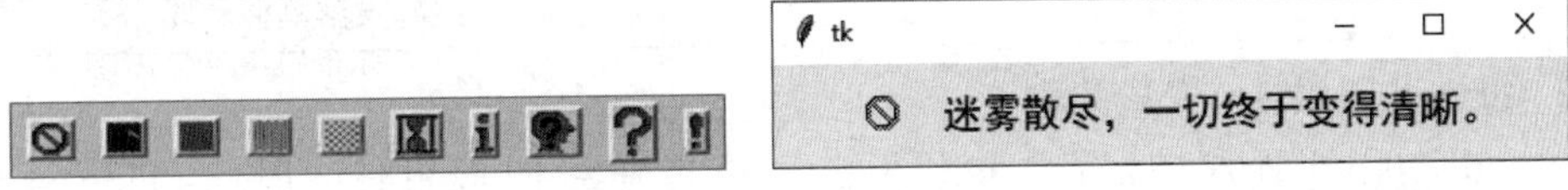

图 8-7　Tkinter 自带的 xbm 位图　　图 8-8　位图在文字左边

```
import tkinter as tk                                      # 导入标准模块——GUI
root = tk.Tk()                                            # 创建主窗口
root.geometry('400x50')                                   # 定义窗口大小
lab = tk.Label(root, bitmap = 'error', compound = 'left', # 调用内部位图图标
    font = ('黑体', 15), text = '迷雾散尽,一切终于变得清晰。')
lab.place(x = 30, y = 15, width = 350, height = 20)       # 组件坐标布局
root.mainloop()                                           # 事件消息循环
>>>                                                       # 程序输出见图 8-8
```

11. 组件共同属性：分隔线 Separator

设计 GUI 程序时，在适当位置增加分隔线，可以让整体视觉效果更佳。模块 tkinter.

ttk 中的 Separator 为子模块增加分隔线。

```
Separator(root, orient = tk.HORIZONTAL 或 orient = tk.VERTICAL)
```

参数 HORIZONTAL 为创建水平分隔线；参数 VERTICAL 为创建垂直分隔线。

【例 8-8】 创建组件分隔线案例(见图 8-9)。

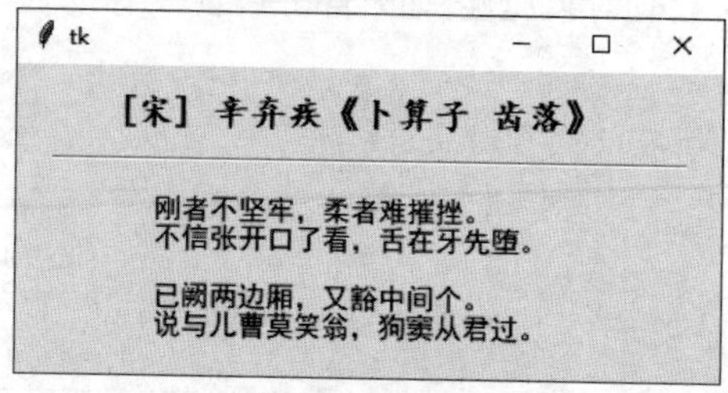

图 8-9 创建组件分隔线案例

```
import tkinter as tk                                          # 导入标准模块——GUI
from tkinter.ttk import Separator                             # 导入标准模块——增强 GUI

root = tk.Tk()                                                # 创建主窗口
root.geometry('400x170')                                      # 定义窗口大小
text1 = '[宋] 辛弃疾《卜算子 齿落》'                          # 定义标签 1 字符
text2 = '''刚者不坚牢,柔者难摧挫。                            # 定义标签 2 字符
不信张开口了看,舌在牙先堕。\n
已阙两边厢,又豁中间个。
说与儿曹莫笑翁,狗窦从君过。'''
labl = tk.Label(root, text = text1, font = '楷体 15 bold')   # 标签 1 字体
labl.place(x = 20, y = 10, width = 350, height = 30)          # 标签 1 坐标布局,宽×高
sep = Separator(root, orient = tk.HORIZONTAL)                 # 定义水平分隔线
sep.pack(fill = 'x', padx = 20, pady = 50)                    # 分隔线填充,定义坐标
lab2 = tk.Label(root, text = text2, font = ('黑体', 12),      # 标签 2 字体,左对齐
justify = 'left')
lab2.place(x = 40, y = 60, width = 300, height = 100)         # 标签 2 坐标布局,宽×高
root.mainloop()                                               # 事件消息循环
>>>                                                           # 程序输出见图 8-9
```

12. 组件共同属性：变量关联

Python 的 GUI 程序中，普通变量不能直接传递给图形组件。因此，Tkinter 通过 Variable 类函数与普通变量进行关联。这种关联是双向的，当 GUI 组件中的内容发生改变时(如用户输入)，变量的值也会随之改变。Variable 类有以下函数：函数 StringVar()用于关联字符串变量；函数 IntVar()用于关联整数变量；函数 DoubleVar()用于关联浮点数变量；函数 BooleanVar()用于关联布尔值变量。关联变量可以通过函数 get()读取变量的当前值，也可以用函数 set()对变量赋值。

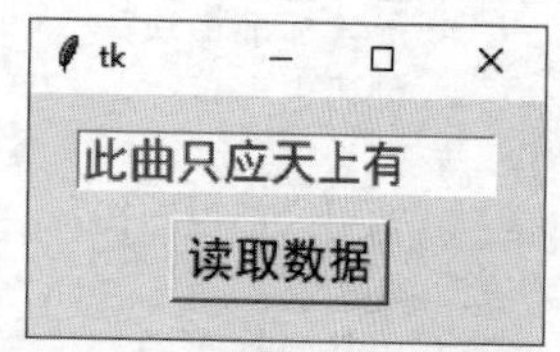

图 8-10 关联变量的赋值与获取应用案例

【例 8-9】 关联变量的赋值与获取应用案例(见图 8-10)。

```
import tkinter as tk                                          # 导入标准模块——GUI

```

```
def check():                                              # 定义回调函数
    print(var.get())                                      # 通过函数 get()获取文本
root = tk.Tk()
root.geometry('220x100')                                  # 定义窗口大小
var = tk.StringVar()                                      # 定义 var 为字符串变量
var.set('此曲只应天上有')                                   # 通过函数 set()对变量预赋值
ent = tk.Entry(root, textvariable = var, font = ('黑体',    # 将变量与文本绑定在一起
15), fg = 'red')
ent.place(x = 20, y = 15, width = 180, height = 25)       # 单行文本框坐标布局
but = tk.Button(root, text = '读取数据', font = ('黑体',    # 触发回调函数
15), command = check)
but.place(x = 60, y = 50)                                 # 按钮坐标布局
root.mainloop()                                           # 事件消息循环
>>> 此曲只应天上有                                          # 程序输出见图 8-10
```

8.1.5 窗口字体属性

1. 字体大小单位

字体高度和宽度不一致，如中文"一日游"（扁-窄-方），英文 Big（高-窄-长）等，因此**字体以"行高"为单位**。印刷行业中，字体行高用 pt（point，点数，读作磅，与重量单位无关）为单位；计算机领域字体常用 px（pixel，像素）为单位。pt 是绝对长度单位，大小不随分辨率而改变；px 是屏幕显示的最小单位，大小会随着显示器分辨率和显示器像素点大小不同而变化。在分辨率标准为 96dpi（点/英寸）时，pt 与 mm 的换算方法为：1pt＝1/72 英寸＝0.3527mm；1px＝0.75pt，如(1024×0.75)pt＝768pt。

2. 用元组作为 font 参数

用元组作为 font 参数，语法如下。

```
root, text = '字符串', fg = '颜色', bg = '颜色', font = ('字体名', 大小, '属性'), justify = '位置',
wraplength = n)
```

参数 root 为主窗口名称。

参数 text＝'字符串'为组件中要显示的文字。

参数 fg＝'颜色'为前景色，一般是组件中字符的颜色。

参数 bg＝'颜色'为组件的背景颜色。

参数 font＝()可以简化为 font＝('字体名','大小',属性')；字体名有黑体、楷体等；大小为像素(px)；属性有 bold(加粗)、italic(斜体)、underline(下画线)、overstrike(删除线)。

参数 justify＝'位置'为多行文字的对齐方式，left 为左对齐，right 为右对齐，center 为居中。

参数 wraplength＝n 为多行文字显示时，n 为一行的长度(像素)。

【例 8-10】 字符在标签中的分行显示（见图 8-11）。

```
import tkinter as tk                                      # 导入标准模块——GUI
root = tk.Tk()                                            # 创建主窗口
root.geometry('450x130')                                  # 定义窗口大小
lab = tk.Label(root, text = '时间冲走的是青春，留下的是回忆。',   # 定义标签
```

```
    fg = 'red', bg = 'bisque', height = 5, width = 30,                   # 定义标签属性
    font = ('楷体', 20, 'bold'), justify = 'left', wraplength = 300      # 字体参数(重要)
lab.place(x = 0, y = 0)                                                  # 组件坐标布局
root.mainloop()                                                          # 事件消息循环
>>>                                                                      # 程序输出见图 8-11
```

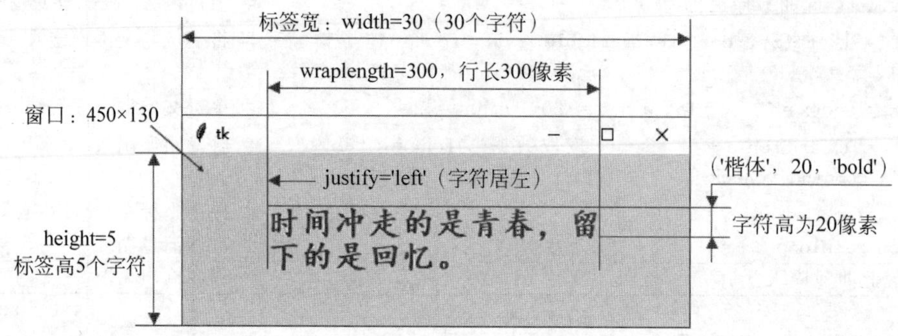

图 8-11　字符分行显示

3. 字体函数 Font()应用

用 font 模块中函数 Font()时,语法如下。

```
import tkinter.font as tkf                                      # 导入标准模块——字体
tkf.Font((family = '字体名', size = n, weight = tkf.BOLD))      # 字体函数
```

字体函数中的参数如表 8-4 所示。

表 8-4　字体函数中的参数

参　数	功　能	应用示例
family	字体名称	family='楷体'; family='Times New Roman'(英文新罗马字体)
size	字体高度	size=20,单位为像素,字体大小默认为 10 像素
weight	字体加粗	weight=tkf.BOLD
slant	字体倾斜	slant='italic'(字体倾斜),默认为正常
underline	字体下画线	underline=1(添加下画线),默认为正常
overstrike	字体删除线	overstrike=1(添加删除线),默认为正常

【例 8-11】 打印当前 Tkinter 系统所有可用字体。

```
import tkinter as tk                              # 导入标准模块——GUI
from tkinter import font                          # 导入标准模块——字体函数
root = tk.Tk()                                    # 创建主窗口
print(font.families())                            # 打印系统当前可用字体
>>> ('System', '@System', 'Terminal',…            # 程序输出(略)
```

【例 8-12】 字体属性测试案例(见图 8-12)。

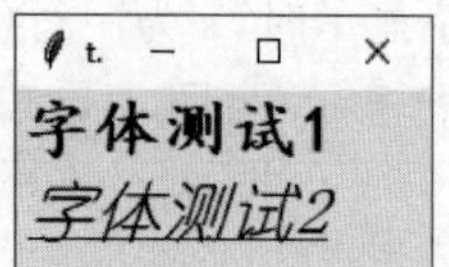

图 8-12　字体属性测试案例

```
import tkinter as tk                                                # 导入标准模块——GUI
import tkinter.font as tkf                                          # 导入标准模块——字体

root = tk.Tk()                                                      # 创建主窗口
fon1 = tkf.Font(family='楷体', size=20, weight=tkf.BOLD)             # 字符为 20 像素,加粗
tk.Label(root, text='字体测试 1', font=fon1).place(x=0, y=0)         # 组件网格布局
fon2 = tkf.Font(family='幼圆', size=20, underline=1, slant='italic') # 字体加下画线,倾斜
tk.Label(root, text='字体测试 2', font=fon2).place(x=0, y=30)        # 组件网格布局
root.mainloop()                                                     # 事件消息循环
>>>                                                                 # 程序输出见图 8-12
```

8.2 常用组件功能

8.2.1 标签组件 Label

1. 标签组件应用方法

标签是最常见的组件,它主要是用于窗口中的说明性文字,标签也可以采用图片。Label(标签)中的文字会自动换行。标签的属性与按钮基本相同,只不过按钮组件具有事件响应功能,而标签没有。标签组件函数语法如下。

```
tk.Label(主窗口,[可选属性参数])
```

标签"可选属性参数"参见表 8-3。

2. 标签组件中的文字对齐

标签中如果有多行文字,可以用参数 justify='lef/center/right'(左对齐/居中/右对齐)设置标签中文字的对齐方式(默认为居中)。可以用参数 wraplength 设置文字行长(单位为像素)。

【例 8-13】 标签中文字对齐方式案例(程序片段)。

```
lab1 = tk.Label(root, text='天苍苍,野茫茫,风吹草低见牛羊。',              # 见图 8-13
    fg='black', bg='pink', wraplength=150)                                # 行长,默认居中
lab2 = tk.Label(root, text='天苍苍,野茫茫,风吹草低见牛羊。',              # 见图 8-14
    fg='black', bg='pink', wraplength=150, justify='left')                # 行长,左对齐
lab3 = tk.Label(root, text='天苍苍,野茫茫,风吹草低见牛羊。',              # 见图 8-15
    fg='black', bg='pink', wraplength=150, justify='right')               # 行长,右对齐
```

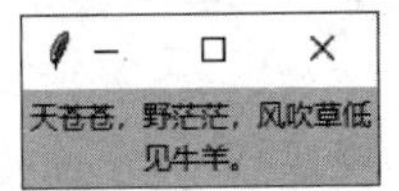

图 8-13 文字居中(默认)

图 8-14 文字左对齐

图 8-15 文字右对齐

3. 标签组件中图片和文字分开显示

Tkinter 中,可以利用图片作为标签背景图像。程序如下(程序片段)。

```
photo = PhotoImage(file = 'd:\\test\\08\\图片名.png')     # 读入图片文件
lab = Label(root, image = photo)                          # 创建图片标签
```

程序说明:Tkinter 只能识别 gif、png 格式的图片,并且没有图片自动缩放功能。如果

要识别 jpg 图片和进行图片缩放,需要导入 PIL 软件包。

【例 8-14】 在标签中插入背景图片,并在图片上方显示文字(见图 8-16)。

```
import tkinter as tk                                      # 导入标准模块——GUI

root = tk.Tk()                                            #【1.创建主窗口】
root.geometry('450x370')                                  # 定义窗口大小
my_image = tk.PhotoImage(file = 'd:\\test\\08\\abcd.png') # 定义图片路径和文件名
lab = tk.Label(root, padx = 10, pady = 20, background = 'blue', #【2.定义标签】
    relief = 'ridge', borderwidth = 10,                   # 标签边框凸起形状和宽度
    text = '种一棵树最好的时间是十年前,\n 其次'              #【3.定义标签文本】
    '是现在。\n -- 非洲女作家 Dambisa Moyo',
    font = '楷体 20 bold', justify = 'left',              # 定义字体,文字居左
    foreground = 'white', image = my_image,               # 文字左对齐,插入图片
    compound = 'bottom')                                  # 文字在图片上面
lab.place(x = 0, y = 0)                                   #【4.组件顺序布局】
root.mainloop()                                           #【5.事件消息循环】
>>>                                                       # 程序输出见图 8-16
```

4. 标签组件中图片和文字叠加显示

【例 8-15】 在标签中插入背景图片,并在图片上面叠加显示文字(见图 8-17)。

```
import tkinter as tk                                      # 导入标准模块——GUI

root = tk.Tk()                                            # 创建主窗口
root.geometry('500x400')                                  # 定义窗口大小
photo = tk.PhotoImage(file = 'd:\\test\\08\\堂前燕.png')   # 读入图片
lab = tk.Label(root,
    text = '旧时王谢堂前燕\n 飞入寻常百姓家\n\n\n\n\n\n',     # 标签赋值(用\n 控制位置)
    justify = 'left', image = photo, compound = 'center', # 左对齐,图片赋值
    font = ('魏碑', 30, 'bold'), fg = 'red')              # 字体定义,魏碑,红色
lab.place(x = 0, y = 0)                                   # 组件顺序布局
root.mainloop()                                           # 事件消息循环
>>>                                                       # 程序输出见图 8-17
```

图 8-16 标签中图片与文字分开显示

图 8-17 标签中图片与文字叠加显示

8.2.2 按钮组件 Button

1. 按钮组件应用方法

按钮是最常见的组件。按钮具有事件响应功能，它主要用于与用户进行交互操作。按钮组件函数语法如下。

```
tk.Button(主窗口, [可选属性参数])
```

按钮"可选属性参数"见表 8-3。按钮用事件触发命令 command 关联回调函数，单击按钮时响应事件。事件触发命令的语法为"command＝回调函数名"(注意，函数名后面没有括号)，返回值表示按钮是否被选中，可以通过"变量.get()"函数获取选中的值。

2. 按钮组件中的回调命令

【例 8-16】 设计一个带回调函数的按钮(见图 8-18)。

```
import tkinter as tk                                                           # 导入标准模块
root = tk.Tk()                                                                 # 创建主窗口
root.geometry('220x70')                                                        # 定义窗口大小
def msgShow():                                                                 # 定义回调函数
    lab1.config(text = '恭喜您喜中汽车一辆', bg = 'lightblue', fg = 'red')     # 标签 1 内容
lab1 = tk.Label(root)                                                          # 定义标签 1
but1 = tk.Button(root, text = '试试运气', width = 15, command = msgShow)       # 触发回调函数
but2 = tk.Button(root, text = '关闭退出', width = 15, command = root.destroy)  # 触发回调函数
lab1.place(x = 50, y = 10, width = 130, height = 25)                           # 标签 1 坐标布局
but1.place(x = 20, y = 40, width = 80, height = 25)                            # 按钮 1 坐标布局
but2.place(x = 120, y = 40, width = 80, height = 25)                           # 按钮 2 坐标布局
root.mainloop()                                                                # 事件消息循环
>>>                                                                            # 输出见图 8 - 18
```

【例 8-17】 设计一个简单的 GUI 界面计算器(见图 8-19)，关联变量通过函数 get()读取用户在窗口中输入的值。

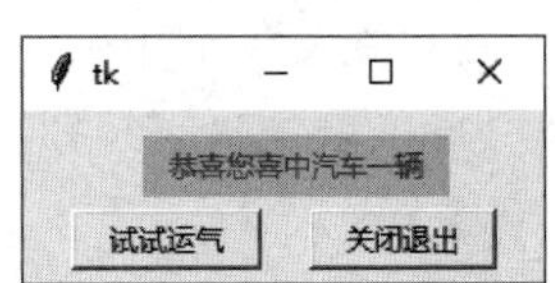

图 8-18 带回调函数的按钮

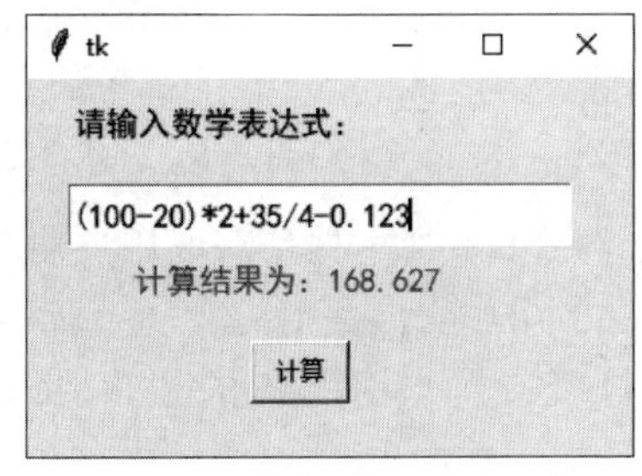

图 8-19 简单计算器

```
import tkinter as tk                                              # 导入标准模块

def getValue():                                                   #【1.定义回调函数】
    try:                                                          # 异常捕获
        value = eval(ent.get())                                   # 获取文本框中的输入值
        lab2.configure(text = '计算结果为:' + str(value))         # 返回计算结果
    except:                                                       # 异常处理
        pass                                                      # 空语句
```

181

第8章

```

root = tk.Tk()                                                  #【2.窗口初始化】
root.geometry('300x180')                                        # 定义窗口大小
lab = tk.Label(root, text = '请输入数学表达式:', font = '黑体 12')  #【3.定义标签】
lab.place(x = 20, y = 10)                                       # 标签坐标布局
ent = tk.Entry(root, font = '黑体 12')                           #【4.定义文本框】
ent.place(x = 20, y = 50, width = 250, height = 30)            # 文本框坐标布局
lab2 = tk.Label(root, font = '黑体 12', fg = 'red')              #【5.定义显示标签】
lab2.place(x = 50, y = 85)                                      # 标签坐标布局
but = tk.Button(root, text = '计算', command = getValue)         #【6.触发回调函数】
but.place(x = 110, y = 125, width = 50, height = 30)           # 按钮坐标布局
root.mainloop()                                                 #【7.事件消息循环】
>>>                                                             # 程序输出见图 8-19
```

8.2.3 单行文本框组件 Entry

单行文本框组件 Entry 一般用于用户输入数据。单行文本框只能输入单行文字,如果输入的字符长度大于文本框的长度,输入数据就会自动隐藏,但可以移动光标查看。如果需要输入多行文字,可以使用多行文本框组件 Text。单行文本框组件函数语法如下。

```
tk.Entry(主窗口, [可选属性参数])
```

单行文本框"可选属性参数"参见表 8-3。另外,文本框还有自己的专有属性,如 selectbackground(选定字符背景色)、selectforeground(选定字符前景色)、show='*'(输入字符为*,即不显示用户输入的密码)等。

【例 8-18】 设计一个简单登录窗口(见图 8-20)。

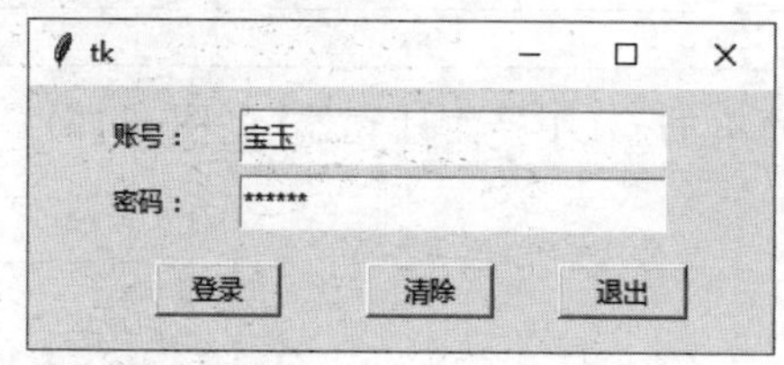

图 8-20 登录窗口

案例分析:文本框是获取用户输入数据的一种方式。用户可以在文本框中输入文字信息。在文本框之外,一般有"登录""清除"和"退出"按钮,如果用户单击"登录"按钮,则打印登录用户名;如果用户单击"退出"按钮,则退出登录窗口。

```
import tkinter as tk                                            # 导入标准模块
                                                                #【1.定义回调函数】
def getValue():                                                 # 登录回调函数
    print('账号为:{}, 密码为:{}'.format(ent1.get(), ent2.get()))  # 获取输入数据
def deleteValue():                                              # 清除回调函数
    ent1.delete(0, tk.END)                                      # 清除账号字符
    ent2.delete(0, tk.END)                                      # 清除密码字符
                                                                #【2.窗口初始化】
root = tk.Tk()                                                  # 创建主窗口
root.geometry('350x120')                                        # 定义窗口大小
                                                                #【3.定义标签】
```

```
lab1 = tk.Label(root, text='账号:')                          # 定义'账号'标签
lab1.place(x=20, y=10, width=80, height=25)                  # 布局'账号'标签
lab2 = tk.Label(root, text='密码:')                          # 定义'密码'标签
lab2.place(x=20, y=40, width=80, height=25)                  # 布局'密码'标签
                                                             #【4.定义文本框】
ent1 = tk.Entry(root)                                        # 定义'账号'文本框
ent1.place(x=100, y=10, width=200, height=25)                # '账号'文本框布局
ent1.insert(0, '宝玉')                                       # 定义默认账号
ent2 = tk.Entry(root, show='*')                              # 密码用*显示
ent2.insert(0, '123456')                                     # 定义默认密码
ent2.place(x=100, y=40, width=200, height=25)                # '密码'文本框布局
                                                             #【5.定义按钮】
butLogin = tk.Button(root, text='登录', width=10, command=getValue)      # 调用登录函数
butLogin.place(x=60, y=80, width=60, height=25)              # 布局'登录'按钮
butClean = tk.Button(root, text='清除', width=10, command=deleteValue)   # 调用清除函数
butClean.place(x=160, y=80, width=60, height=25)             # 布局'清除'按钮
butQuit = tk.Button(root, text='退出', width=10, command=root.destroy)   # 调用退出函数
butQuit.place(x=250, y=80, width=60, height=25)              # 布局'退出'按钮

root.mainloop()                                              #【6.消息循环】
>>>账号为:宝玉,密码为:123456                                  # 程序输出见图 8-20
```

8.2.4 多行文本框组件 Text

多行文本框组件 Text 功能强大,多用于显示文本文档,可以使用不同字体,嵌入图片,显示链接,甚至是带 CSS(Cascading Style Sheets,层叠样式表)格式的 HTML(Hyper Text Markup Language,超文本标记语言)文本。因此,它常常被用于简单的文本编辑器和网页浏览器。多行文本框组件函数语法如下。

```
tk.Text(主窗口,[可选属性参数])
```

多行文本框"可选属性参数"见表 8-3。另外,多行文本框还有自己的专有属性,如 selectbackground(选定字符背景色)、selectforeground(选定字符前景色)、insertbackground(插入光标的颜色)、tab(设置按 Tab 键时的插入点)、wrap(设置是否换行)、xscrollcommand(在 x 轴使用滚动条)、yscrollcommand(在 y 轴使用滚动条)等。

创建一个 Text 组件时,它里面是没有内容的空白窗口,可以用函数 insert()插入内容,或者用 insert 或 end 索引号插入内容。

【例 8-19】 设计一个多行文本框,并插入一段文字(见图 8-21)。

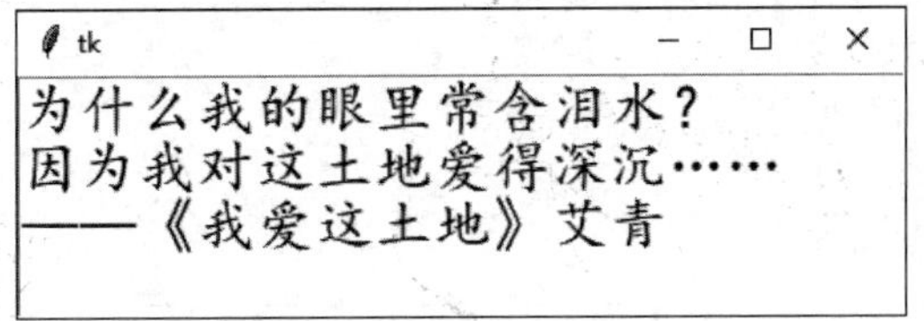

图 8-21 多行文本框

```
1  import tkinter as tk                                                        # 导入标准模块
2  root = tk.Tk()                                                             # 创建主窗口
3  text1 = tk.Text(root, font = ('楷体',20), width = 30, height = 5)          # 文本框高为20像素,宽为5像素
4  text1.insert('insert','为什么我的眼里常含泪水?')                           # 在索引号 insert 处插入
5  text1.insert('insert','\n因为我对这土地爱得深沉……')                        # \n为换行符
6  text1.insert('end', '\n——《我爱这土地》艾青')                              # 索引号 end 在最后插入
7  text1.pack()                                                               # 组件顺序布局
8  root.mainloop()                                                            # 事件消息循环
   >>>                                                                        # 程序输出见图 8-21
```

程序说明：程序第 5 行,文本行插入语法为 insert('insert','字符串'),其中索引号 insert 为插入开始；索引号 end 为插入结束。

8.2.5 单选按钮组件 Radiobutton

单选按钮组件 Radiobutton 在同一组项目中只能有一个被选中,选中组中一个项目时,其他项目自动处于非选中状态。单选按钮组件函数语法如下。

```
tk.Radiobutton(主窗口,[可选属性参数])
```

单选按钮组件的"可选属性参数"见表 8-3。单选按钮组件除以上共有属性外,还有 variable(返回变量)、onvalue(选中返回值)、offvalue(未选中默认返回值)等属性参数。

返回变量通过函数 var.get()获取,如获取整数型变量为 var=IntVar()、获取字符型变量为 var=StringVar()、获取布尔型为 var=BooleanVar()等。

【例 8-20】 设计一个多答案的单选题 GUI 程序(见图 8-22)。

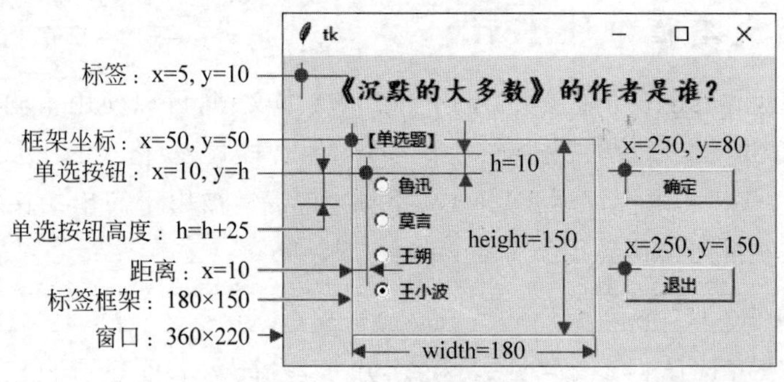

图 8-22 单选按钮组件案例

```
import tkinter as tk                                                    # 导入标准模块——GUI

root = tk.Tk()                                                          # 创建主窗口
root.geometry('360x220')                                                # 定义窗口大小
lab = tk.Label(root, text = '《沉默的大多数》的作者是谁?',              # 定义标签
    font = '楷体 15 bold')
lab.place(x = 5, y = 10, width = 350, height = 30)                      # 组件坐标布局
group = tk.LabelFrame(root, text = '【单选题】')                        # 创建框架组件
group.place(x = 50, y = 50, width = 180, height = 150)                  # 组件坐标布局
question = [('鲁迅', 1), ('莫言', 2), ('王朔', 3), ('王小波', 4)]       # 选项赋值
v = tk.IntVar()                                                         # 选项变量赋值(整数)
v.set(1)                                                                # 定义默认选项为 1
```

```
13  h = 10                                                                     # 选项 y 坐标初始化
14  for lang, num in question:                                                 # 循环(元组变量)
15      rad = tk.Radiobutton(group, text = lang, variable = v, value = num)    # 单选按钮赋值
16      rad.place(x = 10, y = h)                                               # 组件坐标布局
17      h = h + 25                                                             # 单选项 y 坐标
18  but1 = tk.Button(root, text = '确定', width = 10)                          # 定义按钮 1
19  but1.place(x = 250, y = 80, width = 80, height = 25)                       # 组件坐标布局
20  but2 = tk.Button(root, text = '退出', width = 10, command = root.quit)     # 定义按钮 2
21  but2.place(x = 250, y = 150, width = 80, height = 25)                      # 组件坐标布局
22  root.mainloop()                                                            # 事件消息循环
    >>>                                                                        # 程序输出见图 8-22
```

程序说明：在 GUI 中，有时需要跟踪变量值的变化，保证变量值的变更随时可以显示在界面上。因为 Python 中的变量不能即时显示在屏幕上，所以 Tkinter 使用了 Tcl 语言中相应的属性参数，即 IntVar(整数变量)、StringVar(字符变量)、BooleanVar(布尔变量)、DoubleVar(小数变量)等。程序第 11 行，语句 v＝tk. IntVar()为定义一个整数变量，它用来将 Radiobutton 值与 question 值联系在一起。

程序第 15 行，变量 value 是组件被选中时关联变量的值，变量 variable 是组件所关联的变量。表达式 variable＝v，value＝num 表示用鼠标选中其中一个项目时，把 value 的值 num 放入变量 v 中，然后由 v 赋值给 variable。

8.2.6 复选框组件 Checkbutton

复选框组件 Checkbutton 可以返回多个选项值，它通常不直接触发事件的执行。复选框组件函数语法如下。

```
tk.Checkbutton(主窗口, [可选属性参数])
```

复选框组件(多选框)的“可选属性参数”见表 8-3。复选框组件除以上共有属性外，还有 variable(返回变量)、onvalue(选中返回值)、offvalue(未选中默认返回值)等属性参数。返回变量通过表达式 variable＝var 定义，可以预先逐项定义变量的数据类型，如整数变量定义 var＝tk. IntVar()、字符变量定义 var＝tk. StringVar()等。程序中可调用函数 var. get()获取被选中项目的变量值 onvalue 或 offvalue。复选框组件还可以用函数 select()、deselect()、toggle()进行选中、清除选中、反选操作。

【例 8-21】 设计一个多选题的 GUI 程序(见图 8-23)。

图 8-23　复选框组件案例

```
import tkinter as tk                                                           # 导入标准模块——GUI

root = tk.Tk()                                                                 # 创建主窗口
```

```
4   root.geometry('500x150')                                   # 定义窗口大小
5   lab1 = tk.Label(text = '您喜欢的唐诗作者是?', font = ('黑体 18 bold'), fg = 'blue')   # 定义标签
6   lab1.place(x = 30, y = 15)                                 # 组件坐标布局
7   Var1 = tk.IntVar(); Var2 = tk.IntVar(); Var3 = tk.IntVar()  # 初始化整数变量
8   check1 = tk.Checkbutton(root, text = '李白', variable = Var1, onvalue = 1, offvalue = 0)   # 复选框
9   check2 = tk.Checkbutton(root, text = '苏轼', variable = Var2, onvalue = 1, offvalue = 0)
10  check3 = tk.Checkbutton(root, text = '王维', variable = Var3, onvalue = 1, offvalue = 0)
11  check1.select()                                            # 定义选择函数
12  check1.pack(side = 'left'); check2.pack(side = 'left'); check3.pack(side = 'left')   # 组件顺序布局
13
14  def poet():                                                # 定义回调函数
15      if (Var1.get() == 0 and Var2.get() == 0 and Var3.get() == 0):
16          s = '您还没选择作者'
17      else:
18          s1 = '李白' if Var1.get() == 1 else ''             # 获取选择变量值
19          s2 = '苏轼' if Var2.get() == 1 else ''
20          s3 = '王维' if Var3.get() == 1 else ''
21          s = '您选择了:%s %s %s' % (s1, s2, s3)
22          print(s)                                           # 打印选择值
23      lab2.config(text = s)                                  # 定义文本
24
25  but1 = tk.Button(root, text = '提交', bg = 'cyan', command = poet)   # 按钮触发事件回调函数
26  but1.place(x = 180, y = 60)
27  lab2 = tk.Label(root, text = '', bg = 'pink', font = ('黑体 11 bold'), width = 4, height = 2)
                                                               # 定义标签
28  lab2.pack(side = 'bottom', fill = 'x')                     # 标签顺序布局
29  root.mainloop()                                            # 事件消息循环
    >>>您选择了:李白 王维                                      # 程序输出见图 8-23
```

程序说明:

程序第 7 行,初始化复选框时,变量的返回值为整数。

程序第 8～10 行,单击复选框时,返回变量值。

程序第 25 行,单击“提交”按钮时,触发回调函数 poet。

程序第 28 行,参数 side='bottom'为居窗口底部;参数 fill='x'为标签沿 x 轴扩展。

8.2.7 框架组件 Frame

框架是一种容器组件,Tkinter 中有 Frame(框架)和 labelFrame(标签框架),框架内部的组件以框架为起始坐标进行布局。一行中有多个组件时,使用框架函数 Frame()进行集中管理非常方便。一旦移动框架,框架内的所有组件一并移动。

框架组件 Frame 和标签框架组件 LabelFrame 函数语法如下。

```
tk.Frame(主窗口,[可选属性参数])                  # 框架组件语法
tk.LabelFrame(主窗口,[可选属性参数])             # 标签框架组件语法
```

框架组件的“可选属性参数”见表 8-3。

【例 8-22】 设计一个登录窗口的 GUI 程序(见图 8-24)。

图 8-24　标签框架组件案例

```
import tkinter as tk                                        # 导入标准模块——GUI

root = tk.Tk()                                              # 创建主窗口
root.geometry('400x300')                                    # 定义窗口大小
txt = '欢迎使用 Python 学习系统'                              # 定义欢迎文字
photo = tk.PhotoImage(file = 'login.png')                   # 载入标签图片
logo = tk.Label(root, image = photo,                        # 定义标签内图片
    text = txt, font = ('楷体', 20),                         # 图文混排时,文字在图片上面
    compound = tk.BOTTOM)                                   # 组件坐标布局
logo.place(x = 10, y = 5)                                   # 定义登录框框架
frm = tk.LabelFrame(root, text = '登录框')                   # 框架组件坐标和框架大小
frm.place(x = 40, y = 180, width = 250, height = 100)       # 在框架内定义标签 1
lab1 = tk.Label(frm, text = '账号')                          # 标签坐标布局(框架内坐标)
lab1.place(x = 5, y = 5, width = 50, height = 25)           # 在框架内定义文本框 1
ent1 = tk.Entry(frm)                                        # 文本框 1 坐标布局(框架内坐标)
ent1.place(x = 60, y = 5, width = 150, height = 25)         # 在框架内定义标签 2
lab2 = tk.Label(frm, text = '密码')                          # 标签 2 坐标布局(框架内坐标)
lab2.place(x = 5, y = 40, width = 50, height = 25)          # 定义文本框 2,输入时显示 * 号
ent2 = tk.Entry(frm, show = '*')                            # 文本框 2 坐标布局(框架内坐标)
ent2.place(x = 60, y = 40, width = 150, height = 25)        # 定义按钮 1
but1 = tk.Button(root, text = '登录')                        # 按钮 1 坐标布局(框架外)
but1.place(x = 300, y = 200, width = 80, height = 25)       # 定义按钮 2
but2 = tk.Button(root, text = '退出')                        # 按钮 2 坐标布局(框架外)
but2.place(x = 300, y = 250, width = 80, height = 25)       # 事件消息循环
root.mainloop()
>>>                                                         # 程序输出见图 8-24
```

8.2.8　选项卡组件 Notebook

Tkinter 8.5 版推出了 tkinter.ttk(简称 ttk)增强子模块,子模块 ttk 一方面使组件界面更加漂亮,另一方面新增加了 6 个新组件。选项卡组件 Notebook 就是一个新增加的组件。选项卡类似多个页面的框架。选项卡提供了一个区域,用户可以通过单击区域顶部的选项

来选择页面内容。选项卡的窗口可以布局任何部件。选项卡组件函数语法如下。

```
ttk.Notebook(主窗口,[可选属性参数])                # 定义选项卡
tk.Frame(tabControl,[可选属性参数])                # 定义选项卡框架
tabControl.add(参数, text = '标题名')              # 增加子选项卡
```

选项卡组件的“可选属性参数”见表8-3。

【例8-23】 设计一个选项卡的GUI程序(见图8-25)。

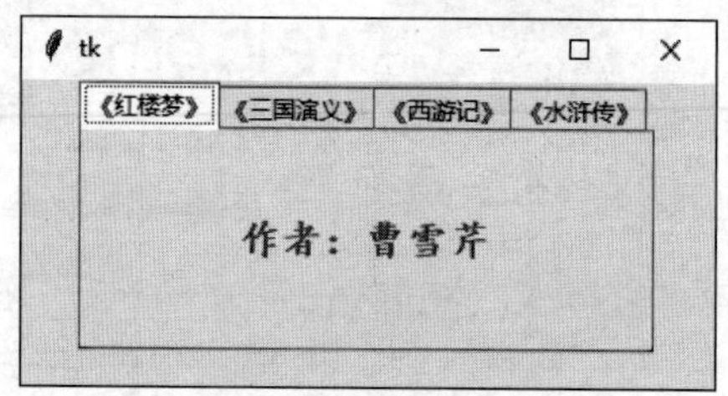

图8-25　选项卡组件案例

```
import tkinter as tk                                        # 导入标准模块——GUI
from tkinter import ttk                                     # 导入标准模块——ttk子模块

root = tk.Tk()                                              # 创建主窗口
root.geometry('350x150')                                    # 定义窗口大小
nb = ttk.Notebook(root)                                     # 定义选项卡Notebook
tab1 = tk.Frame(nb)                                         # 定义选项卡1框架
nb.add(tab1, text = '《红楼梦》')                           # 增加选项卡1和标题
tab2 = tk.Frame(nb)                                         # 定义选项卡2框架
nb.add(tab2, text = '《三国演义》')                         # 增加选项卡2和标题
tab3 = tk.Frame(nb)                                         # 定义选项卡3框架
nb.add(tab3, text = '《西游记》')                           # 增加选项卡3和标题
tab4 = tk.Frame(nb)                                         # 定义选项卡4框架
nb.add(tab4, text = '《水浒传》')                           # 增加选项卡4和标题
nb.place(x = 20, y = 10)                                    # 选项卡坐标布局

lab1 = tk.Label(tab1, text = '作者:曹雪芹', font = '楷体 15 bold',    # 定义标签1内容
    fg = 'red', width = 20, height = 5).pack()                        # 标签顺序布局
lab2 = tk.Label(tab2, text = '作者:罗贯中', font = '楷体 15 bold',    # 定义标签2内容
    fg = 'blue', width = 20, height = 5).pack()                       # 标签顺序布局
lab3 = tk.Label(tab3, text = '作者:吴承恩', font = '楷体 15 bold',    # 定义标签3内容
    fg = 'green', width = 20, height = 5).pack()                      # 标签顺序布局
lab4 = tk.Label(tab4, text = '作者:施耐庵', font = '楷体 15 bold',    # 定义标签4内容
    fg = 'black', width = 20, height = 5).pack()                      # 标签顺序布局

root.mainloop()                                             # 事件消息循环
>>>                                                         # 程序输出见图8-25
```

8.2.9 菜单组件Menu

菜单是应用程序最常用的元素之一,菜单组件有顶层菜单、下拉菜单和弹出菜单。

1. 菜单组件函数

菜单程序首先需要创建一个顶层的主菜单,然后用函数add()将子菜单和命令添加到

顶层菜单中。常用菜单函数如表 8-5 所示，函数参数如表 8-6 所示。

表 8-5　常用菜单函数

菜单函数	说　明	应用示例
add_cascade(** kw)	添加层级菜单	menu. add_cascade(label='文件',menu=file)
add_checkbutton(** kw)	添加复选框菜单	menu. add_checkbutton(label='保存',variable=var2)
add_command(** kw)	添加命令菜单	menu. add_command(label='新建',command=call)
add_radiobutton(** kw)	添加单选按钮菜单	menu. add_radiobutton(label='修改',variable=choice)
add_separator(** kw)	添加分隔线	menu. add_separator()
entrycget(index, ** kw)	获取 index 值	x=menu. entrycget(0,'label')
insert(index, ** kw)	插入菜单	lab. insert(END,'显示网格线')
insert_separator(index)	插入分隔线	file. add_separator()
invoke(index)	执行 index 菜单	openButton. invoke()
post(x,y)	弹出菜单	menubar. post(event. x_root,event. y_root)
type(index)	返回菜单类型	Command/cascade/checkbutton/radiobutton/separator

说明：参数 ** kw 为配置关键字选项，格式为：关键字=值。

表 8-6　菜单函数关键字参数 ** kw 说明

参数 ** kw	说　明	应用示例
accelerator	菜单的补充说明标签	accelerator='Ctrl+N' #要用 bind()函数绑定
bg 或 background	菜单背景色(默认为灰色)	bg='bisque' # 背景为陶土色
command	菜单的回调函数	command=call_back
fg 或者 foreground	菜单中文本的颜色	fg='red' # 文字为红色
font	菜单中文本的字体	font=('楷体',15)
label	菜单项显示的文本	label='文件'
menu	关联菜单，与 add_cascade()联合使用	menu=edit #edit 关联到 menu
postcommand	弹出式菜单的回调	menu. post(event. x,event. y)
relief	菜单浮雕效果	relief='sunk'
state	菜单的状态，normal/active/disabled	state= normal
tearoff	是否显示分隔虚线	tearoff=False # 不显示虚线
underline	菜单第 n 个字符处画下画线	underline=2 # 第 2 个字符画下画线
value	定义按钮菜单项的值	value=1
variable	该值与 value 对比，判断选中的按钮	variable=var1,value=1

2. 简单菜单案例

【例 8-24】 设计一个简单的菜单程序(见图 8-26)。

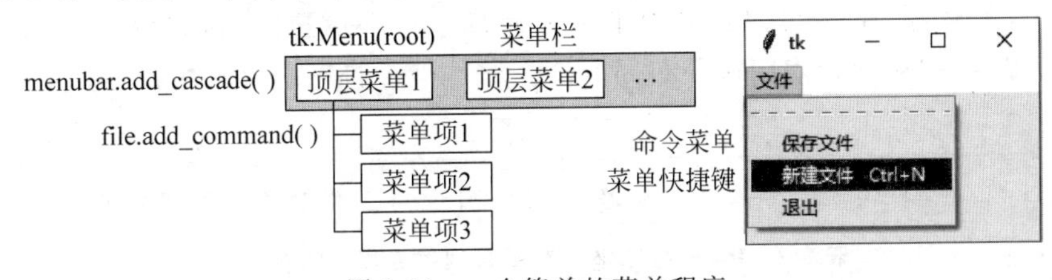

图 8-26　一个简单的菜单程序

```
import tkinter as tk                                    # 导入标准模块——GUI
```

```
root = tk.Tk()                                              # 创建主窗口
main_menu = tk.Menu(root)                                   # 在主窗口下定义顶层菜单
file = tk.Menu(main_menu)                                   # 创建菜单栏
main_menu.add_cascade(label = '文件', menu = file)          # 创建文件层级菜单
file.add_command(label = '保存文件',                        # 在层级菜单中添加下拉菜单
    command = lambda:print('文件已保存,OK! '))              # 回调函数为匿名函数
def new(event = None):                                      # 定义回调函数 new()
    print('新文件已经创建')                                  # 回调函数
file.add_command(label = '新建文件',                        # 在层级菜单中添加下拉菜单
    accelerator = 'Ctrl + N', command = new)                # 定义组合键 Ctrl + N
root.bind('<Control - n>', new)                             # 组合键 Ctrl + N 绑定回调函数
file.add_command(label = '退出', command = root.destroy)    # 在层级菜单中添加下拉菜单
root.config(menu = main_menu)                               # 显示菜单
root.mainloop()                                             # 事件消息循环
>>>新文件已经创建                                            # 程序输出见图 8-26
```

8.3 组件布局方法

8.3.1 组件坐标布局 Place

1. Tkinter 组件布局管理器

组件布局很烦琐,不仅要调整组件自身大小和位置,还要调整本组件与其他组件的位置与大小。如图 8-27～图 8-29 所示,Tkinter 提供了 Place、Grid、Pack 三个组件布局管理器。Place 按组件左上角在窗口中的坐标布局,这种方法简单直观,易于程序控制(推荐);Grid 用虚拟网格形式布局,这种方法适用于简单规范的布局;Pack 按组件添加顺序布局,这种方法灵活性很差,常用于坐标布局的补充。

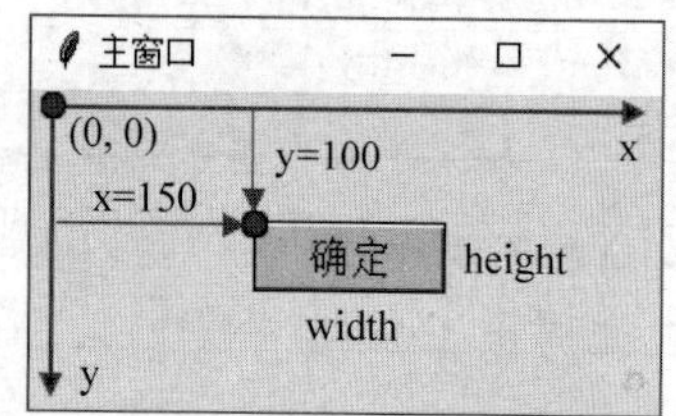

图 8-27 Place 坐标布局

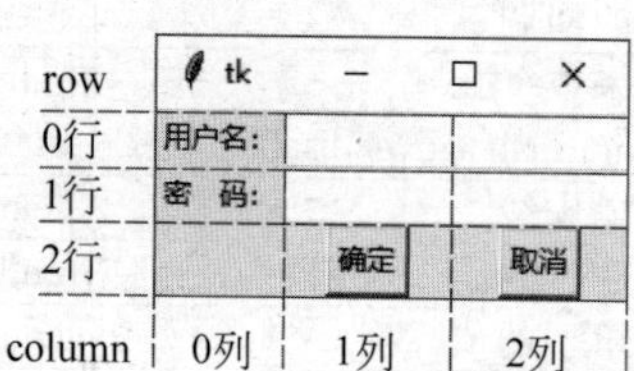

图 8-28 Grid 虚拟网格布局

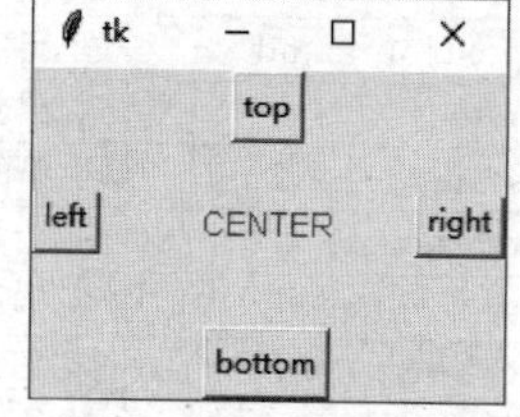

图 8-29 Pack 顺序布局

2. 组件坐标布局管理器参数

组件坐标管理器 Place 可以直接用坐标来布局组件,对组件定位精确,便于程序控制,而且概念简单,推荐初学者使用这种布局方法。组件坐标布局函数语法如下。

```
tk.place(参数)
```

组件坐标布局的"可选属性参数"见表 8-3,它的专用属性参数如表 8-7 所示。

表 8-7 Place 组件坐标布局管理器专用属性参数

参　　数	参数说明和示例
bordermode	坐标是否包含边框。bordermode＝INSIDE(含);bordermode＝OUTSIDE(不含)
relx	组件与窗口的 x 坐标,0～1。例:relx＝0,左;relx＝0.7,偏右;relx＝1,右。不推荐

续表

参　　数	参数说明和示例
rely	组件与窗口的 y 坐标，0～1。例：relx＝0，左；relx＝0.7，偏下；relx＝1，右。不推荐
x	组件左上角与窗口的 x 坐标(像素)。例：x＝100，推荐
y	组件左上角与窗口的 y 坐标(像素)。例：y＝50，推荐
relheight	组件在窗口的高度，0～1。例：relheight＝0.3，偏上；relheight＝0.7，偏下。不推荐
relwidth	组件在窗口的宽度，0～1。例：relwidth＝0.2，偏左；relwidth ＝0.7，偏右。不推荐

3. 组件坐标布局管理器应用案例

【例 8-25】 在主窗口中放置背景图片，图片布局左上角坐标为 x＝30，y＝20；按钮布局左上角坐标为 x＝200，y＝150(见图 8-30)。

```
1   import tkinter as tk                                  # 导入标准模块——GUI
2   root = tk.Tk()                                        # 创建主窗口
3   root.geometry('300x200')                              # 窗口大小(坐标布局必要语句)
4   root.config(bg = 'pink')                              # 重新定义背景颜色
5   photo = tk.PhotoImage(file = 'd:\\test\\08\\鱼2.png')  # 读入背景图片
6   tk.Label(root, image = photo).place(x = 30, y = 20)   # 在指定坐标布局图片标签
7   def callback():                                       # 定义回调函数
8       print('大鱼海棠')                                  # 打印输出字符
9   tk.Button(root, text = '点我', font = ('黑体', 15),
10      command = callback).place(x = 200, y = 150)      # 在指定坐标布局按钮
11  root.mainloop()                                       # 事件消息循环
    >>>大鱼海棠                                            # 程序输出见图 8-30
```

图 8-30　组件坐标布局

程序说明：程序第 10 行，参数 command＝callback 为事件触发定义，表示用户如果单击"点我"按钮，则触发回调函数 callback()，打印输出字符串。

8.3.2　组件网格布局 Grid

1. 组件网格布局管理器参数

组件管理器 Grid 用表格布局。表格中每一行的高度，以这一行最高组件为基准；表格中每一列的宽度，以这一列最宽组件为基准；表格的行、列都从 0 开始。组件不一定充满单元格，程序员可以指定单元格中剩余空间的使用，可以在水平或垂直方向上填满这些空间。组件网格布局函数语法如下。

```
tk.grid(参数)
```

组件网格布局的"可选属性参数"见表8-3,它的专用属性参数如表8-8所示。

表8-8　Grid组件网格布局管理器专用属性参数

参　数	参数说明和示例
column	指定列号,0为第1列,而后累加。例:column=1
columnspam	组件跨行,默认1个组件占1行1列。例:w.grid(row=0,column=2,columnspan=3)
row	指定行号,0为第1行,而后累加。例:row=1
rowspam	组件跨列,默认1个组件占1行1列。例:rowspan=4
sticky	组件紧与单元格的位置,作用与anchor相同。例:sticky=N

(1)参数sticky。参数sticky为设置单元格周围空白部分的分配方法。规定如下:默认组件在单元格中居中对齐,但是可以通过sticky设置上/下/左/右对齐(N/S/W/E)。如:sticky=N+S为拉高组件,让组件上下填充到单元格的顶端和底端;sticky=N+S+E为拉高组件,并让组件上下填充到单元格的顶端和底端,同时让组件靠右对齐;sticky=N+W+W+E为拉高并拉长组件,让组件填满一个单元格。

(2)参数relx和rely。relx和rely是组件的相对位置,取值范围为0~1。组件的位置是相对位置(relx和rely)与绝对位置(x和y)分别相加。如x=50,y=50,relx=0.5,rely=0.5,主窗口大小是300和250,那么组件的位置是:x=50+300×0.5=50+150=200;y=50+250×0.5=50+125=175。这种布局方法非常麻烦,优点是组件可以随窗口大小而变化。

2. 组件网格布局管理器应用案例

【例8-26】 用组件网格布局管理器Grid设计一个登录窗口。

案例分析:如图8-31所示,为了布局和定位窗口中的组件,如果窗口布置比较简单,可以虚拟画出表格线;如果窗口中组件比较多,布局复杂,可以在草稿纸中简单地画出窗口的表格和组件布局。虚拟表格的原则是保证一个组件放在一个单元格中;如果组件太长,可以让组件横向占2个或更多单元格(用columnspam参数控制);如果组件太高,可以让它纵向占2个或更多单元格(用rowspan参数控制)。如图8-31所示,将窗口分为9个单元格。先将这些组件放入对应的单元格中,然后再微调组件的位置。

下面用Grid对组件进行基本布局(见图8-32)。

```
import tkinter as tk                                    # 导入标准模块——GUI

root = tk.Tk()                                          # 创建主窗口
lab1 = tk.Label(root, text = '用户名:')                  # 标签1(用户名)
lab1.grid(row = 0, column = 0)                          # 位置0行0列,占用1行1列
ent1 = tk.Entry(root)                                   # 文本框1
ent1.grid(row = 0, column = 1, columnspan = 2)          # 位置0行1列,占用1行2列
lab2 = tk.Label(root, text = '欢迎使用', font = ('楷体', 12))  # 标签2(欢迎使用)
lab2.grid(row = 0, column = 3, rowspan = 2)             # 位置0行3列,占用2行1列
lab3 = tk.Label(root, text = '密 码:')                   # 标签3(密码)
lab3.grid(row = 1, column = 0)                          # 位置1行0列,占用1行1列
ent2 = tk.Entry(root)                                   # 文本框2
ent2.grid(row = 1, column = 1, columnspan = 2)          # 位置1行1列,占用1行2列
but1 = tk.Button(root, text = '登录')                    # 按钮1(登录)
but1.grid(row = 2, column = 1)                          # 位置2行1列,占用1行1列
but2 = tk.Button(root, text = '退出')                    # 按钮2(退出)
```

```
but2.grid(row = 2, column = 2)                      # 位置2行2列,占用1行1列0
root.mainloop()                                     # 事件消息循环
>>>                                                 # 程序输出见图8-32
```

由图8-32可见,每个组件基本都在预定单元格内,只是组件之间的行距太小,另外按钮的宽度也太小。针对以上问题,窗口修改如图8-33所示。

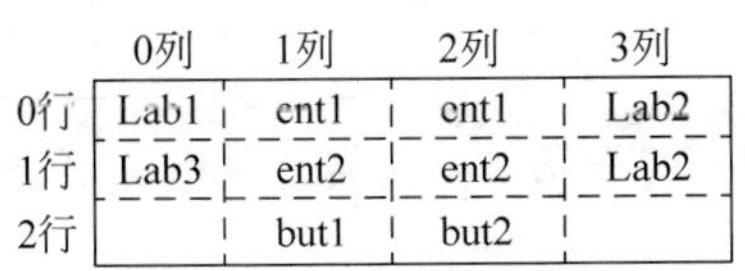

图8-31 登录窗口虚拟网格划分

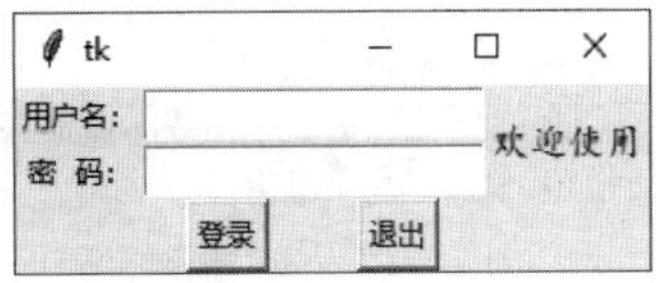

图8-32 基本登录窗口

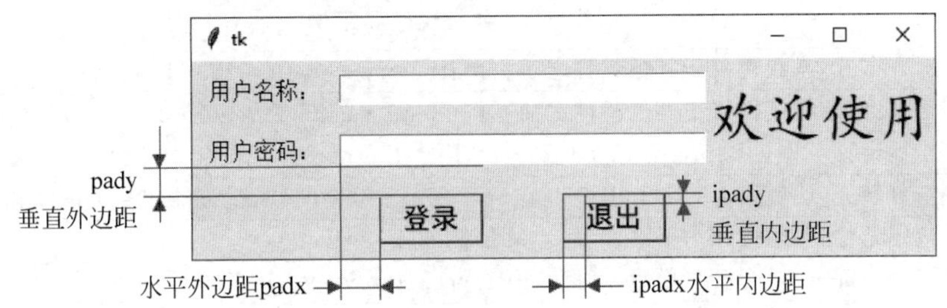

图8-33 修改调整后的登录窗口

(1)"用户名称"和"用户密码"标签,增加与窗口边缘的边距:padx=10。

(2)"用户名称"和"用户密码"文本框,两个组件上下增加外边距:pady=10。

(3)"登录"和"退出"按钮上下外边距增加外边距:pady=10,ipadx=10。

(4)"用户名称"和"用户密码"文本框增加与窗口的右边距:padx=0。

修改登录窗口如图8-33所示,修改代码如下。

```
import tkinter as tk                                                # 导入标准模块——GUI

root = tk.Tk()                                                      # 创建主窗口
lab1 = tk.Label(root, text = '用户名称:', font = 15)                 # 标签1(增加参数)
lab1.grid(row = 0, column = 0, padx = 10, pady = 10)                # 标签1(增加参数)
ent1 = tk.Entry(root)                                               # 文本框1
ent1.grid(row = 0, column = 1, columnspan = 2, padx = 0, ipadx = 60)  # 文本框1(增加参数)
lab2 = tk.Label(root, text = '欢迎使用', font = ('楷体', 30))        # 标签2(修改参数)
lab2.grid(row = 0, column = 3, rowspan = 2)                         # 标签2
lab3 = tk.Label(root, text = '用户密码:', font = 15)                 # 标签3(增加参数)
lab3.grid(row = 1, column = 0, padx = 10, pady = 10)                # 标签3(增加参数)
ent2 = tk.Entry(root)                                               # 文本框2
ent2.grid(row = 1, column = 1, columnspan = 2, padx = 0, ipadx = 60)  # 文本框2(增加参数)
but1 = tk.Button(root, text = '登录', font = ('黑体', 15))           # 按钮1(增加参数)
but1.grid(row = 2, column = 1, pady = 10, ipadx = 10)               # 按钮1(增加参数)
but2 = tk.Button(root, text = '退出', font = ('黑体', 15))           # 按钮2(增加参数)
but2.grid(row = 2, column = 2, ipadx = 10)                          # 按钮2(增加参数)
root.mainloop()                                                     # 事件消息循环
>>>                                                                 # 程序输出见图8-33
```

8.3.3 组件顺序布局 Pack

组件顺序布局管理器 Pack 根据组件创建顺序，将组件添加到父组件(如主窗口)中。组件如果不指定任何参数时，在主窗口中从上到下、从左到右布局组件，并且默认居中显示。Pack 管理器使用简单，程序代码量少，组件顺序布局函数语法如下。

```
tk.pack(参数,可选属性参数)
```

组件顺序布局管理器 Pack 的"可选属性参数"见表 8-3。除共有属性外，Pack 组件顺序布局管理器的专用属性参数如表 8-9 所示。

表 8-9 Pack 组件顺序布局管理器的专用属性参数

参 数	参数说明和示例
after	对齐方式，本组件置于其他组件之后。例：but2. pack(after=but1) # but1 移到 but2 后
before	对齐方式，本组件置于其他组件之前。例：but3. pack(before=but2) # but3 移到 but2 前
expand	扩展组件。例：tk. pack(expand='true',fill='both') # 填充父组件剩余空间
fill	组件填充，fill='both'填充，fill='none'不填充。例：tk. pack(expand='true',fill='x')
in_	选定组件，本组件作为子组件，例：but3. pack(in_=but2)
ipadx	组件内部 x 方向间距(像素)。例：but1. pack(ipadx=20,ipady=20)
ipady	组件内部 y 方向间距(像素)
side	组件填充方向。例：but3. pack(side='top') # y 方向填充；but4. pack(side='left') # x 方向填充

8.4 常用对话框

8.4.1 消息对话框

1. 消息框 Messagebox 模块应用案例

标准模块 Messagebox 调用 Windows 的对话框，消息框中的字体、大小、颜色、背景色、位置都无法改变，但是 Messagebox 有预定义的按钮。Messagebox 对话框有 messagebox(消息对话框)、filedialog(文件对话框)、colorchooser(颜色选择对话框)。

消息框 Messagebox 有很多种，常用消息框语法如下。

```
import tkinter.messagebox as box                            # 导入标准模块——消息框
box.messagebox.showinfo('提示', '信息', **kw)                # '提示'消息框 1(1 个按钮)
box.messagebox.showwarning('警告', '信息', **kw)             # '警告'消息框 2(1 个按钮)
box.messagebox.showerror('错误', '信息', **kw)               # '错误'消息框 3(1 个按钮)
box.messagebox.askquestion('疑问', '信息', **kw)             # '疑问'消息框 4(2 个按钮)
box.messagebox.askokcancel('确定', '信息', **kw)             # '确定'消息框 5(2 个按钮)
box.messagebox.askretrycancel('重试', '信息', **kw)          # '重试'消息框 6(2 个按钮)
box.messagebox.askyesno('是否', '信息', **kw)                # '是否'消息框 7(2 个按钮)
box.messagebox.askyesnocancel('询问', '信息', **kw)          # '询问'消息框 8(3 个按钮)
box.messagebox.askretrycancel('重试', '信息', **kw)          # '重试'消息框 9(3 个按钮)
```

第 1 个参数为窗口标题名；第 2 个参数"信息"为消息框中显示的字符；第 3 个参数 ** kw 为自定义特殊操作，一般很少用。

【例 8-27】 "提示"消息框代码案例(见图 8-34)。

```
import tkinter.messagebox as box                                  # 导入标准模块
value = box.showinfo('提示', '记得给我点赞,\n您不要忘记啦!')          # '提示'消息框
>>>                                                               # 程序输出见图 8-34
```

【例 8-28】 "警告"消息框(showwarning)案例(见图 8-35)。

```
import tkinter.messagebox as box                                  # 导入标准模块
return_value = box.showwarning('警告', '您不给个点赞,电脑不高兴哦!')  # '警告'消息框
>>>                                                               # 程序输出见图 8-35
```

图 8-34 "提示"消息框

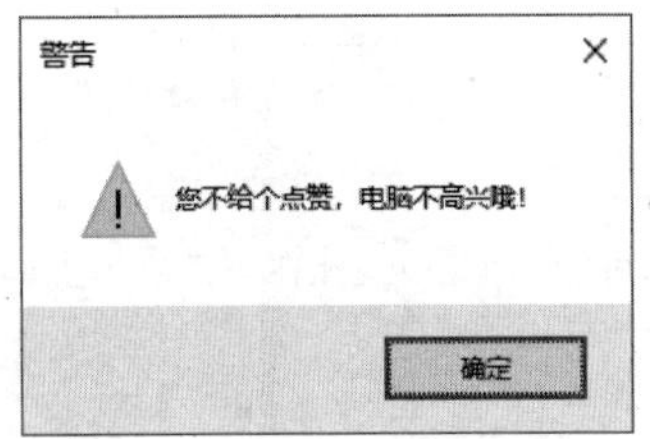

图 8-35 "警告"消息框

【例 8-29】 "重试"消息框(askretrycancel)案例(见图 8-36)。

```
import tkinter.messagebox as box                                  # 导入标准模块
return_value = box.askretrycancel('重试', '程序太大,内存不足!')      # '重试'消息框
>>>                                                               # 程序输出见图 8-36
```

【例 8-30】 "错误"消息框(showerror)案例(见图 8-37)。

```
import tkinter.messagebox as box
return_value = box.showerror('错误', '系统受到未知来源的攻击! \n(ERROR_3X007)')
>>>                                                               # 程序输出见图 8-37
```

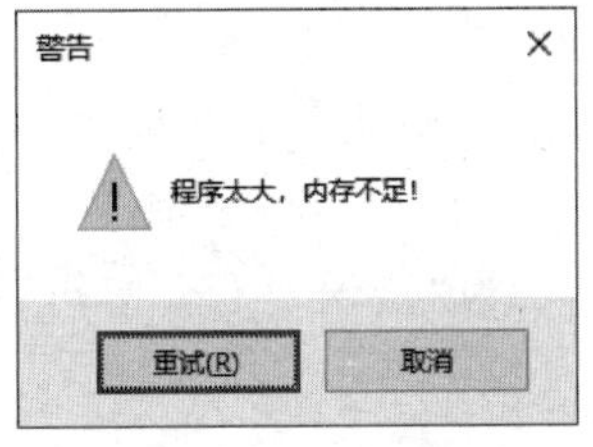

图 8-36 "重试"消息框

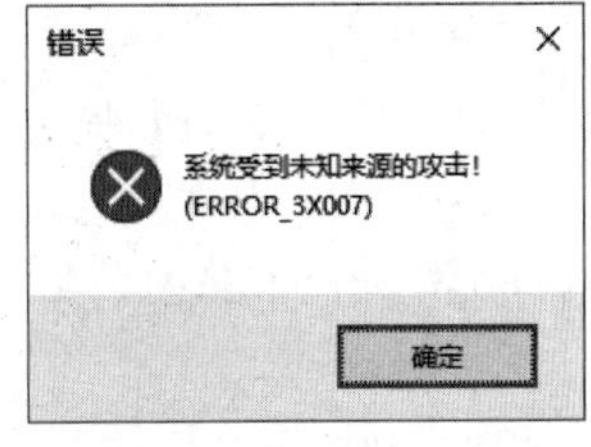

图 8-37 "错误"消息框

【例 8-31】 "询问"消息框(askyesnocancel)案例(见图 8-38)。

```
import tkinter.messagebox as box                                  # 导入标准模块
return_value = box.askyesnocancel('询问', '您是否进行这项操作?')      # 三按钮'询问'消息框
>>>                                                               # 程序输出见图 8-38
```

2. 消息框 Message 模块应用案例

消息框有 Messagebox 和 Message 两个标准模块,Messagebox 消息框中的字体、大小、颜色、背景色、位置等都不能改变;而 Message 模块中这些属性都可以改变,但是 Message 消息框没有预定义的按钮,只能用于消息显示。

【例 8-32】 设计 Message 消息框(见图 8-39),注意它与 Messagebox 消息框的不同。

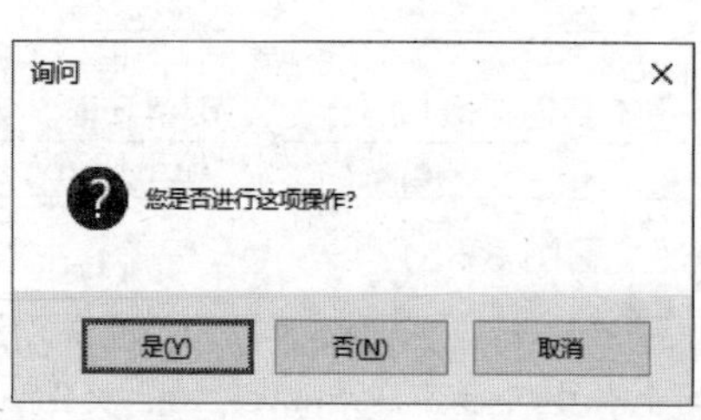

图 8-38 “询问”消息框

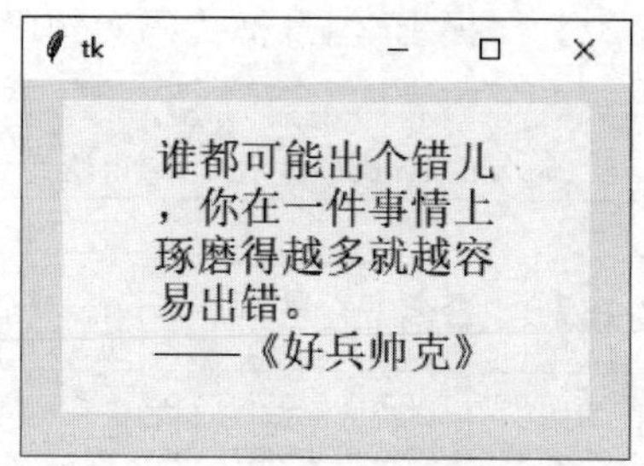

图 8-39 Message 消息框

```
import tkinter as tk                                          # 导入标准模块——GUI
root = tk.Tk()                                                # 创建窗口
root.geometry('300×180')                                      # 定义窗口大小
txt = '谁都可能出个错儿,你在一件事情上琢磨得越多就越容易出错。'\
    '\n——《好兵帅克》'
message = tk.Message(root, bg='lightyellow', text=txt, font='times 16')# 定义消息框文本
message.place(x=20, y=10, width=260, height=150)              # 消息框布局和文字范围
root.mainloop()                                               # 事件消息循环
>>>                                                           # 程序输出见图 8-39
```

3. 消息框自动关闭应用案例

Windows 的 User32.dll 动态函数库有两个消息框延时自动关闭函数，它们为 MessageBoxTimeoutA()和 MessageBoxTimeoutW()(注意字母大小写不能错),第一个仅适用英文操作系统,第二个适用所有语言操作系统。函数 MessageBoxTimeoutW()语法如下:

```
MessageBoxTimeoutW(父窗口句柄, 消息内容, 标题, 按钮类型, 语言 ID, 等待时间)
```

参数“父窗口句柄”一般为 0,即弹出对话框属于哪个窗口,0 表示桌面。

参数“消息内容”为对话框显示的字符串信息。

参数“标题”为弹出对话框的标题。

参数“按钮类型”由 win32con 提供的按钮类型,0 为“确认”(1 个按钮); 1 为“确认/取消”(2 个按钮); 2 为“终止/重试/忽略”(3 个按钮); 3 为“是/否/取消/”(3 个按钮); 4 为“是/否”(2 个按钮); 5 为“重试/取消”(2 个按钮); 16 为“错误”(1 个按钮); 48 为“警告”(1 个按钮)。

参数“语言 ID”一般为 0。

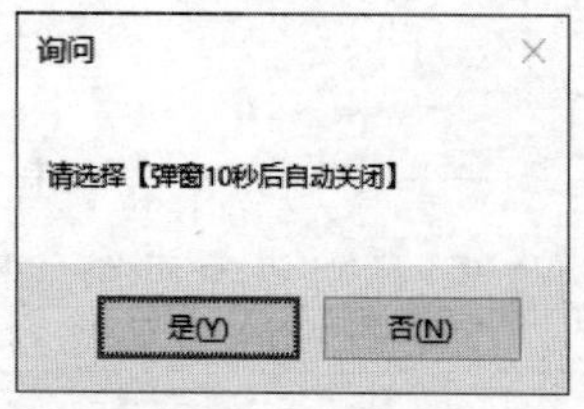

图 8-40 延时自动关闭消息框

参数“等待时间”为延时关闭时间(毫秒),如 3 秒后关闭写为 3000。

【例 8-33】 延时自动关闭消息框设计案例(见图 8-40)。

案例分析: 可以使用 Windows API 函数库中的 MessageBoxTimeoutW()(提示信息可用汉字)实现对话框自动关闭。

```
import win32con                                     # 导入第三方包——Windows API
import ctypes                                       # 导入标准模块——调用动态库
ctypes.windll.user32.MessageBoxTimeoutW(0,          # 调用 Windows API
```

```
    '请选择【弹窗 10 秒后自动关闭】\n', '询问', 4, 0, 10000)    # 消息框类型为 4
>>>                                                            # 程序输出见图 8-40
```

8.4.2 颜色对话框

1. 颜色名和 RGB 值

Tkinter 可以用颜色名,也可以用 RGB 颜色模式。Tkinter 可以使用 Python 的颜色数据库,它将颜色名映射到相应的 RGB 值。常用颜色名有 white 或 w(白)、black 或 b(黑)、red 或 r(红)、green 或 g(绿)、blue 或 b(蓝)、yellow(黄)、pink(桃红)等。

颜色名对大小写不敏感,许多颜色名的单词与单词之间有无空格都有效。如 lightblue、light blue、Light Blue 都是同一个颜色。颜色名一般用元组数据类型表示。

2. RGB 颜色代码

Tkinter 的缺点是不能使用十进制数的 RGB 模式定义颜色,只能用十六进制数指定 RGB 颜色。十六进制数的 RGB 颜色有三种格式(大小写均可):"#rgb"为每个颜色用 4b 表示(很少用),"#rrggbb"为每个颜色用 8b 表示(应用普遍),"#rrrgggbbb"为每个颜色用 12b 表示(偶尔用)。如"#0F0"、"#00FF00"、"#000FFF000"、"#00ff00"都是指红色。

3. 通过颜色对话框选择颜色

模块 colorchooser 有一个内置的颜色选择对话框,功能和 Windows 中的颜色选择器差不多,可以用函数 tkinter.colorchooser.askcolor()打开颜色对话框,语法如下。

```
import tkinter.colorchooser as color                                        # 导入标准模块——颜色
color.askcolor(color = …, initialcolor = …, parent = …, title = …)          # 颜色对话框语法
```

参数 color 和参数 initialcolor 为初始颜色,格式为 RGB,范围为 0~255 的整数元组。

参数 parent 为颜色对话框是否显示在主窗口的上面。

参数 title 为对话框的标题。

函数返回值与用户操作有关。如果用户单击颜色对话框中的"确定"按钮,返回值是一个二元组(颜色元组,十六进制数 RGB 值),如:((255.99609375,0.0,0.0),'#ff0000')。如果用户单击颜色对话框中的"取消"按钮,返回值为(None,None)。

【例 8-34】 颜色对话框应用案例(见图 8-41)。

```
import tkinter.colorchooser as color                  # 导入标准模块——颜色对话框
print(color.askcolor())                               # 调用颜色对话框模块
>>> ((0.0, 0.0, 255.99609375), '#0000ff')             # 程序输出见图 8-41
```

【例 8-35】 用 colorchooser 选择颜色和打印 RGB 代码(见图 8-41、图 8-42)。

```
import tkinter as tk                                  # 导入标准模块——GUI
from tkinter.colorchooser import *                    # 导入标准模块——颜色

def color():                                          # 定义回调函数
    bg_color = askcolor()                             # 弹出颜色对话框
    print(bg_color)                                   # 打印选取的颜色值
    root.config(bg = bg_color[1])                     # 选择颜色作为背景色
```

```
root = tk.Tk()                                                    # 创建主窗口
root.geometry('250x100 + 800 + 400')                              # 定义窗口大小
but1 = tk.Button(root, text = '单击选择颜色', command = color)    # 按钮触发回调函数
but1.place(x = 80, y = 30)                                        # 组件坐标布局
root.mainloop()                                                   # 事件消息循环
>>> ((0.0, 0.0, 255.99609375), '#0000ff')                         # 程序输出见图8-41、图8-42
```

图 8-41　颜色对话框

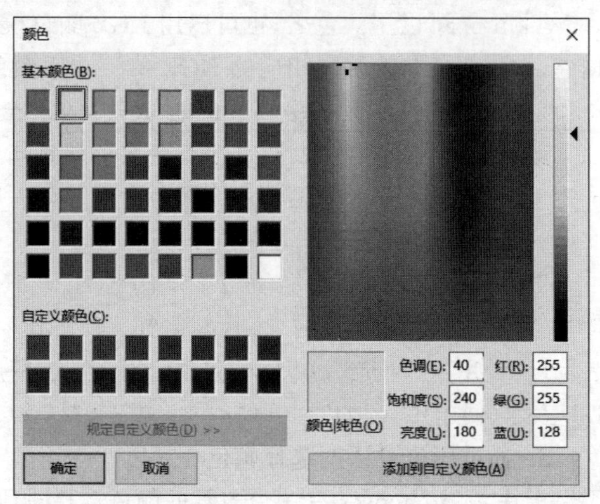

图 8-42　颜色选择对话框

8.4.3　文件对话框

打开文件、保存文件时,都会弹出一个文件对话框,让用户选择打开的文件或保存文件的路径。子模块 filedialog 提供了文件和目录的各种对话框操作,语法如下。

```
import tkinter.filedialog as file
file.askopenfilename(defaultextension, filetypes, initialdir, initialfile, parent, title,
typevariable)
```

参数 defaultextension 为默认扩展名(没有写扩展名时的默认扩展名)。

参数 filetypes 为文件类型选项,格式为:[(文件说明,文件扩展名),…)]。

参数 initialdir 为初始目录路径。

参数 initialfile 为初始路径和文件名(可加文件扩展名,也可不加)。

参数 parent 为主窗口(弹出的对话框显示在主窗口上面,空着为默认值,直接弹出)。

参数 title 为窗口标题名。

参数 typevariable 为类型变量。

返回值为字符串对象(文件路径)。

【例 8-36】　通过 filedialog 模块打开各种文件对话框(见图 8-43)。

```
import tkinter.filedialog as file                                  # 导入标准模块——文件夹
value = file.askopenfilename(filetypes = [('All Files', '.*')],    # '打开文件'对话框
    title = '打开文件', initialfile = 'test.py', initialdir = 'd:\\test\\')
                                                                   # 打开文件路径和文件名
```

```
file1 = file.asksaveasfilename()                # 文件另存为,返回文件名
file2 = file.asksaveasfile()                    # 文件另存为,创建新文件
file3 = file.askopenfiles()                     # 打开文件,多个文件流对象
file4 = file.askopenfilename()                  # 打开文件,返回文件名
file5 = file.askopenfilenames()                 # 打开文件,返回多个文件名
file6 = file.askopenfile()                      # 打开文件,返回文件流对象
file7 = file.askdirectory()                     # 打开目录,返回目录名
>>>                                             # 程序输出见图 8-43
```

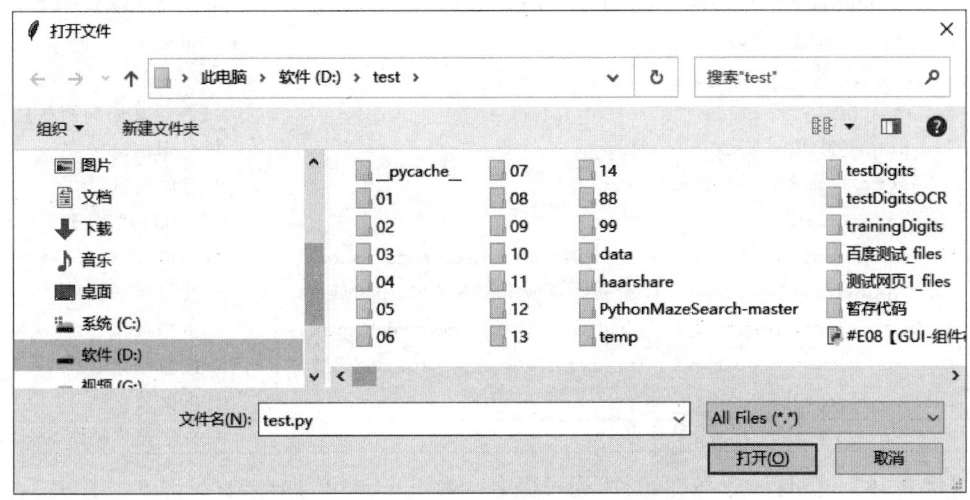

图 8-43 “打开文件”对话框

8.5 事件驱动程序设计

8.5.1 事件触发命令 command

事件驱动程序设计就是当某个事件发生时,程序立即调用与这个事件对应的处理函数进行相关操作。用户通常都会有一些操作行为,如单击、键盘输入、程序退出等,这些行为称为事件。这些事件有一个共同的特点,即事件都是由用户直接或者间接的操作而触发的。**程序根据事件采取的操作称为回调(callback)**。

Tkinter 的事件触发命令是 command,用户单击组件时,将会触发调用回调函数(也称为钩子函数,即事件处理函数)。按钮(Button)、菜单(Menu)等组件可以在创建时通过事件触发命令 command 绑定回调函数,也可以通过绑定函数 bind()等方法,将事件绑定到回调函数上。事件触发命令的语法格式如下。

```
command = 回调函数名                    # 注意,回调函数名后不需要括号
```

回调函数名后面没有括号和参数。Tkinter 要求回调函数不能含有参数,目的是以统一的方式调用这些组件。如果回调函数需要强制传入参数,那么可以使用匿名函数的形式传入,如 command=lambda: 回调函数名(参数)。

【例 8-37】 用事件触发回调函数(见图 8-44)。

```
import tkinter as tk                                                  # 导入标准模块——GUI

root = tk.Tk()                                                        #【1.创建主窗口】
root.title('事件触发')                                                # 窗口标题命名
tk.Label(root, text = '作品:').grid(row = 0, column = 0)              # 定义标签 1
tk.Label(root, text = '作者:').grid(row = 1, column = 0)              # 定义标签 2
ent1 = tk.Entry(root)                                                 # 定义单行文本框 1
ent2 = tk.Entry(root)                                                 # 定义单行文本框 2
ent1.grid(row = 0, column = 1, padx = 10, pady = 5)                   # 布局 0 行 1 列,宽,高
ent2.grid(row = 1, column = 1, padx = 10, pady = 5)                   # 布局 1 行 1 列,宽,高

def show():                                                           #【2.定义回调函数】
    print('作品:《%s》' % ent1.get())                                 # 打印信息
    print ('作者: %s' % ent2.get())                                   # 打印信息
                                                                      #【3.布局组件】
tk.Button(root, text = '获取信息', width = 10, command = show)\       # 单击按钮,事件触发
    .grid(row = 3, column = 0, sticky = 'w', padx = 10, pady = 5)     # 按钮网格布局
tk.Button(root, text = '退出', width = 10, command = root.quit)\      # 单击按钮,事件触发
    .grid(row = 3, column = 1, sticky = 'e', padx = 10, pady = 5)     # 按钮网格布局
root.mainloop()                                                       # 事件消息循环
>>>作品:《西游记》 作者:吴承恩                                        # 程序输出见图 8-44
```

【例 8-38】 设计一个按钮组件,通过匿名函数 lambda 传递参数(见图 8-45)。

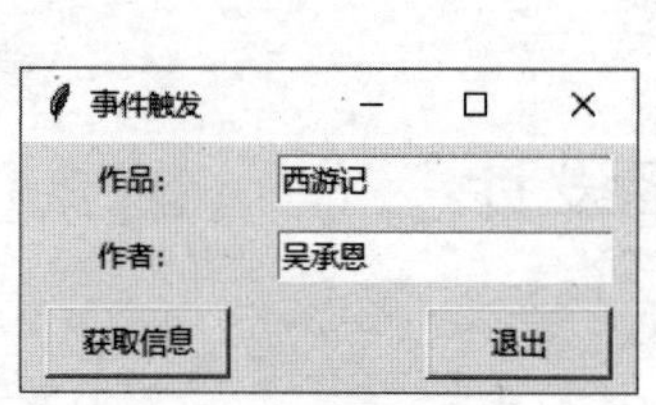

图 8-44 窗口信息

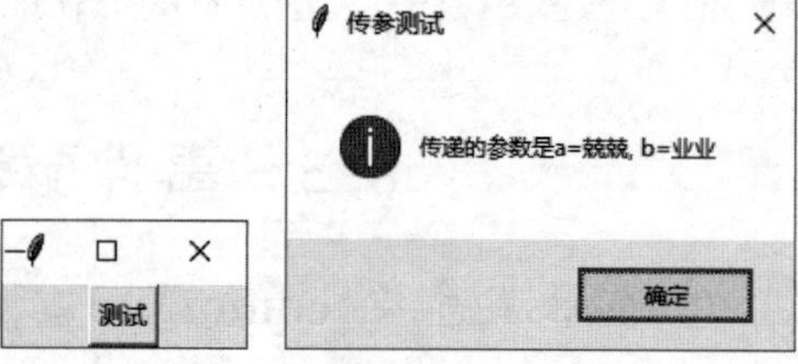

图 8-45 信息框事件

```
1  import tkinter as tk                                          # 导入标准函数——GUI
2  from tkinter import messagebox                                # 导入标准函数——消息框
3
4  def mouseTest(a, b):                                          # 定义回调函数
5      messagebox.showinfo('传参测试', '传递的参数是 a = {}, b = {}'.format(a,b))
6
7  root = tk.Tk()                                                # 创建主窗口
8  tk.Button(root, text = '测试', command = lambda:mouseTest('兢兢', '业业')).pack()
9  root.mainloop()                                               # 事件消息循环
   >>>                                                           # 程序输出见图 8-45
```

程序说明:程序第 8 行,函数 tk.Button()是定义按钮组件;参数 root 为主窗口名;参数 text='测试'为按钮中的字符;参数 command 是事件触发命令;参数 lambda:mouseTest()是匿名函数,'兢兢'、'业业'是匿名函数传递的参数;函数 pack()是组件布局管理器。

8.5.2 事件绑定函数 bind()

1. 事件绑定函数 bind()概述

事件绑定函数 bind()比事件触发命令 command 应用广泛得多。常见事件类型有鼠标事件(单击、滚动、经过等)、键盘事件(按下、组合键、虚拟键盘映射等)、退出事件和窗口位置改变事件等。所有组件都可以通过函数 bind()绑定到具体事件上,从而实现布局与用户的交互。事件绑定函数语法如下。

```
组件变量名.bind(widget,'<事件类型>', 回调函数)
```

参数 widget 为组件对象。

参数"<事件类型>"为字符串,表示事件的类型,事件类型见表 8-10。

参数"回调函数"(callback)是事件触发时处理事件的函数(一般由用户定义)。

说明:

(1) 函数 bind()除了使用全局变量外,没有更好的办法传入参数。

(2) 函数 bind()可以与事件绑定,而函数 unbind()可以解除绑定。

2. 鼠标和键盘事件

事件类型主要包括鼠标和键盘事件(见表 8-10)等。

表 8-10 鼠标和键盘事件

事 件 码	键盘和键盘事件说明
< Alt-KeyPress-A >	同时按下 Alt 和 A; Alt 可用 Ctrl 和 Shift 替代
< B1-Motion >	按住鼠标左键移动
< Button-1 >	单击,简写为< Button-1 >,1 为左键、2 为中间滑轮、3 为右键
< ButtonRelease-1 >	释放鼠标左键,1 为左键、2 为中间滑轮、3 为右键
< Control-Alt >	组合键,如< Control-Shift-KeyPress-T >为按 Ctrl+Shift+T 组合键
< Double-Button-1 >	双击
< Enter >	鼠标指针进入某一组件区域
< F1>…<F12 >	常用的功能键
< Key >	按下键盘上的任意键
< KeyPress-A >	按下 A 键,A 可以是其他键
< KeyRelease >	释放键盘上的按键
< Key-Return >	Enter 键,其他同类型键有 Shift、Tab、Ctr、Alt
< Lock-KeyPress-A >	大写状态下按 A 键
< MouseWheel >	转动鼠标滑轮
< Space >	空格键
< UP >/< Down >/< Left >/< Right >	方向键

3. 响应事件属性

响应事件属性如表 8-11 所示。

表 8-11 响应事件属性

属 性	事件属性说明
char	返回按键字符,仅支持键盘事件
keycode	返回按键编码,某个按键的数字编号。如 Delete 按键码是 107

续表

属　　性	事件属性说明
keysym	返回按键名。如 Control_L 表示左边的 Ctrl 按键
num	鼠标按键,1(左)、2(中)、3(右)中的一个,表示单击了鼠标的哪个按键
type	触发事件类型
widget	引起事件的组件
width,height	组件改变后的大小,仅对 Configure 有效
x,y	返回鼠标当前位置,相对于窗口,单位为像素
x_root,y_root	返回鼠标当前位置,相对于整个屏幕,单位为像素

4. 事件绑定函数应用案例

【例 8-39】 将按钮与文本框进行绑定,单击按钮时,输出文本框内的内容;并且光标经过按钮时,输出坐标位置(见图 8-46)。

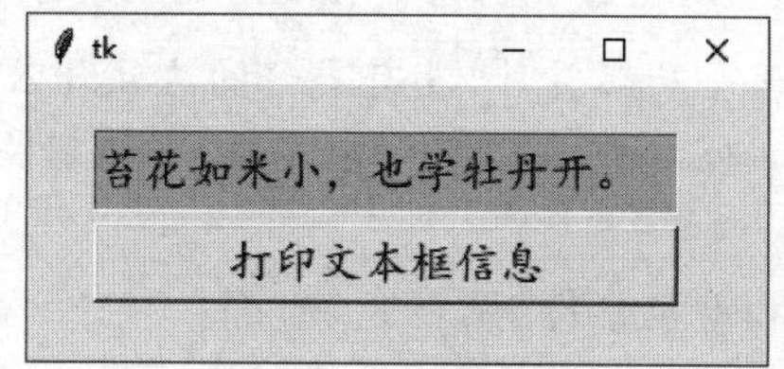

图 8-46　程序输出

```
1   import tkinter as tk                                            # 导入标准模块——GUI
2
3   root = tk.Tk()                                                  # 创建主窗口
4   root.geometry('330x120')                                        # 定义窗口大小
5   frm1 = tk.Frame(root)                                           # 定义存放文本框的框架
6   def click(event):                                               # 定义光标回调函数
7       print('自动触发\n 光标位置:', event.x, event.y)              # 获取和打印鼠标坐标
8   def message():                                                  # 定义打印回调函数
9       print('输入信息:', ent1.get())                               # 获取和打印文本框信息
10
11  ent1 = tk.Entry(frm1, font = ('楷体', 15), bg = 'pink')         # 定义文本框在 frm1 框架内
12  frm1.place(x = 20, y = 10, width = 300, height = 100)          # 框架 1 坐标布局
13  ent1.insert(0, '苔花如米小,也学牡丹开。')                        # 在文本框中插入预定义字符
14  ent1.place(x = 10, y = 10, width = 260, height = 35)           # 文本框 1 坐标布局
15  but1 = tk.Button(frm1, text = '打印文本框信息',                  # 定义按钮 1
16      font = ('楷体', 15), command = message)                     # 单击按钮时触发回调函数
17  but1.bind('<Enter>', click)                                     # 绑定自动触发回调函数
18  but1.place(x = 10, y = 50, width = 260, height = 35)           # 按钮 1 坐标布局
19  root.mainloop()                                                 # 事件消息循环
    >>>                                                             # 程序输出见图 8-46
    自动触发
    光标位置: 118 34
    输入信息: 苔花如米小,也学牡丹开。
```

程序说明:

程序第 11 行,文本框 Entry 与普通按钮有所不同,它不能通过 command 参数直接触发回调函数。因此,必须通过另外的组件将文本框事件与回调函数进行绑定,这里通过框架布

局 frm1 来绑定文本框输入事件。

程序第 15 行，单击“打印文本框信息”按钮时，打印文本框中输入的信息。由于框架 frm1 是按钮 but1 的父组件，因此鼠标进入按钮时会触发坐标打印回调函数。

程序第 17 行，参数'< Enter >'是当鼠标进入组件时触发该事件（注意，不是用户按下 Enter 键，Enter 键事件是< Key-Return >）。按钮 but1 绑定 click()回调函数，当鼠标进入“打印文本框信息”按钮中时，自动触发 click()函数，并且打印鼠标进入按钮交界处的坐标位置。

8.5.3 案例：简单选择题程序设计

【例 8-40】 显示窗口信息（见图 8-47），单击窗口中的“标准答案”按钮时，触发消息框事件（见图 8-48）。Python 程序如下。

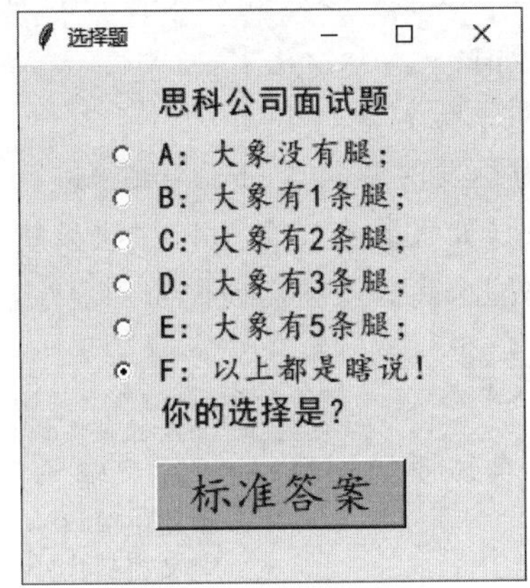

图 8-47 显示窗口信息

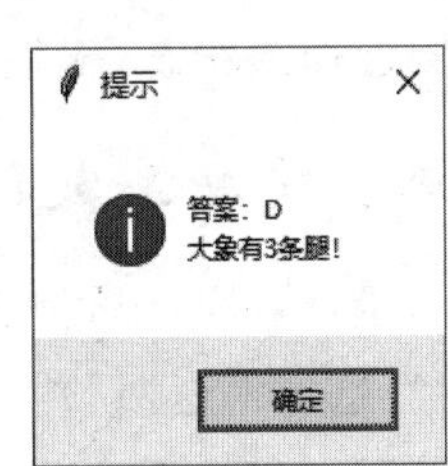

图 8-48 消息框事件

```
import tkinter as tk                                  # 导入标准模块——GUI
import tkinter.messagebox                             # 导入标准模块——消息框

root = tk.Tk()                                        #【1.创建主窗口】
root.title('选择题')                                   # 窗口标题命名
root.geometry('300x300')                              # 定义窗口大小
mytext = ['A:大象没有腿;', 'B:大象有 1 条腿;',          #【2.数据初始化】
          'C:大象有 2 条腿;', 'D:大象有 3 条腿;',
          'E:大象有 5 条腿;', 'F:以上都是瞎说!']
v = tk.IntVar()                                       # 单选按钮变量初始化
v.set(1)                                              # 定义单选按钮初值
h = 40                                                # 标签其实高度初始化
lab1 = tk.Label(root, text = '思科公司面试题', font = ('黑体', 14))   #【3.题目信息显示】
lab1.place(x = 80, y = 10)                            # 题目标签坐标布局
lab1 = tk.Label(root, text = '你的选择是?', font = ('黑体', 14))     # 提示信息标签
lab1.place(x = 80, y = 190)                           # 提示标签坐标布局

for i in mytext:                                      #【4.循环显示标签】
    lab3 = tk.Label(root, text = i, font = ('楷体', 14), justify = 'left')   # 显示标签内容
    lab3.place(x = 80, y = h)                         # 标签坐标布局
```

```
21     rad = tk.Radiobutton(root, variable = v, value = i)        # 定义单选按钮
22     rad.place(x = 50, y = h)                                   # 单选按钮坐标布局
23     h = h + 25                                                 # 每行标签的高度
24 
25 def click_me():                                                #【5.定义回调函数】
26     tkinter.messagebox.showinfo(title = '提示',                 # 信息对话框
27         message = '答案:D\n 大象有 3 条腿!')                     # 消息框显示内容
28 btn = tk.Button(root, text = '标准答案', bg = 'pink',            #【6.定义按钮】
29     font = ('楷体', 20), command = click_me)                     # 按钮触发回调函数
30 btn.place(x = 80, y = 230, width = 150, height = 40)           # 指定按钮显示位置
31 root.mainloop()                                                #【7.事件消息循环】
   >>>                                                            # 程序输出见图 8-47
```

程序说明：

程序第 19 行，参数 text=i 为每行显示的标签文字；参数 justify='left'为文字居左。

程序第 23 行，h=h+25 为标签 y 坐标递增值。

程序第 26、27 行，调用了系统内置的消息对话框。

程序第 29 行，参数 command=click_me 为触发回调函数 click_me()进行事件处理。

案例说明：工程项目中，达到理想状态很难(如大象有 4 条腿)，往往只能退而求其次。数字 3 和 5 都接近理想状态，腿是大象的宝贵资源，而 3 条腿需要的资源更少。

8.5.4 案例：健康系数计算程序设计

【例 8-41】 设计一个计算健康指数(BMI，身体质量指数)的程序。输入数据为体重和身高，在弹出的消息框中返回 BMI(见图 8-49)。

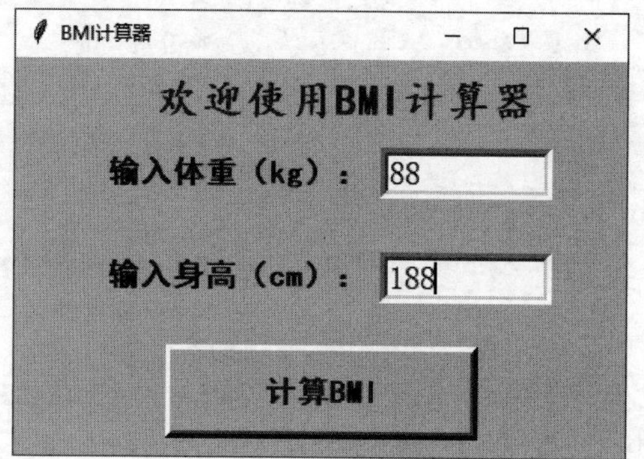

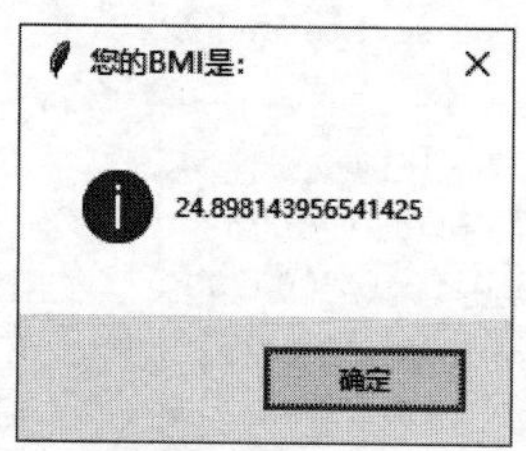

图 8-49 BMI 计算器

```
import tkinter as tk                                # 导入标准模块——GUI
from tkinter import messagebox                      # 导入标准模块——消息框

def get_height():                                   # 定义获取身高数据函数
    height = float(ent2.get())                      # 获取文本框 2 输入数据
    return height                                   # 返回身高值
def get_weight():                                   # 定义获取体重数据函数
    weight = float(ent1.get())                      # 获取文本框 1 输入数据
    return weight                                   # 返回体重值
def myBMI():                                        # 定义 BMI 回调函数
```

```
    try:                                                    # 异常捕获
        height = get_height()                               # 调用身高函数
        weight = get_weight()                               # 调用体重函数
        height = height/100.0                               # 单位换算
        bmi = weight/(height ** 2)                          # 计算 BMI
    except ZeroDivisionError:                               # 捕获被 0 除异常
        messagebox.showinfo('提示', '请输入有效数据!')
    except ValueError:                                      # 捕获数据异常
        messagebox.showinfo('提示', '请输入有效数据!')
    else:
        messagebox.showinfo('您的 BMI 是:', bmi)             # 消息框显示 BMI 值

root = tk.Tk()                                              # 创建主窗口
root.bind('<Return>', myBMI)                                # 按钮绑定 BMI 回调函数
root.geometry('400x250')                                    # 设定窗口,宽×高
root.configure(background = 'lightblue')                    # 窗口背景为亮蓝色
root.title('BMI 计算器')                                     # 窗口标题
lab1 = tk.Label(root, bg = 'lightblue', fg = 'blue',        # 定义标签 1
    text = '欢迎使用 BMI 计算器',                             # 背景为亮蓝色,字符为蓝色
    font = ('楷体 20 bold'))                                 # 字体,大小,加粗
lab1.place(x = 90, y = 10)                                  # 标签 1 坐标布局
lab2 = tk.Label(root, bg = 'lightblue', text = '输入体重(kg):',  # 定义标签 2
    bd = 6, font = ('黑体 15 bold'))                          # 字体,大小,加粗
lab2.place(x = 55, y = 50)                                  # 标签 2 坐标布局
ent1 = tk.Entry(root, bd = 5, width = 10, font = 'Roboto 15')  # 定义文本框 1
ent1.place(x = 240, y = 55)                                 # 文本框 1 坐标布局
lab3 = tk.Label(root, bg = 'lightblue', text = '输入身高(cm):',  # 定义标签 3
    bd = 6, font = ('黑体 15 bold'))                          # 边框宽,字体
lab3.place(x = 55, y = 115)                                 # 标签 3 坐标布局
ent2 = tk.Entry(root, bd = 5, width = 10, font = 'Roboto 15')  # 定义文本框 2
ent2.place(x = 240, y = 120)                                # 文本框 2 坐标布局
but = tk.Button(bg = 'pink', fg = 'blue', bd = 5, text = '计算 BMI',  # 定义按钮
    command = myBMI, font = ('黑体 15 bold'))                 # 事件触发回调函数
but.place(x = 140, y = 180)                                 # 按钮坐标布局

root.mainloop()                                             # 事件消息循环
>>>                                                         # 程序输出见图 8-49
```

8.5.5 案例:文本编辑器程序设计

【例 8-42】 设计一个简单的文本编辑器程序(见图 8-50、图 8-51)。

```
import tkinter as tk                                        # 导入标准模块
import tkinter.messagebox as box                            # 导入标准模块
from tkinter import filedialog                              # 导入标准模块

def callback():                                             #【1. 提示函数】
    box.showinfo(title = 'Hi', message = '功能建设中!')
def openfile():                                             #【2. 文件函数】
    file_name = filedialog.askopenfilename()                # 打开文件
    if file_name != '':                                     # 如果文件非空
```

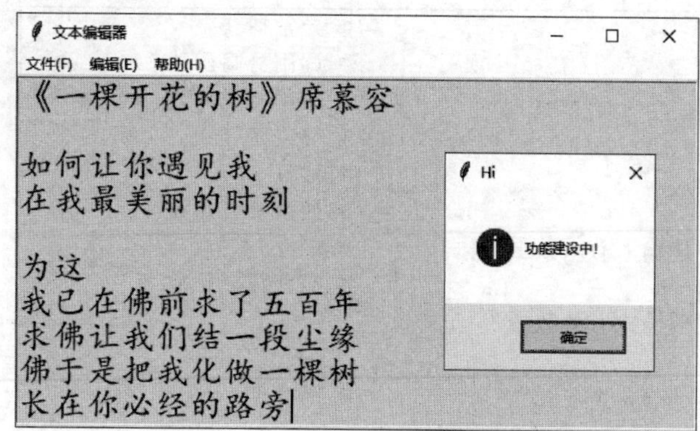

图 8-50 文本编辑器框架程序

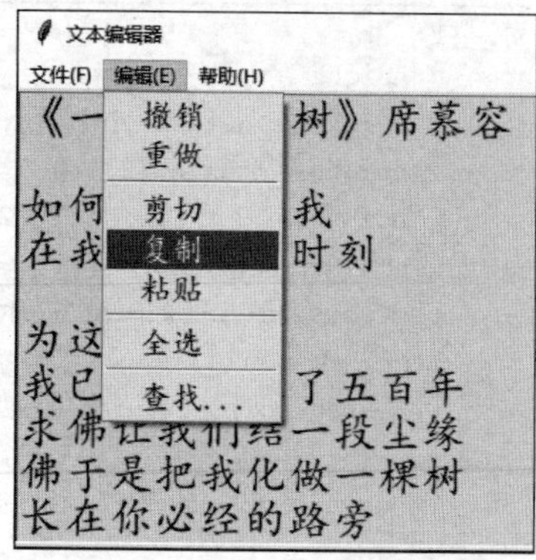

图 8-51 二级菜单

```
        txt.delete(1.0, tk.END)                                              # 则删除空格
        file = open(file_name, 'r', encoding = 'utf8', errors = 'ignore')    # 创建文件句柄
        txt.insert(1.0, file.read())                                         # 读取和插入文件
        file.close()                                                         # 关闭文件
def cut(event = None):                                                       #【3. 剪切函数】
    txt.event_generate('<< Cut >>')
def copy(event = None):                                                      #【4. 复制函数】
    txt.event_generate('<< Copy >>')
def paste(event = None):                                                     #【5. 粘贴函数】
    txt.event_generate('<< Paste >>')
def author():                                                                #【6. 关于函数】
    box.showinfo(title = '关于', message = '文本编辑器\n 编程:易建勋')

root = tk.Tk()                                                               #【7. 初始化】
root.title('文本编辑器')                                                      # 窗口标题
menubar = tk.Menu(root)                                                      # 定义菜单栏

file = tk.Menu(menubar, tearoff = False)                                     #【8. 文件菜单】
menubar.add_cascade(label = '文件(F)', menu = file, font = ('楷体', 15))      # 创建顶层菜单
file.add_command(label = '新建', command = callback, font = ('楷体', 15))     # 增加二级菜单
file.add_command(label = '打开', command = openfile, font = ('楷体', 15))
file.add_separator()                                                         # 增加分隔线
file.add_command(label = '保存', command = callback, font = ('楷体', 15))
file.add_separator()                                                         # 增加分隔线
file.add_command(label = '退出', command = root.destroy, font = ('楷体', 15)) # 退出程序

edit = tk.Menu(menubar, tearoff = False)                                     #【9. 编辑菜单】
menubar.add_cascade(label = '编辑(E)', menu = edit, font = ('楷体', 15))      # 创建顶层菜单
edit.add_command(label = '撤销', command = callback, font = ('楷体', 15))     # 增加二级菜单
edit.add_command(label = '重做', command = callback, font = ('楷体', 15))
edit.add_separator()                                                         # 增加分隔线
edit.add_command(label = '剪切', command = cut, font = ('楷体', 15))          # 回调剪切函数
edit.add_command(label = '复制', command = copy, font = ('楷体', 15))         # 回调复制函数
edit.add_command(label = '粘贴', command = paste, font = ('楷体', 15))        # 回调粘贴函数
edit.add_command(label = '全选', command = callback, font = ('楷体', 15))
edit.add_command(label = '查找', command = callback, font = ('楷体', 15))
```

```
46
47  about = tk.Menu(menubar, tearoff = False)                                      #【10.关于菜单】
48  menubar.add_cascade(label = '帮助(H)', menu = about, font = ('楷体', 15))    # 创建顶层菜单
49  about.add_command(label = '关于', command = author, font = ('楷体', 15))     # 回调关于函数
50
51  txt = tk.Text(root, height = 10, width = 40, bg = 'bisque', font = ('楷体', 20))  #【11.文本区】
52  txt.pack()                                                                      # 组件顺序布局
53
54  root.config(menu = menubar)                                                     #【12.显示菜单】
55  root.mainloop()                                                                 # 事件消息循环
    >>>                                                                             # 程序输出见图 8-49
```

程序说明：

(1) 由于教材篇幅限制，程序仅实现了“打开”“退出”“剪切”“复制”“粘贴”“关于”等功能，其他功能尚待开发。

(2) “打开”功能可以打开 UTF8 编码文本，打开 GBK 编码文本会出现乱码。

(3) 程序第 12 行，函数 insert(1.0,file.read())为添加项目到文本框中，参数 1.0 为填充位置索引号，没有小数点将报错；参数 file.read()为填充内容，即读出文本的内容。

(4) 程序第 28 行，顶层菜单字体和大小不能改变，二级菜单可以定义字体大小。

习　题　8

8-1　简述 Tkinter 图形界面编程的特征。

8-2　简述什么是事件驱动程序设计。

8-3　简述 Place、Grid、Pack 三个组件管理器的不同功能。

8-4　编程：调试运行例 8-2 程序，掌握 GUI 程序基本结构。

8-5　编程：调试运行例 8-5 程序，了解组件尺寸和布局程序设计。

8-6　编程：调试运行例 8-14 程序，掌握在窗口中放置背景图片。

8-7　编程：调试运行例 8-17 程序，掌握回调函数程序设计。

8-8　编程：调试运行例 8-22 程序，掌握登录窗口程序设计。

8-9　编程：设计一个只能做加法运算的 GUI 程序，界面如图 8-52 所示。

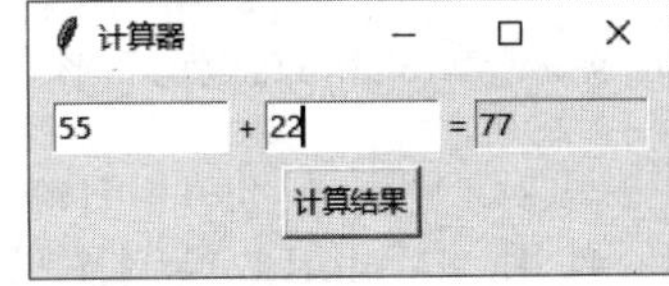

图 8-52　简单加法运算的 GUI 程序

8-10　编程：设计用鼠标右键实现“剪切-复制-粘贴”弹出菜单功能的程序。

第9章　可视化程序设计

可视化包括科学可视化和信息可视化两方面。科学可视化是对科学技术数据和模型的解释、操作与处理；信息可视化包含数据可视化、知识可视化、视觉设计等技术。可视化致力于以直观方式表达抽象信息，使用户能够立即理解大量信息。

9.1　二维图可视化 Matplotlib

9.1.1　Matplotlib 常用绘图函数

1. Matplotlib 概述

Matplotlib 是 Python 中应用广泛的开源第三方绘图软件包，它可以生成出版质量级别的图形，它提供了与商业软件 MATLAB 相似的命令和 API(应用程序接口)，非常适合交互式绘图。通过 Matplotlib，开发者仅需简单的代码就可以生成折线图、曲线图、散点图、直方图、饼图、2D 图形、3D 图形、GIF 动画图等(见图 9-1)。

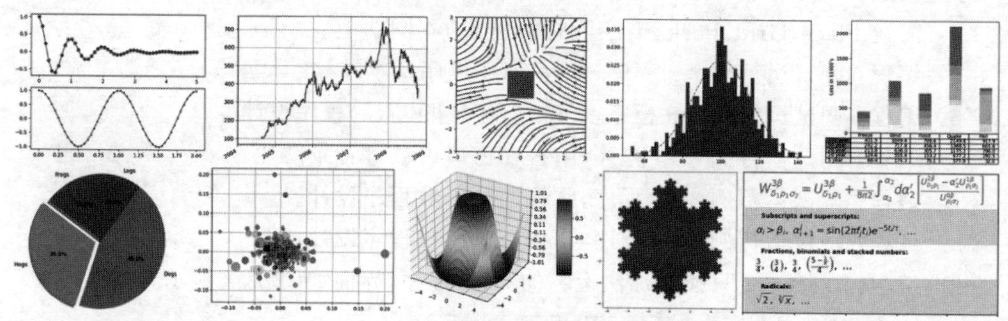

图 9-1　Matplotlib 绘制的图形

英文网站(https://matplotlib.org/)和中文网站(https://www.matplotlib.org.cn/)可以查看 Matplotlib 的使用指南。使用 Matplotlib 绘制图形过程中，一般还会用到的第三方软件包有 NumPy(科学计算包)、Pandas(数据分析包)等。

软件包 Matplotlib 提供了 pyplot 和 pylab 两个主要绘图模块，它们各有优点。模块 pyplot 为底层绘图提供接口，这意味着可以自动创建图形和坐标轴，以实现绘图的需要；而模块 pylab 结合了 pyplot 的功能(用于绘图)和 NumPy 的功能(用于数学和数组处理)。模块 pyplot 通常用于非交互式绘图，而模块 pylab 则更便于交互式计算和绘图。

【例 9-1】 从国外官方网站安装 Matplotlib 软件包时容易导致失败，可以改为国内清华大学镜像网站安装。进入 Windows shell 窗口后，安装方法如下。

```
> pip install  - i https://pypi.tuna.tsinghua.edu.cn/simple matplotlib      # 版本为 3.6.2
```

2. 函数 plt.plot()使用说明

在 Matplotlib 中,频繁使用函数 plt.plot()进行图形绘制,图形绘制语法如下。

```
plt.plot(x, y, 格式符代码, ** kw)
```

函数 plt.plot()中,前缀 plt 是别名(不是函数名),也可以是其他名称。

参数 x、y 为对象(如数据点、文字、曲线等)坐标值。

参数"格式符代码"为控制图形曲线的格式字串,它由颜色代码、线条形状代码、数据点标记代码组成,具体代码如表 9-1~表 9-3 所示。

参数 ** kw 是不定长的关键字参数,用字典形式定义图形其他属性,如线条粗细(如 linewidth=2)、图例标签(如 label='说明')等属性。

表 9-1 函数 plt.plot()中颜色代码

字 符	颜 色	字 符	颜 色	字 符	颜 色
'r'	red,红色	'k'	black,黑色	'c'	cyan,青色
'g'	green,绿色	'w'	white,白色	'm'	magenta,品红
'b'	blue,蓝色	'y'	yellow,黄色	'#00ff00'	RGB 模型的绿色

表 9-2 函数 plt.plot()中线条形状代码

符 号	说 明	符 号	说 明	符 号	说 明
'-'	实线	'-.'	点画线	'|'	垂直线
'--'	虚线	':'	细小虚线	'_'	水平线

表 9-3 函数 plt.plot()中数据点标记代码

符 号	标记显示	符 号	标记显示	符 号	标记显示
'o'	●(圆点)	's'	■(正方形)	'h'	⬢(六角形)
'*'	★(星形)	'p'	⬟(五角形)	'H'	⬣(六角形)
'v'	▼(倒三角形)	'+'	+(十字形)	'D'	◆(钻石形)
'^'	▲(正三角形)	'x'	╳(叉号)	'd'	⧫(小钻石形)

函数 plt.plot()绘制图形的命令分别如表 9-4 和表 9-5 所示。

表 9-4 函数 plt.plot()基本绘图的命令

命 令	说 明
plt.figure(figsize)	定义画布大小,figsize 为画布长和高(单位为英寸)
plt.xlabel('字符串')	绘制 x 轴的标签文字,例: plt.xlabel('时间')
plt.ylabel('字符串')	绘制 y 轴的标签文字,例: plt.ylabel('产值')
plt.xticks(x,列表)	x 轴刻度,例: plt.xticks(x,['高数','英语','计算机','物理'])
plt.title('字符串')	绘制标题,例: plt.title('文字',fontproperties='simhei',fontsize=20)
plt.text(x,y,'注释')	绘制注释,例: plt.text(x,y,'注释',fontproperties='KaiTi',fontsize=14)
plt.grid(True)	绘制网格
plt.savefig('文件名.png')	保存绘制图形
plt.legend()	显示图例标签
plt.show()	显示所有绘图对象
plt.close()	关闭绘图对象

注意,必须在 import matplotlib. pyplot as plt 语句中说明 plt 为 matplotlib. pyplot 的别名。

表 9-5　函数 plt. plot()绘制各种图形的命令

命　令	说　明
plt. plot(x,y ,fmt)	绘制坐标图。x,y 为数据点坐标；fmt 为数据点形式
plt. hist(x,bins,color)	绘制直方图。x 为 x 轴数据；bins 为直条数；color 为直条颜色
plt. bar(left,height,width,bottom)	绘制竖直条形图。left 为左边起始坐标；height 为条形高度
plt. barh(width,bottom,left,height)	绘制横向条形图。bottom 为 y 轴起始坐标；width 为条形宽度
plt. scatter(x,y)	绘制散点图。x,y 为数据点坐标
plt. pie(data,explode)	绘制饼图。data 为各部分比例；explode 为分离开的饼图
plt. polar(theta,r)	绘制极坐标图。theta 为极径夹角；r 为标记到原点的距离
plt. boxplot(data,notch,position)	绘制箱形图。data 为数据；notch 为图形形式；position 为图形位置

3. Matplotlib 使用中文字体

Matplotlib 使用中文字体文件名(如 simhei),不使用中文字体名(如黑体),而且只支持 ttf 格式字体。常用中文字体文件名与字体名对照如下：simhei 或 SimHei 为黑体,simsun 或 SimSun 为宋体,Microsoft YaHei 为微软雅黑,fangsong 或 FangSong 为仿宋,kaiti 或 KaiTi 为楷体。在 Matplotlib 显示中文字符时,可以采用以下语句之一(程序片段)。

```
plt.title('标题名', fontproperties = 'simhei', fontsize = 20)          # 方法 1:定义局部字体
plt.rcParams['font.family'] = 'SimHei'                               # 方法 2:定义全局字体
plt.rc('font', family = 'kaiti', weight = 'bold', size = 15)         # 方法 3:定义全局字体
font = FontProperties(fname = 'C:\\Windows\\Fonts\\simhei.ttf')      # 方法 4:定义全局字体
plt.rcParams['axes.unicode_minus'] = False                           # 解决负坐标出错问题
```

9.1.2　案例：企业产值单折线图

折线图可以显示随时间而变化的连续数据,因此非常适用于显示在相等时间间隔下数据的趋势。在折线图中,类别数据沿水平轴均匀分布,所有值数据沿垂直轴均匀分布。有多个数据系列时,尤其适合使用折线图,一个系列对应一个折线图。如果拥有的数值标签多于 10 个,改用散点图比较合适。

【例 9-2】 某企业近年产值如表 9-6 所示,根据数据绘制折线图(见图 9-2)。

表 9-6　某企业 2014—2020 年的产值

时间	2014	2015	2016	2017	2018	2019	2020
产值/万元	300	350	500	800	650	750	660

案例分析：

(1) 从表 9-6 看,可以将横坐标(x)设为年份,纵坐标(y)设为产值。由于数据不多,因此可以将坐标值用列表表示,用函数 plot()进行折线图绘制。

(2) Matplotlib 对中文的兼容性不是很好,绘图时需要解决中文乱码问题。

(3) 保存 Matplotlib 绘制的图形时,会出现保存的图片无效或图片空白问题。

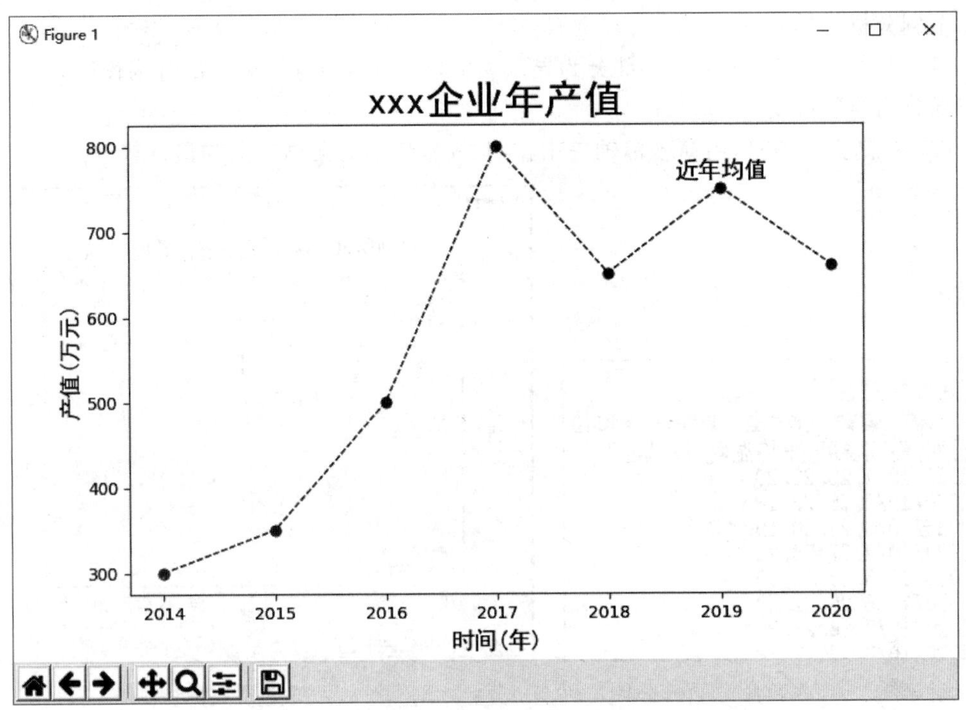

图 9-2　企业年产值折线图

```
1  import numpy as np                                       # 导入第三方包——科学计算
2  import matplotlib.pyplot as plt                          # 导入第三方包——可视化
3
4  x = [2014, 2015, 2016, 2017, 2018, 2019, 2020]           # x 轴坐标数据列表
5  y = [300, 350, 500, 800, 650, 750, 660]                  # y 轴坐标数据列表
6  plt.figure(figsize=(8, 5))                               # 图形长和高,单位为英寸
7  plt.plot(x, y, 'bo--', linewidth=1)                      # bo--表示蓝色,圆点,虚线
8  plt.xlabel('时间(年)', fontproperties='simhei', fontsize=14)  # x 轴标签,simhei 为黑体
9  plt.ylabel('产值(万元)', fontproperties='simhei', fontsize=14)  # y 轴标签,字体大小为 14
10 plt.title('xxx 企业年产值', fontproperties='simhei', fontsize=24)  # 绘制图片标题
11 plt.text(2018.6, 760, '近年均值', fontproperties='simhei',  # 绘制注释文字
   fontsize=14)
12 plt.savefig('折线图 out.png')                             # 保存图片(相对路径)
13 plt.show()                                               # 显示全部图形
   >>>                                                      # 程序输出见图 9-2
```

说明:

① 程序第 2 行 import matplotlib.pyplot as plt 修改为 import pylab as plt,其运行结果相同。

② 图片不能保存的原因有两个:一是应当先保存图形文件,再显示图形(如程序第 12 行在前,第 13 行在后);二是保存的图片文件扩展名必须为.png。

9.1.3　案例:温度变化多折线图

【例 9-3】 图 9-3 是某地区 2020 年 10 月 1 日到 31 日的"气温.csv"数据文件。对最高气温和最低气温数据用折线图进行可视化表示(见图 9-4)。

案例分析:

(1) 程序分为三部分:第一部分为导入相关模块和软件包;第二部分为读取数据文件;第三部分为绘制折线图。

(2) 绘制折线图时,用横坐标轴表示日期,纵坐标轴为最高气温和最低气温。

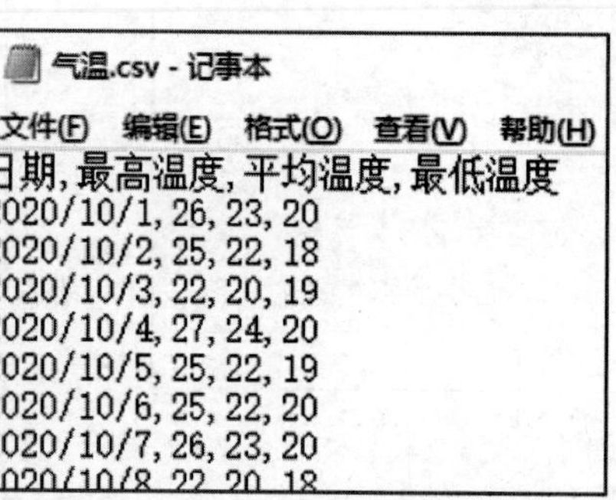

气温.csv - 记事本

文件(F) 编辑(E) 格式(O) 查看(V) 帮助(H)

日期,最高温度,平均温度,最低温度
2020/10/1,26,23,20
2020/10/2,25,22,18
2020/10/3,22,20,19
2020/10/4,27,24,20
2020/10/5,25,22,19
2020/10/6,25,22,20
2020/10/7,26,23,20
2020/10/8,22,20,18

图 9-3 气温数据文件(部分)

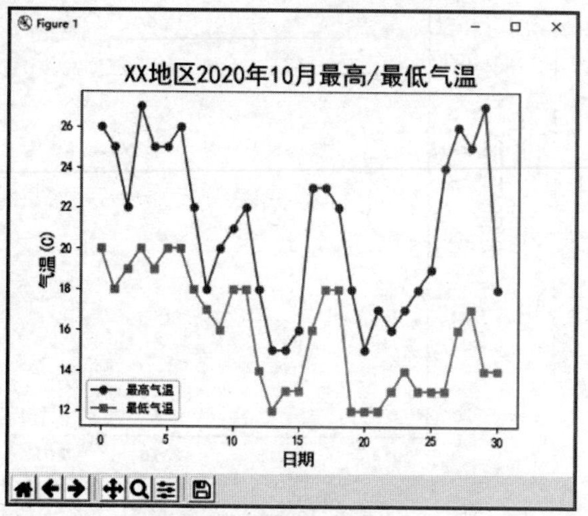

图 9-4 气温变化折线图

```
1   #E0903.py                                          #【1.导入软件包】
2   import csv                                         # 导入标准模块——CSV 文件读写
3   import matplotlib.pyplot as plt                    # 导入第三方包——可视化
4   plt.rcParams['font.sans-serif'] = ['simhei']       # 定义全局中文字体,解决中文乱码
5                                                      #【2.读取数据文件】
6   with open('d:\\test\\09\\气温.csv') as Temps:      # 打开 CSV 数据文件(文件为 GBK 编码)
7       data = csv.reader(Temps)                       # 读取"气温.csv"文件数据
8       header = next(data)                            # 读文件下一行(跳过表头)
9       highTemps = []                                 # 最高气温列表初始化
10      lowTemps = []                                  # 最低气温列表初始化
11      for row in data:                               # 循环读取数据
12          highTemps.append(row[1])                   # 读取第 2 列,添加在 highTemps 列表尾
13          lowTemps.append(row[3])                    # 读取第 4 列,添加在 lowTemps 列表尾
14  high = [int(x) for x in highTemps]                 # 将读取的字符数字转换为整数
15  low = [int(x) for x in lowTemps]                   # 将读取的字符数字转换为整数
16                                                     #【3.绘制折线图】
17  plt.title('xx 地区 2020 年 10 月最高/最低气温',
18      fontsize=20)                                   # 绘制图形标题
19  plt.xlabel('日期', fontsize=14)                    # 绘制图形水平说明标签
20  plt.ylabel('气温(C)', fontsize=14)                 # 绘制图像垂直说明标签
21  plt.plot(high, 'o-', label='最高气温')             # 绘制最高气温折线(圆点+实线)和图例
22  plt.plot(low, 's-', label='最低气温')              # 绘制最低气温折线(方点+实线)和图例
23  plt.legend()                                       # 显示图例标签内容
24  plt.show()                                         # 显示全部图形
    >>>                                                # 程序输出见图 9-4
```

程序说明:

程序第 6~15 行,这部分语句主要功能为读取数据文件,并且将数据转换为整数。

程序第 8 行，语句 header＝next(data)为跳过“气温.csv”文件中的表格标题，因为变量 header 在后面程序中并没有用到。

程序第 11～13 行，函数(row[1])读取数据文件第 2 列(最高气温)，保存到 highTemps 变量中；函数 append()将数据顺序添加在列表尾部。注意，读取的列表数据为字符串，虽然数据也可以用于画图，但是会出现图形坐标混乱。

程序第 14 行，语句 high＝[int(x) for x in highTemps]为列表推导式，功能是将 highTemps 列表中的字符串数据循环转换为整数，方便下面的绘图。

程序第 16～24 行，这部分语句主要功能是绘制图形，并且将列表数据转换为整数。

程序第 21 行，语句 plt.plot(high,'o-',label＝'最高气温')中，参数 high 为 y 轴坐标；x 轴坐标默认为日期；参数'o-'中，数据线形为“圆点＋实线”(见表 9-3)；参数 label＝'xxx'为图例说明，位置由软件自动安排；线形的颜色由软件自动分配。

9.1.4 案例：乘客年龄直方图

1. 直方图绘制主要函数

直方图用来反映分类项目之间的比较，也可以用来反映时间趋势。可以用直方图来展现数据的分布，通过图形可以快速判断数据是否近似服从正态分布。在统计学中，很多假设条件都会包括正态分布，用直方图来判断数据的分布情况尤为重要。

软件包 Matplotlib 绘制直方图主要采用函数 plt.hist()，它的语法如下。

```
plt.hist(x, bins, range, bottom, color, edgecolor, normed, weights, align, histtype,
orientation)
```

函数 plt.hist()主要参数如表 9-7 所示。

表 9-7 函数 plt.hist()主要参数

参　数	说　明
x	数据，数值类型，例：x＝Titanic.Age
bins	直条数，例：bins＝20
range	x 轴起止范围，元组类型，例：range＝(0,10)
bottom	y 轴起始位置，数值，例：bottom＝0(默认值)
color	直条内部颜色，例：color＝'r'(红色)，'g'为绿色，'y'为黄色，'c'为青色
edgecolor	直条边框色，例：edgecolor＝'r'(红色)，'g'为绿色，'y'为黄色，'k'为黑色
normed	归一化，例：normed＝1 表示直条 y 轴概率总和为 1；不标注时 y 轴为样本数
weights	数据点权重，例：weights＝2
align	对齐方式，例：align＝'left'(左对齐)，'mid'为中间对齐，'right'为右对齐
histtype	直条类型，例：histtype＝'bar'(默认为方形)，'step'为内部无线，'stepfilled'为内部填充
orientation	直条方向，例：orientation＝'vertical'(默认垂直方向)，'horizontal'为水平方向

2. 直方图绘制程序设计

【例 9-4】 根据“泰坦尼克数据.csv”(见图 9-5)，绘制乘客年龄分布直方图(见图 9-6)。

案例分析：

(1) 泰坦尼克数据集共有 892 行、12 列(1 条表头，891 条数据，每条数据有 12 类信息)。其中，数值类型数据有 PassengerId(乘客 ID)、Age(年龄)、Fare(票价)、SibSp(同代直系亲属人数,即兄妹数)、Parch(不同代直系亲属人数,即父母/孩子数);字符串类型数据有 Name(乘客姓名)、Cabin(客舱号)、Ticket(船票编号);时间序列类型数据为无;分类数据有 Sex(性别,male = 男性,female = 女性)、Embarked(登船港口,出发地点 S= Southampton,英国南安普敦,出发地点 Q=Queenstown,爱尔兰昆士敦,途经地点 C= Cherbourg,法国瑟堡市);Pclass(客舱等级,1=1 等舱,2=2 等舱,3=3 等舱)。数据集缺失数据较多,数据值=nan 时,表示该条数据该类信息缺失,这需要进行数据清洗处理。

	乘客ID	获救	客舱等级	姓名	性别	年龄	兄妹数	父母/孩子	船票	票价	客舱号	登船港口
	A	B	C	D	E	F	G	H	I	J	K	L
1	PassengerI	Survived	Pclass	Name	Sex	Age	SibSp	Parch	Ticket	Fare	Cabin	Embarked
2	1	0	3	Braund, Mr	male	22	1	0	A/5 21171	7.25		S
3	2	1	1	Cumings, M	female	38	1	0	PC 17599	71.2833	C85	C
4	3	1	3	Heikkinen,	female	26	0	0	STON/O2.	7.925		S
5	4	1	1	Futrelle, Mr	female	35	1	0	113803	53.1	C123	S

图 9-5　泰坦尼克数据

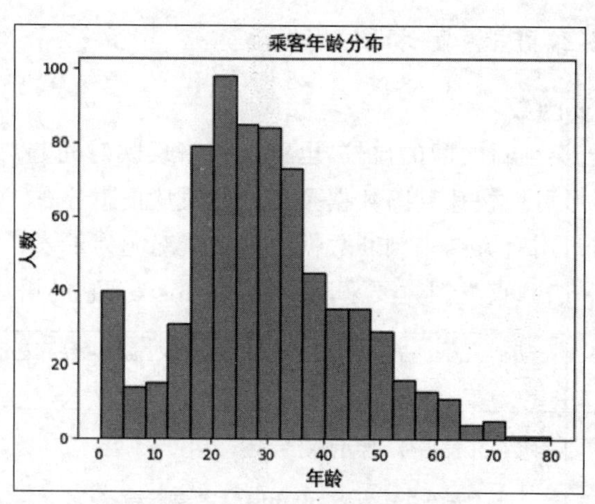

图 9-6　泰坦尼克号乘客年龄分布直方图

(2) 程序需要读取数据集的 Age(年龄)列,因此需要用到 Pandas 软件包。

```
1   import matplotlib.pyplot as plt                                         # 导入第三方包——可视化
2   import pandas as pd                                                     # 导入第三方包——数据分析
3
4   Titanic = pd.read_csv('d:\\test\\09\\泰坦尼克号数据.csv')               # 读入 CSV 文件数据
5   any(Titanic.Age.isnull())                                               # 检查年龄数据是否有缺失
6   Titanic.dropna(subset = ['Age'], inplace = True)                        # 删除缺失年龄的数据
7   plt.hist(x = Titanic.Age, bins = 20, color = 'c', edgecolor = 'k')      # 绘制直方图
8   plt.xlabel('年龄', fontproperties = 'simhei', fontsize = 14)            # 绘制 x 轴标题文字
9   plt.ylabel('人数', fontproperties = 'simhei', fontsize = 14)            # 绘制 y 轴标题文字
10  plt.title('乘客年龄分布', fontproperties = 'simhei', fontsize = 14)     # 绘制图片标题文字
11  plt.show()                                                              # 显示全部图形
    >>>                                                                     # 程序输出见图 9-6
```

程序说明:程序第 7 行函数 plt.hist()中,参数 x=年龄数据;参数 bins=20 为直方条块的个数;参数 color='c'表示直方图内部填充色为青色;参数 edgecolor='k'表示直方图边框为黑色。注意,本语句如果标注"normed=1"参数,则 y 轴显示的数据为概率密度(标准差),即所有直条的 y 轴高度值(概率值)相加后,概率值应当等于 1,这称为归一化。归一

化的目的是便于数据评价和计算。

9.1.5 案例：全球地震散点图

散点图是数据点在坐标系上的分布图，散点图用于表示因变量随自变量而变化的大致趋势，可以选择合适的函数对数据点进行拟合。散点图用来反映相关性或分布关系，散点图通常用于比较跨类别的聚合数据。

【例 9-5】 根据“2012 年全球地震.csv”文件(见图 9-7)绘制散点图(见图 9-8)。

日期	纬度	经度	深度	震级
DateTime	Latitude	Longitude	Depth	Magnitude
2012-01-01T00:	12.008	143.487	35	5.1
2012-01-01T00:	12.014	143.536	35	4.4
2012-01-01T00:	-11.366	166.218	67.5	5.3

图 9-7　2012 年全球地震数据集

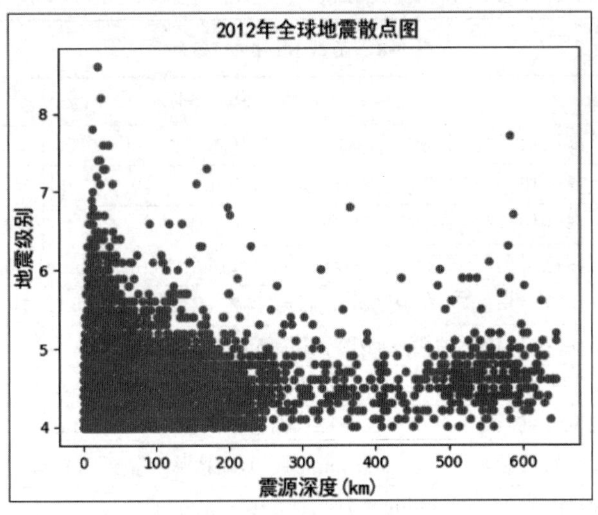

图 9-8　2012 年全球地震散点图

案例分析：数据集“2012 年全球地震.csv”共有 12 666 行，13 列，大约 16 万个数据。有时需要读取数据文件的指定列，以及指定行，本程序提供了一个范例。

```
import numpy as np                                    # 导入第三方包——科学计算
import matplotlib.pyplot as plt                       # 导入第三方包——可视化
import pandas as pd                                   # 导入第三方包——数据分析

file_data = pd.read_csv('d:\\test\\09\\2012 年全球地震.csv')    # 读取 CSV 数据文件
x = file_data['Depth'][10:12600]                      # 读取 Depth 列数据
y = file_data['Magnitude'][10:12600]                  # 读取 Magnitude 列数据
plt.title('2012 年全球地震散点图',                      # 绘制标题文字
    fontproperties = 'simhei', fontsize = 14)
plt.xlabel('震源深度(km)', fontproperties = 'simhei', fontsize = 14)   # 绘制 x 轴标题文字
plt.ylabel('地震级别', fontproperties = 'simhei', fontsize = 14)       # 绘制 y 轴标题文字
plt.scatter(x, y, s = 20, c = '#ff1212', marker = 'o')               # 绘制散点图
plt.show()                                            # 显示全部图形
>>>                                                   # 程序输出见图 9-8
```

程序说明：程序第 5～7 行为读取 CSV 格式数据文件,它们需要 Pandas 软件包支持。程序第 6 行中,['Depth']为读取数据文件中 Depth(震源深度)列数据；[10:12600]表示数据读取从第 7 行开始,到 12 600 行止。语句 7 为读取 Magnitude(地震级别)列数据。

9.1.6 案例：农产品比例饼图

1. 饼图绘制主要函数

饼图比较适合显示一个数据系列(表一列或一行的数据)。饼图用来反映各个部分的构成,即部分占总体的比例。饼图的使用有以下限制：一是仅有一个要绘制的数据系列；二是绘制的数据没有负值；三是绘制的数据没有零值。

Matplotlib 中,饼图采用函数 plt.pie()绘制,函数语法如下,参数见表 9-8。

```
plt.pie(data, explode, labels, colors, autopct, pctdistance, shadow, labeldistance, startangle,
radius, counterclock, wedgeprops, textprops, center, frame, rotatelabels, hold)
```

表 9-8 函数 plt.pie()参数

参　　数	说　　明
data	每个扇区块的比例,例：[15,20,45,20](注意数字和=100)
explode	每个扇区块离饼图圆心的距离,例：explode=[0,0.2,0,0]
labels	每个扇区块外侧的说明文字,例：labels=['猪肉','水产','蔬菜','其他']
colors	饼图颜色,例：colors=['yellowgreen','gold','lightskyblue','lightcoral']
autopct	百分比数字格式定义,例：autopct='%2.1f'(2 为 2 位整数,1f 为 1 位小数)
pctdistance	指定 autopct 位置的刻度,例：pctdistance=0.6(默认值)
shadow	在饼图下面画一个阴影,例：shadow=False(不画阴影)
labeldistance	标记位置,例：labeldistance=1.1(标记在外侧),labeldistance<1(标记在内侧)
startangle	扇区起始绘制角度,例：startangle=50,默认从 x 轴逆时针画起
radius	控制饼图半径,例：radius=1(默认值)
counterclock	指定方向(可选),例：counterclock=True(默认值,逆时针),其值为 False 表示顺时针

2. 饼图程序设计

【例 9-6】 用 Python 程序绘制饼图(见图 9-9)。

```
import matplotlib.pyplot as plt                                   # 导入第三方包——可视化

plt.rc('font', family = 'simhei', size = 20)                      # 定义全局字体,simhei 为黑体
mylabels = '猪肉', '水产', '蔬菜', '其他'                          # 饼图说明文字
mydata = 15, 20, 45, 20                                           # 比例数据,猪肉占 15% 等
mycolors = 'yellowgreen', 'gold', 'lightskyblue', 'lightcoral'    # 颜色:黄绿,金黄,天蓝,品红
myexplode = 0, 0.2, 0, 0                                          # 扇区离中心点距离
plt.figure(figsize = (5, 5))                                      # 定义图片大小:长×高
plt.title('xx 市农贸市场食品供应比例')                               # 绘制标题文字
plt.pie(mydata, explode = myexplode, labels = mylabels,           # 绘制饼图,读入定义参数
    colors = mycolors, autopct = '%2.1f%%',                       # %2.1f 为小数点位数
    shadow = True, startangle = 50)                               # True 为阴影,50 为起始角度
plt.axis('equal')                                                 # 使饼图长宽相等
```

```
14  plt.show()                                             # 显示全部图形
    >>>                                                    # 程序输出见图 9-9
```

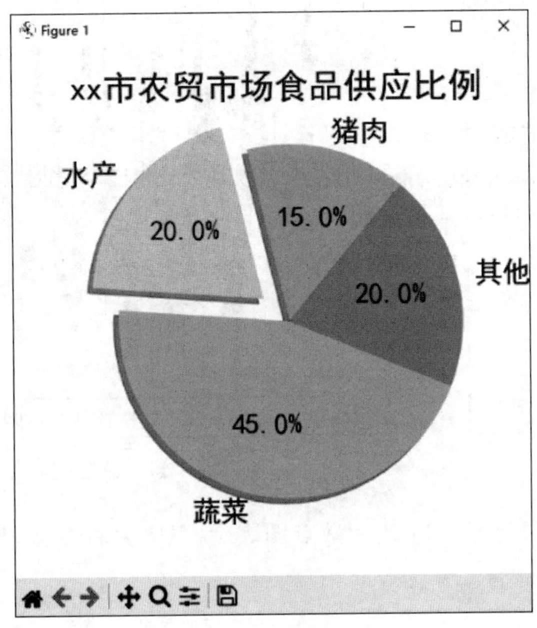

图 9-9　饼图

程序说明：程序第 10 行，函数 plt.pie()中，参数 mydata 为饼图百分比数据(如 15 等)；参数 explode=myexplode 为饼图中扇区离开中心的距离(如水产扇区部分突出)；参数 labels=mylabels 为饼图外部文字(如“水产”)；参数 colors=mycolors 为饼图颜色；参数 autopct='%2.1f%%'为饼图数字保留 2 位整数 1 位小数；参数 shadow=True 为画饼图阴影；参数 startangle=50 为饼图起始角度。

9.1.7　案例：气温变化曲线图

曲线图一般用于记录数据随时间变化的曲线。曲线图横坐标一般为时间单位，纵坐标是数据变动幅度单位。曲线图适合表示变量之间的发展趋势。

【例 9-7】 绘制最低气温时间序列曲线变化图(见图 9-11)。

案例分析：数据集“墨尔本最低气温.csv”(每日最低温度)描述了澳大利亚墨尔本市十年(1981—1990 年)的最低日温，一共 3650 个观测值(见图 9-10)，数据来源于澳大利亚气象局。数据集存放在 d:\test\09 目录中。注意，数据集中有些数据只有日期，没有气温数据(数据缺失)，使用数据集之前必须将这些行删除或进行其他处理。

```
import pandas as pd                                         # 导入第三方包——数据分析
import matplotlib.pyplot as plt                             # 导入第三方包——可视化

series = pd.read_table('d:\\test\\09\\墨尔本最低气温.csv', sep=',')  # 读数据,sep=','为分隔符
print(series.head(3))                                       # 输出数据集前 3 行
series.plot()                                               # 绘制时间序列图
plt.show()                                                  # 显示全部图形
>>> 0   1981/1/1   20.7…                                    # 程序输出见图 9-11(略)
```

墨尔本最低气温.csv - 记事本
文件(F) 编辑(E) 格式(O) 查看(V)
Date,Temperatures
1981/1/1,20.7
1981/1/2,17.9
1981/1/3,18.8
1981/1/4,14.6
1981/1/5,15.8
……

图 9-10　数据文件

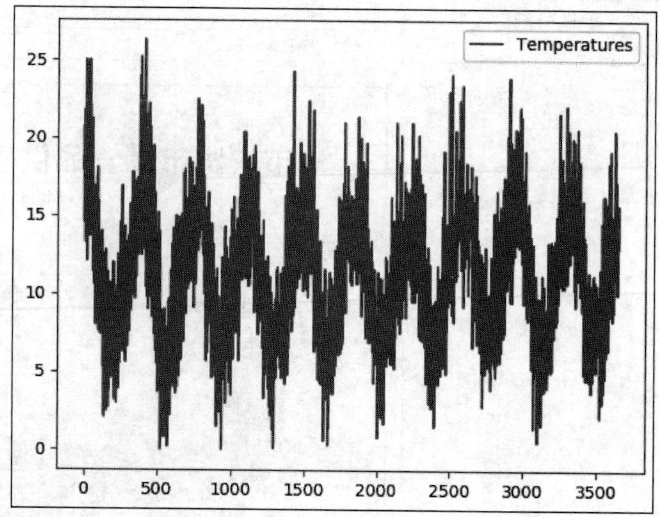

图 9-11　最低气温变化曲线图

【例 9-8】 如果希望将图 9-11 改为散点图表示,只需要将以上程序第 6 行增加一个参数,即 series. plot(style='k. ')。

```
6  series.plot(style = 'k.')                    # 新增加参数,k 黑色,. 为散点图
```

9.1.8　案例:冒泡排序动态图

1. 条状图绘制函数

Matplotlib 中,条状图采用函数 plt. bar()绘制,函数的参数如表 9-9 所示。

表 9-9　函数 plt. bar()参数

参　数	说　明	数据类型	示　例
x	x 坐标	int,float	
height	柱状条高度	int,float	height=n
width	柱状条宽度	0~1,默认为 0.8	width=m
bottom	柱状条起始位置	即 y 轴的起始坐标	
align	柱状条中心位置	'center'=中心,'lege'=边缘	align='center'
color	柱状条颜色	'r','b','g','#123465',默认为'b'	color='r'
edgecolor	柱状条边框颜色	同上	edgecolor='b'
linewidth	柱状条边框宽度	像素,int	linewidth=2
tick_label	下标标签	元组类型的字符组合	
orientation	柱状条竖直或水平	'vertical'=竖直条;'horizontal'=水平条	orientation='vertical'

2. 冒泡排序算法

冒泡排序算法是一种简单排序算法,它重复地遍历要排序的元素,一次比较两个元素,如果第 1 个比第 2 个大,就交换两个元素的位置。遍历元素的工作重复进行,直到没有再需要交换的元素,就说明该序列已经排序完成。冒泡排序算法的意思就是大的(或小的)元素会通过位置交换慢慢浮到序列的顶端(或序列右侧)。

3. 冒泡排序算法动态图绘制

冒泡排序算法达到动态效果的关键其实比较简单，就是每次将原来绘制的图形结果擦除掉，重新绘制图形，绘制完了停顿一定时间，然后进入下一次图形绘制。

【例 9-9】 以动态方式实现冒泡排序的图形绘制(见图 9-12)。

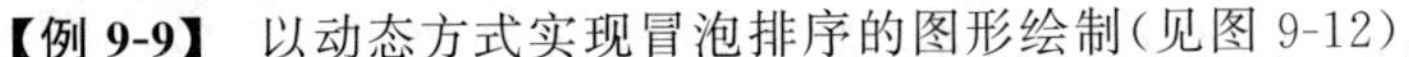

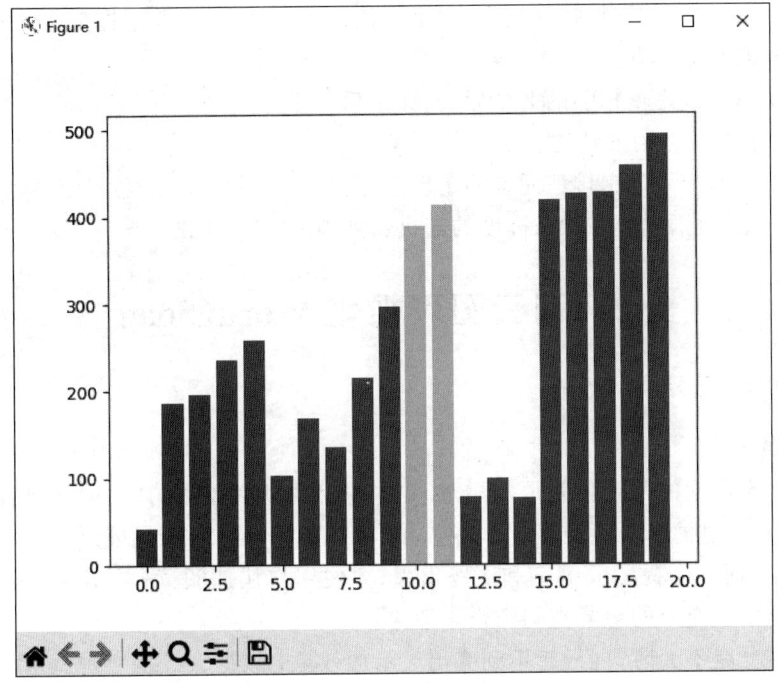

图 9-12　动态冒泡排序

```
from matplotlib import pyplot as plt                       # 导入第三方包——可视化
import random                                              # 导入标准模块——随机数

LIST_SIZE = 10                                             # 柱状条数为 10(排序元素)

def bubble_sort(nums):                                     #【定义冒泡排序函数】
    for i in range(len(nums) - 1):                         # 外循环控制遍历的次数
        for j in range(len(nums) - i - 1):                 # 内循环控制遍历到哪一位
            if nums[j] > nums[j + 1]:                      # 如果前一个元素大于后一个元素
                nums[j], nums[j + 1] = nums[j + 1], nums[j]  # 则交换两个元素位置
            plt.cla()                                      # 清除当前轴内容
            plt.bar(range(len(nums)), nums, align = 'center')  # 绘制动态排序条
            plt.bar(j, nums[j], color = 'r', align = 'center')  # 绘制红色柱状条 A
            plt.bar(j + 1, nums[j + 1], color = 'pink', align = 'center') # 绘制粉红色柱状条 B
            plt.pause(0.5)                                 # 动态柱状条暂停 0.5 秒
    plt.show()                                             # 显示图形
nums = []                                                  # 排序列表初始化
for i in range(LIST_SIZE):                                 # 循环生成柱状条高度
    nums.append(random.randint(0, 500))                    # 生成 0～500 的随机整数
bubble_sort(nums)                                          # 调用冒泡排序函数
print('排序结果:', nums)                                    # 输出冒泡排序结果
>>>排序结果: 14, 27, 98,…                                  # 程序输出见图 9 - 12(略)
```

程序说明:

程序第 7 行,外循环控制从头走到尾的次数,同时控制待排序元素的上边界;走完一次后,1 个最大元素已经排到最前面(冒泡),因此,剩下排序的元素需要－1;函数 len(nums)计算列表元素长度;函数 range()生成从 0 开始的顺序整数列表。

程序第 8 行,内循环扫描排序列表,逐个比较相邻两个元素,并通过交换元素值的方式,将最大值元素推到最上方。

程序第 9、10 行,比较相邻的 2 个元素,如果后一个数比前一个数大,在程序第 10 行交换两个元素的位置;否则继续比较下一个元素。

程序第 11～15 行,绘制排序元素的矩形条,进行比较的 2 个元素用红色柱状条表示。

程序第 18、19 行,生成柱状条高度的随机数列表 LIST_SIZE。

9.2 词云图可视化 WordCloud

9.2.1 词云图绘制软件

1. 词云的概念

词云是文本数据的可视化表示,词云对文本中出现频率较高的"关键字"用图形方式予以突出表示,从而过滤掉大量低频文本信息,读者只要看一眼词云就可以领略文本的主旨。在小说阅读中,词云会提示关键字和主题索引,方便用户快速阅读;在娱乐中,变幻莫测的词云给用户提供了充分的想象空间和娱乐趣味。

当数据区分度不大时,词云起不到突出显示的效果;数据太少也很难做出好看的词云。或者说词云适合展示具有大量文本的数据,而柱状图则适合展示少量数值型数据。

2. 绘制词云需要的软件包

词云生成软件包 WordCloud 应用广泛。WordCloud 使用指南可以查看官方网站(https://wordart.com/)。绘制词云过程中,用到的第三方软件包有 Matplotlib(绘图包)、Jieba(中文分词)、Pillow 等。WordCloud 安装方法如下。

```
>pip install -i https://pypi.tuna.tsinghua.edu.cn/simple wordcloud     # 版本为 1.8.2.2
```

虽然 WordCloud 有单词或短语分词功能,但这些功能只对英语文本有效,无法处理中文分词。对于中文分词一般采用 Jieba(结巴分词)软件包进行处理。

9.2.2 词云图绘制函数

软件包 WordCloud 主要提供了词云绘制、英语分词、文件读出、文件存储等功能。其中最重要和应用最广泛的是词云绘制函数 WordCloud()。

1. 词云绘制函数 WordCloud()

词云绘制函数的语法如下。

```
WordCloud(font_path, background_color, mask, colormap, width, height, min_font_size,
    max_font_size, font_step, prefer_horizontal, scale, mode, relative_scaling)
```

函数 WordCloud()主要参数如表 9-10 所示。

表 9-10　词云函数 WordCloud()主要参数

参　　数	说　　明
font_path	字体路径,例：font_path='C:/Windows/Fonts/simhei.ttf',缺少时不能显示中文
background_color	背景颜色,例：background_color='black'(默认为黑色,white 为白,pink 为粉红)
mask	遮罩,例：mask=img(img 为遮罩图片文件)
colormap	单词颜色,例：colormap='viridis'(默认为翠绿色)
width	画布宽度,例：width=400(像素,默认值)
height	画布高度,例：height=200(像素,默认值)
min_font_size	显示的最小字体大小,例：min_font_size=4(默认值)
max_font_size	显示的最大字体大小,例：max_font_size=100(默认值)
max_words	显示单词的最大个数,例：max_words=200(默认值)
font_step	字体步长,例：font_step=1(默认值),大于 1 时会加快运算,但图形会模糊
prefer_horizontal	文字水平方向排版的频率,例：prefer_horizontal=0.9(默认值)
scale	图片放大,例：scale=1.5(默认值=1)表示长和宽是原来画布的 1.5 倍
mode	背景色彩模式,例：mode='RGBA',background_color=None 为透明背景
relative_scaling	词频与字体大小的关联性,例：relative_scaling=0.5(默认值)。 relative_scaling=0 时,表示只考虑单词排序,不考虑词频数； relative_scaling=1 时,表示 2 倍词频的词,会用 2 倍字号显示

2. 词云遮罩

遮罩(mask)是利用一张白色背景图片,让词云外观形状与遮罩图片中图形的形状相似。如利用一张地图图片做遮罩时,生成的词云外观与地图形状相似。

遮罩图片可以从网络下载,如果图片有少量背景,则可以利用 Photoshop 等软件进行图片处理。WordCloud 支持的图片文件格式有 gif、png、jpg。

遮罩图片必须通过 img=imread('图片名.jpg')语句读取图片二进制数据。遮罩图片背景必须为纯白色(#FFFFFF),词云在非纯白位置绘制,背景全白部分将不会绘制词云。单词的大小、布局、颜色都会依据遮罩图自动生成。

9.2.3　案例：普通词云图

【例 9-10】　生成陈忠实小说《白鹿原》的词云(见图 9-13)。

图 9-13　陈忠实小说《白鹿原》的词云

```
import jieba                              # 导入第三方包——结巴分词
from wordcloud import WordCloud           # 导入第三方包——词云
```

```
3   import matplotlib.pyplot as plt                                   # 导入第三方包——可视化
4
5   book = open('d:\\test\\09\\白鹿原 utf8.txt', 'r', encoding = 'utf8')  # 以读方式打开文本文件
6   lst = book.read()                                                 # 将文本内容读到列表
7   book.close()                                                      # 关闭文本文件
8   word_list = jieba.cut(lst)                                        # 用结巴分词进行中文分词
9   new_text = ' '.join(word_list)                                    # 对分词结果以空格隔开
10  word_cloud = WordCloud(font_path =
11      'C:\\Windows\\Fonts\\simhei.ttf',                             # 文本放入词云容器分析
12      background_color = 'white').generate(new_text)                # 背景为白色
13  plt.imshow(word_cloud)                                            # 绘制词云图
14  plt.axis('off')                                                   # 关闭坐标轴
15  plt.show()                                                        # 显示全部图形
    >>>                                                               # 程序输出见图 9-13
```

程序说明：程序第 10 行，将分词处理后的文本放入 WordCloud 容器中进行分析。参数 font_path='C:\\Windows\\Fonts\\simhei.ttf'为设置中文字体路径，因为 WordCloud()函数显示中文会出现乱码，因此用强制定义中文字体路径来解决这个问题。即使设置了字体路径参数，并不是所有中文字体都能够正常显示，可显示的中文字体有 simhei.ttf(黑体)、simfang.ttf(仿宋)、simkai.ttf(楷体)、simsun.ttc(宋体)等。

9.2.4 案例：遮罩词云图

【例 9-11】 根据遮罩图片(见图 9-14)，绘制一个外观为树形的词云(见图 9-15)。

图 9-14 遮罩图片

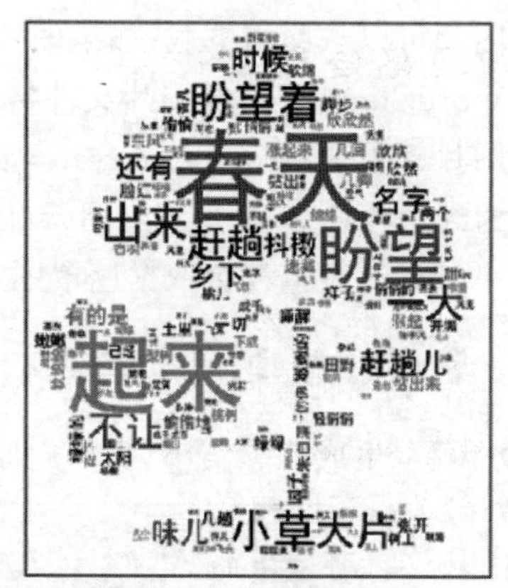

图 9-15 带遮罩的词云

案例分析：函数 WordCloud()中，默认词云形状为长方形，高频词的颜色为自动生成。可以利用树状图片作为遮罩，对词云外形进行控制，然后自定义高频词的颜色。文本文件为朱自清散文《春》，遮罩图片为“树.jpg”(见图 9-14)。

```
import matplotlib.pyplot as plt          # 导入第三方包——可视化
from PIL import Image                    # 导入第三方包——图像处理
import wordcloud                         # 导入第三方包——词云绘制
import jieba                             # 导入第三方包——结巴分词
from matplotlib import colors            # 导入第三方包——颜色函数

```

```
7   txt = open('d:\\test\\09\\春.txt', 'r').read()          # 以读方式打开文本文件
8   img = plt.imread('d:\\test\\09\\树.jpg')                # 读入做遮罩的图片文件
9   words_ls = jieba.cut(txt, cut_all=True)                 # 用 jieba 进行中文分词
10  words_split = ' '.join(words_ls)                        # 分词结果以空格隔开
11  color_list = ['r', 'g', 'b', 'k']                       # 单词颜色列表(红-绿-蓝-黑)
12  mycolor = colors.ListedColormap(color_list)             # 调用颜色列表
13  wc = wordcloud.WordCloud(font_path = 'simhei.ttf',      # 词云参数,simhei.ttf 为黑体
14      width = 1000, height = 500,                         # 画布,宽度为 1000 像素,高度为 500 像素
15      background_color = 'white', mask = img,             # white 表示背景为白色,img 为遮罩图片
16      colormap = mycolor)                                 # mycolor 为自定义颜色
17  my_wordcloud = wc.generate(words_split)                 # 根据文本词频生成词云
18  plt.imshow(my_wordcloud)                                # 绘制词云图
19  plt.axis('off')                                         # 关闭坐标轴
20  plt.show()                                              # 显示全部图形
    >>>                                                     # 程序输出见图 9-15
```

程序说明:

(1) 程序第 5、11、12、16 行语句主要控制词云中单词显示颜色的种类。但是,具体哪个单词是什么颜色每次随机生成。

(2) 程序第 11 行中,#ff0000 为红色,#00ff00 为绿色,#0000ff 为蓝色,#320000 为深棕色。颜色十六进制数代码参见 8.4.2 节,可以根据需要设置更多的颜色。

9.3 网络图可视化 NetworkX

9.3.1 网络绘图软件包

1. 社交网络的概念

网络图表示了一组实体之间的相互关联。网络图由节点(实体)和边(关系)组成,每个实体由一个或多个节点表示,节点之间通过边进行连接。节点有名称、大小、颜色等属性;边的属性有方向(有向图、无向图)、权重(距离)等。网络图广泛应用于计算机网络、通信网络、社交网络、人工神经网络、交通网络、工程管理等领域。

社交网络(social network)是由许多节点构成的一种社会结构,节点通常指个人或组织,边是各个节点之间的联系。社交网络产生的图形结构往往非常复杂。例如,在小说《三国演义》中,至少存在魏、蜀、吴 3 个社交网络,可以将小说的主要人物作为"节点",不同人物之间的联系用"边"连接,可以根据人物之间联系的密切程度(如两个人在同一章节出现的频率)或重要程度(如人物在全书出现的频率)等设置边的"权重"。分析这些社交网络可以深入了解小说中的人物,如谁是重要影响者、谁与谁关系密切、哪些人物在网络中心、哪些人物在网络边缘等。

2. 软件包 NetworkX

软件包 NetworkX、Gephi、iGraph 广泛用于网络建模分析。初学者和小规模网络(节点数在 10 000 以下)下,使用 NetworkX 较好,大规模网络情况(可处理 100 000 个以上节点的网络)则使用 iGraph 运算效率更高。

软件包 NetworkX 是用 Python 开发的图论与复杂网络建模工具,它内置了常用图与复杂网络分析算法(如最短路径搜索、广度优先搜索、深度优先搜索、生成树、聚类等),它可以

进行复杂网络数据分析、仿真建模等工作。它支持创建无向图、有向图和多重图；它内置了许多标准图论算法，节点可为任意数据；支持任意的边值维度等功能。

软件包 NetworkX 可以用于研究社会、生物、基础设施等结构，也可以用来建立网络模型、设计新的算法等。它能够处理大型非标准数据集。可以通过官方网站（https://networkx.github.io/）或中文网站（https://www.osgeo.cn/networkx/）查看其使用指南。可以通过清华大学镜像网站下载和安装 NetworkX 软件包。

```
> pip install -i https://pypi.tuna.tsinghua.edu.cn/simple networkx          # 版本为 2.8.8
```

9.3.2 网络图绘制函数

软件包 NetworkX 中，图由节点和边组成。节点可以是任意对象，如一个字符串、一幅图像、一个 XML 对象，甚至是另一个图或任意定制的节点对象；边也可以关联任意对象。软件包 NetworkX 中，图有 Graph（无向图，忽略边的方向）、DiGraph（有向图，边为有向的箭头）、MultiGraph（多重无向图，两个节点之间的边数多于一条）、MultiDiGraph（多重图的有向版本）。软件包 NetworkX 绘图函数语法如下。

```
draw_networkx_nodes(G, pos, nodelist, node_size, node_color, node_shape, alpha, cmap,
    vmin, vmax, ax, linewidths, label, **kw)                       # 绘制网络图节点函数
draw_networkx_edges(G, pos, edgelist, width, edge_color, style, alpha, edge_cmap,
    edge_vmin, edge_vmax, ax, arrows, label, **kw)                 # 绘制网络图边函数
nx.draw(G, node_size = 300, with_labels = True, pos = nx.spring_   # 绘图
layout(G), node_color = 'r')
```

绘图函数主要参数如表 9-11 所示。

表 9-11 绘图函数主要参数

参　数	说　明
G	预定义的网络图，例：G=nx.random_graphs.barabasi_albert_graph(50,1)
pos	网络图布局，节点数据类型必须为字典（键为节点编号，值为位置编号）。 例：pos=nx.spring_layout（默认值，节点放射分布）； 例：pos=random_layout（节点随机分布）； 例：pos=circular_layout（节点在圆环上均匀分布）； 例：pos=shell_layout（节点在同心圆上分布）； 例：pos=spectral_layout（根据图的拉普拉斯特征向量排列节点）
node_size	节点大小，例：node_size=300（默认值，单位为像素）
node_color	节点颜色，例：node_color='r'（红色，默认值）
node_shape	节点形状，例：node_shape='o'（圆点，默认值），'s'为正方形，'^'为三角形，'v'为倒三角形，'<'为左三角形，'>'为右三角形，'8'为八边形，'p'为五边形，'*'为星形，'h'为六边形 1，'H'为六边形 2，'+'为加号，'x'为符号 x，'D'为钻石，'d'为小钻石
with_labels	节点是否带文字，例：with_labels=True（默认值，节点带文字）
font_color	节点标签字体颜色，例：font_color='k'（默认值，黑色）
font_size	节点标签字体大小，例：font_size=12（默认值，单位为像素）
edgelist	边集合，数据类型为元组，绘制指定边，例：edgelist=G.edges()（默认值）
edge_color	边颜色，例：edge_color='k'（黑色，默认值）

续表

参　　数	说　　明
width	边宽度,例：width＝1.0(默认值)
style	边样式,例：style＝'solid'(实线,'dashed'为虚线,'dotted'为点线,'dashdot'为点虚线)
arrows	边方向箭头,例：arrows＝True(默认值,对有向图绘制箭头)
alpha	节点和边的透明度,例：alpha＝1.0(默认值,1 为不透明,0 为完全透明)
label	节点标签,例：label＝None(默认值,无标签),或 label＝'张飞'
** kw	关键字参数,数据类型为字典

【例 9-12】 绘制无向网络图(见图 9-16)。

```
1   import networkx as nx                                   # 导入第三方包
2   import matplotlib.pyplot as plt                         # 导入第三方包
3   #【1.定义图】
4   G = nx.Graph()                                          # 建立一个空无向图 G
5   #【2.添加节点】
6   G.add_node('a')                                         # 图 G 添加一个节点 1
7   G.add_nodes_from(['b', 'c', 'd', 'e'])                  # 图 G 加点集合
8   nx.add_cycle(G, ['f', 'g', 'h', 'j'])                   # 加环
9   H = nx.path_graph(10)                                   # 定义 10 个节点 9 条边的无向图
10  G.add_nodes_from(H)                                     # 创建一个子图 H 并加入图 G
11  G.add_node(H)                                           # 直接将图 H 作为节点
12  #【3.添加边】
13  F = nx.Graph()                                          # 创建空无向图 F
14  F.add_edge(11, 12)                                      # 添加边 11-12,一次添加一条边
15  e = (13, 14)                                            # 添加边 13-14,e 是一个元组
16  F.add_edge(*e)                                          # 这是 Python 的解包过程
17  F.add_edges_from([(1, 2), (1, 3)])                      # 添加边 1-2-3,通过 list 添加多条边
18  #F.add_edges_from(H.edges())                            # 在图 F 中添加多个节点和边
19  #【4.绘图】
20  nx.draw(F, with_labels = True, node_size = 600,         # 绘制图形,节点为 600 像素
21      font_size = 15, node_color = 'r', font_color = 'w') # 字体为 15,节点为红色,字体为白色
22  plt.show()                                              # 显示全部图形
    >>>                                                     # 程序输出见图 9-16
```

说明： 程序每次运行时,图形输出位置会不同,但是图形结构不会变化(同构图)。

程序扩展：程序第 18 行注释符号#删除后,输出如图 9-17 所示。

9.3.3 基本网络图绘制

【例 9-13】 绘制无向网络图和有向网络图,并且节点有标签(见图 9-18)。

```
1   import networkx as nx                                   # 导入第三方包
2   import matplotlib.pyplot as plt                         # 导入第三方包
3   G = nx.Graph([(1,2),(1,3),(2,3),(3,4),(4,5),(4,6),(4,7),(5,6),   # 定义节点和边
    (5,7),(6,7),(7,8)])
4   nx.draw_networkx(G, node_size = 1000, font_size = 20, font_color = 'w')   # 绘制网络图
5   plt.show()                                              # 显示全部图形
    >>>                                                     # 程序输出见图 9-18
```

程序扩展：程序第 3 行修改为“G＝nx.DiGraph(原参数)”时,输出如图 9-19 所示。

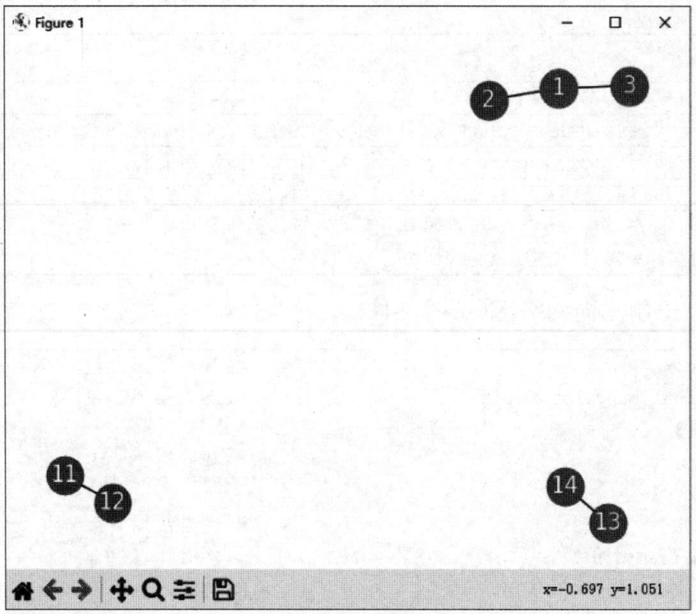

图 9-16　无向网络图 1

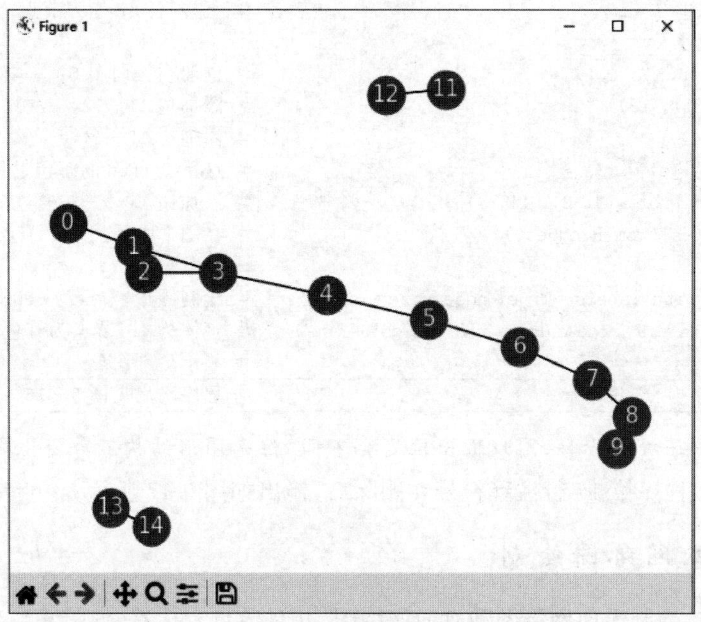

图 9-17　无向网络图 2

【例 9-14】　绘制节点放射分布图(见图 9-20)。

```
import matplotlib.pyplot as plt                # 导入第三方包——网络图
import networkx as nx                          # 导入第三方包——绘图
num = 17                                       # 颜色变化初始值
G = nx.star_graph(num)                         # 绘制网络图 G
pos = nx.spring_layout(G)                      # 节点放射图(spring)
```

```
colors = range(num)                                           # 边颜色深度随机值
nx.draw(G, pos, node_color = 'Bisque', edge_color = colors,   # 节点 Bisque 为陶坯黄色
    width = 4, edge_cmap = plt.cm.Blues, with_labels = True)
plt.show()                                                    # 显示全部图形
>>>                                                           # 程序输出见图 9 - 20
```

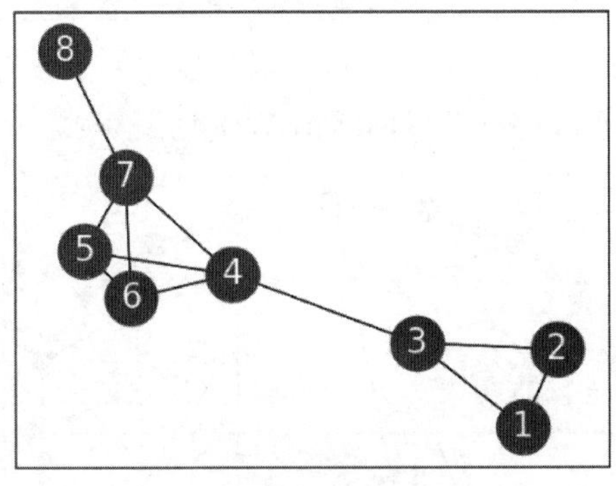

图 9-18　无向网络图

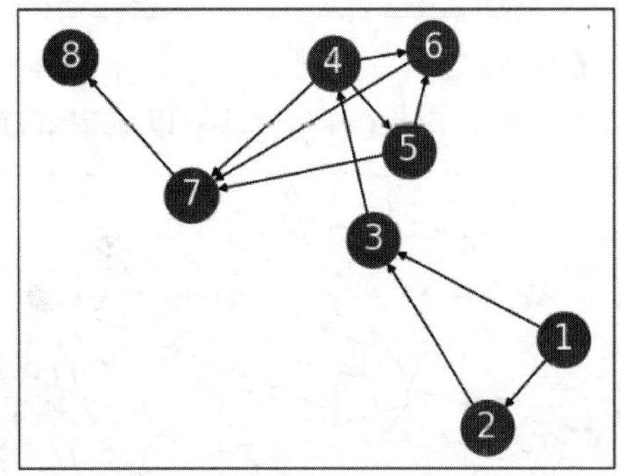

图 9-19　有向网络图

【例 9-15】 绘制随机正则图(见图 9-21)。

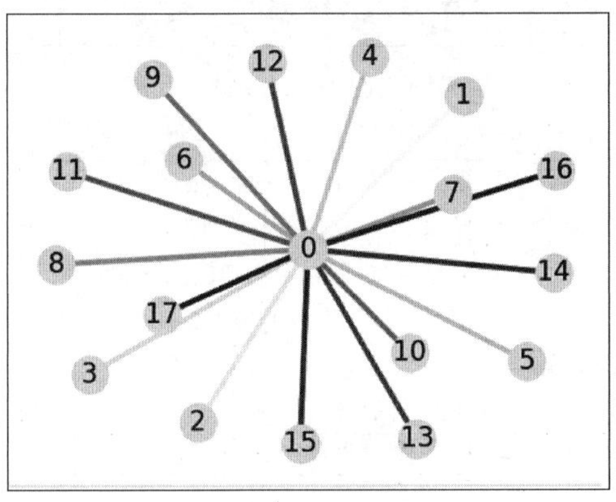

图 9-20　放射分布图(spring)

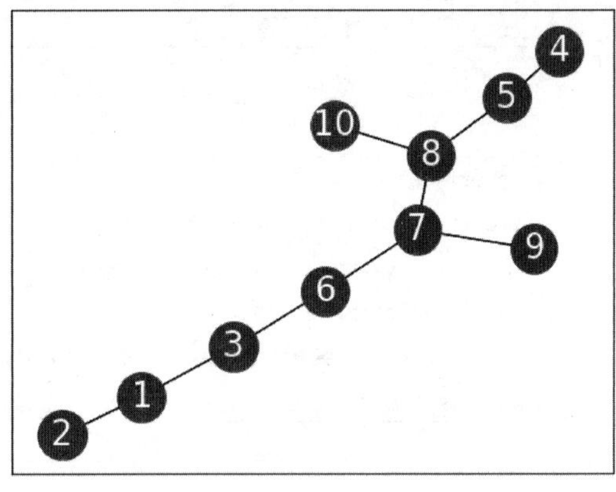

图 9-21　随机正则图(random_regular)

```
import networkx as nx                                        # 导入第三方包——网络图
import matplotlib.pyplot as plt                              # 导入第三方包——绘图
G = nx.Graph()                                               # 定义一个图 G
G.add_nodes_from([1, 2, 3, 4, 5, 6, 7, 8, 9, 10])            # 为图添加节点和边
G.add_edges_from([(1, 2), (1, 3), (3, 6), (4, 5),            # 定义节点与节点之间的关系
    (5, 8), (6, 7), (7, 8), (7, 9), (8, 10)])
nx.draw_networkx(G, node_size = 800, font_color = 'w')       # 绘制网络图
plt.show()                                                   # 显示图形
>>>                                                          # 程序输出见图 9 - 21
```

【例 9-16】 随机图 ER 是以概率 p 连接 n 个节点生成的图形。可以用 random_graphs.erdos_renyi_graph(n,p)函数生成一个含有 n 个节点、以概率 p 连接 n 个节点的随机图(见图 9-22)。

```
import networkx as nx                                        # 导入第三方包——网络图
```

```
import matplotlib.pyplot as plt                        # 导入第三方包——绘图
ER = nx.random_graphs.erdos_renyi_graph(20, 0.2)       # 节点为 20、概率为 0.2 的随机图
pos = nx.shell_layout(ER)                              # 定义 shell 布局方式
nx.draw(ER, pos, with_labels = False, node_size = 200) # 绘制网络图
plt.show()                                             # 显示图形
>>>                                                    # 程序输出见图 9-22
```

【例 9-17】 可以用 random_graphs. watts_strogatz_graph(n,k,p)函数生成一个含有 n 个节点、每个节点有 k 个邻居、以概率 p 随机化重连边的小世界网络图 WS(见图 9-23)。

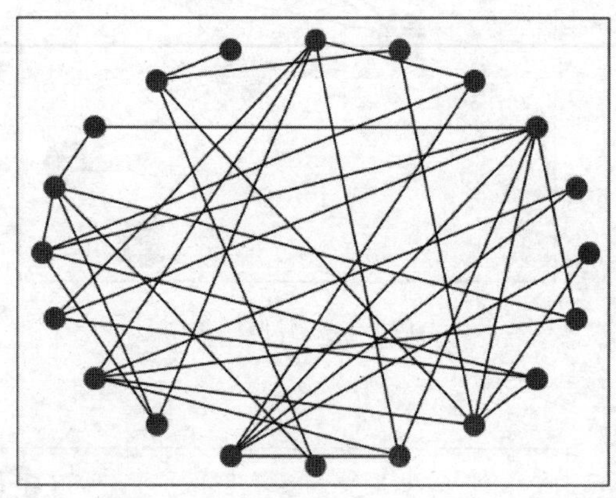

图 9-22　随机图 ER(erdos_renyi)

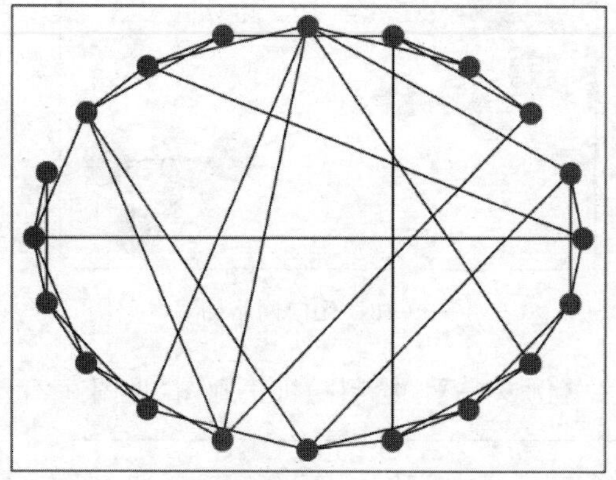

图 9-23　小世界网络图 WS(watts_strogatz)

```
import networkx as nx                                  # 导入第三方包——网络图
import matplotlib.pyplot as plt                        # 导入第三方包——绘图
WS = nx.random_graphs.watts_strogatz_graph(20,4,0.3)   # 节点为 20,近邻为 4,随机化概率为 0.3
pos = nx.circular_layout(WS)                           # 定义 circular 布局方式
nx.draw(WS, pos, with_labels = False, node_size = 200)
plt.show()                                             # 绘制图形
>>>                                                    # 程序输出见图 9-23
```

9.3.4　网络图数据读写

可以将网络图节点和边的数据存放在一个节点表文件中(txt 文件格式)或软件包 NetworkX 中。读写节点、边、边权重等数据文件的函数如下。

```
G = nx.read_adjlist('节点表.txt')                      # 读'节点表.txt'文件(见图 9-24)
G = nx.read_weighted_edgelist('边权重表.txt')          # 读'边权重表.txt'文件(见图 9-25)
G = read_edgelist(path, comments = '#', delimiter = None, create_using = None,
    nodetype = None, data = True, edgetype = None, encoding = 'utf8') # 读边文件(见例 9-18)
nx.write_edgelist(G, 'edgelist.txt', data = False)     # 将边数据写入文件(不写入边属性)
```

参数 path 为读取文件的路径和文件名,文件可以用'rb'模式打开。

参数 comments='#'为注释开始字符;参数 comments=None 为任何字符非注释。

参数 delimiter=None 用于指定分隔的字符串,默认为空格进行分隔。

参数 create_using=nx. DiGraph()为指定网络图类型,默认为 nx. Graph。

参数 nodetype=None 将节点数据从字符串转换为指定类型,如 int、float、str。

参数 data=True 将边数据指定为字典或元组(标签,类型)数据类型。

参数 edgetype=None 将边数据从字符串转换为 int、float、str,并用作边的权重。

参数 encoding='utf8'为指定读取文件的编码形式为'utf8'。

返回图形 G 用 create_using 指定的网络图类型。

说明:节点数据必须是散列的,参数 nodetype 返回值也是散列的,如 int、float、str 等。

【例 9-18】 对例 9-13 进行改进,将节点数据存放在"节点表.txt"文件中(见图 9-24),同一行的两个数据为节点,它们之间存在边。根据节点文件绘制网络图(见图 9-26)。

```
节点-节点
1 2    节点1与节点2邻接
1 3    节点1与节点3邻接
2 3    …
3 4
4 5
4 6
4 7
5 6
5 7
6 7
7 8
```

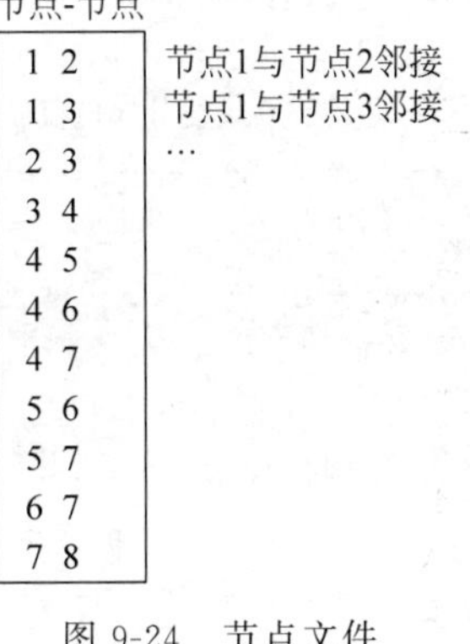

图 9-24 节点文件

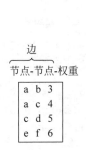

```
边
节点-节点-权重
a b 3
a c 4
c d 5
e f 6
```

图 9-25 边文件

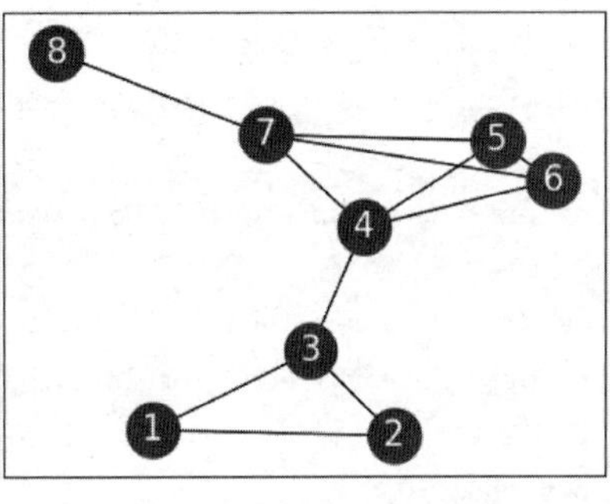

图 9-26 根据节点表绘制网络图

```
import networkx as nx                              # 导入第三方包——网络图
import matplotlib.pyplot as plt                    # 导入第三方包——绘图

G = nx.read_adjlist('节点表.txt')                  # 读取'节点表.txt'文件数据
nx.draw_networkx(G, node_size = 1000,              # 绘制图 G,节点为 1000
    font_size = 20, font_color = 'w')              # 字体为 20,字体为白色
plt.show()                                         # 显示图形
>>>                                                # 程序输出见图 9-26
```

9.3.5 案例:《三国演义》社交网络图

【例 9-19】 绘制《三国演义》简单社交网络图(见图 9-27)。

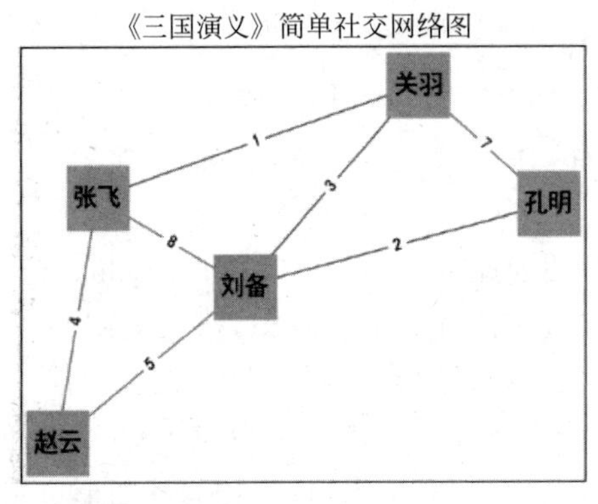

图 9-27 《三国演义》简单社交网络图

```
1  import networkx as nx                                      # 导入第三方包——网络
2  import matplotlib.pyplot as plt                            # 导入第三方包——可视化
3  from pylab import *                                        # 导入第三方包——变量导入
4
5  mpl.rcParams['font.sans-serif'] = ['SimHei']               # 定义中文字体
6  G = nx.Graph()                                             # 定义空网络图 G
7  G.add_weighted_edges_from([('0','1',2), ('0','2',7), ('1','2',3), ('1','3',8), ('1','4',5), ('2',
   '3',1), ('3','4',4)])
8  edge_labels = nx.get_edge_attributes(G, 'weight')          # 定义边的权重
9  labels = {'0':'孔明', '1':'刘备', '2':'关羽', '3':'张飞', '4':'赵云'} # 定义节点标签
10 pos = nx.spring_layout(G)                                  # 定义节点放射分布的随机网络
11 nx.draw_networkx_nodes(G, pos, node_color = 'skyblue', node_size = 1500, node_shape = 's',)
                                                              #绘制节点
12 nx.draw_networkx_edges(G, pos, width = 1.0, alpha = 0.5, edge_color = ['b','r','b','r','r','b',
   'r'])                                                      #绘制边
13 nx.draw_networkx_labels(G, pos, labels, font_size = 16)    # 绘制节点标签
14 nx.draw_networkx_edge_labels(G, pos, edge_labels)          # 绘制边权重
15 plt.title('《三国演义》简单社交网络图', fontproperties = 'simhei', fontsize = 14) # 绘制标题
16 plt.show()                                                 # 显示全部图形
   >>>                                                        # 程序输出见图 9-27
```

程序说明：

(1) 程序第 7 行为网络 G 添加节点和边，数据类型为列表。如('0','1',2)参数中，添加 0 号节点(孔明)、1 号节点(刘备)，2 是 0 号与 1 号节点之间边的权重。注意，在放射形状(程序第 10 行：pos＝nx.spring_layout(G))网络图中，1 号节点位于图中心。

(2) 程序第 8 行为定义网络中边的权重。

(3) 程序第 9 行 labels＝{}语句中，数据类型为字典，键为节点编号，值为节点属性。如'0'：'孔明'＝0 号节点(键)的属性是'孔明'(值)。

(4) 程序第 11 行绘制节点，其中 G 为网络，pos 为网络形状，node_color＝'skyblue'为节点颜色(天蓝色)，node_size＝1500 为节点大小，node_shape＝'s'为节点形状(方形)。

9.3.6 案例：《白鹿原》社交网络图

1. 社交网络图制作过程

(1) 在网络上找到《白鹿原》文本文件(白鹿原.txt)，并下载。

(2) 参照 7.3.3 节，制作《白鹿原》主要人物字典，字典中人物权重统一命名为 10，人物姓名以 nr(词性)进行标志。

(3) 参照例 9-20，根据“白鹿原 utf8.txt”文件和 bai_dict.txt 文件，提取节点文件(bai_node.txt，格式见图 9-28)和边文件(bai_edge.txt，格式见图 9-29)。节点文件和边文件中，由于数据太多，用这些数据绘图时，图形会拥挤不堪，无法看清。可以将节点和边数据通过手工或程序删减，节点保持为 10～30 个，边保持为 30～60 个即可。

(4) 参照例 9-20，用软件包绘制关系图，将人物关系图形可视化。

2. 数据文件格式

(1) 节点文件(bai_node. txt,见图 9-28)有 Id(人名)、Label(标签名)、Weight(出现次数)。节点文件可以统计文本中人物名称的次数即可(高频词统计)。

(2) 边文件(edge. txt,见图 9-29)有 Source(起点)、Target(目标点)、Weight(出现次数)。边文件涉及两个节点及节点出现的次数,如果两个实体经常在一个段落(一行)中出现,那么两者之间存在关系的可能性会相当高。选择出现频率大于一定阈值的边,排除掉冗余的边,即可获取到边文件。

(3) 字典文件(bai_dict. txt,见图 9-30)有人名、出现次数、nr(词性,人物姓名)。

```
Id Label Weight
白鹿原 白鹿原 215
白嘉轩 白嘉轩 1172
殷实 殷实 5
先生 先生 547
嘉轩 嘉轩 247
老汉 老汉 85
张罗 张罗 10
黄亮 黄亮 5
白鹿镇 白鹿镇 91
卫老三 卫老三 3
…
```

图 9-28　节点文件

```
Source Target Weight
阿公 鹿子霖 110
白嘉轩 黄牛 103
白嘉轩 麦子 127
白嘉轩 白兴儿 226
白灵 老太太 204
白兴儿 黑娃 126
方巡抚 朱先生 183
高玉凤 黑娃 124
贺老大 田福贤 145
黑娃 陈舍娃 106
…
```

图 9-29　边权重文件

```
白嘉轩 10 nr
黑娃 10 nr
鹿子霖 10 nr
朱先生 10 nr
先生 10 nr
鹿兆鹏 10 nr
白灵 10 nr
自己 10 nr
女人 10 nr
他们 10 nr
田福贤 10 nr
…
```

图 9-30　字典文件

3. 案例:提取节点文件和边文件

【例 9-20】 在《白鹿原》文本(白鹿原 utf8. txt)和《白鹿原》字典(bai_dict. txt)中提取节点文件(bai_node. txt)和边文件(bai_edge. txt),程序如下。

```
#【创建节点和边文件】
import jieba                                             # 导入第三方包——结巴分词
import jieba.posseg as pseg                              # 导入第三方包——结巴分词
import codecs                                            # 导入标准模块——代码

names = {}                                               # 姓名字典初始化
relationships = {}                                       # 关系字典初始化
lineNames = []                                           # 人物关系初始化
#【人物名称统计】
jieba.load_userdict('d:\\test\\09\\bai_dict.txt')        # 加载《白鹿原》字典
with codecs.open('d:\\test\\09\\白鹿原 utf8.txt', 'r', 'utf8') as file:
    for line in file.readlines():
        poss = pseg.cut(line)                            # 分词并返回该词词性
        lineNames.append([])                             # 在读入段中添加人名列表
        for w in poss:
            if w.flag != 'nr' or len(w.word) < 2:        # 词性或分词长度小于 2
                continue                                 # 不为 nr 时该词不是人名
            lineNames[-1].append(w.word)                 # 为当前段增加一个人物
            if names.get(w.word) is None:
                names[w.word] = 0
                relationships[w.word] = {}
```

```
            names[w.word] += 1                              # 该人物出现次数加 1
#【探索人物关系】
for line in lineNames:
    for name1 in line:                                      # 对于每一段(一行)
        for name2 in line:
            if name1 == name2:                              # 每段中的任意两个人
                continue
            if relationships[name1].get(name2) is None:     # 若两人尚未同时出现
                relationships[name1][name2] = 1             # 则新建项
            else:
                relationships[name1][name2] = \
                    relationships[name1][name2] + 1         # 两人同时出现则次数加 1
#【输出节点和边文件】
with codecs.open('d:\\test\\09\\bai_node.txt', 'a+', 'utf8') as file:
    file.write('Id Label Weight\r\n')                       # 写节点文件
    for name, times in names.items():
        file.write(name + ' ' + name + ' ' + str(times) + '\r\n')
with codecs.open('d:\\test\\09\\bai_edge.txt', 'a+', 'utf8') as file:
    file.write('Source Target Weight\r\n')                  # 写边文件
    for name, edges in relationships.items():
        for v, w in edges.items():
            if w > 3:
                file.write(name + ' ' + v + ' ' + str(w) + '\r\n')
print('提取节点和边文件完成。')
>>>提取节点和边文件完成。                                    # 程序输出
```

4. 案例:绘制《白鹿原》社交网络图

【例 9-21】 根据《白鹿原》边文件(bai_edge.txt)绘制社交网络图(见图 9-31)。

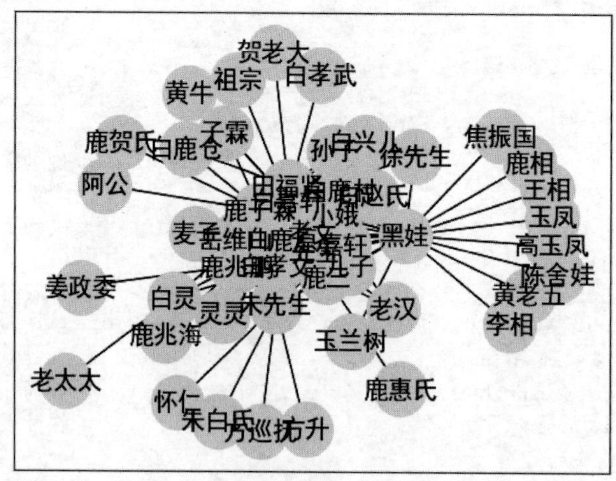

图 9-31 小说《白鹿原》社交网络图

```
import networkx as nx                    # 导入第三方包——网络
import matplotlib.pyplot as plt          # 导入第三方包——可视化
import numpy as np                       # 导入第三方包——科学计算
import re                                # 导入标准模块——正则处理
```

```
from pylab import *                                                     # 导入第三方包——解决中文显示
mpl.rcParams['font.sans-serif'] = ['SimHei']                            # 解决中文显示问题

G = nx.Graph()                                                          # 生成网络图 G
node_list = []                                                          # 定义节点列表
lnum = 0                                                                # 行计数变量初始化
with open('d:\\test\\09\\bai_edge2.txt', 'r', encoding =                # 读入边文件
'utf8') as file_to_read:
    while True:                                                         # 循环读行
        lines = file_to_read.readline()                                 # 读取整行数据
        if not lines:                                                   # 如果不是行尾
            break                                                       # 强制退出循环
        lnum += 1                                                       # 行数增加
        if lnum >= 4:                                                   # 第 2 行开始处理数据
            temp = ''.join(re.split(' +|\n+', lines)).strip()           # 删除空格和回车符
            line = re.split('', temp.strip())                           # 用正则模板处理数据
            first_node = line[0]                                        # 获得第 1 个节点
            second_node = line[1]                                       # 获得第 2 个节点
            node_list.append(np.append(first_node, second_node))        # 循环读取节点和边
for i in range(len(node_list)):
    G.add_edge(node_list[i][0], node_list[i][1])                        # 添加节点和边
nx.draw_networkx(G, node_size = 1000,
    font_size = 15, node_color = 'Bisque')                              # 绘制网络图 G
plt.show()                                                              # 显示全部图形
>>>                                                                     # 程序输出见图 9-31
```

案例分析：由图 9-31 可见，存在以下问题：一是图中心部分人物重叠，原因是人物太多，可以对边文件(bai_edge.txt)删除一些次要人物，形成一个简化的边文件(bai_edge2.txt)，这样可以使网络图形中心的人物清晰化；二是每个节点的大小相同，重要人物与次要人物关系不清楚，可以根据 bai_edge.txt 文件中人物的权重来绘制节点的大小，权重越大则节点尺寸越大，这样人物关系就会更加清晰。

习 题 9

9-1 编程：参照例 9-2 程序，编写一个折线图可视化程序。

9-2 编程：参照例 9-3 程序，编写一个双折线图可视化程序。

9-3 编程：参照例 9-4 程序，掌握读取以"泰坦尼克数据.csv"文件列数据的方法。

9-4 编程：参照例 9-5 程序，编写绘制数据散点图的可视化程序。

9-5 编程：参照例 9-6 程序，编写绘制饼图的可视化程序。

9-6 编程：参照例 9-10 程序，生成小说《三国演义》的词云。

9-7 编程：参照例 9-11 程序，生成小说《三国演义》的遮罩词云图。

9-8 编程：参照例 9-18 程序，根据节点文件绘制网络图。

9-9 编程：参照例 9-19 程序，绘制《红楼梦》社交网络图。

9-10 编程：参照例 9-21 程序，绘制《白鹿原》社交网络图。

第10章　数据库程序设计

数据库是数据存储仓库，用户可以对数据库中的数据进行增加、查询、修改、统计、删除等操作。Python 自带了一个轻量级的关系数据库 SQLite。本章主要介绍 SQLite 数据库的基本操作。

10.1　数据库技术概述

10.1.1　数据库的组成

1. 数据库的基本概念

数据库是应用广泛的技术之一。例如，企业人事部门常常要把本单位职工的基本情况(如职工编号、姓名、工资、简历等)存放在表中，这张表就是一个数据库。有了数据库，就可以根据需要随时查询某职工的基本情况，或者计算和统计职工工资等数据。

如图 10-1 所示，数据库系统(DBS)主要由数据库(DB)、数据库管理系统(DBMS)和应用程序组成。**数据库是按照数据结构来组织、存储和管理数据的仓库。**数据库中的数据为众多用户所共享，它摆脱了具体程序的限制和制约，不同用户可以按不同方法使用数据库中的数据，多个用户可以同时共享数据库中的数据资源。数据库管理系统是对数据库进行有效管理和操作的软件，是用户与数据库之间的接口。

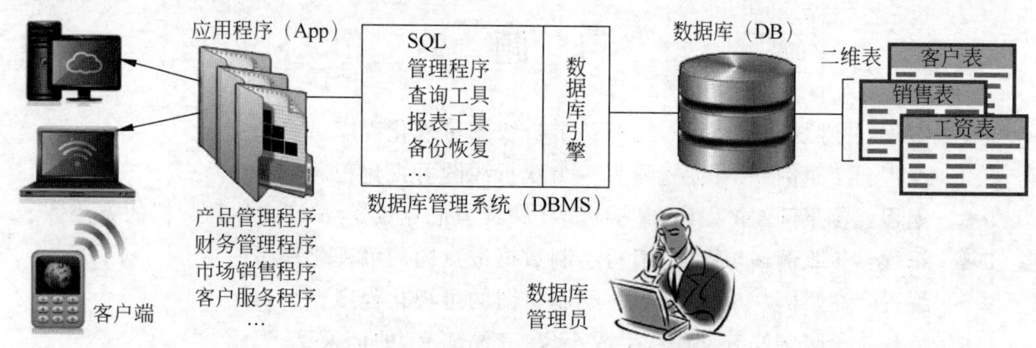

图 10-1　数据库系统(DBS)示意图

2. 数据库的类型

数据库分为层次数据库、网状数据库和关系数据库。这三种类型的数据库中，层次数据库查询速度最快(见图 10-2)；网状数据库建库最灵活(见图 10-3)；关系数据库最简单(见图 10-4)，也是使用最广泛的数据库类型。

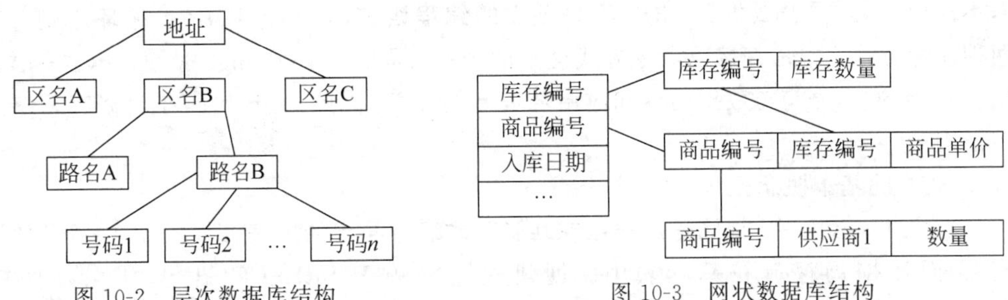

图 10-2 层次数据库结构　　图 10-3 网状数据库结构

常用商业关系数据库系统有 Oracle（甲骨文公司）、MS-SQL Server（微软公司）、DB2（IBM 公司）等；开源关系数据库有 MySQL、PostgreSQL、SQLite 等。

学号	姓名	成绩1
G2023060102	韩屏西	85
G2023060103	郑秋月	88
G2023060104	孙秋辞	80
…	…	…

图 10-4 关系数据库结构

3. 关系数据库的组成

关系数据库建立在数学关系模型基础之上，它借助集合代数的概念和方法处理数据。在数学中，$D_1, D_2, \cdots, D_n$ 的集合记作 $R(D_1, D_2, \cdots, D_n)$，其中 R 为关系名。现实世界中各种实体以及实体之间的各种联系均可以用关系模型来表示。在关系数据库中，用二维表（横向维和纵向维）来描述实体以及实体之间的联系。

【例 10-1】 如图 10-5 所示，关系数据库主要由二维表、记录（行）、字段（列）、值域等部分组成。

学生成绩表（表名）

Id	学号	姓名	专业	成绩1	成绩2
1	G2023060102	韩屏西	公路 1	85	88
2	G2023060103	郑秋月	公路 1	88	75
3	G2023060104	孙秋辞	公路 1	80	75
4	G2023060105	赵如影	公路 1	90	88
5	T2023060106	王星帆	土木 2	86	80
6	T2023060107	孙小天	土木 2	88	90
7	T2023060110	朱星长	土木 2	82	78

（图注标签：字段名、游标→、记录、关键字、字段、值域）

图 10-5 二维表与关系数据库的关系

在关系数据库中，一张二维表对应一个关系，表的名称即关系名；**二维表中的一行称为一条记录（元组）；一列称为一个字段（属性）**，字段取值范围称为值域，将某一个字段名作为操作对象时，这个字段名称为关键字（key）。一般来说，关系中一条记录描述了现实世界中一个具体对象，字段值描述了这个对象的属性。一个数据库可以由一张或多张表构成，一张表由多条记录（行）构成，一条记录有多个字段（列）。

10.1.2 SQL 基本语法

SQL 是一种通用数据库语言，SQL 由 ISO/IEC SC 32 定义。SQL 具有数据定义、数据操作和数据控制功能，可以完成数据库的全部工作。使用 SQL 时只要用告诉计算机“做什么”,不需要告诉它“怎么做”。**SQL 不是独立的编程语言**,它没有 FOR 等循环语句。SQL 有两种使用方式：一是直接以命令方式交互使用；二是嵌入 Python、C/C++、Java 等语言中使用。由于 SQL 语句与数据内容和应用环境密切相关,因此 SQL 代码在数据库系统之间移植很困难。

1. SQL 的基本概念

(1) 视图。SQL 中,**视图是从一张或几张基本表中导出的虚表**,即数据库中只存放视图的定义,而数据仍存放在基本表中。创建视图依赖于 SELECT 语句,所以视图就是 SELECT 语句操作结果形成的表；视图支持对记录的增、删、查、改,但是不允许对字段做修改；视图不仅可以创建,也可以更新和删除。

(2) 事务。一些业务需要多条 SQL 语句参与,这些 SQL 语句就形成了一个执行整体,这个整体就称为事务,或者说**事务就是多条执行的 SQL 语句**。事务是数据库并发控制和数据恢复的基本单位。**事务要么全部执行,要么全部不执行**。事务必须满足 ACID 特性(Atomicity,原子性；Consistency,一致性；Isolation,隔离性；Durability,持久性)。

(3) 主键。数据库中一条记录有若干字段(列),如果其中某个字段能唯一标识一条记录,该字段就可以成为一个主键。例如,学生表(学号,姓名,性别,班级)中,学号是唯一的,因此学号就是一个主键。并不是每张表都需要主键,一般情况下,多张表之间进行连接操作时,需要用到主键。主键不允许有空值。

(4) 索引。索引是对数据库表中一列或多列进行排序的一种结构。使用索引可以快速访问表中特定记录。索引也是一种文件类型。

2. SQL 核心命令

SQL 对数据库的基本操作包括创建、插入、查询、删除、更新、回滚(撤销)、索引、排序、统计、生成报表、备份、恢复等。SQL 核心命令如表 10-1 所示。

表 10-1　SQL 核心命令

操作类型	命　令	说　明	SQL 命令语法
数据定义	CREATE	创建库	CREATE DATABASE IF NOT EXISTS 库名
	CREATE	创建表	CREATE TABLE 表名 (字段 1,…,字段 n)
	CREATE	创建索引	CREATE INDEX 索引名 ON 表名 (列名)
	DROP	删除表	DROP TABLE 表名
	ALTER	修改列	ALTER TABLE 表名 MODIFY 列名 类型
数据操作	SELECT	查询数据	SELECT 目标列 FROM 表 [WHERE 条件表达式]
	INSERT	插入数据	INSERT INTO 表名 [字段名] VALUES [常量]
	DELETE	删除数据	DELETE FROM 表名 [WHERE 条件]
	UPDATE	更新数据	UPDATE 表名 SET 列名＝表达式… [WHERE 条件]
数据控制	GRANT	授予权力	GRANT 权力 [ON 对象类型 对象名] TO 用户名…
	REVOKE	收回权力	REVOKE 权力 [ON 对象类型 对象名] FROM 用户名

3. SQL 语法

(1) 语句。SQL 语句主要构成元素包括命令、子句、表达式、谓词等。

【例 10-2】 一条典型的 SQL 语句如图 10-6 所示(程序片段)。

(2) 子句。SQL 最常见的操作是使用 SELECT 查询语句,它从一张或多张表中检索数据。SELECT 中子句具有特定的执行顺序,它们是 FROM 表名(指定查询的表)、WHERE

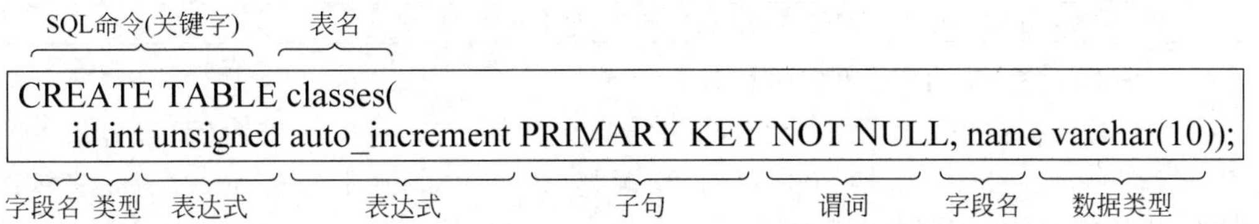

SQL命令(关键字)　表名

```
CREATE TABLE classes(
    id int unsigned auto_increment PRIMARY KEY NOT NULL, name varchar(10));
```

字段名　类型　表达式　表达式　子句　谓词　字段名　数据类型

图 10-6　SQL 语句的基本结构

谓词(指定查询条件)、GROUP BY 列名(指定分组的条件)、HAVING 谓词(选择组中满足条件的组)、ORDER BY 列名(对指定列进行排序)。

(3) 表达式。SQL 中的表达式是一种条件限定。

(4) 谓词。谓词是计算结果为逻辑值的逻辑表达式。SQL 中的谓词主要有 ALL(所有)、AND(逻辑与)、OR(逻辑或)、ANY(任一)、BETWEEN(范围)、EXISTS(存在)、IN(包含)、LIKE(匹配)、BETWEEN(范围)、IS NULL(空)、IS NOT NULL(非空)等。谓词的值可以为布尔值(True/False)或三值逻辑(True/False/Unknown)。

(5) 关键字大小写。SQL 对关键字大小写不敏感,大小写均可,SELECT 与 select 功能相同。为了区别 SQL 语句与 Python 语句,本书中 SQL 关键字采用大写形式。

(6) 分号。标准 SQL 语句使用分号(;)作为语句终止符。但是在 SQLite 3、MySQL、Microsoft Access、SQL Server 等数据库中,SQL 语句结尾可以使用或不使用分号。

(7) 注释。标准 SQL 语句采用--进行单行注释,注意,--与注释内容要用空格隔开才会生效;多行注释采用/ * … * /符号。此外,不同数据库还有自己的注释方式,如 MySQL、SQLite 数据库可以使用井号(#)进行单行注释。

(8) 空格。在 SQL 语句和查询中,通常会忽略无关紧要的空格,从而可以更轻松地格式化 SQL 代码,提高程序可读性。

4. SQL 语句中的约束条件

约束是对表中数据列强制执行规则,它确保了数据的准确性和可靠性。约束可以是列或表。列约束仅适用于列,表约束被应用到整个表。SQLite 常用约束如下。

(1) NOT NULL(非空约束):确保某列不能有 NULL 值(如姓名)。

(2) DEFAULT(默认约束):为没有指定值的列提供默认值(如平均=0)。

(3) UNIQUE(唯一性约束):确保某列中的所有值不同(如学号)。

(4) PRIMARY KEY(主键约束):唯一标识数据库表中的各行(记录)。

(5) CHECK(检查约束):确保某列中所有值满足一定的条件。

10.1.3　SQL 程序设计

1. 查询数据

查询是数据库的核心操作。SQL 仅提供了唯一的查询命令 SELECT,它的使用方式灵活,功能非常丰富。如果查询涉及两张以上的表,则称为连接查询。SQL 中没有专门的连接命令,而是依靠 SELECT 语句中 WHERE 子句来达到连接运算的目的。

(1) 通过 SELECT-FROM-WHERE 语句实现查询功能,其中 SELECT 命令指出查询需要输出的列;FROM 子句指出数据表名;WHERE 子句指定查询条件。

【例 10-3】 查询学生成绩表中学生的学号、姓名和成绩,程序片段如下。

```
SELECT 学号, 姓名, 成绩 FROM 学生成绩表 WHERE 专业 = '计算机'
```

(2) 通过 CASE WHEN 语句进行判断。

【例 10-4】 根据积分对用户分级,8500 分以上是钻石级,6000～8500(不包括 8500)分是黄金级,5000～6000(不包括 6000)分是青铜级,3000～5000(不包括 5000)分是玄铁级,3000 分以下是游侠级,程序片段如下。

```
SELECT *, (
    CASE WHEN total_score >= 8500 THEN '钻石级'
    WHEN total_score >= 6000 AND total_score < 8500 THEN '黄金级'
    WHEN total_score >= 5000 AND total_score < 6000 THEN '青铜级'
    WHEN total_score >= 4000 AND total_score < 5000 THEN '玄铁级'
    ELSE '游侠级' END) AS 用户表
    FROM score;
```

(3) 写入查询结果。如果查询结果集需要写入表中,可以结合 INSERT 和 SELECT,将 SELECT 语句的结果集直接插入指定表中。

【例 10-5】 创建一个统计"成绩表",记录各班的平均成绩,程序片段如下。

```
CREATE TABLE 成绩表 (
    id BIGINT NOT NULL AUTO_INCREMENT,
    class_id BIGINT NOT NULL,
    平均成绩 DOUBLE NOT NULL,
    PRIMARY KEY (id) );                              # SQL 语句以分号结束
INSERT INTO 成绩表 (class_id, 平均成绩) SELECT class_id,
    avg(成绩) FROM 学生表 GROUP BY class_id;
```

(4) 数据快照。对一个表进行快照使用 CREATE TABLE 和 SELECT 语句。

【例 10-6】 对 class_id=1 的记录进行快照,并存储为新表,程序片段如下。

```
CREATE TABLE students_class1 SELECT * FROM student WHERE class_id = 1;
```

2. 插入数据

(1) 插入记录 1。在数据表中插入一条记录(INSERT),但如果记录已经存在,就不执行任何操作直接忽略,这时可以使用 INSERT IGNORE INTO 语句。

【例 10-7】 在数据表中插入一条记录,程序片段如下。

```
INSERT IGNORE INTO 用户信息表 (id, 用户名, 性别, 年龄 , 购物金额, 创建时间)
    VALUES (null, '史湘云', '女', 18, 0, '2020-06-18 28:00:24');
```

说明:

① 如果用户名='史湘云'的记录不存在,就插入新记录,否则不执行任何操作。

② INSERT IGNORE INTO …语句基于唯一索引或主键来判断记录的唯一性。

(2) 插入记录 2。如果表是第一次交易就新增一条记录,如果再次交易,就累加历史金额,则需要保证单个用户数据不重复录入。

【例 10-8】 在表中新增一条记录,程序片段如下。

```
INSERT INTO 统计表 (id, 用户名, 购物金额统计, 交易时间, 说明)
    VALUES (null, '宝玉', 100, '2020-06-11 25:00:20', '购买冰淇淋')
```

```
    ON DUPLICATE KEY UPDATE 购物金额统计 = 购物金额统计 + 100,
    交易时间 = '2020 - 06 - 18 25:00:20', 说明 = '购买冰淇淋';
```

说明：

① 如果用户名='宝玉'的记录不存在，则 INSERT 语句将插入新记录；否则当前用户名='宝玉'的记录将被更新，更新的字段由 UPDATE 指定。

② INSERT INTO ON DUPLICATE KEY UPDATE 语句基于索引或主键来判断记录是否存在或唯一。本例中，需要在"用户名"字段建立唯一索引(UNIQUE)，id 字段定义自增即可。

(3) 数据替换。REPLACE 表示在数据表中插入一条新记录，如果这条记录已经存在，就需要先删除原记录，再插入新记录。例如，一张数据表保存了客户最近的交易订单信息，要求保证每个用户数据不能重复录入时，可以使用 REPLACE INTO(替换)语句，这样就不必先查询数据表，再决定是否先删除再插入。

【例 10-9】 在交易表中增加一条用户"宝玉"的交易记录，程序片段如下。

```
REPLACE INTO 交易表(id, 用户名, 购物金额, 交易时间, 说明)
    VALUES (null, '宝玉', 88, '2020 - 06 - 18 20:00:20', '购书');
```

说明：

① 参数 id 不需要具体值(如 id=null)，不然会影响 SQL 语句的执行，有特殊需求除外。

② 语句 REPLACE(替换)与语句 INSERT(插入)功能相似。不同的是，使用 REPLACE 语句时，数据表需要一个用 PRIMARY KEY(主键)或 UNIQUE(唯一性)的索引，如果新记录与表中记录有相同值，则新记录被插入之前，旧记录将被删除。

3. 删除数据

数据表进行删除操作时，将会把表中的数据一起删除，并且 SQL 在执行删除操作时，不会有任何确认提示，因此执行删除操作应当慎重。在删除表前，最好对表中的数据进行备份，这样当操作失误时，可以对数据进行恢复，以免造成无法挽回的后果。

同样，使用 ALTER TABLE 进行表基本结构修改时，在执行操作之前，应该确保对数据进行备份。因为数据库的改变无法撤销，如果添加了一个不需要的字段，可以将其删除；同样，如果删除了一列，该列下的所有数据都会丢失。

10.2 SQLite 程序设计

10.2.1 SQLite 数据库特征

SQLite 是一个 Python 自带的开源嵌入式数据库，它具备关系数据库的基本特征，如标准 SQL 语法、ACID 特性、事务处理、数据表、索引、回滚(撤销)、共享锁等。SQLite 使用指南网址为 https://docs.python.org/2/library/sqlite3.html。

1. SQLite 数据库的优点

(1) 操作简单。SQLite 不需要任何初始化配置文件，也没有安装和卸载过程，这减少了大量系统部署时间。SQLite 的数据库就是一个文件，只要权限允许便可随意访问和复制，这样带来的好处是便于备份、携带和共享数据，数据库备份方便。SQLite 不存在服务器的启动和停止，在使用过程中，无须创建用户和划分权限。

(2) 运行效率高。SQLite 运行时占用资源很少(只需要数十万字节内存),而且无须任何管理开销,因此对平板计算机、智能手机等移动设备来说,SQLite 的优势毋庸置疑。为了达到快速和高可靠性这一目标,SQLite 取消了一些数据库的功能,如高并发、记录行级锁、丰富的内置函数、复杂的 SQL 语句等。正是牺牲了这些功能,才换来了 SQLite 的简单性,而简单又带来了高效性和高可靠性。

(3) 支持跨平台。SQLite 支持 Windows/Linux 等操作系统,它能与很多程序语言结合,如 Python、C#、PHP、Java 等,它有 ODBC(开放式数据库互连)接口。由于 SQLite 很小,因此经常被集成到各种应用程序中。如 Python 就内置了 SQLite3 模块,这省去了数据库安装配置过程。在智能手机的 Android 系统中,也内置了 SQLite 数据库。

2. SQLite 数据库的缺点

如果有多个客户端需要同时访问数据库中的数据,特别是它们之间的数据操作需要通过网络传输来完成时,就不应该选择 SQLite。因为 SQLite 的数据管理机制依赖于操作系统的文件系统,因此在 C/S(客户/服务器)应用中操作效率很低。

受限于操作系统中的文件系统,在处理大数据量时,SQLite 效率低;对于超大数据量存储(如大于 2TB)不提供支持。

由于 SQLite 仅仅提供了粒度很粗的数据锁(如读写锁),因此在每次加锁操作中都会有大量数据被锁住。简单地说,SQLite 只是提供了表级锁,没有提供记录行级锁。这种机制使得 SQLite 的并发性能很难提高。

10.2.2 SQLite 数据库创建

创建数据库的操作步骤为:**连接数据库、创建数据表、创建游标、数据库操作、关闭游标和数据库连接**。

1. 连接数据库

对数据库进行操作时,首先需要通过 Connect 对象创建和连接数据库。通俗地说,就是需要先创建或打开需要操作的数据库。

【例 10-10】 创建和连接 mytest.db 数据库。

```
1  >>> import sqlite3 as db                                # 导入标准模块——数据库引擎
2  >>> conn = db.connect('d:\\test\\10\\mytest.db')        # 创建连接对象(即建立数据库)
3  >>> conn.close()                                        # 关闭连接(释放资源)
```

程序说明:程序第 2 行,mytest.db 为要创建或打开的数据库文件名,如果 mytest.db 文件已存在,则打开数据库;否则创建一个空的 mytest.db 数据库文件,这个操作称为连接。

说明:

(1) 数据库扩展名.db 不是必需的,SQLite 数据库可使用任何扩展名。

(2) 如果 mytest.db 文件已存在,但并不是 SQLite 数据库,则打开失败。

(3) 当数据库操作完后,必须使用 conn.close()关闭数据库,释放资源。

(4) 文件名为 memory 时,表示在内存中创建数据库(运行速度快)。

【例 10-11】 在内存中创建一个数据库。

```
>>> import sqlite3 as db                   # 导入标准模块——数据库引擎
>>> conn = db.connect(':memory:')          # 在内存中创建一个名为 memory 的数据库
```

2. 创建数据表

表是数据库中存放关系数据的集合,一个数据库中通常包含了多张表,如学生表、成绩表、教师表等，表和表之间通过外键关联。如果数据库里没有任何表，则这个数据库等于没有创建，不会在硬盘中产生任何文件。

【例 10-12】 在 Python 中创建 SQLite 数据表。

```
1  >>> import sqlite3 as db                                  # 导入标准模块——数据库引擎
2  >>> conn = db.connect('d:\\test\\10\\mytest.db')          # 创建连接，打开 mytest.db 数据库
3  >>> sql_create = 'CREATE TABLE IF NOT EXISTS mytb(姓名 char, 成绩 real, 课程 text)'
                                                             # 定义 SQL 语句
4  >>> conn.execute(sql_create)                              # 执行 SQL 语句，创建数据表
```

程序说明：程序第 3 行，CREATE TABLE 为创建 mytb 数据表；IF NOT EXISTS 子句表示如果数据库中不存在 mytb 表，则创建该表；如果该表已经存在，则什么也不做。

SQLite 3 支持的数据类型有 null(空)、integer(整数)、real(浮点数)、text(字符串文本)、blob(二进制数据块)。

3. 创建游标

SQLite 必须借助游标进行单条记录处理，可见游标具有指针定位功能。游标允许应用程序对查询语句 SELECT 返回的行(记录)进行操作，而不是对整个结果集进行操作。所有 SQL 语句的执行都可以在游标对象下进行。

【例 10-13】 在 SQLite 中创建一个游标对象。

```
>>> import sqlite3 as db                                  # 导入标准模块——数据库引擎
>>> conn = db.connect('d:\\test\\10\\mytest.db')          # 创建数据库连接，打开数据库
>>> cur = conn.cursor()                                   # 创建游标对象 cur
```

游标操作函数如表 10-2 所示。游标只能遍历结果集一次，不能在结果集中返回移动，遍历结束返回空值。游标对结果集遍历完成后，结果集将被清空。有些程序并不需要游标。

表 10-2　游标操作函数

函　　数	说　　明	案　　例
cur.execute()	执行单条 SQL 语句	cur.execute('SQL 语句')
cur.executemany()	执行多条 SQL 语句	cur.executemany('SQL 语句')
cur.fetchone()	取出一条记录，游标移向下一条记录	rows=cur.fetchone()
cur.fetchmany()	从结果中取出多条记录	res=cur.fetchmany()
cur.fetchall()	从结果中取出所有记录	res=cur.fetchall()
cur.close()	关闭游标	cur.close()

说明：对象"cur."为游标。

4. 数据库操作

数据库操作包括对数据表中记录的增、删、查、改，这些操作主要由 SQL 语句完成。在下面的小节中将详细讨论它们的操作方法。

5. 关闭游标和数据库连接

数据库操作完成后，需要关闭游标和数据库连接，这样一是为了释放数据库占用的系统资源；二是可以保护数据库中的记录免遭破坏。

10.2.3　SQLite 的增、删、查、改

1. 插入记录

【例 10-14】 在 SQLite 中创建数据库 mybook.db 并创建数据表 mytb；在表中定义

isbn(text)、书名(text)、价格(real)等字段,并插入记录(见图 10-7)。

	isbn	书名	价格
1	9787302518358	欧美戏剧选读	88
2	9787302454038	组织理论与设计 第12版	75
3	9787302496878	中国文化经典读本	45
4	9787302518358	欧美戏剧选读	88
5	9787302454038	组织理论与设计 第12版	75
6	9787302496878	中国文化经典读本	45

图 10-7 数据库 mybook.db 中的数据表 mytb

```
1  import sqlite3 as db                                                # 导入标准模块
2
3  conn = db.connect('d:\\test\\10\\mybook.db')                         # 创建数据库
4  cur = conn.cursor()                                                 # 创建游标
5  cur.execute('CREATE TABLE IF NOT EXISTS \                           # 注意\前面有空格
6      mytb (isbn text, 书名 text, 价格 real)')                          # 创建表
7  cur.execute('''INSERT INTO mytb (isbn, 书名, 价格) \                  # 注意\前面有空格
8      values('9787302518358', '欧美戏剧选读', 88.00)''')                # 插入记录 1
9  cur.execute('''INSERT INTO mytb (isbn, 书名, 价格) \                  # 注意\前面有空格
10     values('9787302454038', '组织理论与设计 第 12 版', 75.00)''')      # 插入记录 2
11 cur.execute('''INSERT INTO mytb (isbn, 书名, 价格) \                  # 注意\前面有空格
12     values('9787302496878', '中国文化经典读本', 45.00)''')            # 插入记录 3
13 conn.commit()                                                       # 提交事务,保存数据
14 cur.execute('SELECT * FROM mytb')                                   # 执行查询语句
15 res = cur.fetchall()                                                # 读入所有记录
16 for line in res:                                                    # 循环输出记录
17     print(line)
18 cur.close()                                                         # 关闭游标
19 conn.close()                                                        # 关闭数据库
   >>>('9787302518358', '欧美戏剧选读', 88.0)…                          # 程序输出见图 10-7(略)
```

程序说明:

程序第 5 行,CREATE TABLE IF NOT EXISTS mytb ()为 SQL 语句,由于程序编写过程中需要反复调式,这样程序第 2 次运行时会提示 table mytb already exists 异常信息。因此,需要在 SQL 语句中增加 IF NOT EXISTS mytb 子句,表示如果 mytb 数据表已经存在,则无须创建;如果 mytb 数据表不存在,则创建 mytb 数据表。

程序第 5、7、9、11 行,语句尾部换行符\前必须有空格,否则会产生程序异常。

程序第 7、9、11 行,记录中存在单引号,因此 SQL 语句必须使用双引号或三引号。

程序第 13 行,函数 conn.commit()为提交事务,插入数据只有提交事务之后才能生效,没有这个语句插入的记录不会被保存。

2. 防止 SQL 注入攻击

SQL 语句可以使用%和?占位符代表输入数据,表示将要插入的变量。SQL 语句中,使用%占位符很容易受到 SQL 注入攻击。SQL 注入攻击是指对用户提交的数据和字符串进行恶意连接,得到脱离原意的 SQL 语句,从而改变 SQL 语句的语义(如由查询改变为替换),最终达到攻击数据库的目的。因此,SQL 语句中的参数经常使用?作为替代符号,并在后面的参数中给出具体值。用?表示变量时,黑客无法改变 SQL 语句结构。

【例 10-15】 在 SQLite 中创建数据库 test1.db；在数据库中创建数据表 stu；在表中定义 id(学号,char)、xm(姓名,text)、cj(成绩,real)等字段,并插入记录。

```
>>> import sqlite3 as db                                   # 导入标准模块——数据库
>>> conn = db.connect('d:\\test\\10\\test1.db')            # 创建数据库
>>> cur = conn.cursor()                                    # 创建游标对象
>>> conn.execute('CREATE TABLE IF NOT EXISTS stu(id char, xm  # 定义数据表
text, cj real)')
>>> data1 = "'1', '宝玉', 85"                               # 记录赋值
>>> cur.execute('INSERT INTO stu VALUES ( % s)' % data1)   # 方法 1:用 % 占位符插入记录
>>> data2 = ('2', '黛玉', 88)                               # 优点:元组中元素值不可改变
>>> cur.execute('INSERT INTO stu values(?,?,?)', data2)    # 方法 2:用? 占位符插入记录
>>> data3 = [('3', '宝钗', 86), ('4', '袭人', 65), ('5', '晴雯', 75)]
>>> cur.executemany('INSERT INTO stu values(?, ?, ?)', data3) # 方法 3:一次插入多条记录
>>> conn.commit()                                          # 提交事务
>>> cur.execute('SELECT * FROM stu')                       # 执行查询语句
>>> res = cur.fetchall()                                   # 读入所有记录
>>> for line in res:
        print(line)
('1', '宝玉', 85.0) ('2', '黛玉', 88.0) ('3', '宝钗', 86.0) ('4', '袭人', 65.0) ('5', '晴雯', 75.0)
>>> cur.close()                                            # 关闭游标
>>> conn.close()                                           # 关闭数据库
```

3. 查询记录

如果数据库操作不需要返回结果,可以直接用 conn.execute()进行查询；如果需要返回查询结果,则用 conn.cursor()创建游标对象 cur,通过 cur.execute()取出所有记录。

【例 10-16】 查询记录方法 1：数据库记录输出为列表。

```
>>> import sqlite3 as db                                   # 导入标准模块——数据库
>>> conn = db.connect('d:\\test\\10\\test1.db')            # 打开数据库
>>> cur = conn.cursor()                                    # 创建游标对象
>>> cur.execute('SELECT * FROM stu')                       # 取出所有记录
>>> recs = cur.fetchall()                                  # 将所有记录赋值给列表
>>> print('共', len(recs), '条记录')                        # 显示记录数
共 5 条记录
>>> print(recs)
[('1', '宝玉', 85.0), ('2', '黛玉', 88.0), ('3', '宝钗', 86.0), ('4', '袭人', 65.0), ('5', '晴雯', 75.0)]
```

【例 10-17】 查询记录方法 2：查询"梁山 108 将.db"中的记录(见图 10-8)。

	id	name						
1	0	座次	星宿	诨名	姓名	初登场回数	入山时回数	梁山泊职位
2	1	1	天魁星	及时雨、呼保义、孝义黑三郎	宋江		第18回…	
3	2	2	天罡星	玉麒麟	卢俊义	第61回	第67回	总督兵马副元帅
4	3	3	天机星	智多星	吴用	第14回	第20回	掌管机密正军师
5	4	4	天闲星	入云龙	公孙胜	第15回	第20回	掌管机密副军师
6	5	5	天勇星	大刀	关胜	第63回	第64回…	
7	6	6	天雄星	豹子头	林冲	第7回	第12回…	

图 10-8 数据库"梁山 108 将.db"中记录(部分)

```
import sqlite3 as db                                        # 导入标准模块——数据库

conn = db.connect('d:\\test\\10\\梁山108将.db')              # 创建连接
conn.row_factory = db.Row
cur = conn.cursor()                                         # 创建游标
cur.execute('SELECT * FROM t108')                           # 获取所有记录
rows = cur.fetchall()                                       # 建立列记录对象
for row in rows:                                            # 循环输出所有列对象
    print('%s %s' % (row['id'], row['name']))               # 打印列
cur.close()                                                 # 关闭游标
conn.close()                                                # 关闭连接
>>> 0 座次 星宿 诨名 姓名…                                    # 程序输出(略)
```

4. 更新和删除记录

【例 10-18】 在 SQLite 数据库中更新和删除记录。

```
>>> import sqlite3 as db                                          # 导入标准模块——数据库
>>> conn = db.connect('d:\\test\\10\\mytest.db')                   # 打开数据库
>>> cur = conn.cursor()                                           # 创建游标
>>> cur.execute('UPDATE stu SET xm = ? WHERE cj = ?', ('袭人', 60))  # 更新记录(修改记录)
>>> cur.execute('DELETE FROM stu WHERE cj > 90')                  # 删除记录
>>> cur.execute('DELETE FROM stu')                                # 删除 mytb 表中所有记录
>>> cur.execute('DROP TABLE stu')                                 # 删除数据表和整个数据库
>>> conn.commit()                                                 # 提交事务
>>> conn.close()                                                  # 关闭数据库连接
```

10.2.4 SQLite 图形管理工具

1. SQLite 图形管理工具介绍

SQLite 可以使用第三方图形界面管理工具查看数据库内容，常用数据库可视化工具有 SQLiteStudio、Navicat for SQLite 等。SQLiteStudio 是一个免费的 SQLite 数据库图形用户界面工具。SQLiteStudio 软件无须安装，下载后解压即可使用。SQLiteStudio 可以查看和编辑二进制字段，导出数据格式有 csv、html、plain、sql、xml 等，支持数据库最大为 2TB。软件为绿色中文版，软件方便易用。

2. SQLiteStudio 软件下载和启动

(1) 在官方网站(https://sqlitestudio.pl/)下载 SQLiteStudio 软件。

(2) 将下载的 SQLiteStudio 软件解压缩。

(3) 将解压缩后的文件(如 SQLiteStudio3.1.1)复制到 D 盘根目录下。

(4) 进入 D:\SQLiteStudio3.1.1 目录(路径和名称可自行修改)。

(5) 选择 SQLiteStudio.exe 文件，右击→"发送到"→"桌面快捷方式"。

(6) 回到桌面，双击 SQLiteStudio.exe 图标即可启动 SQLiteStudio 软件。

3. 导入 SQLite 数据库文件

【例 10-19】 用 SQLiteStudio 软件导入 SQLite 数据库文件"梁山 108 将.db"。

(1) 单击桌面 SQLiteStudio 图标，启动工具软件，选择中文语言。

(2) 在主菜单依次单击"数据库"→"添加数据库"→在"文件"栏右侧单击浏览的文件夹图标→选择数据库所在路径和文件(如 d:\test\10\梁山 108 将.db)→"打开"→OK。

(3) 在主窗口的菜单栏依次单击“查看”→“数据库”，弹出如图 10-9 左图所示的子窗口。单击左边子窗口“梁山 108 将”图标左边的＞展开图标，单击 Tables 左边的展开图标＞，单击 t108 数据表，选择主窗口中的“数据”选项卡，这时就可以看到如图 10-9 所示的数据库内容了。

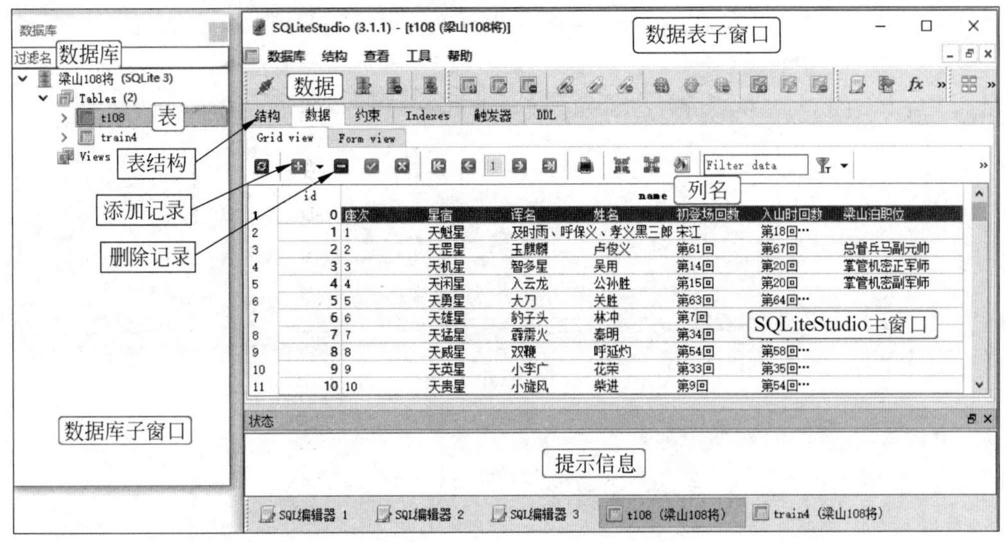

图 10-9 SQLiteStudio 中文版基本界面

4. 创建新数据库

【例 10-20】 用 SQLiteStudio 软件，创建数据库 data.db。

如图 10-9 所示，在主菜单依次单击“数据库”→“添加数据库”→在“文件”栏右侧单击“＋”按钮创建新数据库图标→在“文件名”栏输入新数据库名称 data.db→选择新数据库保存的路径(如 d:\test\10\)→“保存”→OK，新数据库就创建好了。

5. 创建数据表

【例 10-21】 在 data.db 数据库中，创建 info 数据表。

(1) 如图 10-10 左图所示的子窗口，双击 data 数据库，将会显示其下的子节点，选择 Tables，并在主窗口菜单中依次选择“结构”→“新建表”→在 Table name 文本框内输入表名 info→单击快捷图标 Add columns(Ins)，以添加列。

(2) 在弹出的对话框中添加第 1 个字段，字段名为 id，数据类型为 TEXT，勾选“主键”复选框，并单击 OK 按钮，这样就创建了数据表的第 1 列。

(3) 单击 Add columns(Ins)图标添加第 2 列，字段名为 name，数据类型为 TEXT，勾选“非空”复选框，并单击 OK 按钮，创建数据表的第 2 列。

(4) 单击 Commit structure changes(提交结构更改)图标，在弹出的对话框中单击 OK 按钮，保存数据表和字段，这时就完成了表的创建工作。

6. 添加数据

【例 10-22】 在 data.db 数据库的 info 数据表中添加记录。

(1) 如图 10-9 所示，在主窗口中选择“数据”，单击＋(插入行 Ins)按钮。

(2) 在 id 栏单击，输入 1；在 name 栏单击，输入“宝玉”。单击√(提交)按钮，这时就完

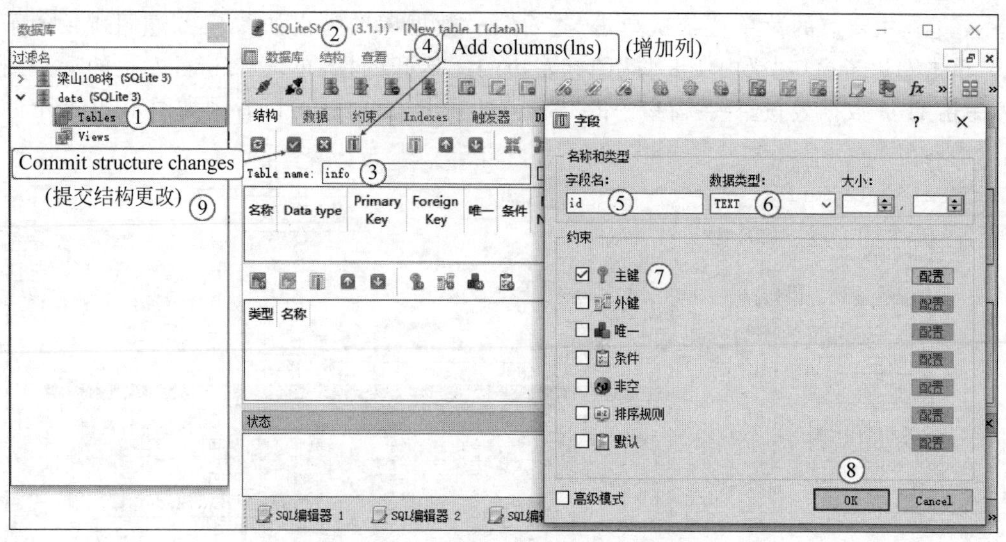

图10-10 创建SQLite数据库和表

成了一个记录(一行)的数据添加。

10.2.5 案例:数据库综合应用

1. 应用案例:成绩管理

【例10-23】 SQLite数据库的建库、建表、插入数据操作。

```
import sqlite3                                                          # 导入标准模块——数据库
conn = sqlite3.connect('d:\\test\\10\\test2.db')                        # 创建test2.db数据库
cur = conn.cursor()                                                     # 创建游标对象
cur.execute('''CREATE TABLE IF NOT EXISTS \                              # 不存在表时创建表
ceshi (user text, note text)''')                                        # 创建字段
cur.execute('''INSERT INTO ceshi (user,note) values('宝钗', '领导')''')    # 插入数据
cur.execute('''INSERT INTO ceshi (user,note) values('宝玉', '教师')''')    # 插入数据
cur.execute('''INSERT INTO ceshi (user,note) values('黛玉', '学生')''')    # 插入数据
conn.commit()                                                           # 保存到数据库
cur.execute('''SELECT * FROM ceshi''').fetchall()                       # 获取所有记录
rec = cur.execute('''SELECT * FROM ceshi''')                            # 创建rec对象
print(cur.fetchall())                                                   # 显示所有记录
conn.close()                                                            # 关闭连接
>>>[('宝钗', '领导'), ('宝玉', '教师'), ('黛玉', '学生')]                   # 程序输出
```

2. 应用案例:txt文件导入SQLite数据库

【例10-24】 “梁山108将.txt”文件如图10-11所示,利用循环语句将txt文件数据导入SQLite数据库。

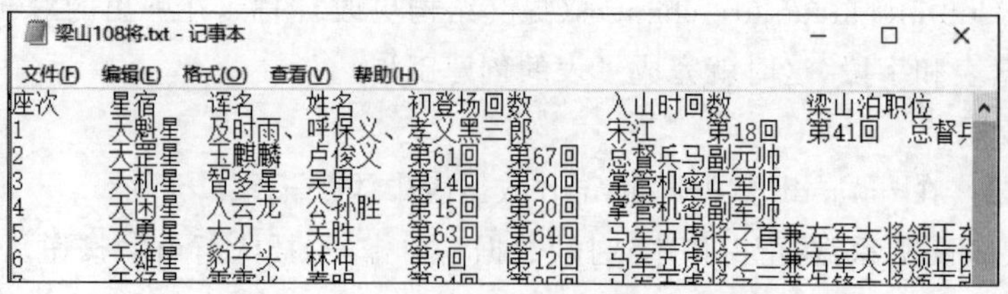

图10-11 “梁山108将.txt”文件内容片段

```
import sqlite3 as db                                          # 导入标准模块——数据库

conn = db.connect('d:\\test\\10\\ls108_out.db')               # 创建输出数据库
cur = conn.cursor()                                           # 定义游标
cur.execute('create table if not exists t108(id integer       # 创建表
primary key, name text)')
file = open('d:\\test\\10\\梁山 108 将.txt')                  # 打开要读取的 txt 文件
i = 0
for line in file.readlines():                                 # 将数据按行插入数据库表 t108 中
    cur.execute('INSERT INTO t108 values(?, ?)', (i,          # 插入记录到 t108 数据表中
line))
    i += 1
conn.commit()                                                 # 事务提交
cur.close()                                                   # 关闭游标
conn.close()                                                  # 关闭数据库连接
>>>                                                           # 程序输出
```

3. 应用案例：CSV 文件导入 SQLite 数据库

【例 10-25】 文件 ls108utf8.csv 如图 10-12 所示，利用 Pandas 软件包，将 CSV 文件数据导入 SQLite 数据库比较简单。

	A	B	C	D	E	F	G	H	I	J	K
1	座次	星宿	诨名	姓名	初登场回数	入山时回数	梁山泊职位				
2	1	天魁星	及时雨、呼	宋江	第18回	第41回	总督兵马大元帅				
3	2	天罡星	玉麒麟	卢俊义	第61回	第67回	总督兵马副元帅				
4	3	天机星	智多星	吴用	第14回	第20回	掌管机密正军师				
5	4	天闲星	入云龙	公孙胜	第15回	第20回	掌管机密副军师				
6	5	天勇星	大刀	关胜	第63回	第64回	马军五虎将之首兼左军大将领正东旱寨守尉主将				
7	6	天雄星	豹子头	林冲	第7回	第12回	马军五虎将之二兼右军大将领正西旱寨守尉主将				
8	7	天猛星	霹雳火	秦明	第34回	第35回	马军五虎将之三兼先锋大将领正南旱寨守尉主将				
9	8	天威星	双鞭	呼延灼	第54回	第58回	马军五虎将之四兼合后大将领正北旱寨守尉主将				
10	9	天英星	小李广	花荣	第33回	第35回	马军八骠骑兼先锋使之首领塞外讨虏游尉主将				
11	10	天贵星	小旋风	柴进	第9回	第54回	内务处大总管兼钱银库都监				
12	11	天富星	扑天雕	李应	第47回	第50回	内务处副总管兼粮草库都监				

图 10-12 ls108utf8.csv 文件内容片段

```
import pandas                                                       # 导入第三方包——数据分析
import sqlite3                                                      # 导入标准模块——数据库
import csv                                                          # 导入标准模块——CSV 文件

conn = sqlite3.connect('d:\\test\\10\\ls108utf8_out.db')            # 创建数据库
file_data = pandas.read_csv('d:\\test\\10\\ls108utf8.csv')          # 读取 CSV 文件
file_data.to_sql('ls108utf8', conn, if_exists = 'append',           # 写入 SQLite 数据库
index = False)
print('导入成功!')
>>>导入成功!                                                         # 程序输出
```

说明：软件包 Pandas 不能使用 r'd:\test\10\ls108utf8.csv'这种路径形式。

习　题　10

10-1　简要说明关系数据库的基本组成。

10-2　简要说明 SQL 主要语句的构成元素。

10-3　简要说明 SQLite 数据库的优点和缺点。

10-4　编程：参照例 10-12 程序，掌握在 SQLite 数据库中建立数据表的基本方法。

10-5　编程：参照例 10-14 程序，掌握在 SQLite 数据库中添加记录的方法。

10-6　编程：参照例 10-17 程序，查询“梁山 108 将.db”中的记录。

10-7　编程：参照例 10-21，用 SQLiteStudio 图形化数据库软件导入“梁山 108 将.db”，掌握 SQLite 数据库的基本操作。

10-8　编程：参照例 10-23 程序，掌握 SQLite 数据库的建库、建表、插入数据等操作。

第 11 章 大数据程序设计

大数据是一个体量规模巨大、数据类型特别多的数据集。大数据的特点并不在于“大”，而在于“有用”。在大数据领域，Python 对数据清洗、数据建模、参数优化、可视化输出等一系列环节，均有成熟软件包支持。

11.1 数据获取

11.1.1 数据获取方法

1. 大数据的特点

世界上 90%以上的数据近几年才产生，这些数据并非单纯是人们在互联网上发布的信息，85%的数据由传感器和计算机设备自动生成。例如，一个计算不同地点车辆流量的交通遥测应用，就会产生大量的数据。如图 11-1 所示，大数据处理流程是数据获取、数据清洗、数据挖掘、数据可视化。

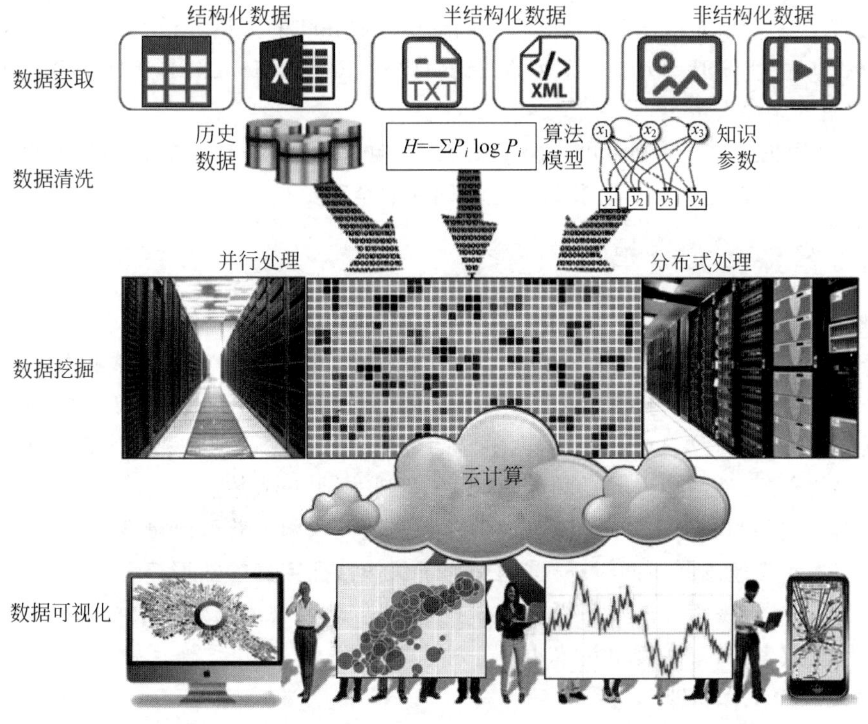

图 11-1 大数据处理流程示意图

2. 数据获取渠道

数据采集的质量对后续数据分析影响非常大。数据采集的渠道：内部数据资源，如企业内部信息系统、数据库、电子表格等内部数据；**外部数据资源，主要是互联网数据资源，以及物联网自动采集的数据资源等**。

(1) 互联网开源数据采集。利用互联网收集信息是最基本的数据收集方式。一些大学、科研机构、企业、政府都会向社会开放一些大数据，这些数据通常比较完善，质量相对较高。可以在以下网站下载需要的数据集。

大数据导航官方网站：https://hao.199it.com/或者 http://hao.bigdata.ren/。

国家统计局官方网站：http://www.stats.gov.cn/tjsj/。

世界银行官方网站：https://data.worldbank.org.cn/。

加州大学欧文分校官方网站：http://archive.ics.uci.edu/ml/datasets.php(557 个数据集)。

谷歌 kaggle 数据挖掘比赛：https://www.kaggle.com/datasets。

国内天池阿里云开发者竞赛平台：https://tianchi.aliyun.com/data。

国内 DataCastle 大数据与人工智能竞赛：https://www.datacastle.cn/dataset_list.html。

国内 DataFountain 数据科学竞赛：https://www.datafountain.cn/dataset。

(2) 网络爬虫数据采集。也可以利用网络爬虫获取互联网数据。如通过网络爬虫获取招聘网站的招聘数据；爬取租房网站上某城市的租房数据；爬取电影网站评论数据；爬取深沪两市股票数据等。利用网络爬虫可以获取某个行业、某个网络社群的数据。

(3) 企业内部数据采集。许多企业业务平台每天都会产生大量业务数据(如电商网站等)。日志收集系统就是收集这些数据，提供给离线和在线的数据分析系统使用。企业往往采用关系数据库 MySQL、Oracle 等存储数据。此外，Redis、MongoDB 等 NoSQL(非关系数据库)也常用于保存大量数据。

(4) 其他数据采集。例如，可以通过 RFID(射频识别)设备获取库存商品数据；通过传感器网络获取手机定位数据；通过移动互联网获取金融数据(如支付宝)等。

11.1.2 网络爬虫原理

1. 网络爬虫技术

网络爬虫(也称为网页蜘蛛等)是一个计算机程序，它按照一定的步骤和算法规则自动地爬取和下载网页。如果将互联网看成一个大型蜘蛛网，网络爬虫就是在互联网上获取需要的数据资源。网络爬虫也是网络搜索引擎的重要组成部分，百度搜索引擎之所以能够找到用户需要的资源，就是通过大量的爬虫时刻在互联网上获取数据。

大数据最重要的一项工作就是获取海量数据，从互联网中获取海量数据的需求，促进了网络爬虫技术的飞速发展。同时，**一些网站为了保护自己宝贵的数据资源，也运用了各种反爬虫技术**。因此，同黑客攻击与防黑客攻击技术一样，爬虫技术与反爬虫技术也一直在相互较量中发展。或者说，某些爬虫技术也是一种黑客技术。

2. 网络爬虫工作原理

网络爬虫通过网址(URL，统一资源定位符)来查找目标网页，将用户关注的网页内容直接返回给用户，**网络爬虫不需要用户以浏览网页的形式去获取信息**。网络爬虫可以高效地自动获取网页信息，它有利于对数据进行后续的分析和挖掘。网络爬虫工作过程和常用工具软件如图 11-2 所示。

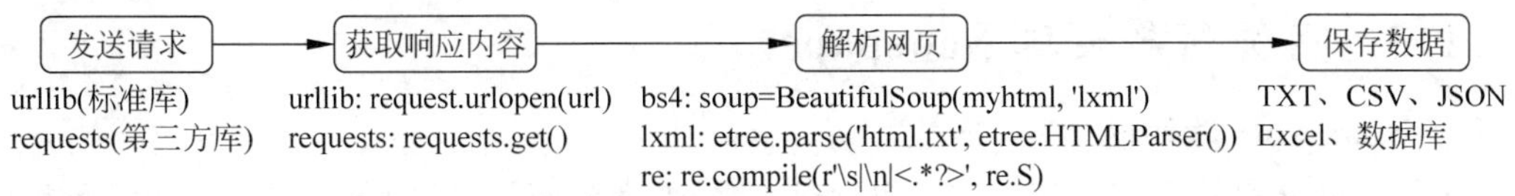

图 11-2　网络爬虫工作过程和常用工具软件

(1) 发送请求。网络爬虫向目标网站(URL)发送网络请求，即发送一个 request，request 中包含请求头、请求体等。网络爬虫有标准模块中的 http、urllib 等；也有第三方爬虫软件包，如 requests、scrapy 等。

(2) 获取响应内容。如果 request 请求的内容存在于目标服务器，那么服务器就会返回响应(response)内容给用户。响应内容包括响应头(head)和网页内容。响应头说明这次访问是否成功(如 404＝网页未找到)，返回网页编码方式(如 UTF8)等；网页内容就是获得的网页源，它包含 HTML 标签、字符串、图片、视频等。

(3) 解析网页。对用户而言，有用信息可能是网页中的文字或图片。对网络爬虫而言，爬取内容既有用户需要的信息(文字和图片)，还包含 HTML 标签、JavaScript 脚本程序、CSS 代码等，更麻烦的是这些内容全部混杂在一起，因此需要利用网页解析技术，提取用户感兴趣的网页内容。网页解析可以利用标准模块中的正则表达式(re)，也可以利用第三方软件包进行解析(如 BeautifulSoup、lxml、PyQuery 等)。

(4) 保存数据。解析得到的数据可能有多种形式，如文本、图片、音频、视频等，可以将它们保存为单独的文件，也可以保存在数据库(如 MySQL、MongDB 等)中。

3. 网络爬虫标准模块 urllib

Python 爬虫标准模块有 http、urllib 等。urllib 标准模块有以下四个模块。

(1) 模块 urllib.request：用来发送网页请求 request，以及获取 request 请求的结果。

(2) 模块 urllib.error：用来处理 urllib.request 过程中产生的异常。

(3) 模块 urllib.parse：用来解析和处理网址 URL。

(4) 模块 urllib.robotparse：用来解析网站页面的 robots.txt(爬虫协议)文件。如查看百度网站的爬虫协议为 https://www.baidu.com/robots.txt。

模块 urllib.request 提供了构造 HTTP 请求的方法，利用它可以模拟浏览器的一个请求发起过程，同时它还带有处理 authenticaton(授权验证)、redirections(重定向)、cookies(浏览器)以及其他内容。例如，函数 urllib.request.urlopen()可以用来访问一个 URL；函数 data.read()可以用于读取 URL 上的数据；函数 urllib.request.urlretrieve()可以将网页内容复制到本地文件中。

【例 11-1】 访问网站首页，并保存网页访问内容为文本文件。

```
>>> import urllib.request                                   # 导入标准模块——网络爬虫
>>> data = urllib.request.urlopen('https://www.tsinghua.edu.cn/')   # 访问清华大学首页
>>> print(data.read().decode('utf8'))                       # 读取并打印网页
…(网页源代码略)
```

```
>>> url = 'http://www.163.com'                                    # 访问 163 网站首页
>>> urllib.request.urlretrieve(url, 'd:\\test\\11\\tmp1129.txt')    # 访问并保存文件
('d:\\test\\11\\tmp29.txt', <http.client.HTTPMessage object at 0x003C40F0>)
```

11.1.3 网页简单爬取 Newspaper

1. Newspaper 软件包

Newspaper 是一个网络爬虫软件包,它适合抓取新闻网页。它的使用非常简单,不需要掌握太多网络爬虫方面的专业知识,不需要考虑网页 header、IP 代理、网页解析、网页源代码架构等问题。但是它的优点也是它的缺点,如果不考虑以上问题,可能访问某些网页时会被拒绝。Newspaper 软件包适用于希望用简单方法获取网页语料。

Newspaper 的功能有多线程下载,网址识别,从 HTML 中提取文本,从 HTML 中提取图像,从网页中提取关键字、摘要、作者等。

2. Newspaper 软件包安装

Newspaper 软件包安装方法如下。

```
> pip install -i https://pypi.tuna.tsinghua.edu.cn/simple newspaper3k    # 版本为 0.2.8
```

说明:软件包安装名称是 Newspaper3k,因为 Newspaper 是 Python 2 的安装包。

3. 爬取单个网页示例

爬取单个网页需要用到 Newspaper 中的 Article 模块,爬取指定网页的内容。也就是首先需要获得爬取网页的网址,然后以这个网址作为目标来爬取网页内容。

【例 11-2】 爬取豆瓣电影网文《阿凡达:水之道》。

```
from newspaper import Article                                   # 导入第三方包——爬虫

url = 'https://movie.douban.com/subject/4811774/?from=showing'  # 豆瓣电影网址
news = Article(url, language='zh')                              # 设置中文网页
news.download()                                                 # 加载网页
news.parse()                                                    # 解析网页
print('题目:', news.title)                                       # 输出新闻题目
print('正文:\n', news.text)                                      # 输出网页正文
print(news.authors)                                             # 输出新闻作者
print(news.keywords)                                            # 输出新闻关键字
print(news.summary)                                             # 输出新闻摘要
print(news.publish_date)                                        # 输出发布日期
#print(news.top_image)                                          # 配图地址
#print(news.movies)                                             # 视频地址
#print(news.publish_date)                                       # 发布日期
#print(news.html)                                               # 网页源代码
>>>题目:阿凡达:水之道(豆瓣)…                                       # 程序输出(略)
```

11.1.4 网页爬取技术 Requests

1. 网络爬虫 Requests 主要方法

网络爬虫常用的第三方软件包有 Requests(注意,标准模块 request 尾部没有 s)、ScrapPy 等。Requests(官方网站为 https://requests.readthedocs.io/en/master/)是在

Python 标准模块 urllb3 的基础上封装而成的。网络爬虫软件包安装方法如下。

```
> pip install  - i https://pypi.tuna.tsinghua.edu.cn/simple requests        # 版本为 2.28.1
```

软件包 Requests 的主要方法如表 11-1 所示。

表 11-1　软件包 Requests 的主要方法

方　　法	说　　明
requests. request()	构造一个请求,支持下一个方法
requests. get()	获取 HTML 网页的主要方法,对应 HTTP 的 GET
requests. head()	获取 HTML 网页头信息,对应 HTTP 的 HEAD,如 200=请求成功等
requests. post()	向 HTML 网页提交 POST 请求的方法,对应 HTTP 的 POST
requests. put()	向 HTML 网页提交 PUT 请求的方法,对应 HTTP 的 PUT
requests. patch()	向 HTML 网页提交局部修改请求,对应 HTTP 的 PATCH
requests. delete()	向 HTML 网页提交删除请求,对应 HTTP 的 DELETE

requests. get()是最常使用的方法,它可以构造一个向服务器请求资源的对象,并返回一个包含服务器资源的 Response(响应)对象。通过 Response 对象,可以获得请求的返回状态、HTTP 响应、页面编码方式等。requests. get()语法如下。

```
r = requests.request(method, url, params, ** kw)
```

返回值 r 为响应对象(Response),它包含网络请求、网页内容等信息。

参数 method 为请求方式,对应表 11-1 所示的 get、put、post 等 6 种参数。

参数 url 是爬取网站地址。

参数 params 是可选关键字,它采用字典格式,如: params={'wd': '爬虫'}。

参数 ** kw 是可选的 12 个访问控制项,如: data(文件对象,作为 requests 的内容)、json(JSON 格式的数据,作为 requests 的内容)、files(字典类型,传输文件)、timeout(设置超时时间,单位为秒)、proxies(设置访问代理服务器,可以作为登录验证)等。

2. 软件包 Requests 网页爬取过程

【例 11-3】 利用第三方软件包 Requests 爬取百度网站首页。

```
>>> import requests                                  # 导入第三方包——网络爬虫
>>> r = requests.get('http://www.baidu.com')         # 发送 HTTP 请求,获取百度首页
>>> r.text                                           # 以文本形式(Unicode 编码)输出网页源码
…(网页源代码略)
>>> r.content                                        # 以字节流(二进制数)形式输出网页源码
…(网页源代码略)
>>> r.status_code                                    # 返回响应结果(response)的状态码
200                                                  # 200 = 请求成功,404 = 网页未找到等
>>> r.encoding                                       # 获取响应内容(网页)的编码形式
'ISO - 8859 - 1'                                     # ISO 8859 - 1 为单字节码,显示中文会乱码
>>> r.apparent_encoding                              # 分析网页采用的实际编码方式
'UTF - 8'
>>> r.url                                            # 输出请求网页地址 url
'http://www.baidu.com/'
>>> r.headers                                        # 输出网页头部信息
```

```
…(网页头信息略)
>>> r.cookies                                    # 输出网页 cookies 信息
…(网页 cookies 信息略)
```

程序说明：对象 r.text 与 r.content 之间的区别是，对象 r.text 返回 Unicode 编码数据，如果想获取文本数据，可以通过 r.text 实现；而 r.content 返回二进制数据，如果想获取网页中的图片、音频、视频等数据，可以通过 r.content 实现。

3. 网络爬虫基本框架

【例 11-4】 网络爬虫爬取百度首页。

```
import requests                                                    #【1.导入第三方包】
url = 'https://www.baidu.com/more/'                                #【2.定位 URL】
response = requests.get(url)                                       #【3.发送请求，获取响应】
print(response.text)                                               #【4.打印页面】
with open('d:\\test\\11\\tmp32.html', 'w', encoding='utf8') as file:  #【5.转换编码】
    file.write(response.content.decode('utf8'))                    #【6 保存文件】
>>> <! DOCTYPE html >…                                             # 程序输出(略)
```

实践中，出于安全方面的原因，或者不希望网络爬虫频繁访问造成网络流量增加，一些网站都设计了反网络爬虫技术。因此，爬虫程序设计是一项复杂的工作，**每个爬虫程序都只适用于某个特定网站的特定网页**，没有一个固定不变的程序模式。

11.1.5 网页解析技术 BeautifulSoup

1. HTML/XML 解析器

网络爬虫获取的网页源代码中包含了 HTML/XML 标记、程序脚本、正文、广告等内容。 清除网页标签，获取网页中数据的软件称为 HTML/XML 解析器。常用的 HTML/XML 解析器第三方软件包有 BeautifulSoup(简称 bs4)、lxml、html5lib 等。

2. BeautifulSoup 网页解析包

BeautifulSoup 使用简单(中文指南见 https://beautifulsoup.readthedocs.io/zh_CN/v4.4.0/)，仅需要很少的代码就可以写出一个完整爬虫程序。它会自动将输入文档转换为 Unicode 编码，输出文档转换为 UTF8 编码。注意，BeautifulSoup 软件包安装名称是 beautifulsoup4，但是在程序导入时是 bs4，因为软件包目录文件名称为 bs4。

3. 常用第三方爬虫包安装

安装第三方软件包。

```
> pip install -i https://pypi.tuna.tsinghua.edu.cn/simple Beautifulsoup4     # 版本为 4.11.1
> pip install -i https://pypi.tuna.tsinghua.edu.cn/simple lxml               # 版本为 4.9.1
```

4. BeautifulSoup 解析器基本语法

导入 BeautifulSoup 模块：from bs4 import BeautifulSoup。

创建 BeautifulSoup 对象：soup=BeautifulSoup(html, 'lxml')。

或者读入 HTML 文件：soup=BeautifulSoup(open(test.html), 'lxml')。

注意：一是必须填写解析库 lxml，否则会报错；二是标签会自动补全。

格式化输出 soup 对象的内容：print(soup.prettify())。

11.1.6 案例：爬取房源信息

【例 11-5】 爬取安居客房源网页(https://sh.fang.anjuke.com/loupan/all/)，提取名称、地址、地区、面积、价格等数据(见图 11-3)。

	A	B	C	D	E	F	G	H
1		名称	地址	地区	面积（全）	面积	价格	
2	0	锦绣里	[普陀 长寿	普陀		3室 建筑面	均价105000元/㎡	
3	1	莫里斯花源	[嘉定 嘉定	嘉定		2室/3室 建	总价268万元/套起	
4	2	万科·莱茵	[嘉定 安亭	嘉定		4室/别墅 建	售价待定	
5	3	云栖麓	[嘉定 嘉定	嘉定		2室/3室/4室	售价待定	
6	4	蓝城春风如	[上海周边	上海周边		别墅 建筑面	均价18476元/㎡	
7	5	招商·碧桂园	[上海周边	上海周边		1室/2室/3室	总价50万元/套起	

图 11-3 程序运行后保存的 CSV 文件格式

```
import requests                                    # 导入第三方包——网络爬虫 requests
from bs4 import BeautifulSoup                      # 导入第三方包——网页解析 bs4
import pandas as pd                                # 导入第三方包——数据写入 Excel
import time                                        # 导入标准模块——时间戳

headers = {
        'User-Agent':'Mozilla/5.0 (Windows NT 6.1; WOW64) AppleWebKit/537.36 (KHTML, like
Gecko) Chrome/62.0.3202.94 Safari/537.36'
        }      # 模拟浏览器发送 HTTP 请求的 head 信息,将爬虫伪装成浏览器访问

total = []        # 初始化一个空列表,最终数据将保存到列表中
def get_loupan(url):                               # 读入数据
    try:
        res = requests.get(url, headers = headers)              # 获取请求的应答包
        soup = BeautifulSoup(res.text, 'html.parser')           # 解析应答包
        titles = soup.find_all('span', class_ = 'items-name')   # 获取小区名称字段
        title = list(map(lambda x:x.text, titles))              # 利用匿名函数读入列表
        dizhis = soup.find_all('span', class_ = 'list-map')     # 获取地址字段
        dizhi = list(map(lambda x:x.text, dizhis))              # 利用匿名函数读入列表
        diqus = soup.find_all('span', class_ = 'list-map')      # 获取地区字段
        diqu = list(map(lambda x:x.text.split('\xa0')[1], diqus))  # 利用匿名函数读入列表
        mianjis_quan = soup.find_all('a', class_ = 'huxing')    # 获取面积 1 字段
        mianji_quan = list(map(lambda x:x.text, mianjis_quan))
        mianjis = soup.find_all('a', class_ = 'huxing')         # 获取面积 2 字段
        mianji = list(map(lambda x:x.text.split('\t')[-1].strip(), mianjis))
        jiages = soup.find_all('a', class_ = 'favor-pos')       # 获取价格字段
        jiage = list(map(lambda x:x.p.text, jiages))            # 利用匿名函数读入列表
        for tit, dizhi, diqu, mianq, mianj, jiage in zip(title, dizhi, diqu, mianji_quan,
mianji, jiage):
            info = {'名称':tit, '地址':dizhi, '地区':diqu,
                '面积(全)':mianq, '面积':mianj, '价格':jiage}
```

```
31                  total.append(info)                                        # 循环加入数据
32                  print(info)                                               # 显示加入的解析数据
33          except:
34              print('读取网页数据出错!')
35          return total                                                      # 返回统计数据
36
37  for i in range(1, 3):                                     # 循环爬取 2 个页面(页面范围:1~20 页)
38      url = 'https://sh.fang.anjuke.com/loupan/all/p{}/'.format(i)   # p{}为网页号
39      get_loupan(url)                                                       # 读取网页
40      print('第{}页抓取完毕'.format(i))
41      time.sleep(1)                                          # 暂停 1s,伪装人工上网,避免网站封杀
42  file_data = pd.DataFrame(total)                            # 将数据转换为 pandas 的 DataFrame 格式
43  file_data.to_csv('d:\\test\\11\\安居客房源 out.csv')     # 数据写入 Excel 文件(见图 11-3)
    >>>{'名称': '金地酩悦都会',…                               # 程序输出(略)
```

程序说明:

程序第 3 行,导入 Pandas 软件包是为了将爬取内容保存为 CSV 文件,因此这里需要安装 lxml 解析器软件包(Pandas 软件包会调用 lxml 解析器)。

程序第 6~9 行,User-Agent 为伪装成的浏览器。某些网站会对爬虫拒绝请求,服务器端会检查网络请求头部(head),用来判断是否是浏览器发起的 Request。

程序第 42 行,将抓取数据存为 CSV 文件时,这里使用了 Pandas 软件包。这里容易出错,通过爬虫提取出来的数据类型是< class 'lxml. etree. _ElementUnicodeResult'>,它不是字符串,所以最后写入文件时,需要 DataFrame()转换为字符串才能写入。

11.2 数据分析工具 Pandas

Pandas 是一个功能强大的第三方数据分析软件包,它一般与 NumPy(高性能矩阵运算)联合应用。Pandas 官方网站为 https://pandas.pydata.org/。Pandas 广泛用于大数据中的数据清洗、数据分析、数据挖掘等工作。软件包 Pandas 安装方法参见 7.1.2 节。

11.2.1 软件包 Pandas 的数据类型

1. 构建一维数据 Series

Pandas 中的 Series 是一维数组的数据结构,它由一组数据和索引号组成(与列表相似)。数据显示时,Series 的索引号(index)在左边,值(values)在右边。如果索引列所对应的数据找不到,结果就会显示为 NaN(非数字,表示缺失值 NA)。

【例 11-6】 Series 数据类型应用案例。

```
>>> import pandas as pd                                # 导入第三方包——数据分析
>>> import numpy as np                                 # 导入第三方包——科学计算
>>> data = np.array(['曹操', '刘备', '孙权', '三国'])   # 构建数组
>>> s = pd.Series(data)                                # 转换为 Series 数据结构
>>> s                                                  # 输出一维数组(略)
0   曹操…
```

2. 构建二维数据 DataFrame

Pandas 中的 DataFrame(数据框)是一种二维表数据结构,数据按行和列排列,每一列

可以是不同数据类型(数值、字符串等),它类似于一个二维数组,DataFrame 数据可以按行索引或者列索引。虽然 DataFrame 以二维数组保存数据,但也可以将其表示为更高维度的数据。DataFrame 二维数组可以通过一个长度相等的列表字典来构建,也可以用 NumPy 数组构建。DataFrame 可以通过 columns 指定序列的顺序进行排序。

【例 11-7】 方法 1:用列表构建 DataFrame 二维数组。

```
>>> import pandas as pd                                          # 导入第三方包——数据分析
>>> list1 = [['宝玉',20,'男'],['黛玉',18,'女'],['宝钗',21,'女']]   # 构建列表嵌套
>>> pd.DataFrame(list1, columns = ['姓名', '年龄', '性别'])        # 由列表转换为二维数组
   姓名  年龄  性别
0  宝玉  20    男
1  黛玉  18    女
2  宝钗  21    女
```

【例 11-8】 方法 2:用字典构建 DataFrame 二维数组。

```
>>> pd.DataFrame({'姓名':['宝玉', '黛玉','宝钗'],
                 '年龄':[20,18,21],
                 '性别':['男','女','女']})                        # 由字典转换为二维数组
    姓名  年龄  性别
0  宝玉  20    男…(输出略)
```

【例 11-9】 方法 3:用其他方法构建 DataFrame 二维数组。

```
>>> import numpy as np                                      # 导入第三方包——科学计算
>>> np.array([-9, 8, 7, 23])                                # 构建 Series 结构
array([-9, 8, 7, 23])                                       # 一维数组
>>> np.array([-9, 8, 7, 23], dtype = float)                 # 构建 Series 结构
array([-9., 8., 7., 23.])                                   # 浮点数数组
>>> np.array([[2,4,1,3], [4,6,3,9], [2,5,9,1]])             # 构建 DataFrame 结构
array([[2, 4, 1, 3],                                        # 二维数组,矩阵
       [4, 6, 3, 9],
       [2, 5, 9, 1]])
>>> np.arange(0, 10, 1)
array([0, 1, 2, 3, 4, 5, 6, 7, 8, 9])
>>> np.linspace(1, 10, 10)
array([ 1., 2., 3., 4., 5., 6., 7., 8., 9., 10.])
>>> np.zeros([3, 5])                                        # 构建全 0 矩阵
array([[0., 0., 0., 0., 0.],
       [0., 0., 0., 0., 0.],
       [0., 0., 0., 0., 0.]])
>>> np.ones([4, 2])                                         # 构建全 1 矩阵
array([[1., 1.],
       [1., 1.],
       [1., 1.],
       [1., 1.]])
```

11.2.2 软件包 Pandas 的文件读写

1. 案例数据文件

华北制药股票部分数据如表 11-2 所示,数据文件为"股票数据片段.csv",本小节以下

案例的数据都是基于这个数据集。

表 11-2　华北制药股票数据(片段)

日期	开盘	最高	收盘	最低	成交量	价格变动	涨跌幅	5 日均价
2020/6/24	7.12	7.14	7.1	7.08	19 231	−0.04	−0.56	7.2
2020/6/23	7.22	7.22	7.14	7.1	27 640.87	−0.08	−1.11	7.232
2020/6/22	7.27	7.3	7.22	7.19	38 257.48	−0.05	−0.69	7.248
2020/6/19	7.25	7.31	7.27	7.2	35 708	0	0	7.234
2020/6/18	7.3	7.3	7.27	7.23	37 496.01	0.01	0.14	7.202
2020/6/17	7.22	7.34	7.26	7.17	64 578.38	0.04	0.55	7.182
2020/6/16	7.16	7.22	7.22	7.09	26 508.64	0.07	0.98	7.17
2020/6/15	7.15	7.26	7.15	7.15	21 904	0.04	0.56	7.182
2020/6/12	7.07	7.12	7.11	7.02	22 328.85	−0.06	−0.84	7.22

2. 读入数据文件

Pandas 可读取文件类型有 CSV、txt、Excel、sql、xls、json、hdf5 等。Pandas 读取文件数据的语法如下。

```
data = pd.read_csv('文件名.csv', 参数)              # 读入 CSV 文件数据
data = pd.read_excel('文件名.xlsx', 参数)           # 读入 Excel 文件(需安装 openpyxl 包)
data = pd.read_table('文件名.txt', 参数)            # 读入 txt 文件数据
data = pd.read_sql(query, connection_object)        # 从 SQL 表/库导入数据
data = pd.read_json(json_string)                    # 从 JSON 字符串导入数据
data = pd.read_html(url)                            # 解析 HTML 文件,抽取数据
data = pd.read_clipboard()                          # 从粘贴板获取内容
data = pd.DataFrame(dict)                           # 从字典读入数据,Key 为列名,Value 为数据
data = pd.DataFrame(list,columns = 列索引)          # 从列表导入数据
```

【例 11-10】 读取 CSV 文件全部数据。

```
>>> import pandas as pd                                          # 导入第三方包——数据分析
>>> file_data = pd.read_csv('d:\\test\\11\\股票数据片段.csv')    # file_data = DataFrames 格式
```

说明：路径不能用 r'd:\test\11\股票数据片段.csv'或'd:\test\11\股票数据片段.csv'。

【例 11-11】 读取 txt 文件全部数据。

```
1  >>> import pandas as pd                                                    # 导入第三方包
2  >>> file_data = pd.read_csv('d:\\test\\11\\test.txt', header = None, sep = '\s + ')
                                                                              # 文件为 UTF8 编码
3  >>> print(file_data.head())                                                # 打印前 5 行数据
```

程序说明：程序第 2 行，函数 pd.read_csv()可以读取 CSV 或 txt 文件；参数 header=None 表示文件没有表头；参数 sep='\s+'表示任何空白字符都当成分隔符。文件为中文 GBK 编码时，需要增加参数：encoding='gbk'。

【例 11-12】 读取 CSV 文件中部分行，或部分列的数据(程序接例 11-11)。

```
>>> file_data1 = pd.read_csv('d:\\test\\11\\股票数据片段.csv', sep = ',', nrows = 16,
skiprows = [2, 5])
```

```
2 >>> file_data2 = pd.read_csv('d:\\test\\11\\股票数据片段.csv', usecols = [1, 2], names =
  None)
3 >>> file_data3 = pd.read_csv('d:\\test\\11\\股票数据片段.csv',
4     usecols = ['日期', '收盘', '成交量'], nrows = 10)
```

程序说明：

程序第 1 行，参数 sep 表示分隔符，CSV 和 Excel 文件的默认分隔符是逗号；一些 txt 文件的分隔符为多个空格时，参数定义为 sep='\t'；参数 nrows=16 表示读取前 16 行数据；参数 skiprows=[2,5]表示读取文件时，跳过第 2 行和第 5 行。

程序第 2 行，参数 usecols=[1,2]表示读取第 1、2 列数据；参数 names=None 表示不读取列标题名。

程序第 3 行，参数 usecols=['列名']表示读取哪些列；nrows=10 表示读前 10 行。

【例 11-13】 用 Pandas 读取 CSV 文件的指定列格式。

```
1 import pandas as pd                                                # 导入第三方包——数据分析
2 file_data = pd.read_csv('d:\\test\\11\\股票数据片段.csv',
3     header = 0, index_col = 0, usecols = ['最高', '最低'])          # 读 CSV 文件指定列
4 try:
5     file_data.to_csv('d:\\test\\11\\temp_out.csv')                 # 写入文件
6 except OSError:                                                    # 错误处理
7     print('写文件错误')
  >>>                                                                # 程序输出
```

程序说明：程序第 3 行，参数 header=0 表示文件第 1 行为行名称，不读取数据；参数 index_col=0 表示用第 0 列作为行索引；参数 usecols=['最高','最低']为读取指定列。

3. 数据写入文件

Pandas 数据写入文件的语法如下。

```
file_data.to_csv(文件名)                           # 导出数据到 CSV 文件
file_data.to_csv('aa.txt', index = 0)              # 导出数据到 txt 文件,不保存行索引号
file_data.to_excel(文件名)                         # 导出数据到 Excel(需安装 openpyxl 包)
file_data.to_sql(数据表名, connection_object)      # 导出数据到 SQL 表
file_data.to_json(文件名)                          # 以 json 格式导出数据到文本文件
```

【例 11-14】 从源文件获取部分数据，并写入新文件。

```
1 >>> import pandas as pd                                            # 导入第三方包——数据分析
2 >>> file_data = pd.read_csv('d:\\test\\11\\股票数据片段.csv')     # 读入源文件
3 >>> out = file_data.iloc[:, 0:6]                                   # 获取部分股票数据
4 >>> out.to_csv('d:\\test\\11\\tmp10 股票 4.csv',mode = 'a',index = False,header = None,
  encoding = 'utf8')
```

程序说明：

程序第 3 行，语句 file_data.iloc[:，0:6]表示读出所有行、0～6 列所有数据。

程序第 4 行，参数"tmp 股票.csv"为写入文件名；参数 mode='a'表示写模式为追加，如果文件存在则追加数据，如果文件不存在则创建文件；参数 index=False 表示不写入索引号；参数 header=None 表示不写入表头；参数 encoding='utf8'表示文件编码为 UTF8。

【例 11-15】 读取 txt 文件,另存为 CSV 文件。

```
import pandas as pd                                              # 导入第三方包——数据分析
data = pd.read_table('d:\\test\\11\\iris.txt', sep = ',',       # 读入鸢尾花数据文件
header = None)
data.to_csv('d:\\test\\11\\iris_out.csv', index = None,          # 保存为 CSV 文件
header = None)
>>>                                                              # 程序输出
```

4. 读取 SQLite 数据库

可以用 Pandas 提供的函数从 SQLite 数据库文件中读取相关数据信息,并保存在 DataFrame 中,方便后续进一步处理。Pandas 提供了 read_sql()和 read_sql_query()两个函数,它们都可以读取文件扩展名为 sqlite 的数据库文件内容。

【例 11-16】 读取"梁山 108 将.sqlite"数据库文件内容。

```
import sqlite3                                                   # 导入标准模块——数据库
import pandas as pd                                              # 导入第三方包——数据分析

with sqlite3.connect('d:\\test\\11\\梁山 108 将.sqlite') as con:  # 打开 SQLite3 数据库文件
    file_data = pd.read_sql('SELECT * FROM t108', con = con)     # 读数据库内容(SQL 语句)
    print(file_data.shape)                                       # 输出数据库字段名
    print(file_data.dtypes)                                      # 输出字段数据类型
    print(file_data.head())                                      # 输出前 5 条记录
>>>(109, 2)…                                                     # 程序输出(略)
```

11.2.3 软件包 Pandas 的数据切片

数据分析中,很多时候需要从数据表中提取部分数据,这个过程称为数据切片。虽然 Python 提供的索引操作符[]和属性操作符可以访问 Series(一维数组)或者 DataFrame(二维数组)中的数据,但这种方法只适应少量的数据。为此 Pandas 提供了 loc[]和 iloc[]两种类型的方式实现数据切片,这两种方法可以取出 DataFrame 中的任意数据。

1. 数据切片: loc[]

方法 loc[]是基于标签(即字段名称,如姓名、单价等)进行数据切片,标签从 0 开始计数,计数采用闭区间,如 loc[:3]表示选取前 4(0,1,2,3)行数据。如果传入的不是标签名称,那么切片将无法执行。用 loc[]方法切片的语法如下。

```
file_data = pd.loc[行标签名称, 列标签名称]
```

【例 11-17】 方法 loc[]数据切片应用案例。

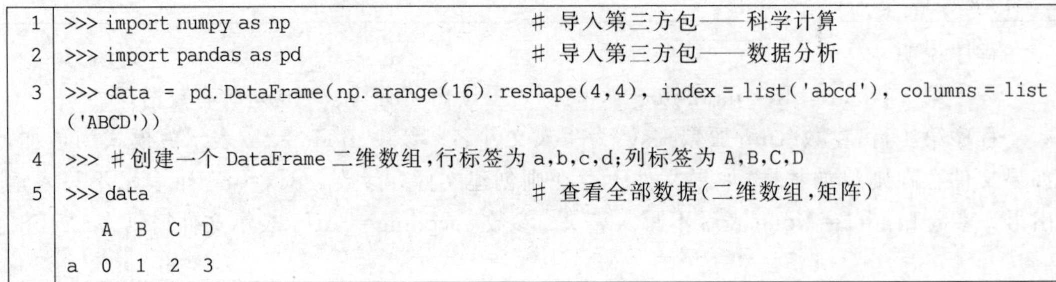

```
>>> import numpy as np                          # 导入第三方包——科学计算
>>> import pandas as pd                         # 导入第三方包——数据分析
>>> data = pd.DataFrame(np.arange(16).reshape(4,4), index = list('abcd'), columns = list
('ABCD'))
>>> # 创建一个 DataFrame 二维数组,行标签为 a,b,c,d;列标签为 A,B,C,D
>>> data                                        # 查看全部数据(二维数组,矩阵)
   A  B  C  D
a  0  1  2  3
```

```
b    4    5    6    7
c    8    9   10   11
d   12   13   14   15
>>> data.loc['a']                          # 对行标签为'a'的数据切片(读 a 行数据)
A    0
B    1
C    2
D    3
>>> data.loc[:,['A']]                      # 对列标签为'A'的所有行切片(读 A 列数据)
    A
a   0
b   4
c   8
d  12
>>> data.loc[['a','b'],['A','B']]          # 对行标签为'a','b';列标签为'A','B'中的数据切片
   A  B
a  0  1
b  4  5
>>> data.loc[:,:]                          # 对标签为 A,B,C,D 的列切片(即读取所有行)
     A    B    C    D
a    0    1    2    3
b    4    5    6    7
c    8    9   10   11
d   12   13   14   15
>>> data.loc[data['A'] == 0]               # 条件切片,筛选条件:A 列中数字为 0 所在的行数据
   A  B  C  D
a  0  1  2  3
```

2. 数据切片:iloc[]

方法 iloc[]是基于位置的切片,它利用行索引号和列索引号进行数据选择,索引号超出范围时会产生 IndexError,但切片时允许序号超过范围。方法 iloc[]语法如下。

```
file_data = pd.iloc[起始行号:终止行号, 起始列号:终止列号]
```

方法 loc[]和 iloc[]的区别:使用 loc[]切片时,如果行标签名称为一个区间,则前后均为闭区间;使用 iloc[]切片时,如果传入的行索引或列索引位置是区间,则为前闭后开区间。方法 loc[]更加灵活多变;方法 iloc[]的代码简洁,但可读性不高。

【例 11-18】 方法 iloc[]数据切片应用案例。

```
>>> import numpy as np                # 导入第三方包——科学计算
>>> import pandas as pd               # 导入第三方包——数据分析
>>> data = pd.DataFrame(np.arange(16).reshape(4,4), index = list('abcd'), columns = list
('ABCD'))
>>>       # 创建一个 DataFrame 二维数组,行标签为 a,b,c,d;列标签为 A,B,C,D
>>> data.iloc[0]                      # 多索引号为 0 的数据切片(即第一行数据)
A   0
B   1
C   2
D   3
```

```
6  >>> data.iloc[:,[0]]      # 对第 0 列所有行切片(多读取几列格式为 data.iloc[:,[0,1]])
      A
   a  0
   b  4
   c  8
   d  12
7  >>> data.iloc[[0,1],[0,1]]          # 读取第 0、1 行,第 0、1 列中的数据
      A  B
   a  0  1
   b  4  5
8  >>> data.iloc[:,:]                  # 读取第 0,1,2,3 列的所有行
       A   B   C   D
   a   0   1   2   3
   b   4   5   6   7
   c   8   9  10  11
   d  12  13  14  15
```

【例 11-19】 使用 iloc[]方法对行和列的数据切片。

```
1  >>> import pandas as pd                                  # 导入第三方包——数据分析
2  >>> file_data = pd.read_csv('d:\\test\\11\\股票数据片段.csv')  # 导入数据
3  >>> file_data.iloc[0]                                    # 读取数据中的 0 行
   日期     2020/6/24…                                      # 输出略,本例中加…与此同
4  >>> file_data.iloc[1]                                    # 读取数据中的 1 行
   日期     2020/6/23…
5  >>> file_data.iloc[-1]                                   # 读取数据中的最后 1 行
   日期     2020/6/12…
6  >>> file_data.iloc[:, 0]                                 # 读取数据 0 列,:表示对
   0    2020/6/24…                                          # 行号或列号进行切片选择
7  >>> file_data.iloc[:, 1]                                 # 读取数据中的 1 列
   0     7.12…
8  >>> file_data.iloc[:, -1]                                # 读取数据中的最后一列
   0     7.200…
9  >>> file_data.iloc[0:5]                                  # 读取数据中的 0~5 行
       日期        开盘   最高   收盘   最低…
   0  2020/6/24   7.12   7.14   7.10   7.08…
10 >>> file_data.iloc[:5, :3]                               # 读取数据 0~4 行,0~2 列
       日期        开盘        最高
   0  2020/6/24   7.12   7.14…
11 >>> file_data.iloc[:, 0:2]                               # 读取数据中前 2 列和所有行
       日期        开盘
   0  2020/6/24   7.12…
12 >>> file_data.iloc[[0, 3, 6, 4], [0, 5, 3]]              # 读取 0,3,6,4 行和 0,5,3 列
       日期          成交量          收盘
   0  2020/6/24   19231.00   7.10…
13 >>> file_data.iloc[0:5, 3:6]                             # 读取 0~5 行和 3~6 列
      收盘     最低     成交量
   0  7.10   7.08   19231.00…
```

说明:

(1) 如果 iloc[]只选择了一行,则会返回 Series 数据类型;如果选择了多行,则会返回 DataFrame 数据类型。

(2) 使用 iloc[x:y]方法切片时，选择了下标从 x 到 y−1 的数据。例如，iloc[1:5]只选择了 1,2,3,4 这 4 个下标的数据，下标 5 的数据并没有包括进去。

3. 其他读取数据的方法

【例 11-20】 其他数据读取方法案例。

```
>>> import numpy as np                                      # 导入第三方包——科学计算
>>> import pandas as pd                                     # 导入第三方包——数据分析
>>> data = pd.DataFrame(np.arange(16).reshape(4,4),         # 构建二维数据
    index = list('abcd'), columns = list('ABCD'))
>>> data['B']                                               # 读 B 列，返回 Series 类型
>>> data[['B']]                                             # 读 B 列，返回 DataFrame 类型
>>> data.B                                                  # 读 B 列，返回 Series 类型
>>> data[2:3]                                               # 读 2、3 行，返回 DataFrame 类型
>>> data[['B', 'C']]                                        # 读 B,C 列，返回 DataFrame 类型
>>> data['C'][1:5]                                          # 读 C 列 1～5 行
>>> data.head(10)                                           # 读前 10 行数据
>>> data.tail(5)                                            # 读末尾 5 行数据
>>> data                                                    # 查看全部数据
>>> data.info()                                             # 查看索引、数据类型信息
>>> data.columns                                            # 查看字段(首行)名称
>>> data.shape                                              # 查看 DataFrame 的行数和列数
>>> data.index                                              # 获取索引标签
```

11.2.4 软件包 Pandas 的数据统计

1. 常用数据统计函数

Pandas 常用统计函数如下：

```
sr.value_counts()                                           # 数组 Series 统计频率
sr.describe()                                               # 返回基本统计量和分位数
s.value_counts(dropna = False)                              # 查看 Series 的唯一值和计数
sr1.corr(sr2)                                               # 数组 sr1 与 sr2 的相关系数
file_data.count()                                           # 统计每列数据个数
file_data.max()、file_data.min()                            # 最大值和最小值
file_data.idxmax()、file_data.idxmin()                      # 最大值、最小值对应的索引
file_data.sum()                                             # 按行或列求和
file_data.cumsum()                                          # 从 0 开始向前累加各元素
pd.crosstab(file_data[col1], file_data[col2])               # 函数、交叉表、计算分组的频率
file_data.reset_index(inplace = True)                       # 重新按照顺序设置 index
display(file_data.head(num))                                # 显示文件数据的前 num 行
file_data.shape                                             # 查看文件数据是几行几列
file_data.describe()                                        # 查看数值型列的汇总统计
file_data.apply(pd.Series.value_counts)                     # 查看 DataFrame 列计数
file_data.isnull().any()                                    # 查看是否有缺失值
file_data[file_data[字段名].duplicated()]                   # 查看重复数据信息
file_data[file_data[字段名].duplicated()].count()           # 查看字段数据重复的个数
file_data['col'].unique()                                   # 数据去重复
file_data.mode()                                            # 计算众数
file_data.median(a, axis)                                   # 计算中位数
file_data.mean(a, axis, dtype)                              # 计算均值
```

```
file_data.std(a, axis, dtype)                                # 计算标准差
file_data.var(a, axis, dtype)                                # 计算方差
```

2. 数据统计应用案例

【例 11-21】 列名参与代数运算案例。

```
>>> import pandas as pd                                      # 导入第三方包——数据分析
>>> file_data = pd.read_csv('d:\\test\\11\\股票数据片段.csv')  # 读取全部数据
>>> imdb_score = file_data['成交量']                          # 对'成交量'数据列切片
>>> imdb_score + 100                                         # 每一个列值 + 100
>>> imdb_score * 2.5                                         # 每一个列值 * 2.5
>>> imdb_score > 5000                                        # 判断列值是否大于 5000
>>> imdb_score.floordiv(5)                                   # 整除(imdb_score // 5)
>>> imdb_score.astype(int).mod(5)                            # 每一个列值取模
```

【例 11-22】 按"成交量"进行排序。

```
>>> import pandas as pd
>>> file_data = pd.read_csv('d:\\test\\11\\股票数据片段.csv')
>>> file_data.sort_values(by = '成交量', ascending = False).head()      # 按'成交量'字段名排序
     日期      开盘  最高  收盘  最低   成交量    价格变动  涨跌幅  5日均价  20日均价
5  2020/6/17  7.22  7.34  7.26  7.17  64578.38   0.04    0.55   7.182
2  2020/6/22  7.27  7.30  7.22  7.19  38257.48  -0.05   -0.69   7.248
4  2020/6/18  7.30  7.30  7.27  7.23  37496.01   0.01    0.14   7.202
3  2020/6/19  7.25  7.31  7.27  7.20  35708.00   0.00    0.00   7.234
1  2020/6/23  7.22  7.22  7.14  7.10  27640.87  -0.08   -1.11   7.232
```

【例 11-23】 判断数据中"成交量"是否有大于 40 000 的行。

```
>>> file_data['成交量'] > 40000
0     False…(输出略)
```

【例 11-24】 统计数据的样本数、平均值、标准差、最小值、最大值等。

```
>>> file_data.describe()                                                # 统计数据基本信息
          开盘      最高      收盘   …  价格变动    涨跌幅    5日均价
count 9.000000 9.000000 9.000000 …  9.000000   9.000000 9.000000          # 样本数
mean  7.195556 7.245556 7.193333 … -0.007778  -0.107778 7.207778          # 平均值
std   0.075351 0.076992 0.068920 …  0.052148   0.726202 0.027138          # 标准差
…(输出略)
```

【例 11-25】 对数据集中的某一列,先进行排序,再计算前 n 个数的和。

```
>>> file = file_data.sort_index(ascending = False)           # 先做排序,再做累加
>>> file['最高'].cumsum()                                     # 对'最高'字段进行累加
8    7.12 …(输出略)
```

【例 11-26】 计算数据集中"最高"-"最低"的差值。

```
>>> file_data[['最低', '最高']].apply(lambda x: x.max() - x.min(),   # axis = 1 为行索引号
axis = 1)
0  0.06 …(输出略)
```

参数 axis=0 表示沿行的方向；axis=1 表示沿列的方向。

11.2.5 软件包 NumPy 的向量化计算

软件包 NumPy 提供了许多高级数值编程工具,如矩阵数据类型、矢量计算、精密运算库等。软件包 NumPy 支持的数据类型和 C 语言的数据类型基本对应。机器学习中往往需要求解多个复杂的方程,如果用 Python 的循环计算这些方程,则计算速度非常慢,而向量化计算会使计算时间大大缩短。软件包 NumPy 的安装见 1.1.4 节。

向量化计算是对数组或序列中的所有元素进行一次性操作,而不是像 for 循环那样一次操作一行。通俗地说,**向量化计算就是将多次 for 循环计算变成一次计算**。软件包 NumPy 中的向量化计算利用 C 语言实现,运算速度比循环快很多;另外,向量化计算取消了循环嵌套,程序代码更加简洁。

【例 11-27】 用循环计算 100 万个随机数相乘后的累加和(如 a1 * b1+a2 * b2+…)。

```
import numpy as np                                          # 导入第三方包——科学计算
import time                                                 # 导入标准模块——时间戳

a = np.random.rand(1000000)                                 # 生成 100 万个随机乘数
b = np.random.rand(1000000)                                 # 生成 100 万个随机被乘数
s = 0                                                       # 累加和初始化
being = time.time()                                         # 时间戳开始(参见 4.1.2 节)
for i in range(1000000):                                    # 循环计算 100 万次
    s = s + a[i] * b[i]                                     # 计算两数相乘后的累加和
end = time.time()                                           # 时间戳结束
print('循环计算的值:', s)                                    # 打印累加和
print('循环计算时间:', str(1000 * (end - being)) + '毫秒')   # 打印计算时间
>>>                                                         # 程序输出
循环计算的值:250270.52624998052
循环计算时间:535.5441570281982 毫秒
```

【例 11-28】 用向量化计算 100 万个随机数相乘后的累加和。

```
1  import numpy as np                                            # 导入第三方包——科学计算
2  import time                                                   # 导入标准模块——时间戳
3
4  a = np.random.rand(1000000)                                   # 生成 100 万个随机乘数
5  b = np.random.rand(1000000)                                   # 生成 100 万个随机被乘数
6  s = 0                                                         # 累加和初始化
7  being = time.time()                                           # 时间戳开始
8  s = np.dot(a, b)                                              # 向量化计算,相乘后的累加和
9  end = time.time()                                             # 时间戳结束
10 print('向量化计算的值:', s)                                    # 打印累加和
11 print('向量化计算时间:', str(1000 * (end - being)) + '毫秒')   # 打印计算时间
   >>>                                                           # 程序输出
   向量化计算的值:249621.73039522918
   向量化计算时间:0.9977817535400391 毫秒
```

案例说明:程序第 8 行,函数 np.dot(a,b)为向量化运算(一种矩阵运算)。

【例 11-29】 NumPy 矩阵或数组运算常用函数和案例(程序片段)。

```
A = np.mat([[1, 2, 3], [4, 5, 6]])       # 用 mat()函数创建一个 2×3 的矩阵 A(即二维数组)
```

```
2  np.add(A, B)                  # 矩阵 A、B 加法运算,等同于矩阵 A+B
3  np.subtract(A, B)             # 矩阵 A、B 减法运算,等同于矩阵 A-B
4  np.dot(A, B)                  # 矩阵乘法,等同于 A*B 或 np.multiply(A, B)
5  np.divide(B, A)               # 矩阵 B、A 除法运算,等同于 np.true_divide(B, A)
6  A.transpose()或 A.T           # 矩阵 A 转置,矩阵 m×n 的行转换为列,得到矩阵 n×m
7  a.shape = (6, 2)              # 将向量 a 转换为 6 行 2 列的矩阵
8  C = A+b                       # 矩阵 A 与标量 b(常数)相加
9  data.reshape(2, 3)            # 生成一个 2 行 3 列的矩阵
10 data.reshape(3, 2)            # 将矩阵转换为 3 行 2 列
11 np.sum(A)                     # 矩阵所有向量相加,得到一个和(假设 A 为 n×m 矩阵)
12 np.sum(A, axis = 0)           # 将矩阵每一列相加,得到 1m 的行向量
13 np.sum(A, axis = 1)           # 将矩阵每一行相加,得到 n1 的列向量
14 np.mean(a, axis = 0)          # 求列平均值,所有行(0)相加
15 np.mean(a, axis = 1)          # 求行平均值,所有列(1)相加
```

程序说明：程序第 4 行,向量与矩阵相乘不满足计算规则时,NumPy 会自动将矩阵进行转置。

11.3 数据清洗

11.3.1 数据清洗技术

1. 数据预处理工作

数据在采集过程中存在采样、编码、录入等误差,原始数据集往往存在各种不完整因素,如数据缺失、数据异常、数据矛盾等。**这些不完整或者有错误的数据称为"脏数据"**,需要按照一定规则把"脏数据"清洗干净,这就是数据预处理工作。

在大数据应用中,数据预处理的工作量占到了 60%左右。数据预处理的主要工作内容包括数据清洗(如处理造假数据、重复数据、缺失值、异常值等)、数据集成(如将多个数据来源集成到一个数据集中)、数据转换(如 txt 数据、CSV 数据、Excel 数据等,转换为统一的文件格式)、数据标准化(如计量单位规范、数据格式规范等)等处理。

数据清洗是对数据集进行重新审查和校验,目的在于删除重复信息、纠正错误信息,并保持数据的一致性。数据清洗一般由计算机而不是人工完成。

2. 数据处理方法

不同处理方法会对大数据分析结果产生影响,因此,应当尽量避免出现无效值和缺失值,保证数据的完整性。

(1) 估算代替。对无效值和缺失值可以用某个变量的样本均值、中位数或众数代替。这种办法简单,但误差可能较大。另一种办法是通过相关分析进行数据插值。

说明：

① 中位数是按顺序排列的一组数据中,居于中间位置的数。数据序列为奇数个时,中位数是处于序列中间位置的数;数据序列为偶数个时,通常取最中间两个数的平均值作为中位数。

② 众数是按顺序排列的一组数据中,出现次数最多的数。如 1,2,2,3,3,4 中,众数是 2 和 3;如 1,2,3,4,5 中没有众数。

(2) 删除。整列删除含有缺失值的样本数据,这种方法可能导致有效样本量大大减少。

因此，只适合关键变量缺失，或者含有无效值或缺失值样本比重很小的情况。如果某一变量的无效值和缺失值很多，而该变量对研究的问题不是特别重要，则可以考虑删除该变量。这样减少了变量数目，但没有改变样本量。

(3) 噪声处理。离群点是远离整体的非常异常、非常特殊的数据点。大部分数据挖掘方法都将离群点视为噪声而丢弃，然而在一些特殊应用中(如欺诈检测)，会对离群点做异常挖掘。而且有些点在局部属于离群点，但从全局看是正常的。对噪声的处理主要采用分箱法与回归法进行处理。

11.3.2 重复数据处理

可以用 Pandas 的函数 duplicated()找出重复行。完全没有重复行时，函数返回 False；有重复行时，第一次出现的重复行返回 False，其余返回 True。

1. 检查重复数据

【例 11-30】 检查数据集是否有重复记录。

```
>>> import pandas as pd                                          # 导入第三方包
>>> file_data = pd.read_csv('d:\\test\\11\\股票数据重复缺失.csv')  # 加载数据缺失文件
>>> file_data.duplicated()                                       # 找出重复记录的位置
…(输出略)
>>> data.duplicated().sum()                                      # 统计重复数据的条数
>>> file_data.drop_duplicates(inplace = True)                    # 删除重复记录
>>> any(file_data.duplicated())                                  # 任一重复时 = True
False
```

2. 删除重复数据

【例 11-31】 删除重复数据。

```
>>> import pandas as pd                           # 导入第三方包——数据分析
>>> import numpy as np                            # 导入第三方包——科学计算
>>> from pandas import DataFrame, Series          # 导入第三方包——数据格式转换
>>> datafile = 'd:\\test\\11\\test2.xlsx'         # 打开测试文件
>>> data = pd.read_excel(datafile)                # 读取数据,CSV 文件用 read_csv()
>>> examDfile = DataFrame(data)                   # 转换数据类型
>>> print(examDfile.duplicated())                 # 判断是否有重复行,有重复则显示 True
>>> examDfile.drop_duplicates()                   # 删除重复行
```

11.3.3 缺失数据处理

大部分数据集都会存在缺失值问题，对缺失值处理的好坏会直接影响最终计算结果。处理缺失值主要依据缺失值的重要程度，以及缺失值的分布情况进行。如缺少公司名称、客户区域信息等；业务系统中主表与明细表数据不一致等。

1. 缺失值处理原则

数据集中的缺失值一般用 NA 表示。**数据集的缺失值不能用 0 代替，否则将引起无穷后患**。当缺失值少于 20%，而且数据集是连续变量时(如课程成绩是 0 到 100 之间的连续变量；而学生班级是非连续变量)，可以使用均值或中位数填补。可以对缺失值生成一个指示变量，用来标明数据缺失情况。表 11-3 展示了用中位数[35]填补缺失值的情况。

表 11-3　用中位数填补缺失值示例

不完整的源数据	35,	28,	NA,	40,	30,	30,	38,	NA,	42
填补中位数的数据	35,	28,	[**35**],	40,	50,	30,	38,	[**35**],	42
缺失值指示变量	0	0	1	0	0	0	0	1	0

在 Pandas 中,对 DataFrame 数据,缺失值标记为 NaN 或 NaT(缺失时间);对 Series 数据,缺失值为 None 或 NaN。

2. 检查缺失值

在 Pandas 中,可以使用函数 file_data. isna()或 file_data. isnull()来检测数据集中的每一个元素是否为 NaN,它返回一个仅含 True 和 False 两种值的 DataFrame 数据。

【例 11-32】 检查“梁山 108 将. xlsx”数据文件是否有缺失数据。

```
1  import pandas as pd                                              # 导入第三方包
2  data_file = 'd:\\test\\11\\梁山 108 将.xlsx'                     # 打开 Excel 文件
3  data = pd.read_excel(data_file)                                 # 读取 Excel 文件
4  print('【False = 数据无缺失;True = 数据缺失】\n', data.isnull())   # 有缺失值则返回 True
5  print('--------\n 每一列中有多少个缺失值:\n', data.isnull().sum()) # 无缺失值则返回 False
   >>>每一列中有多少个缺失值:…                                       # 程序输出(略)
```

程序说明:程序第 3 行,如果数据集为 CSV 文件,则用函数 read_csv()读取数据。

【例 11-33】 检查数据集中是否有空值。

```
>>> import pandas as pd                              # 导入第三方包——数据分析
>>> data_file = 'd:\\test\\11\\梁山 108 将.xlsx'      # 打开 Excel 文件
>>> data = pd.read_excel(data_file)                  # 读取 Excel 文件
>>> data.isnull()                                    # False 为有数据缺失;True 为无数据缺失
>>> data.isnull().sum()                              # 统计每一列有多少个缺失值
>>> data.notnull().sum()                             # 统计每一列的非空值
>>> data.info()                                      # 统计数据集详细情况
```

【例 11-34】 构造一个匿名函数 lambda 查看缺失值。

```
>>> data.apply(lambda col:sum(col.isnull())/col.size)      # 用匿名函数检查缺失值
```

程序说明:函数 sum(col. isnull())为列缺失总数,col. size 为列共有多少行数据。

3. 删除缺失值

数据集缺失值处理方法有删除、插补、不处理。考虑数据采集不易,一般不会轻易删除数据。删除缺失值应当在复制的数据集上进行操作。注意,除了明显的缺失值外,还有一种隐形缺失值,如缺失整行或整列的数据,它们很容易被忽视。

函数 file_data. dropna()可以删除含有空值的行或列。如果数据集是 Series 格式,则返回一个仅含非空数据和索引值的 Series,默认丢弃含有缺失值的行。函数语法如下。

```
DataFrame.dropna(axis = 0, how = 'any', thresh = None, subset = None, inplace = False)
```

参数 axis 表示维度,axis=0 表示行;axis=1 表示列。

参数 how='all'表示这一行或列中的全部元素为 NaN 才删除这一行或列。

参数 thresh=3 表示一行或一列中,至少出现了 3 个缺失值才删除。

参数 subset=None 表示不在子集中含有缺失值的列或行不删除。

参数 inplace=False 表示不直接在原数据上进行修改。

【例 11-35】 删除数据集缺失值的方法。

```
>>> import pandas as pd                                          # 导入第三方包——数据分析
>>> import numpy as np                                           # 导入第三方包——科学计算
>>> data = pd.Series([1, np.nan, 5, np.nan])                     # 生成有缺失数据的行
>>> data = pd.DataFrame([[1,5,9,np.nan], [np.nan,3,7,np.nan], [6,np.nan,2,np.nan],
        [np.nan,np.nan,np.nan,np.nan], [1,2,3,np.nan]])          # 生成有缺失数据的行
>>> data.dropna(how = 'all')                                     # 整行全部是缺失值时,清除本行
>>> data.dropna()                                                # 清除所有 NaN 行
```

4. 填充缺失值

填充缺失值语法如下。

```
DataFrame.fillna(value = None, axis = None, method = None,
    inplace = False, limit = None, downcast = None, ** kw)
```

参数 value 表示用什么值去填充缺失值,例: value=0 表示用 0 代替缺失值。

参数 axis 表示作用轴方向,例: axis=0 表示行方向(默认值),axis=1 表示列方向。

参数 method 表示替换模式,例: method = ffill 用前一个值代替缺失值; method = backfill/bfill 用后面的值代替缺失值。注意,这个参数不能与 value 同时出现。

参数 limit 表示填充数据的个数,例: limit=2 表示只填充 2 个缺失值。

【例 11-36】 用函数 fillna()以某个常数替换数据集中的 NaN 值。

```
import pandas as pd                                    # 导入第三方包——数据分析
import numpy as np                                     # 导入第三方包——科学计算

file_data = pd.DataFrame([[np.nan, 2, np.nan, 0],      # 定义矩阵,np.nan 生成空数据 NaN
    [3, 4, np.nan, 1],
    [np.nan, np.nan, np.nan, 5],
    [np.nan, 3, np.nan, 4]],
    columns = list('ABCD'))                            # 矩阵表头名称
print(file_data)                                       # 输出原始矩阵
print('横向用缺失值前面的值替换缺失值')
print(file_data.fillna(axis = 1, method = 'ffill'))    # axis = 1 为行,用常数 0.0 替换缺失值 NaN
print('纵向用缺失值上面的值替换缺失值')
print(file_data.fillna(axis = 0, method = 'ffill'))    # axis = 0 为列,用常数 0.0 替换缺失值 NaN
>>> 0 NaN 2.0 NaN 0…                                   # 程序输出(略)
```

【例 11-37】 缺失值填充的其他方法。

```
>>> import pandas as pd                                          # 导入第三方包——数据分析
>>> file_data = pd.read_csv('d:\\test\\11\\工资 1.csv')          # 打开数据文件
>>> print(file_data.isnull())                # 打印缺失值,False 表示正常,True 表示缺失
0  False  False  False…(输出略)
>>> file_data.fillna(0)                                # 用 0 填充所有缺失值(不推荐使用)
0  朱阶辞  3500  200  1500…(输出略)
>>> file_data['医疗'].fillna(file_data['医疗'].mean())          # 用均值对缺失值填充(推荐)
0  160.0…(输出略)
```

也可以通过拟合函数来填充缺失值,如牛顿插值法、分段插值法等。

11.3.4 异常数据处理

异常值是任何与数据集中其余观察值不同的数据点(也称为离群点)。例如,一个学生的平均成绩超过90分,而班上其他学生的平均成绩在70分左右时,这个成绩就是一个明显的异常值。判断异常值除可视化分析外,还有基于统计的方法。如根据3σ准则判断异常值:如果数据服从正态分布,**离群点超过3倍标准差就可以视为异常值**。因为在正态分布中,距离标准差3σ之外的值出现概率只有0.3%左右,这属于小概率事件。

出现异常值的原因很多,也许是在数据输入时出错,或者是机器在测量中引起错误,或者是有人不想透露真实信息而故意输入虚假信息。异常值不一定都是坏事,例如在生物实验中,一只小白鼠安然无恙而其他小白鼠都死了,找到原因后可能会带来新的科学发现。因此,检测异常值非常重要,**异常值的处理是剔除还是替换,需要视情况而定**。

【例11-38】 学校有A、B、C、D四个班,每个班50名学生,随机生成学生的成绩数据,并且检测和输出异常数据。

```
1   import numpy as np                                          # 导入第三方包——科学计算
2   import pandas as pd                                         # 导入第三方包——数据分析
3
4   data = pd.DataFrame(np.random.randint(50, 100, size=200)\
                                                                # 50为最低,100为最高,200为人数
5       .reshape((50,4)), columns = ['A班', 'B班', 'C班', 'D班'])   # 转换为50行4列
6   data.iloc[[2,15,20,26,32,48], [0,1,2,3]] =\                 # 人为指定这些行为异常值行
7       np.random.randint(-100, 200, size = 24).reshape((6,4))
                                                                # 异常值范围为-100~200,步长为24
8   print('各个班级原始成绩数据集:')                              # 打印原始成绩
9   print('行号', data)
10  error = data[((100<data) | (data<0)).any(1)]                # 过滤大于100和小于0的行
11  print('各班成绩异常值数据:')
12  print('行号', error)
    >>>各个班级原始成绩数据集…                                   # 程序输出(略)
```

程序说明:

程序第6行,语句data.iloc[2,15,20,26,32,48]表示6个生成异常值的行号。

程序第7行,函数reshape(6,4)用于将数据转换为6行4列的数组。

程序第10行,筛选出成绩小于0或大于100的数据,这些都是异常值。函数any(1)表示选出数据集中所有异常值的行。如果输出警告信息,可能与Pandas版本有关。

【例11-39】 查找数据文件异常值,根据规则调整异常值。

```
>>> import numpy as np                                          # 导入第三方包——科学计算
>>> from numpy import nan                                       # 导入第三方包——填充缺失值
>>> import pandas as pd                                         # 导入第三方包——数据分析
>>> data = pd.DataFrame(np.arange(3,19,1).reshape(4,4),         # 生成二维数组数据
    index = list('abcd'))                                       # 行索引为0123,列索引为abcd
>>> print(data)                                                 # 打印二维数组
```

```
a  3  4  5  6…(输出略)
>>> data.iloc[0:2,0:3] = nan                                # 用 NaN 填充缺失数据
>>> print(data)
a  NaN  NaN  NaN  6…(输出略)
>>> print(data.fillna(0))                                   # 用 0 填充缺失数据
a  0.0  0.0  0.0  6…(输出略)
>>> print(data.fillna(data.mean()))                         # 用均值填充缺失数据
a  13.0  14.0  15.0  6…(输出略)
>>> print(data.fillna(data.median()))                       # 用中位数填充缺失数据
a  13.0  14.0  15.0  6
>>> print(data.fillna(method = 'bfill'))                    # 用相邻的后面值填充前面空值
a  11.0  12.0  13.0  6…(输出略)
```

11.3.5 案例：造假数据检查

1. 本福特定律

1935 年，美国物理学家本福特(Frank Benford)发现，在大量数字中，首位数字的分布并不均匀。在 1～9 的 9 个阿拉伯数字中，数字 i 出现在首位的概率是：$P(i)=\lg((i+1)/i)$。本福特定律说明：**较小的数字比较大的数字出现概率更高**。

本福特定律满足尺度不变性，也就是说**对不同的计量单位，位数不同的数字，本福特定律仍然成立**。**几乎所有没有人为规则的统计数据都满足本福特定律**，如人口、物理和化学常数、斐波那契数列等。另外，**任何受限数据通常都不符合本福特定律**，例如，彩票号码、电话号码、日期、学生成绩、一组人的体重或者身高等数据。

本福特定律多被用来验证数据是否有造假，它可以帮助人们审计数据的可信度。2001 年，美国最大的能源交易商安然公司宣布破产，事后人们发现，安然公司在 2001 年到 2002 年所公布的每股盈利数字就不符合本福特定律，这说明这些数据改动过。

2. 广义本福特数字分布表

本福特定律首位数字计算公式如下所示。

$$P(d)=\lg(d+1)-\lg(d)=\lg\left(\frac{d+1}{d}\right)=\lg\left(1+\frac{1}{d}\right)$$

【例 11-40】 用本福特定律公式计算数字 2 在首位出现的概率，程序如下。

```
>>> import math                                             # 导入标准模块——数学计算
>>> p2 = math.log10(1 + 1/2)                                # 计算数字 2 在首位出现的概率
>>> print(p2)                                               # 打印计算结果
0.17609125905568124
```

本福特定律计算公式可以计算出数字 1～9 中每个数字出现在首位的概率(注意，其他位的计算公式稍有不同)。由表 11-4 可见，大数据中，数字在不同数位上的分布规律不同。如数字 1 出现在首位的概率是 0.301 03，要大大高于数字 2 出现的概率 0.176 09。

表 11-4 广义本福特数字出现概率分布

数字	第 1 位	第 2 位	第 3 位	第 4 位	第 5 位
0	NA	0.119 68	0.101 78	0.100 18	0.100 02
1	0.301 03	0.113 89	0.101 38	0.100 14	0.100 01

续表

数字	第 1 位	第 2 位	第 3 位	第 4 位	第 5 位
2	0.176 09	0.108 82	0.100 97	0.100 10	0.100 01
3	0.124 94	0.104 33	0.100 57	0.100 06	0.100 01
4	0.096 91	0.100 31	0.100 18	0.100 02	0.100 00
5	0.079 18	0.096 68	0.099 79	0.099 98	0.100 00
6	0.066 95	0.093 37	0.099 40	0.099 94	0.099 99
7	0.057 99	0.090 35	0.099 02	0.099 90	0.099 99
8	0.051 15	0.087 57	0.098 64	0.099 86	0.099 99
9	0.045 76	0.085 00	0.098 27	0.099 82	0.099 98

说明：由表 11-4 可以看出，除首位数字外，其他位数字的出现概率都比较均匀。

3. 本福特定律程序设计案例

【例 11-41】 用本福特定律验证深沪股票 2019 年年报数据(见图 11-4)，取其中的净利润数据，只考虑净利润为正的情况。

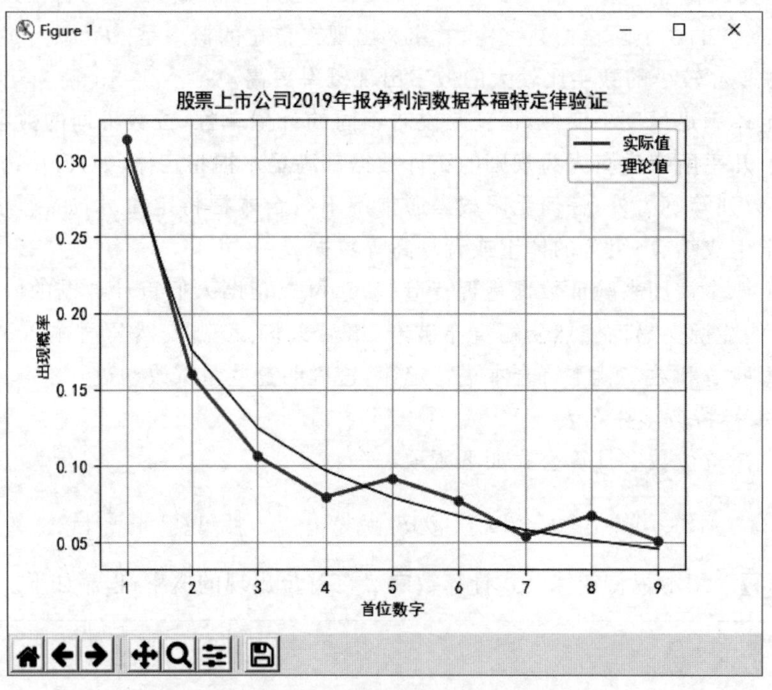

图 11-4 股票本福特理论值与实际值统计图

```
import math                                  # 导入标准模块——数学计算
from functools import reduce                 # 导入标准模块——对参数序列中元素进行累积
import matplotlib.pyplot as plt              # 导入第三方包——绘图
from pylab import *                          # 导入第三方包——pylab 是 Matplotlib 的一部分
import pandas as pd                          # 导入第三方包——数据分析

mpl.rcParams['font.sans-serif'] = ['SimHei'] # 解决中文显示问题
def firstDigital(x):                         # 获取首位数字的函数
```

```
9      x = round(x)                                      # 取浮点数 x 的四舍五入值
10     while x >= 10:
11         x //= 10
12     return x
13
14 def addDigit(lst, digit):                             # 首位数字概率累加
15     lst[digit - 1] += 1
16     return lst
17 th_freq = [math.log((x + 1)/x, 10) for x in range(1, 10)]   # 计算首位数字出现的理论概率
18 file_data = pd.read_csv('d:\\test\\11\\股票年报 2019.csv')   # 读取年报数据
19 freq = reduce(addDigit, map(firstDigital, filter(lambda x:x > 0, file_data['net_profits'])), [0] * 9)
20 pr_freq = [x/sum(freq) for x in freq]                 # 计算年报中首位数字出现的实际概率
21 print('本福特理论值', th_freq)
22 print('本福特实际值', pr_freq)
23 plt.title('股票上市公司 2019 年报净利润数据本福特定律验证')   # 绘制图形标题
24 plt.xlabel('首位数字')                                # 绘制图形 x 轴坐标标签
25 plt.ylabel('出现概率')                                # 绘制图形 y 轴坐标标签
26 plt.xticks(range(9), range(1, 10))                    # 绘制图形 x 轴的刻度
27 plt.plot(pr_freq, 'r-', linewidth = 2, label = '实际值')   # 绘制首位数字的实际概率值(折线)
28 plt.plot(pr_freq, 'go', markersize = 5)               # 绘制首位数字的实际概率值(点)
29 plt.plot(th_freq, 'b-', linewidth = 1, label = '理论值')   # 绘制首位数字的理论概率值(折线)
30 plt.grid(True)                                        # 绘制网格
31 plt.legend()                                          # 绘制图例标签
32 plt.show()                                            # 显示图形
   >>> 本福特理论值 [0.3010…                            # 程序输出见图 11-4(略)
```

程序说明：程序第 19 行，匿名函数 lambda x:x>0 表示只取年报中净利润>0 的数据，进行首位数字次数统计。从图 11-4 可以看出，理论值与实际值两者拟合度比较高。

11.4 数据挖掘

数据挖掘是从数据集的大量数据中，揭示出有价值信息的过程。数据挖掘利用了统计学的抽样和假设检验、人工智能的机器学习等理论和技术。数据挖掘经常采用人工智能中的经典算法，筛选大量数据。数据挖掘算法包含分类、聚类、预测、关联四种类型(如 KNN、K-Means、回归分析等)。

11.4.1 数据分布特征

描述性统计是借助图表或者总结性数值来描述数据的统计手段。

1. 数据中心位置(均值、中位数、众数)

数据的中心位置可分为均值(mean)、中位数(median)、众数(mode)。其中,**均值和中位数常用于定量分析的数据,众数常用于定性分析的数据**。

均值是数据总和除以数据总量(N);中位数是按顺序排列的一组数据中,居于中间位置的数(中值)。均值包含的信息量比中位数更大,但是它容易受异常值的影响。

【例 11-42】 用 NumPy 软件包计算均值,中位数;用 scipy 软件包计算众数。

```
>>> from numpy import mean, median                    # 导入第三方包——科学计算
>>> data = [75, 82, 65, 85, 92, 88, 65, 83, 72]
>>> mean(data)                                        # 计算均值
78.55555555555556
>>> median(data)                                      # 计算中位数(先排序,再计算)
82
>>> from scipy.stats import mode                      # 导入第三方包——科学计算
>>> mode(data)                                        # 计算众数(出现次数最多的数)
ModeResult(mode = array([65]), count = array([2]))    # 众数 = 65,共计 2 个
```

2. 数据发散程度(极差、方差、标准差、变异系数、Z 分数)

我们需要知道数据以中心位置为标准时,数据发散程度有多大。如果以中心位置来预测新数据,那么发散程度就决定了预测的准确性。数据发散程度可用极差(PTP)、方差(variance)、标准差(STD)、变异系数(CV)、Z 分数来等衡量。

(1) 极差是一组数据中最大值与最小值之差,它能反映一组数据的波动范围。极差越大,离散程度越大;反之,离散程度越小。极差不能用于比较不同组之间的数据,因为它们之间可能单位不同。

(2) 方差是每个样本值与全体样本值平均数之差的平方值的平均数。在统计中,方差往往用来计算每一个变量(观察值)与总体均数之间的差异。方差表达了样本偏离均值的程度,方差越大表示数据的波动越大;方差越小表示数据的波动就越小。

(3) 标准差是基于方差的指标,标准差为方差的算术平方根。样本标准差越大,样本数据的波动就越大。数据统计分析时,更多使用标准差。

(4) 当两组或多组数据比较时,如果度量单位与平均数相同,则可以直接用标准差比较。如果单位或平均数不同时,就需要采用标准差与平均数的比值来比较。标准差与平均数的比值称为变异系数,它是基于标准差的无量纲值。**如果变异系数大于 15%,则要考虑该数据可能不正常**,应该剔除。变异系数只适用于平均值大于零的情况。

(5) Z 分数是以标准差去度量某一原始数据偏离平均数的距离,这段距离含有几个标准差,Z 分数就是几,从而确定这一数据在全体数据中的位置。在统计中,Z 分数是一个非常重要的指标,它既能表示比其他数大多少或小多少,又能表示该数的位置。通常来说,**Z 分数的绝对值大于 3 将视为异常**。由于 Z 分数存在正数、负数和小数,使得 Z 分数在计算和解释实验结果时有些不好理解,因此,常将 Z 分数转换为 T 分数,T 分数既有 Z 分数的分布状态,又易于理解和解释。

【例 11-43】 用软件包 NumPy 计算极差、方差、标准差、变异系数和 Z 分数。

```
>>> from numpy import ptp, var, std, mean          # 导入第三方包——科学计算
>>> data = [75, 82, 65, 85, 92, 88, 65, 83, 72]
```

```
>>> ptp(data)                                 # 极差 ptp,最大值与最小值之差
27
>>> var(data)                                 # 方差 var,随机变量与均值间的偏离程度
85.1358024691358
>>> std(data)                                 # 标准差 std,标准差 = 方差的算术平方根
9.226906440900752
>>> mean(data)/std(data)                      # 变异系数 cv,数据离散程度,无量纲影响
8.513747923934382
>>>(data[0] - mean(data))/std(data)           # 计算数据 data[0](75)的 Z 分数
-0.38534644068727064
```

3. 数据相关程度

有两组数据时,我们关心这两组数据是否相关,相关程度有多少。一般用协方差(cov)和相关系数(corrcoef)来衡量相关程度。**协方差绝对值越大表示相关程度越大**,协方差为正值表示正相关,为负值表示负相关,为 0 表示不相关。相关系数为无量纲数。

【例 11-44】 用 NumPy 软件包计算协方差和相关系数。

```
1  >>> from numpy import array, cov, corrcoef        # 导入第三方包——NumPy
2  >>> data1 = [75, 63, 88, 92, 80]                 # 定义数据 1
3  >>> data2 = [72, 70, 80, 75, 90]                 # 定义数据 2
4  >>> cov(data, bias = 1)                          # 计算两组数的协方差
   array([[104.24, 28.96],                          # 输出矩阵
       [ 28.96, 51.04]])
5  >>> corrcoef(data)                               # 计算两组数的相关系数
   array([[1.        , 0.39703247],                  # 输出矩阵
        [0.39703247, 1.        ]])
```

程序说明:

程序第 4 行,参数 bias=1 表示结果需要除以 N,否则只计算了分子部分;返回结果为矩阵 array([]),第 i 行第 j 列的数据表示第 i 组数与第 j 组数的协方差。对角线为方差。

程序第 5 行,返回结果为矩阵,第 i 行第 j 列的数据表示第 i 组数与第 j 组数的相关系数。对角线为 1。

11.4.2 案例:影片分类 KNN

1. 分类算法

实现分类的算法称为分类器,"分类器"有时也指由分类算法实现的数学函数,它将输入数据映射到一定的类别。一般来说,**分类器需要进行训练**,也就是要告诉分类算法每个类别的特征是什么,这样分类器才能识别新的数据。算法中的维度指特征数据类别,即**样本数据有几个特征类别就是几维**。例如,一个身体健康数据集中,特征数据有身高和体重两个类别,因此数据为二维;如果再增加一个心跳特征数据,则数据为三维。

分类算法的目标变量都是离散型,即变量值可以按顺序列举,如职工人数、设备台数、是否逾期、是否肿瘤细胞、是否垃圾邮件等。常见分类算法有 KNN(K Nearest Neighbors,K 个最近的邻居)、朴素贝叶斯、SVM(Support Vector Machine,支持向量机)、决策树、线性回归、随机森林、神经网络等。

分类算法是人工智能的重要组成部分,它广泛应用于机器翻译、人脸识别、医学诊断、手

写字符识别、指纹识别、语音识别、视频识别等领域。它还可以用于垃圾邮件识别、信用评级、商品评价、欺诈预测等领域。

2. KNN 分类算法

KNN 是最简单易懂的机器学习算法，它广泛应用于字符识别、文本分类、图像识别等领域。KNN 算法的思想是：一个样本如果与数据集中 K 个样本最相似，则该样本也属于这个类别。KNN 算法中的 K 指新样本数据最接近邻居数(见图 11-5)。实现方法是对每个样本数据都计算相似度，如果一个样本的 K 个最接近邻居都属于分类 A，那么这个样本也属于分类 A。KNN 算法基本要素有 K 值大小(邻居数选择)、距离度量方式(如欧氏距离)和分类规则(如投票法)。

(1) K 值大小选择与问题相关，如图 11-6 所示，在判断样本数据(圆)属于三角形簇还是矩形簇时，当 $K=3$ 时(实线圆内)，如果分类规则是按投票多少决定类别，则以 1∶2 的投票结果将圆分类于三角形簇；而当 $K=5$ 时(虚线圆内)，按投票规则，圆以 3∶2 的投票结果分类于矩形簇。

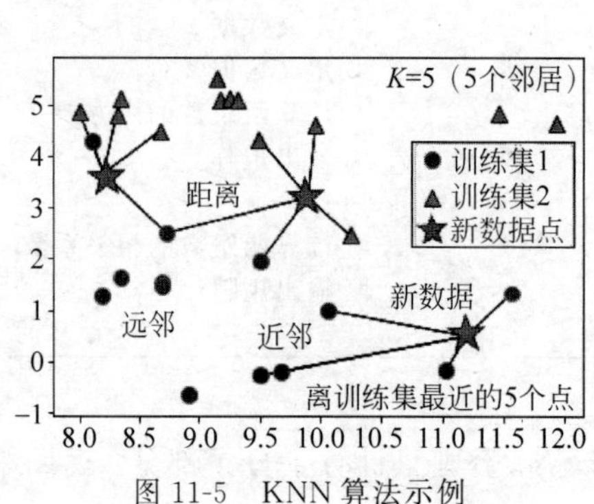

图 11-5 KNN 算法示例

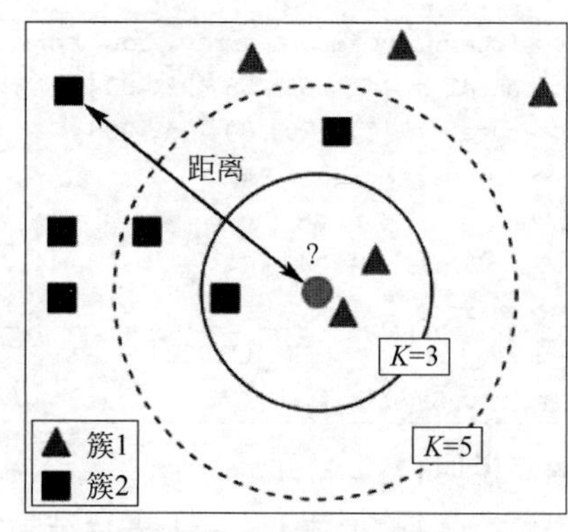

图 11-6 KNN 算法说明

(2) KNN 算法中，经常采用欧氏距离公式 $d=\sqrt{(x_2-x_1)^2+(y_2-y_1)^2}$ 计算特征点之间的距离，其他距离计算公式有曼哈顿距离、切比雪夫距离、马哈拉诺比斯距离等。

(3) KNN 算法简单，既能处理大规模的数据分类，也适用于样本数较少的数据集。KNN 算法尤其适用于样本分类边界不规则的情况。

(4) KNN 算法也存在一些问题。K 取不同值时，分类结果可能会有显著不同。如果 $K=1$，那么分类就是一个类别，一般 K 取值不超过 20 为宜。

3. 利用 KNN 算法对影片进行分类

【例 11-45】 下面以彼德·哈林顿(Peter Harrington)《机器学习实战》一书中的案例为主体，对数据集进行改造，根据电影中不同场景的多少，对影片进行分类。电影名称与分类来自豆瓣网(https://movie.douban.com/)，影片场景数量纯属虚构(见表 11-5)。

表 11-5 影片场景与分类

序 号	电影名称	搞笑场景(特征 1)	打斗场景(特征 2)	电影类型(标签)
1	黑客帝国	5	56	动作片
2	让子弹飞	55	35	喜剧片

续表

序　　号	电影名称	搞笑场景(特征 1)	打斗场景(特征 2)	电影类型(标签)
3	纵横四海	8	35	动作片
4	天使爱美丽	45	2	喜剧片
5	七武士	5	57	动作片
6	美丽人生	56	5	喜剧片
7	这个杀手不太冷	12	35	动作片
8	指环王 2	6	30	动作片
9	两杆大烟枪	42	15	喜剧片
10	上帝也疯狂	66	2	喜剧片
11	功夫	39	25	动作片
12	虎口脱险	45	17	喜剧片
13	哪吒之魔童降世	30	24	?（待分类）

案例分析：数据集中序号 1～12 为已知电影分类，分为喜剧片和动作片 2 个类型(标签)，测试《哪吒之魔童降世》影片属于分类中的哪个类型？

对于以上简单数据集，从表 11-5 中也可以大致看出测试电影的类型，但是当数据集中的特征扩展到 10 个以上、训练数据和测试数据达到数百条以上时，人工就很难直观看出来了，而利用程序进行样本分类就势在必行了。

```
import pandas as pd                                         # 导入第三方包——数据分析
#【1.样本数据】
rowdata = {'电影名称':['黑客帝国', '让子弹飞', '纵横四海', '天使爱美丽', '七武士', '美丽人生',
    '这个杀手不太冷', '指环王 2', '两杆大烟枪', '上帝也疯狂', '功夫', '虎口脱险',],
    '搞笑镜头':[5, 55, 8, 45, 5, 56, 12, 6, 42, 66, 39, 45],
    '打斗镜头':[56, 35, 35, 2, 57, 5, 35, 30, 15, 2, 25, 17],
    '电影类型':['动作片', '喜剧片', '动作片', '喜剧片', '动作片', '喜剧片', '动作片',
    '动作片', '喜剧片', '喜剧片', '动作片', '喜剧片']}          # 样本数据,字典类型
movie_data = pd.DataFrame(rowdata)                          # 转换为二维表格式
#【2.测试数据】
new_data = [30, 24]                            # 测试样本影片,搞笑场景为 30,打斗场景为 24
#【3.KNN 分类器】
def classify0(inX,dataSet,k):
    result = []
    dist = list((((dataSet.iloc[:,1:3] - inX) ** 2).sum(1)) ** 0.5)    # 计算欧氏距离
    dist_l = pd.DataFrame({'dist':dist, 'labels':(dataSet.iloc[:, 3])})
    dr = dist_l.sort_values(by = 'dist')[: k]                      # 按欧氏距离升序排列
    re = dr.loc[:, 'labels'].value_counts()                        # 获取标签
    result.append(re.index[0])                                     # 获取频率最高的点
    return result                          # result 为分类结果,返回频率最高的类别做预测值
#【4.主程序】
inX = new_data                             # new_data 为需要预测分类的数据集(训练集)
dataSet = movie_data                       # dataSet 为已知分类标签的数据集(训练集)
k = 3                                      # 选择距离最小的 k 个点(k 值选择影响很大)
yuce = classify0(inX, dataSet, k)          # yuce 预测电影类型
```

```
26  print('《哪吒之魔童降世》是:', yuce)                    # 打印电影类型
    >>>《哪吒之魔童降世》是:['喜剧片']                     # 程序输出
```

程序说明:

程序第 9 行,为了方便验证,程序使用字典构建数据集,然后再用字典将其转换为 DataFrame 二维表格式。

程序第 17 行,排序函数 dist_l. sort_values(by='dist')[: k]中,dist 为欧氏距离。

根据经验可以看出,KNN 分类器给出的答案比较符合预期目标。从以上程序可以发现,KNN 算法没有进行数据训练,直接使用未知数据与已知数据进行比较,然后获得结果。因此,KNN 算法不具有显式学习过程。KNN 算法的优点是简单好用,精度高;缺点是计算量太大,而且单个样本不能太少,否则容易发生误分类。

11.4.3 案例:城市聚类 K-Means

1. K-Means 算法思想

聚类是使同一簇中的样本特征较为相似,不同簇中的样本特征差异较大。聚类对样本数据要求划分的类是未知的。例如,有一批人的年龄数据,大致知道其中有一部分是少年儿童,一部分是青年人,一部分是老年人。聚类就是自动发现这三部分人的数据,并把相似的数据聚合到同一簇中。而分类是事先告诉你少年儿童、青年人、老年人的年龄标准是什么,现在新来了一个人,算法就可以根据他的年龄对他进行分类。聚类是研究如何在没有训练的条件下把样本划分为若干簇。

K-Means(K 均值)算法是最经典、使用最广泛的聚类算法。如图 11-7 所示,K-Means 算法分为三步:第一步是为样本数据点寻找聚类中心(簇心);第二步是计算每个点到簇心的距离,将每个点聚类到离该点最近的簇中;第三步是计算每个聚类中所有点的坐标平均值,并将这个平均值作为新的簇心;反复执行第二步、第三步,直到聚类的簇心不再进行大范围移动或者聚类次数达到要求为止。

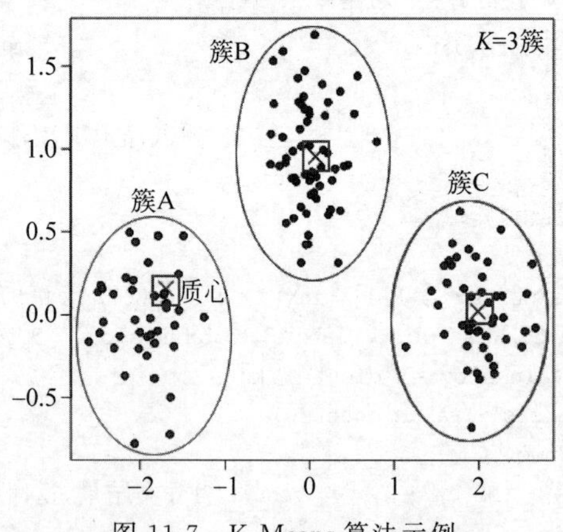

图 11-7 K-Means 算法示例

K-Means 算法的优点是简单,处理速度快,当聚类密集时,簇与簇之间区别明显,效果好。它的缺点是 K 值需要事先给定,而且 K 值很难估计,并且初始簇心的选取很敏感;另外,需要不断地计算和调整质心,当数据量很大时,计算时间很长。

2. K-Means 算法应用案例

【例 11-46】 中国主要城市经纬度数据集如图 11-8 所示。数据集有 2 个标签(省市、地区),2 个特征(经度、纬度),共 418 行数据,试进行聚类分析。

```
1  import numpy as np                                   # 导入第三方包——科学计算
2  import matplotlib.pyplot as plt                      # 导入第三方包——绘图
3  from sklearn.cluster import KMeans                   # 导入第三方包——K-Means 聚类算法
4  plt.rcParams['font.sans-serif'] = ['KaiTi']          # 解决中文显示问题
5
6  X = []
7  file = open('d:\\test\\11\\城市经纬度.txt')          # 读取原始数据
8  for v in file:
9      X.append([float(v.split()[2][2:6]), float(v.split()[3][2:8])])
10 X = np.array(X)                                       # 转换为 NumPy 数组格式
11 k = 5                                                 # 类簇的数量
12 cls = KMeans(k).fit(X)                                # 调用函数聚类
13 markers = ['*', 'o', '+', 's', 'v']# *为星形;o为圆点;+为十字形;s为正方形;v为倒三角形
14 for i in range(k):
15     members = cls.labels_ == i                        # members 是布尔数组
16     plt.scatter(X[members,0], X[members,1], s=40, marker=markers[i], c='b', alpha=0.5)
17 # 画出与 menbers 数组中匹配的点
18 plt.xlabel('城市纬度', fontproperties='simhei', fontsize=16)   # 绘制 x 轴标题文字
19 plt.ylabel('城市经度', fontproperties='simhei', fontsize=16)   # 绘制 y 轴标题文字
20 plt.title('按经纬度对城市聚类', fontsize=24)                  # 绘制图片标题文字
21 plt.show()                                                    # 显示图形
   >>>                                                           # 程序输出见图 11-9
```

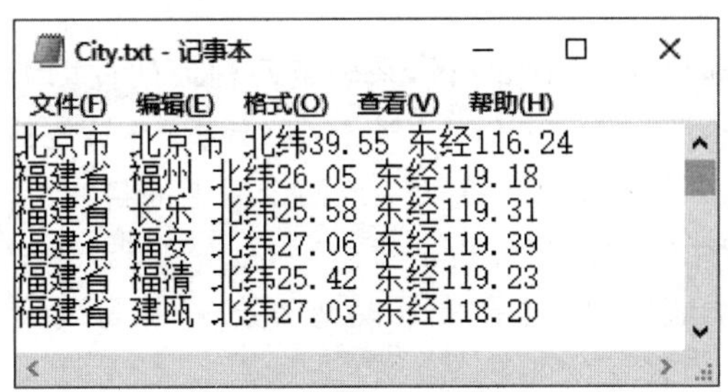

图 11-8 数据集格式

程序说明:程序第 9 行,函数 X.append([float(v.split()[2][2:6]),float(v.split()[3][2:8])])为在列表 X 尾部追加元素;函数 split()为对字符串进行切片,参数 split()[2][2:6]中[2]表示第 2 列(如北纬 39.55),参数[2:6]表示切片索引号为 2~5 的字符(即 39.55);参数 split()[3][2:8]表示第 3 列(如东经 116.24),参数[2:8]表示切片索引号为 2~7 的字符(即 116.24);函数 float()表示将切片后的字符串转换为浮点数;函数 append()返回分割后的字符串列表。

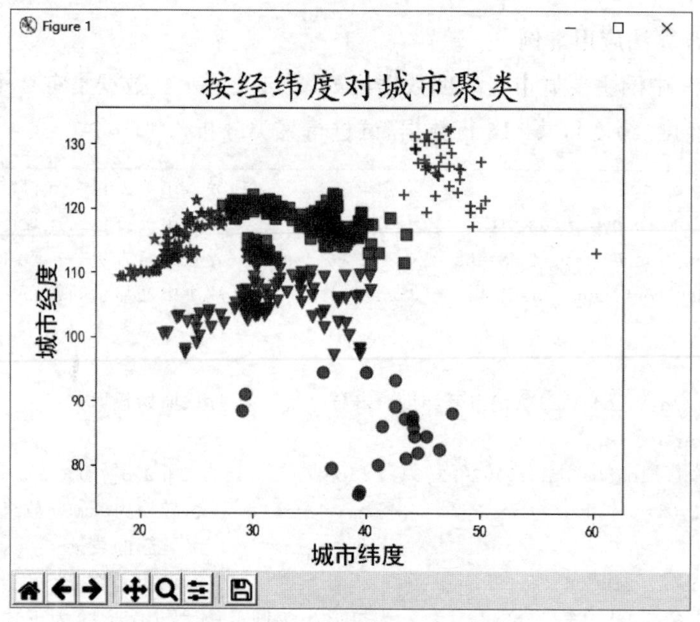

图 11-9　城市聚类结果可视化

11.4.4　案例：产品销售回归分析

1. 预测算法

预测算法的目标变量是连续型。在一定区间内可以任意取值的变量称为连续变量，连续变量的数值是连续不断的，相邻两个数值之间可取无限个数值。例如，生产零件的尺寸、人体测量的身高体重、员工工资、企业产值、商品销售额等都为连续变量。常见预测算法有线性回归、回归树、神经网络、SVM 等。

2. 线性回归算法

线性回归是利用数理统计中回归分析，来确定两种或两种以上变量之间相互依赖的定量关系。线性回归的基本形式为：$y=w'x+e$，回归分析中，只包括一个自变量和一个因变量时，称为一元线性回归分析；如果包括两个或两个以上的自变量，而且因变量和自变量之间是线性关系，则称为多元线性回归分析。

线性回归问题的解决流程为：选择一个模型函数 y，并为函数 y 找到适应数据样本的最优解，即找出最优解下函数 y 的参数。

3. 简单线性回归案例

【例 11-47】　产品推广费(如广告等)与销售额一般情况下呈现线性相关。某企业推广费与销售额的关系如表 11-6 所示，试进行简单线性回归分析。

表 11-6　某企业推广费与销售额的关系

推广费	销售额	推广费	销售额	推广费	销售额	推广费	销售额	推广费	销售额
4845	10 018	5776	10 767	6437	12 362	7270	13 977	8513	14 278
5172	10 301	5993	11 012	6674	12 901	7676	14 274	8814	14 755
5432	10 373	6065	11 415	6835	13 330	7892	14 395	9111	15 013
5545	10 602	6266	11 763	7066	13 584	8455	13 854	9676	15 321

案例分析：从数据集可以看到，推广费是特征值，销售额是通过特征值得出的标签。在这个案例中，可以利用简单的线性回归来处理样本数据。

```
#【1.导入数据包】
import pandas as pd                                    # 导入第三方包——数据分析
import numpy as np                                     # 导入第三方包——科学计算
import matplotlib.pyplot as plt                        # 导入第三方包——图形绘制
from pandas import DataFrame,Series                    # 导入第三方包——数据格式转换
from sklearn.model_selection import train_test_split   # 导入第三方包——机器学习
from sklearn.linear_model import LinearRegression      # 导入第三方包——机器学习——
                                                       # 线性回归
plt.rcParams['font.sans-serif'] = ['SimHei']           # 解决中文乱码问题

#【2.创建数据集】推广费与销售额数据集
examDict = {'推广费':[ 4845, 5172, 5432, 5545, 5776, 5993, 6065, 6266, 6437,
    6674, 6835, 7066, 7270, 7676, 7892, 8455, 8513, 8814, 9111, 9676],
    '销售额':[10018, 10301, 10373, 10602, 10767, 11012, 11415, 11763, 12362,
    12901, 13330, 13584, 13977, 14274, 14395, 13854, 14278, 14755, 15013, 15321]}
examDf = DataFrame(examDict)                          # 数据集转换为DataFrame数据格式
rDf = examDf.corr()                                   # 计算相关系数
print('相关系数:', rDf)                                # 打印相关系数
#【3.绘制原始数据图】
exam_X = examDf.loc[:,'推广费']                        # 提取出某一列数据:loc[]为根据索
                                                      # 引进行提取
exam_Y = examDf.loc[:,'销售额']
X_train, X_test, Y_train,Y_test = train_test_split(exam_X, exam_Y, train_size = 0.8)
                                                      # 数据分割
print('原始数据特征:', exam_X.shape,
     ',训练数据特征:', X_train.shape,
     ',测试数据特征:', X_test.shape)
print('原始数据标签:', exam_Y.shape,
      ',训练数据标签:', Y_train.shape,
      ',测试数据标签:', Y_test.shape)
plt.scatter(X_train, Y_train, color = 'blue', label = '训练数据')  # 绘制散点图
plt.scatter(X_test, Y_test, color = 'red', label = '测试数据')
plt.legend(loc = 2)                                       # 添加图形标签
plt.xlabel('推广费')                                       # 绘制x轴标签
plt.ylabel('销售额')                                       # 绘制y轴标签
#plt.savefig('tests_out.png')                             # 保存图像
plt.show()                                                # 显示图像(见图11-10)
#【4.回归分析】
model = LinearRegression()                                # 最小二乘法线性回归模型
X_train = X_train.values.reshape( - 1, 1)
X_test = X_test.values.reshape( - 1, 1)
model.fit(X_train, Y_train)
a = model.intercept_      # 截距,回归函数y = kx + b中,b是在y轴的截距,k是斜率
b = model.coef_                                           # 回归系数(斜率k)
print('最佳拟合线截距:', a, ',回归系数:', b)
```

```
43  plt.scatter(X_train, Y_train, color = 'blue', label = '训练数据')
44  y_train_pred = model.predict(X_train)                          # 训练数据的预测值
45  #【5.回归分析绘图】
46  plt.plot(X_train, y_train_pred, color = 'black', linewidth = 3, label = '回归线')
                                                                   # 绘制最佳拟合线
47  plt.scatter(X_test, Y_test, color = 'red', label = '测试数据')   # 测试数据散点图
48  plt.legend(loc = 2)                                            # 添加图标标签
49  plt.xlabel('推广费')                                            # 绘制 x 轴标签
50  plt.ylabel('销售额')                                            # 绘制 y 轴标签
51  #plt.savefig('liness_out.jpg')                                 # 保存图像
52  plt.show()                                                     # 显示图像
53  score = model.score(X_test, Y_test)                 # 计算回归模型相关系数(准确率)
54  print('回归模型准确率:', score)
    >>>                                                            # 程序输出见图 11-11
    相关系数:      推广费       销售额
    推广费  1.000000  0.955143
    销售额  0.955143  1.000000
    原始数据特征:(20,) ,训练数据特征:(16,) ,测试数据特征:(4,)
    原始数据标签:(20,) ,训练数据标签:(16,) ,测试数据标签:(4,)
    最佳拟合线截距:4149.441542724784 ,回归系数:[1.22997454]
    回归模型准确率:0.9112123249030679
```

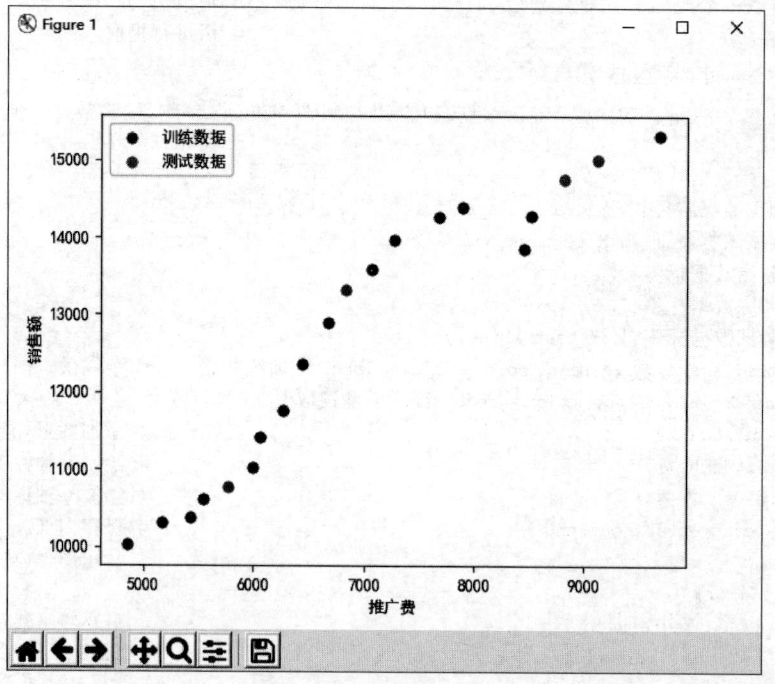

图 11-10　数据集散点图

程序说明:

程序第 15 行,函数 DataFrame()将源数据集的字典转换为 DataFrame 数据格式,也就是将推广费与销售额的数据集转换为 DataFrame 格式。

程序第 16 行,函数 examDf.corr()为计算相关系数。系数为 0~0.3 表示弱相关;系数

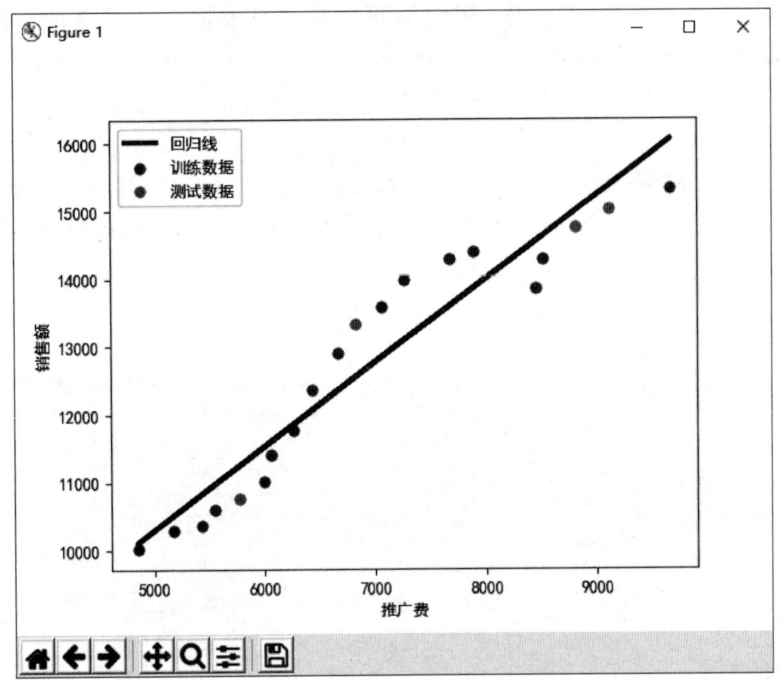

图 11-11 数据线性回归图

为 0.3～0.6 表示中等相关；系数为 0.6～1 表示强相关。

程序第 21 行，将数据集拆分为训练集和测试集；X_train 为训练数据标签；X_test 为测试数据标签；exam_X 为样本特征；exam_Y 为样本标签；train_size＝0.8 为训练数据占比。

程序第 36 行，语句 model＝LinearRegression()表示最小二乘法线性回归模型。如果模型计算出现错误，就需要训练集进行 reshape(重塑/改组)操作，直到达到函数的要求。

程序第 40 行，参数 model.intercept_表示截距，最小二乘法线性回归函数 $y=kx+b$ 中，b 是在 y 轴的截距，k 是斜率。

程序第 41 行，参数 model.coef_表示回归系数(斜率 k)。

由程序运行结果可知，最佳拟合线截距 $b=4149.44$，斜率 $k=1.23$，由此得出的线性回归方程为 $y=1.23x+4149.44$。

习 题 11

11-1 简要说明数据的获取渠道。

11-2 简要说明网络爬虫的工作过程。

11-3 简要说明什么是“脏数据”。

11-4 编程：参照例 11-17 程序，掌握用 loc[]数据切片的方法。

11-5 编程：参照例 11-18 程序，掌握用 iloc[]数据切片的方法。

11-6 编程：参照例 11-28 程序，掌握向量化计算的方法。

11-7 编程：参照例 11-2 程序，掌握用 Newspaper 爬取网页的方法。

11-8　编程：参照例 11-5 程序，用网络爬虫爬取豆瓣网电影排名前 20 名(网址为 https://movie.douban.com/j/search_subjects?type=movie&tag=%E8%B1%86%E7%93%A3%E9%AB%98%E5%88%86&sort=recommend&page_limit=20&page_start=0)。

11-9　编程：参照例 11-46 程序，掌握 K-Means 聚类算法的应用。

11-10　编程：从 1～1000 中取 9 个随机数，绘制首位数字出现的本福特定律图。

第 12 章　人工智能程序设计

人工智能的研究最早起源于英国科学家阿兰·图灵。1955 年,美国计算科学家约翰·麦卡锡(John McCarthy)提出了“人工智能”(AI)的定义:人工智能就是要让机器的行为看起来就像是人所表现出的智能行为一样。人工智能的研究从早期以“逻辑推理”为重点,后来发展到以“知识规则”为重点,目前发展到以“机器学习”为重点。

12.1　机器学习:基本概念

12.1.1　人工神经网络

1943 年,生物学家沃伦·麦卡洛克(Warren McCulloch)和数理逻辑学家沃尔特·皮茨(Walter Pitts)发表的 *A Logical Calculus of the Ideas Immanent in Nervous Activity*(神经活动中内在思想的逻辑演算)论文中提出了神经元的数学模型 M-P(McCulloch-Pitts,麦卡洛克和皮茨),它模拟了生物神经网络的结构(见图 12-1)。神经元数学模型也一直沿用至今(见图 12-2)。1982 年,约翰·霍普菲尔德(John Hopfield)发明了 Hopfield 递归神经网络。1986 年,鲁梅尔哈特(Rumelhart)等人提出了多层网络中的反向传播算法。

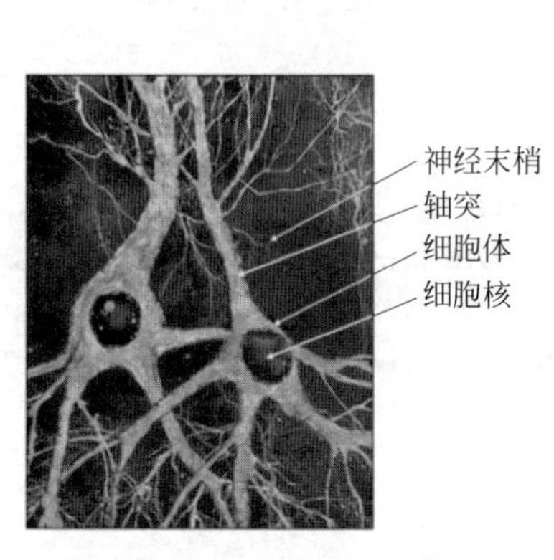

图 12-1　生物神经网络

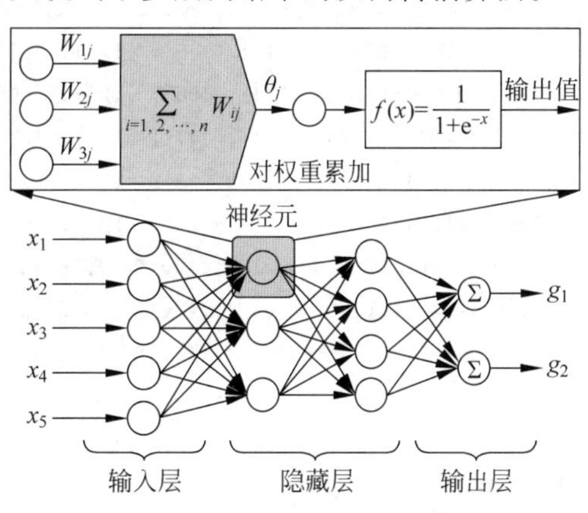

图 12-2　人工神经网络数学模型

人工智能的连接主义学派认为:智能活动是大量简单的神经单元通过复杂的相互连接后并行运行的结果。人工神经网络由一层一层的神经元构成,层数越多(隐蔽层),网络越深。人工神经网络试图通过一个通用模型,然后通过数据训练,不断改善模型中的参数,直到输出的结果达到预期效果。国际象棋的博弈过程就类似一个人工神经网络。人工神经网络代表性研究成果是 AlphaGo 围棋程序。

【例 12-1】 用 NetworkX 软件包(参见 9.3 节)绘制深度神经网络图(见图 12-3)。

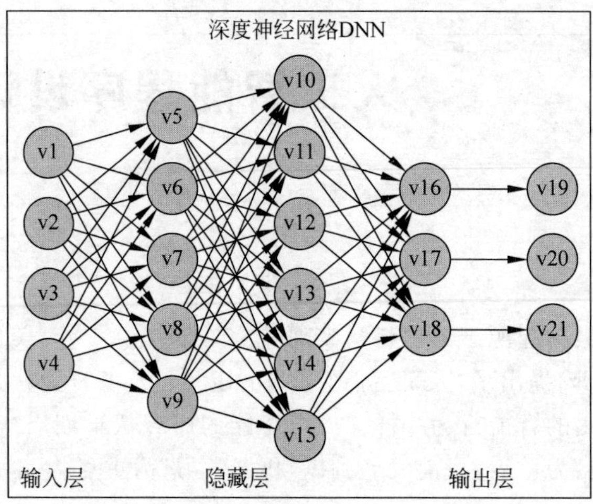

图 12-3 深度神经网络(DNN)图

```
import networkx as nx                                      # 导入第三方包——网络 NetworkX
import matplotlib.pyplot as plt                            # 导入第三方包——绘图 Matplotlib

G = nx.DiGraph()                                           # 定义一个空有向网络图
vertex_list = ['v' + str(i) for i in range(1, 22)]         # 顶点列表
G.add_nodes_from(vertex_list)                              # 添加顶点
edge_list = [                                              # 边列表
    ('v1', 'v5'), ('v1', 'v6'), ('v1', 'v7'),('v1', 'v8'),('v1', 'v9'),
    ('v2', 'v5'), ('v2', 'v6'), ('v2', 'v7'),('v2', 'v8'),('v2', 'v9'),
    ('v3', 'v5'), ('v3', 'v6'), ('v3', 'v7'),('v3', 'v8'),('v3', 'v9'),
    ('v4', 'v5'), ('v4', 'v6'), ('v4', 'v7'),('v4', 'v8'),('v4', 'v9'),
    ('v5','v10'),('v5','v11'),('v5','v12'),('v5','v13'),('v5','v14'),('v5','v15'),
    ('v6','v10'),('v6','v11'),('v6','v12'),('v6','v13'),('v6','v14'),('v6','v15'),
    ('v7','v10'),('v7','v11'),('v7','v12'),('v7','v13'),('v7','v14'),('v7','v15'),
    ('v8','v10'),('v8','v11'),('v8','v12'),('v8','v13'),('v8','v14'),('v8','v15'),
    ('v9','v10'),('v9','v11'),('v9','v12'),('v9','v13'),('v9','v14'),('v9','v15'),
    ('v10','v16'),('v10','v17'),('v10','v18'), ('v11','v16'),('v11','v17'),('v11','v18'),
    ('v12','v16'),('v12','v17'),('v12','v18'), ('v13','v16'),('v13','v17'),('v13','v18'),
    ('v14','v16'),('v14','v17'),('v14','v18'), ('v15','v16'),('v15','v17'),('v15','v18'),
    ('v16','v19'), ('v17','v20'), ('v18','v21')
    ]
G.add_edges_from(edge_list)                                # 通过列表形式添加边
point = {                                                  # 指定网络每个节点的位置
    'v1':(-2,1.5), 'v2':(-2,0.5), 'v3':(-2,-0.5), 'v4':(-2,-1.5),
    'v5':(-1,2), 'v6': (-1,1), 'v7':(-1,0), 'v8':(-1,-1), 'v9':(-1,-2),
    'v10':(0,2.5), 'v11':(0,1.5), 'v12':(0,0.5), 'v13':(0,-0.5), 'v14':(0,-1.5), 'v15':(0,-2.5),
    'v16':(1,1), 'v17':(1,0), 'v18':(1,-1), 'v19':(2,1), 'v20':(2,0), 'v21':(2,-1)
    }
plt.title('深度神经网络 DNN', fontproperties='simhei', fontsize=14)     #绘制图形标题
```

```
30 plt.xlim(-2.2, 2.2)                                            # 定义x轴坐标范围
31 plt.ylim(-3, 3)                                                # 定义y轴坐标范围
32 nx.draw(G, pos = point, node_color = 'red', edge_color = 'black', with_labels = True,
33     font_size = 15, font_color='w', node_size = 1000)          # 绘制网络图
34 plt.text(-2.2, -3.2, '输入层', fontproperties='simhei', fontsize=14)   #绘制注释文字
35 plt.text(-0.7, -3.2, '隐藏层', fontproperties='simhei', fontsize=14)
36 plt.text(1.2, -3.2, '输出层', fontproperties='simhei', fontsize=14)
37 plt.show()                                                     #显示全部网络图
   >>>                                                            #程序输出见图12-3
```

程序说明：

程序第7～21行，网络边数据。遇到这种数据超多的语句，为了阅读方便，一般不写在一行，而是在矩阵的一行之后按Enter键，形成矩阵书写风格，便于今后观察和调整数据。

程序第32、33行，函数nx.draw()中，G为绘制网络；pos=point为节点位置；node_color='red'为节点颜色；edge_color='black'为边颜色；with_labels=True为绘制节点标签；font_size=15为节点文字大小；font_color='w'为文字白色；node_size=1000为节点大小(像素)。

12.1.2 机器学习过程

1. 早期机器学习的案例

具有学习能力的计算机可以在应用中不断地提高智能，经过一段时间的机器训练之后，设计者本人也不知道它的能力能够达到何种水平。

【例12-2】 1950年，IBM公司工程师塞缪尔(Arthur Lee Samuel)设计了一个《跳棋》程序，这个程序具有学习能力，它可以在不断对弈中改善自己的棋艺。《跳棋》程序运行于IBM 704大型通用电子计算机中，塞缪尔称它为“跳棋机”，“跳棋机”可以记住17 500张棋谱，实战中能自动分析猜测哪些棋步源于书上推荐的走法。首先塞缪尔自己与“跳棋机”对弈，让“跳棋机”积累经验；1959年“跳棋机”战胜了塞缪尔本人；3年后，“跳棋机”一举击败了美国一个州保持8年不败纪录的跳棋冠军；后来它终于被跳棋世界冠军击败。这个程序向人们展示了机器学习的能力，提出了许多令人深思的社会与哲学问题。

2. 机器学习的基本特征

西蒙·赫金教授(Simon Haykin)曾对“机器学习”下过一个定义：**“如果一个系统能够通过执行某个过程来改进性能，那么这个过程就是学习”**。在形式上，机器学习可以看作一个函数，通过对特定输入进行处理(如统计方法等)，得到一个预期结果。例如，计算机接收了一张数字图片，计算机怎样判断这个图片中的数字是8，而不是其他的内容呢？这需要构建一个评估模型，判断计算机通过学习是否能够输出预期结果。

传统计算机按照程序指令一步一步执行，最终结果是确定的。例如，编程计算学生平均成绩时，最终计算结果是确定的。机器学习是一种让计算机利用数据进行工作的方法。由于机器学习不是基于严密逻辑推导形成的结果(主要为概率统计)，因此**机器学习的处理过程不是因果逻辑，而是通过统计归纳思想得出的相关性结论**。简单地说，机器学习得到的最终结果可能既不精确也不最优，但从统计意义上来说是充分的。

3. 机器学习过程

机器学习是一种通过大样本数据训练出模型，然后用模型预测的一种方法。机器学习

过程中,首先需要在计算机中存储大量历史数据。然后将这些数据通过机器学习算法进行处理,这个过程称为“训练”,处理结果(识别模型)可以用来对新测试数据进行预测。机器学习的流程:获取数据→数据预处理→训练数据→模型分类→预测结果。

【例 12-3】 如图 12-4 所示,手写数字识别需要一个数据集,本例数据集为 160 个数据样本(每列为一个人所写的 10 个数字,每行为 16 个人写的同一数字,每个数字为 14×14 像素);数据集对 0～9 的 10 个数字进行了分类标记(标签);然后通过算法对这 10 个数字进行特征提取(如每一行或列中“1”的个数或位置,这一过程称为“训练”);这时,再输入一个新的手写数字(测试图片),并对输入图片的数字进行特征提取,虽然新写的数字(如“1”)与数据集中的数字不完全一模一样,但是特征高度相似;于是分类器(识别模型)就会给出这个数字为某个数字(如“1”)的概率值(预测结果)。

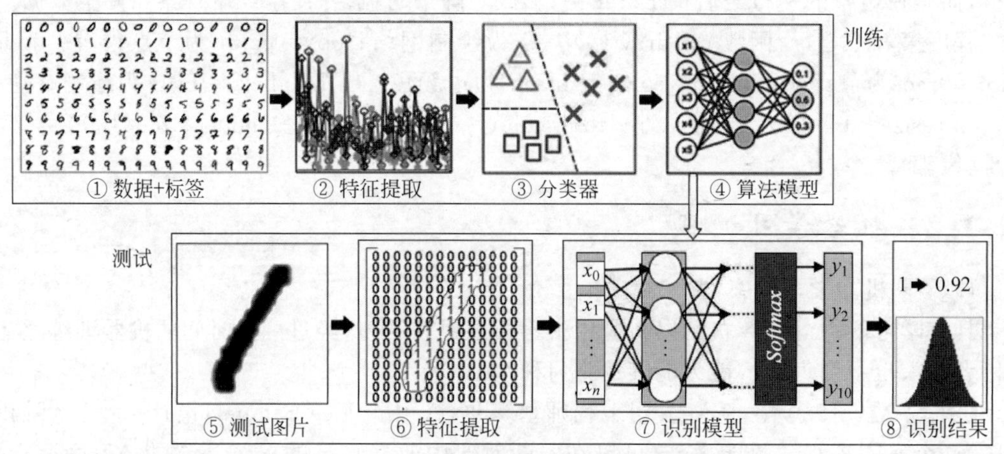

图 12-4 手写数字识别的机器学习过程

从以上过程可以看出,**机器学习的主要任务就是分类**。数据训练和数据测试都是为了提取数据特征,便于按标签分类;识别模型和分类器也是为了分类而设计。

12.1.3 深度机器学习

1. 深度学习概述

深度学习的概念源于人工神经网络研究,一般来说,有一两个隐藏层的神经网络称为浅层神经网络,隐藏层超过 5 层就称为深度神经网络,**利用深度神经网络进行特征识别就称为深度学习。深度学习通过组合低层特征来形成抽象的高层特征,以发现数据的分布特征**,这样使用简单模型就可以完成复杂的分类任务,因此也可以将深度学习理解为“特征学习”。深度学习的计算量非常大(如高维矩阵运算、卷积运算等),依赖高端硬件设备。因此数据量小时,宜采用传统的机器学习方法。

2. 卷积神经网络

卷积神经网络(Convolutional Neural Network,CNN)是应用最广泛的深度神经网络。在机器视觉识别和其他领域,卷积神经网络取得了非常好的效果。如图 12-5 所示,卷积神经网络由输入层、卷积层、池化层、全连接层、输出层组成。

【例 12-4】 如图 12-5 所示,对输入的某个动物图片进行识别。

案例分析:在图像识别中,颜色信息会对图像特征数据提取造成一定干扰,因此将输入

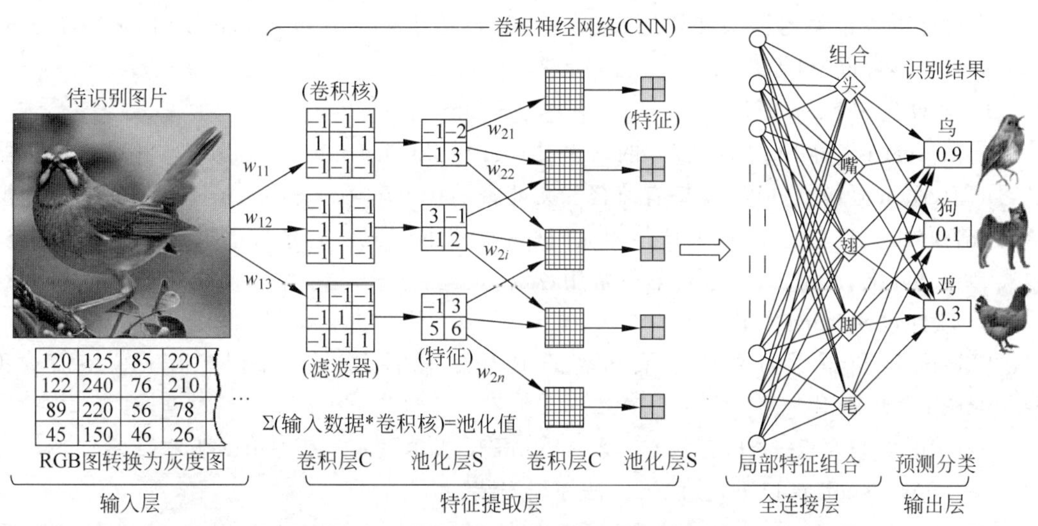

图 12-5　卷积神经网络(CNN)结构示意图

图片转换为灰度值。如果按行顺序提取图片中的数据，就会形成一个一维数组。如果一张图片的大小为 250×250 像素，则一维数组大小为 250×250=62 500。如果对 1000 张图片做机器学习的数据训练，数据量达到了 6250 万；加上卷积运算（一种矩阵运算）、池化运算、多层神经网络运算等情况，可见机器学习计算量非常巨大。

卷积运算常用于图像去噪、图像增强、边缘检测，以及图像特征提取等。**卷积是一种数学运算，卷积运算是两个变量在某范围内相乘后求和的结果**。图像处理中卷积运算是用一个称为"卷积算子"的矩阵，在输入图像数据矩阵中自左向右、自上而下滑动，将卷积算子矩阵中各个元素与它在输入图像数据上对应位置的元素相乘，然后求和，得到输出像素值。经过卷积运算之后，图像数组变小了，图像特征进一步加强。

通过卷积操作，完成了对输入图像数据的降维和特征提取，但是特征图像的维数还是很高，计算还是非常耗时。为此引入了池化操作（下采样技术），**池化操作是对图像的某一个区域用一个值代替**（如最大值或平均值）。

池化操作具体实现是在卷积操作之后，对得到的特征图像进行分块，图像被划分成多个不相交的子块，计算这些子块内的最大值或平均值，就得到了池化后的图像。池化操作除降低了图像数据大小之外，另外一个优点是图像平移、旋转的不变性，由于输出值由图像的一片区域计算得到，因此对于图像的平移和旋转并不敏感。

图像处理中，卷积算子矩阵的数值可以人为设计，也可以通过机器学习的方法自动生成卷积算子，从而描述各种不同类别的图像特征。卷积神经网络就是通过这种自动学习方法来得到各种有用的卷积算子。

12.2　机器学习：数据预处理

12.2.1　机器学习包 Sklearn

Python 常用机器学习软件包有 NumPy（科学计算基础包）、Pandas（数据分析工具）、scikit-learn（机器学习软件包，包含了大部分机器学习算法）、NLTK（自然语言工具包，集成了很多自然语言相关的算法和资源)、Stanford(自然语言工具包)、TensorFlow/PyTorch/Keras(深度学习框架)等。

1. 软件包 Sklearn 概述

scikit-learn 简称 Sklearn(官方网站为 http://scikit-learn.org/stable/),它是一个机器学习的 Python 开源软件库,支持有监督和无监督的机器学习。Sklearn 提供了用于模型拟合、数据预处理、模型选择、模型评估等应用程序的各种工具。它包含了机器学习中的分类、聚类、回归、降维、选型、数据预处理等常用算法。

2. 软件包 Sklearn 安装

Sklearn 是机器学习领域中最知名的 Python 软件包,它一般与 NumPy、SciPy 和 Matplotlib 一起使用。

Sklearn 安装要求 Python 版本≥3.3、NumPy 版本≥1.8.2、SciPy 版本≥0.13.3。可以在 Windows shell 窗口下,按以下方法在线安装。

```
> pip install -i https://pypi.tuna.tsinghua.edu.cn/simple numpy            # 版本为 1.24.1
> pip install -i https://pypi.tuna.tsinghua.edu.cn/simple scipy            # 版本为 1.9.0
> pip install -i https://pypi.tuna.tsinghua.edu.cn/simple scikit-learn===1.1.2   # 版本为 1.1.2
```

在 Python shell 窗口下,测试 Sklearn 是否安装成功,操作方法如下。

```
>>> import sklearn.datasets as dataset                 # 导入第三方包——机器学习数据集
```

3. 软件包 Sklearn 数据集使用方法

软件包 Sklearn 提供的小型数据集在安装时就已经下载好了,它们可以用 load()方法加载;软件包提供的大型实用数据集需要在首次使用时下载,它们用 fetch()方法加载;软件包还可以用 make()方法创建一个新的数据集。数据集加载方法如下。

(1) load()用于加载小数据集,语法:data=datasets.load_<数据集名>()(参见例 12-5)。

(2) fetch()用于在线下载大数据集,语法:data=datasets.fetch_<数据集名>()(参见例 12-6)。

(3) make()用于根据参数生成数据集,语法:X,y=make_classification(参数)(参见例 12-7)。

12.2.2 数据集加载

1. 软件包 Sklearn 小型数据集加载

安装 Sklearn 后,它附带安装了一些小型数据集。这些小型数据集文件默认安装在 D:\Python\Lib\site-packages\sklearn\datasets\data\目录中。对于初学者,不需要从外部网站下载任何数据集,就可以用这些数据集实现机器学习中的各种算法。如表 12-1 所示,这些数据集通常很小,仅可用于算法学习,无法代表现实中的机器学习任务。

表 12-1 软件包 Sklearn 自带的小型数据集

数据集名称	说 明	数据集特征	应 用
boston	波士顿房价	样本数为 506;属性为 13 个;缺少数据:无	回归
iris	鸢尾花	样本数为 150;属性为 4 个;缺少数据:无	分类

续表

数据集名称	说　　明	数据集特征	应　　用
diabetes	糖尿病诊断指标	样本数为 442；属性为 10 个；缺少数据：无	回归
digits	手写数字识别	样本数为 5620；属性为 64 个；缺少数据：无	分类
linnerud	健身锻炼指标	样本数为 20；属性为 3 个；缺少数据：无	回归
wine	葡萄酒评价指标	样本数为 178；属性为 13 个；缺少数据：无	分类
breast_cancer	乳腺癌诊断指标	样本数为 569；属性为 30 个；缺少数据：无	分类

【例 12-5】 加载和调用表 12-1 所示数据集。

```
>>> from sklearn import datasets                        # 导入第三方包——机器学习数据集
>>> iris = datasets.load_iris()                         # 加载鸢尾花数据集
>>> X = iris.data                                       # 获取鸢尾花数据集
>>> y = iris.target                                     # 获取鸢尾花属性(标签)数据
>>> X                                                   # 输出鸢尾花全部数据
array([[5.1, 3.5, 1.4, 0.2],…(输出略)
>>> y                                                   # 输出鸢尾花属性(标签)数据
array([0, 0, 0, 0, 0,…(输出略)
>>> boston = datasets.load_boston()                     # 加载波士顿房价数据集
>>> diabetes = datasets.load_diabetes()                 # 加载糖尿病诊断指标数据集
>>> digits = datasets.load_digits()                     # 加载手写数字识别数据集
>>> linnerud = datasets.load_linnerud()                 # 加载健身锻炼指标数据集
>>> wine = datasets.load_wine()                         # 加载葡萄酒评价指标数据集
>>> breast_cancer = datasets.load_breast_cancer()       # 加载乳腺癌诊断指标数据集
```

2. 软件包 Sklearn 大型数据集加载

软件包 Sklearn 还提供了一些大型实用数据集，如表 12-2 所示。第一次使用这些数据集时，必须先下载，下载后这些数据集默认安装在 C:\Users\Administrator\scikit_learn_data\目录中。

表 12-2　软件包 Sklearn 提供可下载的实用数据集

数据集名称	说　　明	数据集特征	应　　用
olivetti_faces	人脸数据集	样本数为 400；维数为 4096	分类
20newsgroups	新闻组数据集	20 个主题，18 846 个新闻帖子	分类
lfw_people	人脸识别数据集	样本数为 1348 行×2914 列(253MB)	分类
covertypes	森林覆盖数据集	样本数为 581 012；维数为 54	分类
RCV1	路透社语料库第 1 册	样本数为 804 414；维数为 47236	分类
Kddcup 99	入侵检测系统评估	样本数为 4 898 431；维数为 41	分类
california_housing	加州住房数据集	样本数为 20 640；属性为 8 个	回归

【例 12-6】 加载和调用表 12-2 所示数据集。

```
1  >>> from sklearn.datasets import fetch_lfw_people    # 导入第三方包——机器学习数据集
2  >>> faces = fetch_lfw_people()                       # 下载人脸数据集 lfw_people
   Downloading…(输出略)                                 # 压缩包为 253MB,容易下载失败
3  >>> X = faces.data                                   # 数据集为 1348×2914 个特征
```

程序说明：程序第 2 行，下载和安装数据集 lfw_people(压缩包为 253MB)，数据集会自动安装到目录 C:\Users\YJX\scikit_learn_data\lfw_home(YJX 为用户名)。国外网站下载失败时，可以下载本书提供的离线人脸数据集，然后手动安装到上面目录。

3. 软件包 Sklearn 创建新数据集

除了可以使用 Sklearn 自带的数据集,还可以自己创建训练样本,samples_generator 模块包含了大量创建样本数据的方法。

【例 12-7】 生成分类问题的数据样本。

```
1  from sklearn.datasets._samples_generator import make_classification        # 导入第三方包
2  X, y = make_classification(n_samples = 6, n_features = 5, n_informative = 2, n_redundant = 2,
3      n_classes = 2, n_clusters_per_class = 2, scale = 1.0, random_state = 20)  # 定义数据集参数
4  for x_, y_ in zip(X, y):                                                     # 循环输出数据集
5      print(y_, end = ':')
6      print(x_)
>>> 0:[-0.6600737 -0.0558978 0.82286793…                                       # 程序输出(略)
```

程序说明:

程序第 1 行,注意 Sklearn 模块和函数的调用方法(API)。Sklearn 0.18.1 以上版本采用本例方法(本例为 1.1.2 版);Sklearn 0.18.1 以下版本的函数调用方法不同。

程序第 2、3 行,参数 n_samples 为指定样本数;参数 n_features 为指定特征数;参数 n_classes 为划分成几类;参数 random_state 为随机种子,使得随机状可重复。

4. 数据集拆分

程序中加载数据集后,通常会把数据集进一步拆分成训练集和验证集,这样有助于模型参数的选取。函数 train_test_split()可以将数据划分为训练集和测试集。函数功能是从样本中随机按比例选取 train_data 训练数据和 test_data 测试数据,语法如下。

```
from sklearn.mode_selection import train_test_split     # 导入第三方包——机器学习数据分割
X_train, X_test, y_train, y_test = train_test_split(X, y, test_size = 0.3, random_state = 0)
```

函数 train_test_split()的参数如表 12-3 所示。

表 12-3 函数 train_test_split()的参数

参 数	名 称	说 明
X_train	返回的训练集数据	返回值,一维向量
X_test	返回的测试集数据	返回值,一维向量
y_train	返回的训练集标签	返回值,一维向量
y_test	返回的测试集标签	返回值,一维向量
X	待划分的样本特征集合	一维向量
y	待划分的样本标签	一维向量
test_size	测试数据与原始样本之比	test_size=0.3 表示测试数据占 30%
random_state	随机种子,0 为重复,1 为不重复	random_state=0 表示得到相同的随机数

参数 random_state 是样本数据的随机编号。需要可重复性试验时,为了保证得到一组一样的随机数,可以设置 random_state=1;如果设置 random_state=0 或不填,则每次样本编号都会不一样。随机数和种子(编号)之间遵从以下两个规则:一是种子不同,产生不同的随机数;二是种子相同,即使实例不同也产生相同的随机数。

12.2.3 数据预处理

1. 数据预处理函数

软件包 Sklearn 提供了一些机器学习中数据预处理的函数模块(见表 12-4)。

表 12-4 软件包 Sklearn 数据预处理函数模块

预处理名称	预处理模块调用	说　　明
标准化	sklearn. preprocessing. scale	将特征转化正态分布
最小最大值归一化	sklearn. preprocessing. MinMaxScaler	默认为[0,1]区间缩放
绝对值归一化	sklearn. preprocessing. MaxAbsScale	可以处理 scipy. sparse 矩阵
独 1 编码	sklearn. preprocessing. OneHotEncoder	对文字特征进行唯一性编码
标签编码	sklearn. preprocessing LabelEncoder	对文字数据进行数字化编码
二值化编码	sklearn. preprocessing. Binarizer	通过设置阈值获取 0、1 值
缺失值计算	sklearn. preprocessing. Imputer	填充均值、中位数、众数

2. 数据标准化预处理

标准化的目的是消除量纲影响。例如,对学生成绩,有用百分制的变量,也有用 5 分制的变量,它们的量纲不同。这些数据一起进行比较时,只有通过数据标准化,把它们统一到同一个标准才具有可比性。不是所有算法模型都需要标准化,有些算法模型对量纲不同的数据比较敏感,如 SVM 等;也有些算法模型对量纲不敏感,如决策树等。

标准化是将数据按照比例缩放,使它可以放到一个特定区间中。Z-score(Z 分数)标准化是将数据转化成均值=0、方差=1 的高斯分布。标准化的作用是提高算法迭代速度,降低不同维度之间影响权重不一致的问题。但是 Z-score 标准化对于不服从正态分布的特征数据效果会很差。

【例 12-8】 将数据进行标准化处理。

```
>>> from sklearn import preprocessing                          # 导入第三方包——机器学习预处理
>>> import numpy as np                                         # 导入第三方包——科学计算
>>> X = np.array([[1., -1., 2.], [2., 0., 0.], [0.,           # 定义数据集
1., -1.]])
>>> X_scaled = preprocessing.scale(X)                          # 对数据集 X 进行标准化处理
>>> X_scaled                                                   # 源数据集 X 的标准差
array([[ 0.        , -1.22474487,  1.33630621],
       [ 1.22474487, 0.         , -0.26726124],
       [-1.22474487, 1.22474487, -1.06904497]])
>>> X_scaled.mean(axis=0)                                      # 计算数据 X 每个特征的均值
array([0., 0., 0.])                                            # 均值为 0
>>> X_scaled.std(axis=0)                                       # 计算数据 X 每个特征的标准差
array([1., 1., 1.])                                            # 标准差为 1
```

3. 数据归一化预处理

归一化是将特征数据进行线性变换,将数据转换至[0,1]区间,数据归一化可以提升模型的收敛速度。例如,图像识别中,需要将 RGB 图像转换为灰度图像,这时需要将值限定在 0~255;如果继续将灰度图像转换为黑白二值图像,这时需要将值限定为 0、1。例如将体温 36℃缩放至单位 0,体温 42℃缩放至单位 1。

数据归一化方法为：$X'=(X-\min)/(\max-\min)$，其中 max 为样本数据最大值，min 为样本数据最小值。数据归一化通常的方法是乘以或除以一个系数，用来改变数据的衡量单位。例如，温度单位从摄氏度转换为华氏度时，需要乘以一个 33.8 的系数。

【例 12-9】 用 MinMaxScaler(最小最大值归一化)函数将数据缩放至[0,1]区间。

```
1  >>> from sklearn import preprocessing                        # 导入第三方包——预处理
2  >>> import numpy as np                                       # 导入第三方包——科学计算
3  >>> X_train = np.array([[1., -1., 2.], [2., 0., 0.], [0., 1., -1.]])  # 定义数据集
4  >>> min_max_scaler = preprocessing.MinMaxScaler()            # 最小最大值归一化处理
5  >>> X_train_minmax = min_max_scaler.fit_transform(X_train)   # 数据缩放转换(训练)
6  >>> X_train_minmax                                           # 查看缩放数据
   array([[0.5       , 0.        , 1.        ],                # [1, -1, 2]→[0.5, 0, 1]
          [1.        , 0.5       , 0.33333333],                # [2, 0, 0]→[1, 0.5, 0.3]
          [0.        , 1.        , 0.        ]])               # [0, 1, -1]→[0, 1, 0]
```

程序说明：

程序第 4 行，最小最大值归一化的计算公式为：min_max_scaler=$(x-\min(x))/(\max(x)-\min(x))$；也可以直接指定最大最小值的范围，公式为：X_scaled=X_std/(max−min)+min。

程序第 5 行，将训练数据 X_train(一维向量)按行归一化，min、max 规定 X 的归一化范围。根据程序第 3 行赋值，在[1.,−1.,2.]行中，min=−1；max=2；归一化后为[0.5,0,1]。

4. 文字数据的编码

机器学习中大多数算法，如回归分析(LR)、支持向量机(SVM)、K 近邻(KNN)算法等都只能处理数值型数据，不能处理文字数据。Sklearn 软件包中，除了专用文字处理算法外，其他算法全部要求输入数组或矩阵，不能导入文字型数据。但在现实中，许多标签和特征值都是以文字来表示的。如用户文化程度可能是[文盲，小学，中学，大学]；顾客付费方式可能包含[现金，支付宝，微信，信用卡]等。在这种情况下，为了让数据适应算法和软件包，必须将数据进行编码，也就是**将文字型数据转换为数值型数据**。

5. 标签编码

标签函数 LabelEncode()只能将一列文字特征值转换为整型数值，如[red,blue,red,yellow]=[0,2,0,1]。

【例 12-10】 将文字数据进行标签转换。

```
1  from sklearn.preprocessing import LabelEncoder       # 导入第三方包——机器学习标签编码
2  import numpy as np                                   # 导入第三方包——科学计算
3  data = ['寒冷', '寒冷', '温暖', '寒冷', '炎热', '炎热', '温暖', '寒冷', '温暖', '炎热']
                                                        # 文字数据
4  values = np.array(data)                              # 将文字数据转换为数组
5  bm = LabelEncoder().fit(values)                      # 对文字数据进行标签编码
6  data_label = bm.transform(values)                    # 数据转换
7  print(data_label)                                    # 打印标签编码
   >>>[0 0 1 0 2 2 1 0 1 2]                             # 程序输出
```

程序说明：

程序第 5 行，函数 fit()是求数据的属性；函数 LabelEncoder()是将文字数据标签化。

程序第 6 行，转换函数 transform()是在 fit()的基础上，对数据进行统一处理(如将数据缩放到某个固定区间、归一化、正则化、降维等)。

6. 数据二值化

【例 12-11】 用函数 Binarizer()可以将数据转换为二值化数据。

```
1  >>> from sklearn import preprocessing                              # 导入第三方包——机器学习预处理
2  >>> X = [[1.0, -1.0, 2.0], [2.0, 0.0, 0.0], [0.0, 1.0, -1.0]]    # 定义数据集
3  >>> binarizer = preprocessing.Binarizer(threshold = 1.1)           # 定义二值化阈值为 1.1
4  >>> binarizer.transform(X)                                          # 将 X 转换为二值化数据
   array([[0., 0., 1.],                                                # 大于 1.1 的数据转换为 1
          [1., 0., 0.],                                                # 小于 1.1 的数据转换为 0
          [0., 0., 0.]])
```

程序说明：程序第 3 行，参数 threshold=1.1 表示定义阈值=1.1，如果数据大于阈值就转换为 1，数据小于阈值就转换为 0。

12.2.4 机器学习模型

机器学习中，**模型是可以由输入产生正确输出的函数或者概率统计方法**。我们需要将待解决的问题抽象成一个数学问题（建立数学模型），然后去解决这个数学问题。

1. 软件包 Sklearn 主要算法模型

软件包 Sklearn 提供的算法主要有四类：分类、回归、聚类、降维。

（1）分类算法模型有 KNN、SVM、朴素贝叶斯、MLP（Multilayer Perceptron，多层感知机）、随机森林、Adaboost（将多个弱分类器组合成强分类器）、GradientBoosting（梯度提升）、ExtraTrees（极端随机树）等。

（2）回归算法模型有线性回归、最小二乘法、决策树（如 C4.5）、SVM、KNN、随机森林、Adaboost、GradientBoosting、Bagging、ExtraTrees 等。

（3）聚类算法模型有 K-Means、Hierarchical Clustering（层次聚类）、DBSCAN（基于密度的聚类）等。

（4）降维算法模型有 LDA（Linear Discriminant Analysis，线性判别分析）、PCA（Principal Components Analysis，主成分分析）等。

Sklearn 软件包中还有众多的数据预处理和特征处理相关模块。如：模块 preprocessing 用于数据预处理；模块 impute 用于填补缺失值；模块 feature_selection 用于特征选择；模块 decomposition 包含各种降维算法等。

进行机器学习时，要分析自己数据的类别，搞清楚用什么模型来做才会达到预期效果，然后在 Sklearn 中选择和定义模型。Sklearn 有以下常用模型函数。

```
model.fit(X_train, y_train)              # 拟合模型函数
model.predict(X_test)                    # 预测模型函数
model.get_params()                       # 获得模型参数的函数
model.score(data_X, data_y)              # 为模型进行打分函数
```

2. KNN 模型

KNN 是最简单的机器学习算法。KNN 中的 K 是指样本数据最接近邻居数。实现方法是对每个样本数据都计算相似度，如果一个样本的 K 个最接近邻居都属于分类 A，那么这个样本也属于分类 A。KNN 的基本要素是：K 值大小（邻居数选择）、距离度量（如欧氏距离）和分类规则（如投票法）。欧氏距离计算公式为：

$$d = \sqrt{(x_2 - x_1)^2 + (y_2 - y_1)^2}$$

KNN 模型没有学习过程,因此也就没有数据训练过程,KNN 只在预测时去查找最近邻的点。KNN 模型语法如下。

```
from sklearn import neighbors                                          # 导入第三方包——机器学习 KNN 模型
model = neighbors.KNeighborsClassifier(n_neighbors = 5, n_jobs = 1)    # 分类
model = neighbors.KNeighborsRegressor(n_neighbors = 5, n_jobs = 1)     # 回归
```

参数 n_neighbors=5 表示邻居的数目。

参数 n_jobs=1 表示并行任务数。

3. SVM 模型

SVM(支持向量机)是一种二分类器。SVM 模型的算法思想是通过空间变换 ϕ,将低维空间映射到高维空间 $x \to \phi(x)$后,实现数据集的线性可分。如图 12-6 所示,通过空间变换,将左图中的曲线分离变换成右图中平面可分。SVM 模型将一个低维不可分的问题转换为高维可分问题。SVM 算法一般用于图像特征检测。

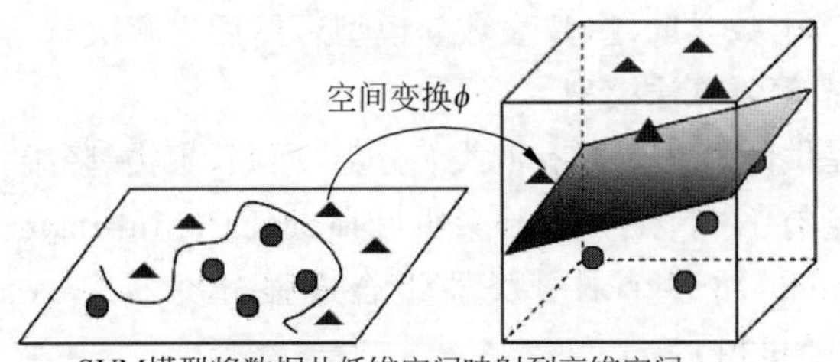
空间变换φ
SVM模型将数据从低维空间映射到高维空间

图 12-6　SVM 算法空间映射示意图

SVM 模型语法如下。

```
from sklearn.svm import SVC                              # 导入第三方包——机器学习支持向量机模型
model = SVC(C = 1.0, kernel = 'rbf', gamma = 'auto')
```

参数 C=1.0 为误差项的惩罚参数,C 值越大,对误分类的惩罚增大,这样对训练集测试时准确率很高,但泛化能力弱;C 值越小,对误分类的惩罚减小,容错能力较强。

参数 kernel 表示算法中使用的核函数,它用于从数据矩阵中预先计算出内核矩阵;默认为 kernel='rbf'(高斯核函数),其他取值有'linear'(线性核函数)、'poly'(多项式核函数)、'sigmoid'(sigmoid 核函数)、'precomputed'(自己计算好的核函数矩阵)。

参数 gamma='auto'为自动选择核函数的系数,'auto'表示没有传递明确的 gamma 值。

4. 朴素贝叶斯模型

NB(Naive Bayesian,朴素贝叶斯)是一个简单的概率分类器。对未知物体分类时,未知物体哪个出现的概率最大,这个未知物体就属于哪个分类。朴素贝叶斯分类器常用于判断垃圾邮件、对新闻分类(如科技、政治、运动等)、判断文本表达的感情是积极还是消极、人脸识别等领域。朴素贝叶斯模型语法如下。

```
from sklearn import naive_bayes                          # 导入第三方包——朴素贝叶斯模型
model = naive_bayes.GaussianNB()
model = naive_bayes.MultinomialNB(alpha = 1.0, fit_prior = True, class_prior = None)
```

```
4  model = naive_bayes.BernoulliNB(alpha = 1.0, binarize = 0.0, fit_prior = True, class_prior = None)
```

程序说明：

程序第 2 行，GaussianNB 为高斯-贝叶斯分类器。

程序第 3 行，MultinomialNB 为多项式-贝叶斯分类器，常用于文本分类问题。

程序第 4 行，BernoulliNB 为伯努利-贝叶斯分类器。

参数 alpha=1.0 为平滑参数。

参数 binarize=0.0 表示二值化的阈值；binarize=None 则假设输入的是二进制向量。

参数 fit_prior=True 表示学习类的先验概率；fit_prior=False 表示使用统一的先验概率。

参数 class_prior= None 表示不指定类的先验概率；若指定则不能根据参数调整。

5. 多层感知机模型

感知机是一个单独的神经元结构，多层感知机(MLP)在单层神经网络基础上引入了一到多个神经元隐藏层，也称为 DNN。

感知机是一个线性二分类器，它可以接收多个输入信号，输出一个信号。但是它不能对非线性数据进行有效分类。多层感知机对神经网络层次进行了加深，理论上多层神经网络可以模拟任何复杂的函数。多层感知机可以将输入的多个数据集映射到单一输出数据集上。多层感知机模型语法如下。

```
from sklearn.neural_network import MLPClassifier        # 导入第三方包——多层感知机模型
model = MLPClassifier(activation = 'relu', solver = 'adam', alpha = 0.0001)
```

参数 activation 为激活函数。

参数 solver 为优化算法，取值有'lbfgs'、'sgd'、'adam'等。

参数 alpha=0.0001 为惩罚系数。

6. 线性回归模型

从大量统计结果反推出函数表达式的过程就是回归。线性回归(Linear Regression，LR)主要解决目标值预测问题。单变量线性回归就是生成一元一次方程 $y=ax+b$。其中 x 是自变量，它是特征值；y 是因变量，它是预测标签值。二维图形表示时，x 是横坐标，y 是纵坐标，a 是斜率，b 是斜线与纵坐标之间的截距。线性回归模型语法如下。

```
from sklearn.linear_model import LinearRegression        # 导入第三方包——线性回归模型
model = LinearRegression(fit_intercept = True, normalize = False, copy_X = True, n_jobs = 1)
```

参数 fit_intercept=True 时计算截距；fit_intercept=False 时不计算截距。

参数 normalize=False 时不进行标准化。

参数 copy_X=True 时复制数据集。

参数 n_jobs=1 表示线程数为 1。

7. 各种算法模型应用案例

【例 12-12】 股票数据集 day000875.csv 文件内容如图 12-7 所示。下面以这个数据集作为训练数据，评估 Sklearn 软件包中各种算法模型的训练成绩。

```
#【1.导入数据包】
import pandas as pd                                          # 导入第三方包——数据分析
```

	A	B	C	D	E	F	G	H	I	J	K	L	M	N
	开盘价	最高价	收盘价	最低价	成交量	价格变动	涨跌幅	5日均价	10日均价	20日均价	5日均量	10日均量	20日均量	
1	open	high	close	low	volume	price_chan	p_change	ma5	ma10	ma20	v_ma5	v_ma10	v_ma20	safe_loans
2	3.51	3.53	3.52	3.48	133431.1	0	0	3.486	3.484	3.534	131158.9	138023.9	147645.9	-1
3	3.49	3.55	3.52	3.47	144211.1	0.03	0.86	3.476	3.484	3.534	133241.9	140125.1	148033.4	-1
4	3.49	3.49	3.49	3.45	106843.2	0.01	0.29	3.462	3.487	3.536	128397.3	143962	147351.7	-1
5	3.44	3.48	3.48	3.44	128988.2	0.06	1.75	3.458	3.496	3.542	138415	156563.6	153760.5	-1
6	3.46	3.47	3.42	3.41	142321	-0.05	-1.44	3.466	3.512	3.553	141667	162660.3	153204.2	-1
7	3.41	3.47	3.47	3.36	143845.8	0.02	0.58	3.482	3.536	3.569	144888.9	174837.6	155015.6	-1
8	3.48	3.48	3.45	3.44	119988.5	-0.02	-0.58	3.492	3.548	3.579	147008.3	170432.1	156548.5	-1

图 12-7　某支股票日 K 线数据

```
3   from collections import defaultdict                          # 导入标准模块——默认值
4   from sklearn.preprocessing import LabelEncoder               # 导入第三方包——标签编码
5   from sklearn.model_selection import train_test_split         # 导入第三方包——数据分割
6   from sklearn.tree import DecisionTreeClassifier as DTC       # 导入第三方包——决策树
7   from sklearn.linear_model import LinearRegression as LR      # 导入第三方包——线性回归
8   from sklearn.neighbors import KNeighborsClassifier as KNN    # 导入第三方包——KNN
9   from sklearn.ensemble import AdaBoostClassifier as ADA       # 导入第三方包——ADA
10  from sklearn.ensemble import BaggingClassifier as BC         # 导入第三方包——BC
11  from sklearn.ensemble import RandomForestClassifier as RFC   # 导入第三方包——随机森林
12  from sklearn.naive_bayes import BernoulliNB as BLNB          # 导入第三方包——伯努利-贝叶斯
13  from sklearn.naive_bayes import GaussianNB as GNB            # 导入第三方包——高斯-贝叶斯
14  from sklearn.metrics import accuracy_score                   # 导入第三方包——模型评估
15  import warnings                                              # 导入标准模块——告警
16  warnings.filterwarnings('ignore')                            # 关闭一般告警信息
17
18  #【2.获取训练数据和测试数据】
19  data = pd.read_csv('d:\\test\\12\\day000875.csv')            # 读入股票 K 线数据
20  X = data.drop('safe_loans', axis = 1)                        # 数据文件中,'safe_loans' = -1
21  y = data.safe_loans
22  d = defaultdict(LabelEncoder)                                # 标签编码
23  X_trans = X.apply(lambda x: d[x.name].fit_transform(x))
24  x_train, x_test, y_train, y_test = train_test_split(X_trans, y, test_size = 0.2, random_
    state = 1)
25      # 20%训练数据与测试数据的分割比例
26  #【3.数据训练和评估】
27  def func(clf):
28      clf.fit(x_train, y_train)                                              # 数据集进行训练
29      score = clf.score(x_test, y_test)                                      # 计算训练成绩
30      return score                                                           # 返回训练得分
31  print('决策树模型训练得分:{}'.format(func(DTC())))                           # 决策树
32  print('线性回归模型训练得分:{}'.format(func(LR())))                          # 线性回归
33  print('KNN 模型训练得分:{}'.format(func(KNN())))                             # KNN
34  print('随机森林模型训练得分:{}'.format(func(RFC(n_estimators = 20))))        # 随机森林
35  print('Adaboost 模型训练得分:{}'.format(func(ADA(n_estimators = 20))))       # Adaboost
36  print('Bagging 模型训练得分:{}'.format(func(BC(n_estimators = 20))))         # Bagging
37  print('伯努利-贝叶斯模型训练得分:{}'.format(func(BLNB())))                   # 伯努利-贝叶斯
38  print('高斯-贝叶斯模型训练得分:{}'.format(func(GNB())))                      # 高斯-贝叶斯
    >>>决策树模型训练得分:1.0…                                                 # 程序输出(略)
```

程序说明：程序第 15、16 行,关闭一些过时语法、模块更新等简单告警信息。

12.3 机器学习：识别与预测

12.3.1 案例：识别鸢尾花——KNN 模型

【例 12-13】 鸢尾花识别是一个经典的机器学习分类问题。鸢尾花数据样本集 iris 中包括了 4 个特征变量(见图 12-8)，即萼片长度(sepal length)，萼片宽度(sepal width)、花瓣长度(petal length)、花瓣宽度(petal width)；1 个鸢尾花类别变量，即 iris-setosa(山鸢尾)、iris-virginica(弗吉尼亚鸢尾)、iris-versicolor(变色鸢尾)；样本总数为 150 个。下面利用 KNN 算法，根据鸢尾花的 4 个特征变量，识别测试的鸢尾花属于哪一类别。

```
1   from sklearn import datasets                              # 导入第三方包——机器学习数据集
2   from sklearn.model_selection import train_test_split      # 导入第三方包——数据分割
3   from sklearn.neighbors import KNeighborsClassifier        # 导入第三方包——KNN
4
5   iris = datasets.load_iris()                               # 加载鸢尾花数据集 iris
6   iris_X = iris.data                                        # 读入，X 为待划分的样本特征
7   iris_y = iris.target                                      # 读入，y 为待划分的样本标签
8   X_train, X_test, y_train, y_test = train_test_split(iris_X,    # 获取训练集和测试集数据
9       iris_y, test_size = 15)                                    # 随机选择 15 个样本数据
10  knn = KNeighborsClassifier()                                   # 定义 KNN 分类器
11  knn.fit(X_train, y_train)                                      # 填充测试数据进行训练
12  print('预测鸢尾花类别(特征值)：', knn.predict(X_test))          # 输出预测特征值 X_test
13  print('实际鸢尾花类别(特征值)：', y_test)                       # 输出真实特征值 y_test
14  score = knn.score(X_test, y_test)                              # 计算 KNN 算法分类成绩
15  print('KNN 算法预测准确率：%s' % score)                         # 输出预测算法成绩
    >>>                                                       # 程序输出
    预测鸢尾花类别(特征值)：[1 1 2 2 1 1 1 0 2 1 0 0 2 0 1]    # 0 = 山鸢尾(iris - setosa)
    实际鸢尾花类别(特征值)：[1 1 2 2 1 1 1 0 1 1 0 0 2 0 1]    # 1 = 变色鸢尾(iris - versicolor)
    KNN 算法预测准确率：0.9333333333333333                     # 2 = 弗吉尼亚鸢尾(iris - virginica)
```

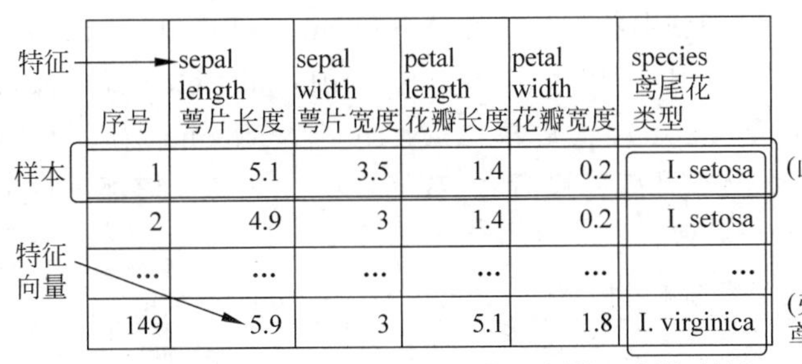

序号	sepal length 萼片长度	sepal width 萼片宽度	petal length 花瓣长度	petal width 花瓣宽度	species 鸢尾花类型
1	5.1	3.5	1.4	0.2	I. setosa
2	4.9	3	1.4	0.2	I. setosa
…	…	…	…	…	…
149	5.9	3	5.1	1.8	I. virginica

图 12-8 鸢尾花数据集 iris 结构和鸢尾花形状特征

程序说明：

程序第 1 行，软件包 Sklearn 提供了小型数据集，如 iris.csv(鸢尾花特征)等。

程序第 2 行，导入将数据集划分为训练集和测试集的模块。在得到数据集时，通常会把数据集进一步拆分成训练集和验证集，这样有助于算法模型参数选取。

程序第 5 行，读入 Sklearn 提供的鸢尾花数据集 iris(150 个样本数据)。小规模数据集

可以用 datasets. load_ * ()获取；大规模数据集可以用 datasets. fetch_ * ()获取。

程序第 8 行,函数 train_test_split()常用于交叉验证,功能是从样本数据中随机地按比例选取 train_data 训练数据和 test_data 测试数据。参数 X_train 为训练数据特征值(返回值)；参数 X_test 为测试数据特征值(返回值)；参数 y_train 为目标值训练数据(返回值)；参数 y_test 为目标值测试标签数据(返回值)。语句 train_test_split(iris_X,iris_y,test_size=15)表示在原始样本数据 iris_X 和原始样本标签 iris_y 中,随机划分出 15 个样本数据进行识别。参数 test_size 表示测试数据个数与原始样本数据个数之比,如果数值是 0～1 的小数,则表示测试数与原始样本数的比率；如果为整数,则指测试样本的数目。例如,参数 test_size=0.1 表示测试数据是原始样本数据的 10%(iris 数据集为 150 个数据)；参数 test_size=15 表示测试 15 个原始样本数据。

程序第 10 行,函数 KNeighborsClassifier()可以设置 3 种算法参数：brute、kd_tree、ball_tree。如果不知道用哪个好,则设置为 auto,让 KNeighborsClassifier 根据输入来决定。

程序第 12 行,语句 knn. predict(X_test)表示使用训练好的 KNN 进行数据预测。

程序扩展：程序第 10 行中,将测试范围扩大到 test_size=135(90%的样本数据)时,KNN 算法的识别率会有所下降(80%左右)。

12.3.2 案例：预测乳腺癌——LR 模型

乳腺癌肿瘤化验数据集(Breast Cancer Wisconsin Data Set,1992)来自威斯康星大学,数据集可在 http://archive. ics. uci. edu/ml/datasets/Breast + Cancer + Wisconsin + (Original)网站下载。它常用于机器学习的测试,它可以根据化验数据判断乳腺癌患者。

说明：图 12-9 中的中文名称进行了简化,主要是为了保证文字说明控制在一行之内且保持与程序输出名称一致。

数据集样本总数为 698 个,数据集中有 16 个缺失值,它们用"?"表示。如图 12-9 所示,数据集共 11 列：1 个样本编码；9 个医学化验指标(特征值)；1 个肿瘤类型(标签值)。数据集各列名称为：样本编码(Sample code number)、肿瘤块厚度(Clump Thickness)、细胞大小的一致性(Uniformity of Cell Size)、细胞形状的均匀性(Uniformity of Cell Shape)、细胞边缘附着力(Marginal Adhesion)、单个上皮细胞大小(Single Epithelial Cell Size)、裸核(Bare Nuclei)、平淡染色质(Bland Chromatin)、正常核仁(Normal Nucleoli)、有丝分裂(Mitoses)、肿瘤类型(Class,2=正常人；4=乳腺癌患者)。数据集中 9 个特征值都进行了标准化处理,将化验指标转换为 1～10 个等级。

	编码	块厚度	一致性	均匀性	附着力	细胞大小	裸核	染色	核仁	分裂	肿瘤类型
	A	B	C	D	E	F	G	H	I	J	K
1	1000025	5	1	1	1	2	1	3	1	1	2
2	1002945	5	4	4	5	7	10	3	2	1	2
3	1015425	3	1	1	1	2	2	3	1	1	2
4	1016277	6	8	8	1	3	4	3	7	1	2
5	1017023	4	1	1	3	2	1	3	1	1	2

图 12-9 乳腺癌肿瘤化验. data 数据集部分数据

回归分析(Logistic Regression,LR)是机器学习中一种分类模型,它通过类别的概率值来判断样本数据是否属于某个类别,回归分析是解决二分类问题的利器。由于回归分析算法简单和高效,因此应用广泛,如垃圾邮件检查、疾病检测、金融诈骗等领域。

【例 12-14】 对乳腺癌肿瘤化验数据集,用回归分析模型预测乳腺癌患者。

```
#【1.导入数据包】
import pandas as pd                                    # 导入第三方包——数据分析
import numpy as np                                     # 导入第三方包——科学计算
import matplotlib.pyplot as plt                        # 导入第三方包——绘图
from sklearn.model_selection import train_test_split   # 导入第三方包——机器学习数据分割
from sklearn.preprocessing import StandardScaler       # 导入第三方包——标准化处理
from sklearn.linear_model import LogisticRegression    # 导入第三方包——回归分析
from sklearn.metrics import classification_report      # 导入第三方包——分类评估报告
from sklearn.metrics import roc_auc_score              # 导入第三方包——模型评价 AUC

#【2.数据加载】
data = pd.read_csv('d:\\test\\12\\乳腺癌肿瘤化验.data')   # 加载数据集
print('乳腺癌肿瘤化验数据集:\n', data)                    # 打印数据集
print('样本总数和特征数:', data.shape)                    # 统计样本数和特征数
print('数据集统计值:\n', data.describe())
#【3.数据预处理】
a = data.isnull().sum()                                  # 统计缺失值
print('有数据缺失值的样本:', a)                           # 打印缺失值情况
#【4.异常值处理】
data.replace('?', np.nan, inplace=True)                  # 对异常值用?进行替换
data.dropna(how='any', axis=0, inplace=True)             # 删除含有空值的行
print('数据正常样本数:', data.shape)
#【5.获取目标值和特征值】
x = data.iloc[:,1:10]              # 共 11 列,前 10 列作为特征值,后 1 列作为目标值
y = data.iloc[:, -1]
#【6.划分训练集和测试集】
x_train, x_test, y_train, y_text = train_test_split(x, y, test_
size=0.3)                                                          # 测试集为 30%
#【7.数据标准化】
sd = StandardScaler()
sd.fit_transform(x_train,)
sd.fit_transform(x_test)
lr = LogisticRegression()                                # 机器学习(回归分析预测)
lr.fit(x_train, y_train)                                 # 训练数据
y_predict = lr.predict(x_test)                           # 预测数据
print('数据集肿瘤预测【2=正常人;4=乳腺癌患者】\n', y_predict)   # 输出预测值
print('权重:', lr.coef_)
print('偏置:', lr.intercept_)
print('准确率:', lr.score(x_test,y_text))
#【8.模型评估】
cf = classification_report(y_text, y_predict, labels=[2,4], target_names=['良性患者',
'恶性患者'])
print('预测模型评估报告:\n', cf)        # 对回归分析模型进行评估
y_text = np.where(y_text>2.5, 1, 0)
ret = roc_auc_score(y_text, y_predict)
print('预测准确率:', ret)
>>>                                                      # 程序输出
```

```
乳腺癌肿瘤化验数据集:
#【序号 编码 块厚度 一致性 均匀性 附着力 细胞大小 裸核 染色 核仁 分裂】
    1000025  5  1  1.1  1.2  2  1.3  3  1.4  1.5  2.1       # 异常值数据
0   1002945  5  4  4    5    7  10   3    2  1    2         # 源数据集
…(输出略)
数据正常样本数:(682, 11)                              # 682 = 正常样本总数,11 = 列数
数据集肿瘤预测【2 = 正常人;4 = 乳腺癌患者】
[4 4 2 2 4 2 4 2 2 4 2 2 4 2 4 4 2 2 2 2 4 2 2 4 2 2 4 2 2 2 4 2 4 2 2 4 2
2 4 2 2 2 2 2 2 2 2 2 2 2 4 2 4 2 4 4 2 2 4 2 4 2 2 4 4 2 2 2 2 2 2 2 4 4 2
2 2 2 4 2 2 4 4 2 4 2 2 2 2 2 2 4 2 2 2 2 2 4 2 2 2 2 4 4 2 2 4 4 2 2 2 4
2 2 2 2 2 4 4 2 4 4 4 2 4 4 4 4 2 2 4 2 4 4 4 2 4 4 4 2 4 4 2 2 4 2 2 2 2
4 4 4 2 4 2 4 2 4 4 4 2 2 2 2 2 2 4 4 2 2 2 2 2 2 4 2 2 4 2 4 2 2 2 2 2 4 4
2 2 2 4 2 4 4 4 2 4 2 2 2 4 2 2 2 2 2 2 4]
…(输出略)
预测准确率: 0.9704219664849586
```

程序说明:

程序第21行,函数data.dropna()为Pandas删除空值;参数how='any'表示只要含有缺失值的行就删除;参数axis=0表示删除行(axis=1时删除列);参数inplace=True表示直接对数据进行修改,不生成新数据。

程序第27行,划分训练集和测试集,训练集为70%,测试集为30%;返回参数x_train为训练集特征值;参数y_train为训练集目标值;参数x_test为测试集特征值;参数y_text为测试集目标值(预测值)。

12.3.3 案例:数字图片文本化

1. MNIST数据集

MNIST是美国国家标准与技术研究院手写数字数据集(包括训练集和测试集),它由250个人的手写数字构成,其中50%来自高中学生手写数字,50%来自人口普查局工作人员的手写数字。MNIST数据集可在http://yann.lecun.com/exdb/mnist/网站下载,训练集包含60 000个样本,测试集包含10 000个样本。MNIST数据集中的每张图片都是灰度图像,由28×28个像素点构成,每个像素点用一个灰度值表示。每张图片的文件名就是手写数字的分类标签(0～9),如4_12.png文件,标签4对应数字,12为样本序号。数据集中每张图片展开成一个28×28=784维的向量,每张图片展开顺序一致。

2. DBRHD数据集

DBRHD(手写数字数据集)是美国加州大学欧文分校提供的手写数字数据集。DBRHD由训练集(trainingDigits)与测试集(testDigits)组成。训练集共有7494个手写数字文件,来源于40位手写者;测试集有3498个手写数字文件,来源于14位手写者。DBRHD数据集已经将手写数字图片转换为32行32列规格的文本文件,空白区用0表示,字迹区用1表示,文字标签由文件名组成(见图12-10)。

3. digits数据集

Sklearn软件自带了一个digits手写数字数据集,它有1797个手写数字样本,每个数据由8×8大小的矩阵构成,数据集已经将手写数字图片转换为8行8列的文本文件。

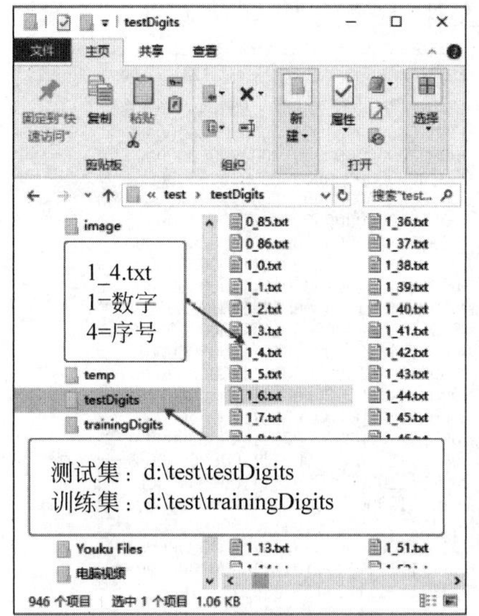

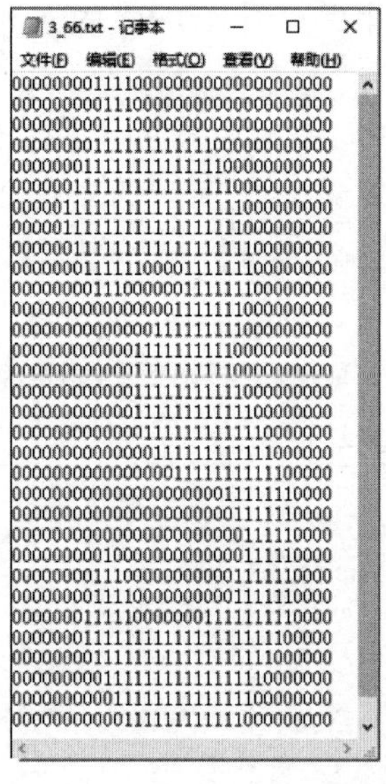

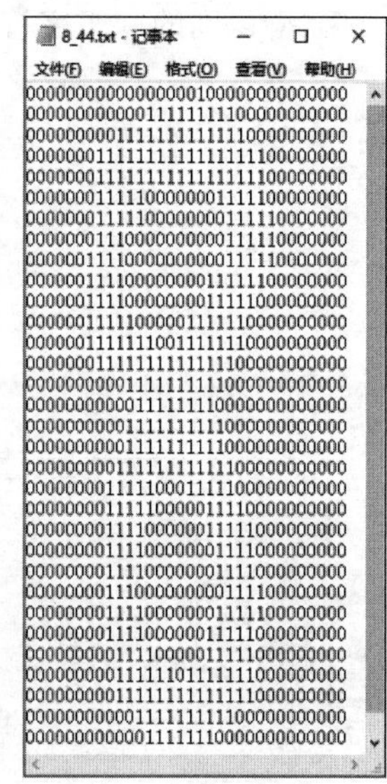

图 12-10　DBRHD 文件目录和内容(安装目录由用户指定)

【例 12-15】　使用函数 load_digits()加载 digits 手写数字数据集。

```
>>> from sklearn.datasets import load_digits          # 导入第三方包——机器学习数据集
>>> digits = load_digits()                            # 载入手写数字数据集
>>> print(digits.images.shape)                        # 打印数据集统计值
(1797, 8, 8)                                          # 数字图片为 1797 个,每个由 8×8 的矩阵构成
>>> import matplotlib.pyplot as plt                   # 导入第三方包——绘图
>>> plt.matshow(digits.images[0])                     # 绘制数字 0 图像
>>> plt.show()                                        # 显示图形
```

4. 手写数字图片制作

【例 12-16】　为了进行数字识别,下面制作一个手写数字图片,制作过程如下。

(1) 依次单击“开始”→“Windows 附件”→“画图”。

(2) 依次单击主菜单中的“文件”→“属性”→设置宽度=150,高度=150(建议图片大小不要超过 200×200)→“确定”。

(3) 在画布中绘制一个黑色的数字(见图 12-11)。

(4) 依次单击“文件”→“另存为”→“PNG 图片”→选择图片文件的保存目录(如 d:\test\12)→输入文件名(如 4_1.png)→“保存”→关闭“画图”程序。

5. 手写数字图片二值化

【例 12-17】　有些数据集(如 DBRHD、digits 等)已经将数字图片转换为 32×32 的二值化(只有 1 和 0)文本文件。以下是将图片转换为 32×32 文本文件的过程。

(1) 导入相应第三方软件包。

(2) 载入图片文件,因为是彩色图片,大小也不一致,所以需要对图片进行降噪处理,并且将图片转换为灰色,灰色转换公式为:$Gray=R*0.299+G*0.587+B*0.114$。

(3) 将灰度图片进行黑白两色的二值化处理。如果像素点灰度值为 255(或大于 250)则标记为 1(黑色),其余像素点统一标记为 0(白色)。

(4) 将图片转换为 32×32 像素的图片文件。

(5) 将得到的0、1字符串保存到32×32的文本文件中(见图12-12)。

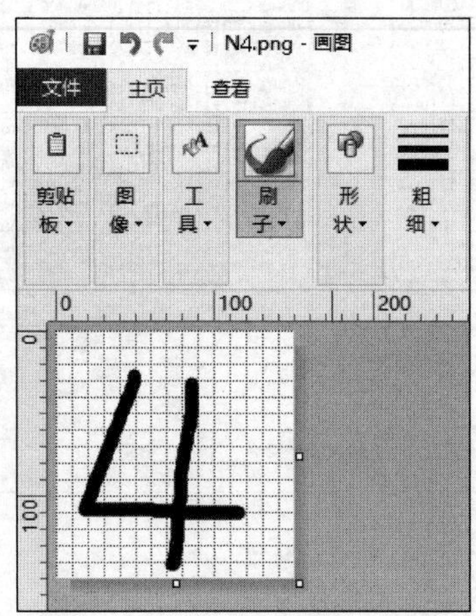

图12-11　4_1.png图片文件

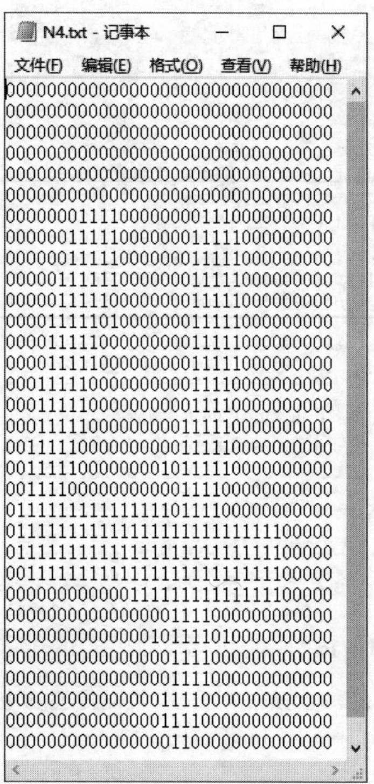


```
00000000000000000000000000000000
00000000000000000000000000000000
00000000000000000000000000000000
00000000000000000000000000000000
00000000000000000000000000000000
00000000000000000000000000000000
00000001111000000001110000000000
00000011111000000011111000000000
00000011111000000011111000000000
00000111111000000011111000000000
00000111110000000011111000000000
00001111101000000011111000000000
00001111100000000011111000000000
00001111100000000011111000000000
00011111000000000011110000000000
00011111000000000011110000000000
00011111000000000111110000000000
00111110000000000111110000000000
00111110000000001011111000000000
00111100000000000111100000000000
01111111111111110111100000000000
01111111111111111111111111100000
01111111111111111111111111100000
00111111111111111111111111100000
00000000000011111111111111100000
00000000000000001111000000000000
00000000000000101111010000000000
00000000000000001111000000000000
00000000000000001111000000000000
00000000000000011110000000000000
00000000000000011110000000000000
00000000000000001100000000000000
```

图12-12　4_1.txt数据文件

```
#【1.导入数据包】
from PIL import Image                                  # 导入第三方包——图片处理
import matplotlib.pylab as plt                         # 导入第三方包——绘图
import numpy as np                                     # 导入第三方包——科学计算
#【2.将图片转换为0、1数字】
def picTo01(file_name):                                # 将图片转换为32×32像素的0、1文件
    img = Image.open(file_name).convert('RGBA')        # 加载源图片文件
    raw_data = img.load()                              # 获取图片像素值
    for y in range(img.size[1]):                       # 将图片降噪并转换为黑白两色
        for x in range(img.size[0]):                   # 遍历图片像素
            if raw_data[x, y][0] < 90:                 # x行y列,对每个像素点进行降噪
                raw_data[x, y] = (0, 0, 0, 255)        # 透明度A统一设为255
    for y in range(img.size[1]):
        for x in range(img.size[0]):                   # 遍历图片像素
            if raw_data[x, y][1] < 136:                # 二值化处理,136为阈值
                raw_data[x, y] = (0, 0, 0, 255)        # 透明度A统一设为255
    for y in range(img.size[1]):
        for x in range(img.size[0]):
            if raw_data[x, y][2] > 0:
                raw_data[x, y] = (255, 255, 255, 255)        # 统一为白色
    img = img.resize((32, 32), Image.Resampling.LANCZOS)     # 压缩图片大小
    #img.save('d:\\test\\12\\4_1out.png')                    # 存储缩放后的图片(可选)
    array = plt.array(img)                                   # 获取像素数组数据(32,32,4)
    gray_array = np.zeros((32, 32))
```

```
25 #【3.将 0、1 数字保存为文件】
26     for x in range(array.shape[0]):                        # 遍历图片行
27         for y in range(array.shape[1]):                    # 遍历图片列
28             gary = 0.299 * array[x][y][0] + 0.587 * array[x][y][1] + 0.114 * array[x][y][2]
29             # 将图片转换为 0、1 数组(转换公式:0.299 * R + 0.587 * G + 0.114 * B)
30             if gary > 250:                                 # 定义灰度阈值,大于 250 时记为 0
31             # 判断灰度值,小范围调整 250 值,数据文件会不同,数值越小越接近黑色
32                 gray_array[x][y] = 0                       # 灰度阈值大于 250 时,记为 0
33             else:
34                 gray_array[x][y] = 1                       # 否则认为是黑色,记为 1
35     np.savetxt('d:\\test\\12\\4_1.txt', gray_array, fmt = '%d', delimiter = '')
                                                              # 保存数字文件
36
37 #【4.调用函数】
38 picTo01('d:\\test\\12\\4_1.png')                          # 传入手写图片文件(150×150 像素)
>>>                                                           # 程序输出见图 12-12
```

程序说明:

程序第 7 行,图片每个像素有 R、G、B、A 四个值,A 值指透明度。

程序第 11 行,语句 if raw_data[x,y][0] < 90 为图像去噪处理,对灰度值小于 90 的像素点,在程序第 12 行中统一设置为(0,0,0,255)。

程序第 15 行,语句 if raw_data[x,y][1] < 136 为二值化处理,像素点灰度值小于 136(阈值)时,全部设置为 0;而像素点灰度值大于 136 时,全部设置为 255。

程序第 28 行,按灰度公式计算每个像素点,将图片每个像素转换为 0 或 1。

程序第 35 行,注意,文件名称在后面的识别程序中将作为识别标签,因此文件命名必须遵循以下规则:文件命名形式为 N_M.txt,其中 N 代表这个样本的实际数字,M 代表是第几个样本。例如,数字 4 的第 1 个样本文件命名为 4_1.txt。

12.3.4 案例:识别手写数字——SVC 模型

图像识别是指利用计算机对图像进行处理、分析和理解,以识别各种不同对象的技术。手写数字识别由于只有 0~9 共 10 个数字,因此识别任务比较简单。DBRHD 和 MNIST 是常用的识别数据集。机器学习领域一般将文字识别转换为分类问题。

【例 12-18】 使用 Sklearn 中的 SVC(Support Vector Classification,支持向量分类)分类器,对 DBRHD 数据集中的手写数字进行识别。DBRHD 数据集分为训练数据集(trainingDigits,1934 个数字文件)和测试数据集(testDigits,946 个数字文件)。SVC 的优点是存储空间不大,因为它只需要保留支持向量即可,而且能获得很好的效果。

```
#【1.导入数据包】
import operator                                # 导入标准模块——运算符模块
from os import listdir                         # 导入标准模块——读入目录和文件名
import numpy as np                             # 导入第三方包——科学计算
from sklearn.svm import SVC                    # 导入第三方包——机器学习支持向量机
#【2.转换为一维数组】
def img2Vector(file_name):                     # 图形数据转换为一维数组
```

```
8       returnVect = np.zeros((1, 1024))                    # 创建 1×1024 的零向量
9       file_dir = open(file_name)                          # 打开文件目录
10      for i in range(32):                                 # 按行读取 txt 文件内的数据
11          lineStr = file_dir.readline()                   # 读取一行数据
12          for j in range(32):     # 每行前 32 个元素依次添加到 returnVect 中
13              returnVect[0, 32 * i + j] = int(lineStr[j])
14      return returnVect                                   # 返回转换后的 1×1024 一维向量
15  #【3.数字识别】
16  def handwritingClassTest():                             # 手写数字分类测试;无返回值
17      hwLabels = []                                       # 测试集的标签
18      trainingFileList = listdir('d:\\test\\trainingDigits')
                                                            # 读入数字训练集目录中的文件
19      m = len(trainingFileList)                           # 返回训练数据文件的个数
20      trainingMat = np.zeros((m, 1024))                   # 初始化训练的 Mat 矩阵,测试集
21      for i in range(m):                                  # 从文件名中解析出训练的类别(标签)
22          fileNameStr = trainingFileList[i]               # 获得文件的名字
23          classNumber = int(fileNameStr.split('_')[0])      # 获得分类标签的数字
24          hwLabels.append(classNumber)                    # 将获得的类别添加到 hwLabels 中
25          trainingMat[i, :] = img2Vector('d:\\test\\trainingDigits/%s' % (fileNameStr))
26          # 将每个文件的 1×1024 数据存储到 trainingMat 矩阵中
27      clf = SVC(C=200, kernel='rbf')                      # 进行机器学习
28      clf.fit(trainingMat, hwLabels)
29      testFileList = listdir('d:\\test\\testDigits')      # 读入数字测试集目录中的文件
30      errorCount = 0.0                                    # 错误检测计数
31      mTest = len(testFileList)                           # 计算测试数据的文件数量(样本数)
32      for i in range(mTest):   # 从文件名解析出测试集的类别,并进行分类测试
33          fileNameStr = testFileList[i]
34          classNumber = int(fileNameStr.split('_')[0])
35          # 获得测试集的 1×1024 向量,用于训练
36          vectorUnderTest = img2Vector('d:\\test\\testDigits/%s' % (fileNameStr))
37          classfierResult = clf.predict(vectorUnderTest)            # 获得预测结果
38          print('分类识别数字为 %d\t 真实数字为%d' % (classfierResult, classNumber))
39          if (classfierResult != classNumber):
40              errorCount += 1.0
41      print('总共错了%d个数据\n错误率为:%f%%' % (errorCount, errorCount / mTest * 
    100))
42  #【4.调用函数】
43  handwritingClassTest()
```

```
>>>                                                         # 程序输出
分类识别数字为 0      真实数字为 0
分类识别数字为 1      真实数字为 1
分类识别数字为 4      真实数字为 6                          # 识别错误的样本
…(输出略)
总共错了 9 个数据
错误率为:0.951374%
```

程序说明:

程序第 7~14 行,将 32×32 的图像数据(txt 文件)转换为 1×1024 的向量。文件名称形式为"数字_序号.txt",如 0_12.txt 表示数字 0(标签)的第 12 个样本数据文件。

程序第 18 行，语句 listdir('d:\\test\\trainingDigits')为数字训练集目录，数字训练集由 0～9 共 10 个数字组成，每个手写数字大约有 200 个训练样本，一共 1934 个数据样本。所有训练样本统一被处理为 32×32 的 0、1 矩阵，其中 0=空白，1=数字笔画，如图 12-10 所示。本案例采用了《机器学习实战》一书中的训练数据集(1934 个样本)和测试数据集(946 个样本)，下载地址为 https://www.manning.com/books/machine-learning-in-action(或者下载和安装本书提供的"DBRHD 手写数字 Digits.rar"文件)。

程序第 20 行，函数 np.zeros((m,1024))为双层括号，代表构造的是一个二维矩阵。

程序第 23 行，通过切割文件名，获得分类标签的数字。

程序第 29 行，函数 listdir('d:\\test\\testDigits')为数字测试集目录。构造测试集时，手写数字图片必须为 32×32 的 0、1 矩阵格式，这样才能被分类算法正确识别。可以用例 12-17 所示方法，制作数字测试样本，然后存放在 d:\\test\\testDigits 目录中。

习　题　12

12-1　简要说明机器学习的基本特征。

12-2　简要说明机器学习的基本流程。

12-3　简要说明什么是深度学习。

12-4　编程：参照例 12-5 程序，掌握加载数据集的方法。

12-5　编程：参照例 12-10 程序，掌握将文字数据进行标签转换的方法。

12-6　编程：参照例 12-11 程序，掌握将数据转换为二值化数据的方法。

12-7　编程：参照例 12-13 程序，掌握 KNN 数据分类方法。

12-8　编程：参照例 12-14 程序，掌握用回归分析方法预测乳腺癌患者的方法。

12-9　编程：参照例 12-17 程序，掌握手写数字图片转换为数字文件的方法。

12-10　编程：参照例 12-18 程序，掌握用支持向量机算法识别手写数字的方法。

第 13 章　简单游戏程序设计

游戏开发涉及编程(编程语言、计算机图形学等)、美术(原型设计、色彩、模型等)、游戏策略设计(核心玩法、人机交互等)、音乐(配音)等知识。PyGame 是一个在 Python 中应用广泛的游戏引擎,PyGame 为程序员提供了各种编写游戏所需的函数和模块,让游戏设计者能容易和快速地设计出游戏程序,而不用从零开始设计游戏。

13.1 基本操作

13.1.1 游戏引擎

1. 游戏引擎基本功能

游戏引擎是指一些已编写好的程序核心组件(软件包)。如 unity3D(商业版)、Panda3D(开源)、cocos2dx(开源)、PyGame(开源)等。游戏引擎一般包含以下系统：图形引擎、声音引擎、物理引擎、游戏开发工具等。PyGame 开发 2D 游戏游刃有余,但是开发 3D 游戏就显得力不从心了。Panda3D 是迪士尼公司 VR 工作室开发、维护的开源软件包,开发 3D 游戏时,可以通过 C++或 Python 语言调用 Panda3D 游戏引擎中的模块和函数。

图形引擎主要包含游戏中场景(室内或室外)的管理与渲染、角色的动作管理和绘制、特效的管理与渲染(如水纹、植物、爆炸等)、光照和材质处理等。

声音引擎主要包含音效、语音、背景音乐播放等。音效在游戏中频繁播放,而且播放时间比较短,但要求无延迟的播放。语音是游戏中的声音或人声,一般用音频录制和回放声音。背景音乐是游戏中一长段循环播放的音乐。

物理引擎主要包含游戏世界中的物体之间、物体和场景之间发生碰撞后的力学模拟,以及发生碰撞后物体骨骼运动的力学模拟。

游戏开发工具主要有关卡编辑器、角色编辑器、游戏逻辑和人工智能网络对战引擎、资源打包工具等。关卡编辑器用于游戏场景调整,进行事件设置、道具摆放等。角色编辑器主要用于编辑角色属性和检查动作数据的正确性。游戏逻辑和人工智能在欧美游戏公司中,普遍采用脚本语言编写,这样利于游戏程序和游戏关卡分开设计同时开发。网络对战引擎主要解决网络数据包的延迟处理、通信同步等问题。

Python 支持的游戏引擎和多媒体开发第三方软件包如表 13-1 所示。

表 13-1　Python 支持的游戏引擎和多媒体开发第三方软件包

游戏引擎名称	说　明
PyGame	游戏引擎、GUI、面向事件处理。功能包括窗口创建、绘图画布、图形绘制、事件处理、碰撞检测、音频处理等，用于开发 Python 的 2D 游戏
cocos2d	游戏引擎，用来开发 2D 游戏、产品演示和其他图形交互应用的框架
Panda3D	迪士尼公司开发的 3D 游戏引擎，用 C++语言编写，针对 Python 语言进行了封装
PyOpenGL	OpenGL 的 Python 语言绑定及其相关 API
PyOgre	Ogre 3D 渲染引擎，用来开发游戏和仿真程序等 3D 应用

2. 游戏引擎 PyGame

SDL(Simple Directmedia Layer，简单直接媒体层)是一套开放源代码的跨平台多媒体开发库。SDL 能访问计算机多媒体硬件设备(如声卡、显卡、话筒等)，SDL 提供了数种控制图像、声音、输入输出的函数，利用它可以开发出跨平台(Linux、Windows 等)的应用软件。SDL 是一个功能强大的游戏引擎，它用 C/C++语言编写。

PyGame 是用 SDL 写成的游戏库，它是一个支持 Python 语言并且功能强大的第三方库，其主要模块见表 13-2，利用它设计游戏程序简单易学。PyGame 指南技术文档很齐全(官方网站为 https://www.pygame.org/docs/)，在游戏开发中查看这些文档，很多问题会迎刃而解。

表 13-2　PyGame 中的主要模块

模块名	功能说明	模块名	功能说明
pygame	通用模块	pygame.mouse	鼠标控制
pygame.cursors	加载光标	pygame.music	播放音频
pygame.display	访问显示设备	pygame.rect	管理矩形区域
pygame.draw	绘制形状、线和点	pygame.sndarray	操作声音数据
pygame.event	管理事件	pygame.sprite	管理游戏精灵
pygame.font	使用字体	pygame.surface	管理图形和屏幕
pygame.image	加载和存储图片	pygame.surfarray	管理画面数据
pygame.key	读取键盘按键	pygame.time	管理时间和帧信息
pygame.mixer	音频控制	pygame.transform	缩放和移动图像

游戏设计的主要工作有创建游戏窗口、设计游戏主循环、精灵设计、事件检测、碰撞检测、游戏图形设计、游戏动画设计、游戏逻辑设计、调用第三方库等操作。

13.1.2　基本概念

1. 精灵

精灵(Sprite)是指游戏中一个独立运动的画面对象。简单来说，**精灵就是一个会动的图片**。可以用图片素材文件(如 jpg、png、gif 格式的图片文件)做精灵图像，也可以用 PyGame 绘制精灵图形。PyGame 提供了精灵类和精灵组功能，它有很多内置函数，这些函数能帮助我们进行精灵初始化、精灵碰撞检测、精灵删除、精灵更新等操作。

2. 画面

在 PyGame 中，**Surface 就是画面(图像)**。可以将 Surface 想象成一个矩形(Rect)画面，它也可以由多个画面组成。Surface 用于实现游戏中的一个场景。

3. 图像渲染

计算科学领域中,图形和图像是两个不同的概念,**图像由像素组成,图形由线条和面组成**,它们的处理方法差别很大。由于图像无法进行绘图、变形、变色等操作,因此,在PyGame中,用**图像渲染(blit)方法将图像的像素绘制(渲染)到另一个图形上面**,这实际上相当于将图片"贴"到窗口或其他图形上,如将精灵图片"贴"到背景画面上。

4. 事件

游戏中总是充满了各种事件(Event),如精灵碰撞、单击、键盘按下、关闭窗口等。游戏中的事件都会被PyGame捕获,并以Event对象的形式放入消息队列,pygame.event模块提供从消息队列中获取事件对象,并对事件进行处理的功能。

5. 游戏动画

游戏中的动画,不过是在每一帧图形上,相对前一帧画面把精灵的坐标进行一些加减计算而已。从程序设计角度来看,**游戏中的运动就是改变一个物体的坐标**。

例如,用函数move(-2,1)改变精灵的位置时,就是精灵沿水平方向(x轴)左移2像素,沿垂直方向(y轴)下移1像素,然后用函数display.update()更新画面。

但是改变坐标必须不停地计算和修改(x,y)坐标,这项工作麻烦而且烦琐。可以在游戏中引入向量的概念,通过向量来计算运动的过程,让数学帮助减轻计算负担。

6. 游戏速度

有些计算机性能高,游戏运行速度快(帧率高);有些计算机性能差,游戏运行速度慢(帧率低);这样同一个游戏在不同计算机中的效果就会不一致。解决方案是游戏动画速度采用时间进行控制,这样在不同计算机上也会获得一致的动画效果。

13.1.3 游戏框架

【例13-1】 在一个游戏窗口中显示背景图片和文字,以此说明游戏的基本框架。

```
#【1.导入软件包】
import pygame                                                    # 导入第三方包——游戏引擎

#【2.游戏初始化】
pygame.init()                                                    # 游戏引擎初始化
window = pygame.display.set_mode((800, 600), 0, 32)              # 定义游戏窗口大小
#【3.加载资源】
bg = pygame.image.load('d:\\test\\13\\大海.jpg').convert()       # 载入背景图片
font = pygame.font.Font('d:\\test\\13\\SIMLI.TTF', 80)           # SIMLI.TTF为隶书,80为大小
text = font.render('面朝大海,春暖花开。', True, (255, 0, 0))     # 字符串文本、颜色赋值
img = pygame.image.load('d:\\test\\13\\鱼2.png')                 # 载入精灵图片
#【4.渲染图片】
pygame.display.set_caption('游戏框架')                           # 绘制窗口和标题
window.blit(bg, (0, 0))                                          # 渲染背景图片到窗口
window.blit(img, (10, 50))                                       # 渲染精灵鱼①(基本)
w, h = img.get_size()                                            # 获取对象(精灵鱼)宽和高
window.blit(img, (600 - w, 500 - h))                             # 渲染精灵鱼②(改变位置)
new1 = pygame.transform.scale(img, (100, 200))                   # 图片缩放:宽为100,高为200
window.blit(new1, (210, 0))                                      # 渲染精灵鱼③(拉长)
new2 = pygame.transform.rotozoom(img, -30, 0.7)                  # 旋转-30°,缩放比为0.7
```

```
21  window.blit(new2, (600, 100))                         # 渲染精灵鱼④(缩小和旋转)
22  window.blit(text, (20, 220))                          # 渲染字符串
23  #【5.游戏主循环】
24  while True:                                           # 游戏主循环
25      for event in pygame.event.get():                  # 事件检查
26          if event.type == pygame.QUIT:                 # 如果事件为关闭窗口
27              pygame.quit()                             # 则退出游戏引擎
28              exit()                                    # 退出游戏程序
29      pygame.display.update()                           # 画面渲染和刷新
    >>>                                                   # 程序输出见图 13-1
```

图 13-1　程序运行结果

（1）导入软件包。见程序第 1 行。

（2）游戏初始化。

程序第 4～6 行，对游戏进行一些初步设置，这个步骤称为初始化。

程序第 6 行，函数 pygame.display.set_mode((800,600),0,32)为创建一个游戏窗口，这个窗口是游戏中的画布。参数(800,600)为元组，表示窗口大小；参数 0 是可选的特殊功能，一般不使用这些特性，直接设置为 0；参数 32 是色深。

（3）加载资源。

程序第 7～11 行，加载游戏中需要用到的图片、文本、音乐、字体等资源。

程序第 8 行，函数 convert()是将图像转换为 Surface 要求的像素格式。每次加载完图片后都应当做这件事件（由于它太常用了，如果没有写它，PyGame 也会帮你做）。

程序第 9 行，指定游戏中使用中文字体的路径和文件名。

(4) 游戏渲染。

程序第 12~22 行,这部分为游戏渲染操作。其中 blit(渲染对象,(坐标 x,y))是一个非常重要的函数,第 1 个参数为精灵图片,第 2 个参数为图片坐标位置(元组)。

(5) 游戏主循环。

程序第 24~29 行,这部分为游戏主循环,它是一个无限循环,直到用户关闭窗口才能跳出循环。游戏主循环主要做三件事:一是绘制游戏画面到屏幕窗口中;二是处理各种游戏事件;三是渲染和刷新游戏状态。

程序第 25~28 行,这部分为事件处理。游戏所有操作都会进入 PyGame 的事件队列,可以用函数 pygame.event.get()捕获事件,它会返回一个事件列表,列表中包含了队列中的所有事件。可以对事件列表进行循环遍历,根据事件类型做出相应操作。如 KEYDOWN(鼠标按键事件)处理和 QUIT(程序退出事件)处理等。

程序第 29 行,函数 pygame.display.update()对游戏画面刷新。游戏中的图形和文字即使是静止的,也需要不停地绘制它们(刷新),否则画面就不能正常显示。

13.1.4 创建画面

1. 画面处理函数

软件包 PyGame 的画面处理函数如表 13-3 所示。

表 13-3 PyGame 的画面处理函数

函数应用案例	说　明
pygame.image.load("图片名").conver()	载入图片对象,用 blit()渲染到屏幕
pygame.Surface((250,250),flags,depth)	创建 Surface 对象((x,y),可选,色深)
screen.subsurface((0,0),(80,80))	子画面对象((x,y),(宽,高))
screen.set_at(pos,color)	设置 1 像素的色彩(位置,颜色)
screen.get_at(pos)	获取某一像素的色彩,操作比较慢
pygame.transform.scale(surface,(width//2,height//2))	缩放图片(源图,(宽//2,高//2)),缩小 1/2
pygame.transform.smoothscale(surface,(width,height))	缩放图片,比 scale()慢,但效果更好
pygame.sprite.Group()	创建精灵组
pygame.sprite.add(sprite)	添加精灵对象
pygame.sprite.update(ticks)	刷新时钟
pygame.sprite.draw(screen)	绘制精灵图形
pygame.sprite.collide_rect(arrow,dragon)	碰撞检测
screen.set_clip(0,400,200,600)	设置裁剪区域(x,y,宽,高)
screen.get_clip()	获取裁剪区域

2. 画面创建方法

建立游戏窗口后,就需要在窗口中添加背景画面、精灵画面、文字画面等,这些操作称为创建 Surface 对象。**一个游戏画面就是由多个 Surface 对象构成的(如背景画面、精灵画面、文字画面等)**。可以用以下方法构建 Surface 对象。

【例 13-2】 利用 pygame.image.load()方法构建 Surface 对象(程序片段)。

```
background = pygame.image.load('d:\\test\\13\\鱼 1.jpg').convert()
```

参数'd:\\test\\13\\鱼 1.jpg'为指定图片的名称和路径。

PyGame 会在内部转换 jpg、png、gif 格式的图片文件，它会将像素的所有颜色重新编码为一维数组。convert()的功能就是将图片文件转换为像素格式，以加速后面程序的运行速度。如果没有写函数 convert()，PyGame 也会自动执行转换操作。

【例 13-3】 创建一个 200×200 像素的空画面(程序片段)。

```
bland_surface = pygame.Surface((200, 200), 0, 32)
```

参数(200,200)是指定画面大小，这时 Surface 对象是全黑颜色；不指定这个参数时，就创建一个与窗口同样大小的画面。

参数 0 表示这个参数不设定，由 PyGame 自动进行显示优化。

参数 32 为色彩深度，如果精灵图片是透明背景的，就需要设置这个参数为 32。

PyGame 支持三种图像透明度类型：colorkeys、surface alphas 和 pixel alphas。colorkeys 是设置图像中某个颜色值为透明；surface alphas 是调整整个图像的透明度(0=全透明，255=不透明)；pixel alphas 是独立设置图像中每像素的透明度(速度最慢)。

3. 填充画面 fill()

填充有时候作为一种清屏操作，它把整个画面填上一种颜色(程序片段)。

```
screen.fill((255, 255, 255))                          # 在指定画面填充白色
```

4. 矩形对象 Rect()

在软件包 PyGame 中，Rect(矩形)对象极为常用，如调整游戏精灵位置和大小、判断游戏精灵是否碰撞等。一个 Rect 对象可以由 left、top、width、height 值创建(见图 13-2)。对象 Rect 也可以由 PyGame 的对象创建，它们会拥有 rect 属性。注意，Rect 对象类似于一个透明的(不可见)框架，而精灵往往是附着在这个框架上的图片。

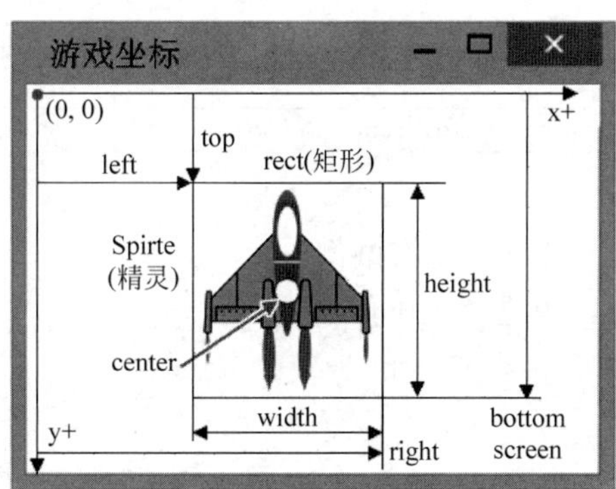

图 13-2　Rect(矩形)对象坐标值名称

说明：坐标值(0,0)代表窗口左上角(单位为像素)；x 坐标值往右值增大，往左值减小；y 坐标值往下值增大，往上值减小。创建 Rect 对象语法如下。

```
pygame.Rect(left, top, width, height)
```

【例 13-4】 创建 Rect 对象(程序片段)。

```
my_rect1 = (100, 100, 200, 150)                       # 创建 Rect 对象方法 1
my_rect2 = ((100, 100), (200, 150))                   # 创建 Rect 对象方法 2(元组)
```

5. 子画面 Subsurface

在游戏中,一个精灵往往有很多动作(如不同的走路姿势、运用武器的不同方法等),这些姿势都是由很多个很小的图片文件组成的。如果一个精灵的每个姿势都用一个单独文件保存,游戏中的小图片文件数量将非常多,这一方面不便于文件管理;另一方面也降低了游戏运行速度。解决方法是将这些小图片全部放在一个大图片文件中。游戏运行时一次性调入大图片文件,需要精灵的不同姿势时,再在大画面中剪切出子画面(见例 13-11)。子画面 Subsurface 就是在一个 Surface(大画面)中再提取一个小的画面。

13.2 游戏动画

13.2.1 图像画面变换

画面变换是移动游戏窗口中的像素或调整像素大小。这些函数会返回新 Surface。一些画面变换具有破坏性,执行时会丢失一些像素数据,如画面大小调整和画面旋转等。因此,应当始终从原始图像开始缩放画面。

1. 图像变换:缩放

【例 13-5】 使用函数 pygame.transform.scale()可以对图像进行缩放(程序片段)。

```
newimg = pygame.transform.resize(img, (640, 480))
```

参数 img 指定缩放图像。

参数(640,480)指定图像缩放大小。

函数返回缩放后的图像。

2. 图像变换:颠倒

【例 13-6】 用函数 pygame.transform.flip()可以上下左右颠倒图像(程序片段)。

```
newimg = pygame.transform.flip(img, True, False)
```

参数 img 指定要颠倒的图像。

参数 True 指定是否对图像进行左右颠倒。

参数 False 指定是否对图像进行上下颠倒。

函数返回颠倒后的图像。

3. 图像变换:旋转

【例 13-7】 用函数 pygame.transform.rotate()可以对图像进行旋转(程序片段)。

```
newimg = pygame.transform.rotate(img, 30.0)
```

参数 img 指定要旋转的图像。

参数 30.0 指定旋转的角度数,正值为逆时针旋转,负值为顺时针旋转。

函数返回旋转后的图像。

【例 13-8】 用函数 pygame.transform.rotozoom()对图像缩放并旋转(程序片段)。

```
newimg = pygame.transform.rotozoom(img, 30.0, 2.0)
```

参数 img 指定要处理的图像。

参数 30.0 指定旋转的角度数。

参数 2.0 指定缩放的比例。

函数返回处理后的图像。这个函数图像效果会很好，但是速度会慢很多。

【例 13-9】 用函数 pygame.transform.scale2x()对图像进行 2 倍放大(程序片段)。

```
newimg = pygame.transform.scale2x(img)
```

参数 img 指定要放大 2 倍的图像。

函数返回放大后的图像。

4. 图像变换：裁剪

【例 13-10】 用函数 pygame.transform.chop()可以对图像进行裁剪(程序片段)。

```
newimg = pygame.transform.chop(img, (100, 100, 200, 200))
```

参数 img 指定要裁剪的图像。

参数(100,100,200,200)指定要保留图像的区域。

函数返回裁剪后的图像。

13.2.2 图像渲染

游戏中的图像块往往用于表示精灵，将一个图像块(如精灵)复制到另一个图像(如背景)上面，然后整个画面作为一张图片来渲染，这是游戏中最常用的操作。

图像渲染也称为位块传输(bit block transfer)，它用函数 surface.blit()实现，功能是把一个对象(如精灵)复制到另外一个对象(如背景)上。可以用函数 blit()制作动画，通过对函数参数值的改变，可以把不同的帧画到屏幕上。函数 blit()语法如下。

```
Surface.blit(image, dest, rect)
```

参数 image 表示源图像块(精灵图片)。

参数 dest 用于指定绘图位置，它可以是一个点的坐标值(x,y)；也可以是一个矩形，但只有矩形左上角会被使用，矩形大小不会对图形造成影响。

参数 rect 是可选项，它表示绘图区域内的变化。如果将图像一部分渲染出来，再加上一个简单循环，就会让绘图区域的位置发生变化，从而实现动画效果。

【例 13-11】 如图 13-3 所示，在一张大图片中画满游戏需要的所有精灵图片，然后读入整张图片，再用函数 subsurface()把子画面(精灵)“抠”出来，最后利用两个子画面的交替显示，达到游戏中的动画效果(见图 13-4)。

```
import pygame                                    # 导入第三方包——游戏引擎
from pygame.locals import *                      # 导入第三方包——游戏包中的常量
from sys import exit                             # 导入标准模块——退出函数

SCREEN_WIDTH = 480                               # 定义窗口的分辨率
SCREEN_HEIGHT = 640
ticks = 0                                        # 计数(时钟,毫秒)初始化
pygame.init()                                    # 初始化 PyGame
screen = pygame.display.set_mode([SCREEN_WIDTH, SCREEN_HEIGHT])    # 初始化窗口
pygame.display.set_caption('游戏')                      # 定义窗口标题
background = pygame.image.load('d:\\test\\13\\蓝天 1.png')     # 载入背景图片
plane_img = pygame.image.load('d:\\test\\13\\飞机大图.png')     # 载入精灵大图片：1024×1024
```

```
13 plane1_rect = pygame.Rect(165, 360, 102, 126)          # 子画面 1 坐标(正常飞机)
14 plane2_rect = pygame.Rect(325, 496, 102, 126)          # 子画面 2 坐标(爆炸飞机)
15 plane1 = plane_img.subsurface(plane1_rect)             # 用 subsurface 读入子画面 1
16 plane2 = plane_img.subsurface(plane2_rect)             # 用 subsurface 读入子画面 2
17 plane_pos = [200, 500]                                 # 子画面坐标赋值(列表)
18
19 while True:                                            # 游戏主循环
20     screen.blit(background, (0, 0))                    # 渲染背景图片
21     if (ticks % 100) < 50:      # 判断计数时钟,50 为子画面交替显示比例
22         screen.blit(plane1, plane_pos)                 # 渲染子画面 1 到窗口
23     else:
24         screen.blit(plane2, plane_pos)                 # 渲染子画面 2 到窗口
25     ticks += 1                                         # 时钟计数递加
26     pygame.display.update()                            # 画面渲染和刷新
27     for event in pygame.event.get():                   # 循环获取事件队列
28         if event.type == pygame.QUIT:                  # 如果事件类型为退出
29             pygame.quit()                              # 退出 PyGame
30             exit()                                     # 退出游戏程序
   >>>                                                    # 程序输出见图 13-4
```

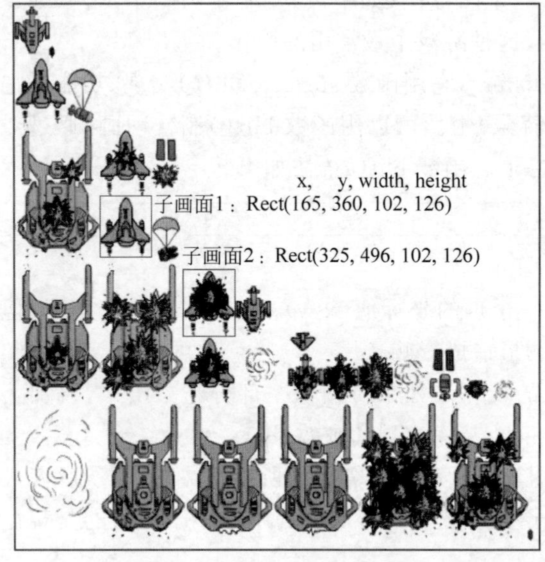

图 13-3　精灵大画面的剪切

图 13-4　游戏精灵爆炸动画效果

程序说明：

程序第 13 行，在“飞机大图.png”中剪出子图 1，x=165，y=340；宽=102，高=126。

程序第 21～25 行，plane1 和 plane2 两个子画面交替显示，达到飞机动画效果。

程序第 21 行，if (ticks % 100)<50 语句中，ticks 为计数时钟(毫秒)，%为模运算。100 为动画间隔时间(毫秒)，这个值大于 100 时动画效果比较呆滞；这个值小于 60 时动画效果太过频繁。50 是 plane1 子画面与 plane2 子画面各显示 50 毫秒；如果这个值设置为 30，则 plane1 子画面显示 30 毫秒，plane2 子画面显示 70 毫秒，这样动画效果就会不好。

13.2.3 精灵和精灵组

1. 精灵类

软件包 PyGame 提供了两个精灵类：一是 pygame. sprite. Sprite，它存储图像数据 image 和位置 rect 的对象；二是 pygame. sprite. Group。

精灵有两个重要属性：一是 image，它是精灵图像；二是 rect，它是精灵图像显示位置。精灵类 pygame. sprite. Sprite 并没有提供 image 和 rect 属性，需要程序员从 pygame. sprite. Sprite 派生出精灵子类，并在精灵子类的初始化中设置 image 和 rect 属性。

为什么需要派生精灵子类呢？因为不同游戏角色在游戏中的运动方式不同，所以需要根据不同游戏角色来派生出不同的游戏子类，再在每一个子类中，分别重写各自的 update (更新)方法。

2. 精灵操作方法

(1) 语句 self. image 负责精灵显示，它的使用方法如下：

语句 self. image=pygame. Surface([x,y])表示该精灵是一个[x,y]大小的矩形。

语句 self. image=pygame. image. load(file_name)表示该精灵调用图片文件。

语句 self. image. fill([color])为填充颜色，如 self. image. fill([255,0,0])表示填充红色。

(2) 语句 self. rect 负责在哪里显示，它的使用方法如下：

语句 self. rect=self. image. get_rect()可以获取 image 的矩形大小。

语句 self. rect. topleft(topright、bottomleft、bottomright)设置某个矩形的显示位置。

(3) 语句 self. update 可以使精灵行为生效。

(4) 语句 Sprite. add 可以添加精灵到精灵组 group 中。

(5) 语句 Sprite. remove 可以将精灵从精灵组 group 中删除。

(6) 语句 Sprite. kill 表示从精灵组 groups 中删除全部精灵。

(7) 语句 Sprite. alive 可以判断精灵是否还在精灵组 groups 中。

3. 利用精灵类创建一个简单的精灵

建立精灵时，可以从精灵类 pygame. sprite. Sprite 中继承。使用精灵类时，并不需要对它实例化，只需要继承它，然后按需要写出自己的类就好了，非常简单实用。

【例 13-12】 创建一个 300×250 的白色背景窗口，在窗口[50,100]的坐标位置绘制一个 30×30 大小的红色矩形精灵(RectSprite，见图 13-5)。

```
import pygame                                          # 导入第三方包——游戏引擎
pygame.init()                                          # 初始化 PyGame
class RectSprite(pygame.sprite.Sprite):                # 定义 RectSprite 精灵基类
    def __init__(self, color, initial_position):       # 定义初始化精灵函数
        pygame.sprite.Sprite.__init__(self)            # 初始化精灵
        self.image = pygame.Surface([30, 30])          # 定义一个 30×30 的矩形
        self.image.fill(color)                         # 用 color 来填充颜色
        self.rect = self.image.get_rect()              # 获取 self.image 图片大小
        self.rect.topleft = initial_position           # 确定精灵左上角位置坐标
screen = pygame.display.set_mode([300, 250])           # 定义窗口大小为 300×250
screen.fill([255, 255, 200])                           # 窗口填充为浅黄色
```

```
12  b= RectSprite([255, 0, 0], [50, 100])          # [255, 0, 0]为红色;[50, 100]为矩形坐标
13  screen.blit(b.image, b.rect)                    # 将 b.rect 块复制到屏幕
14  pygame.display.update()                         # 画面渲染和更新
15  while True:                                     # 游戏主循环
16      for event in pygame.event.get():            # 事件检查
17          if event.type == pygame.QUIT:           # 如果事件为关闭窗口
18              pygame.quit()                       # 则退出游戏引擎
19              exit()                              # 退出游戏程序
    >>>                                             # 程序输出见图 13-5
```

程序第 3 行,矩形精灵 RectSprite 继承自精灵父类 pygame.sprite.Sprite。

4. 创建精灵组

使用精灵组可以实现多个游戏精灵的管理。精灵组很适合处理精灵列表,可以添加、删除、绘制、更新精灵对象。

【例 13-13】 坦克以不同速度前行(见图 13-6),用函数 random.choice()随机生成[-10,-5]的值作为速度,让坦克从下向上运动,精灵到达窗口顶部时,再从底部出现。

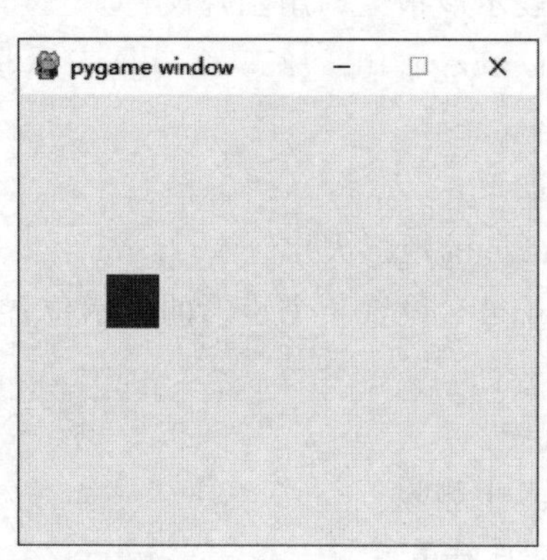

图 13-5 红色矩形精灵

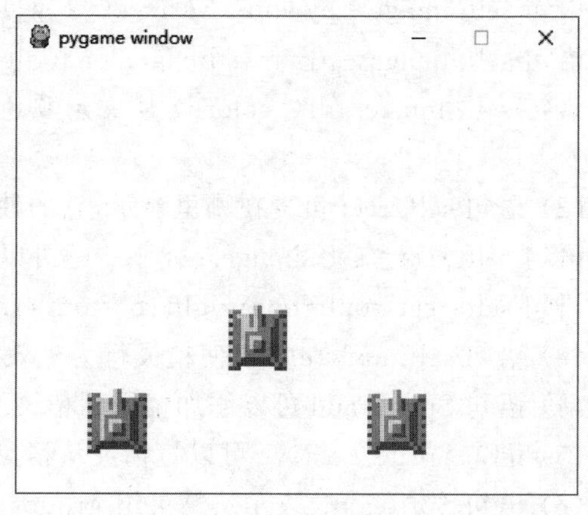

图 13-6 精灵组效果

```
import pygame                                                    # 导入第三方包——游戏引擎
from random import *                                             # 导入标准模块——随机数

pygame.init()                                                    # 初始化 PyGame
class Tanke(pygame.sprite.Sprite):                               # 定义游戏精灵基类
    def __init__(self, file_name, initial_position, speed):      # 初始化精灵函数
        pygame.sprite.Sprite.__init__(self)                      # 初始化精灵
        self.image = pygame.image.load(file_name)                # 图片名称赋值
        self.rect = self.image.get_rect()                        # 获取图片矩形
        self.rect.topleft = initial_position                     # 确定精灵左上角位置坐标
        self.speed = speed                                       # 定义精灵移动速度
    def move(self):                                              # 定义精灵移动函数
        self.rect = self.rect.move(self.speed)                   # 移动坦克精灵
        if self.rect.bottom < 0:                                 # 当坦克底部到达窗口顶部时
            self.rect.top = 300                                  # 重新定义坦克从下面出来
screen = pygame.display.set_mode([400, 300])                     # 定义游戏窗口大小
screen.fill([255, 255, 255])                                     # 游戏窗口背景填充为白色
```

```
18  img = 'd:\\test\\13\\坦克 1.png'                        # 载入精灵图片
19  tk_group = ([50,50], [150,100], [250,50])              # 三个坦克精灵的左上角坐标
20  Tanke_group = pygame.sprite.Group()                    # 创建精灵组
21  for tk in tk_group:
22      speed = [0, choice([-10, -5])]                     # 控制精灵的不同移动速度
23      Tanke_group.add(Tanke(img, tk, speed))             # 将精灵添加到精灵组中
24
25  while True:                                            # 游戏主循环
26      for event in pygame.event.get():                   # 循环检测事件
27          if event.type == pygame.QUIT:                  # 检测到退出时
28              pygame.quit()                              # 退出 PyGame
29              exit()                                     # 退出程序
30      pygame.time.delay(80)                              # 控制坦克速度,值越大越慢
31      screen.fill([255, 255, 255])                       # 窗口填充为白色
32      for tk_list in Tanke_group.sprites():              # 循环获取坦克精灵组列表元素
33          tk_list.move()                                 # 移动精灵列表中的对象
34          screen.blit(tk_list.image, tk_list.rect)       # 渲染列表中的精灵
35      pygame.display.update()                            # 更新游戏显示数据
    >>>                                                    # 程序输出见图 13-6
```

程序说明：

程序第 4 行，如果一个父类不是基类，那么在重写初始化方法时，一定要先用 super()方法继承父类的__init__()方法，以保证父类中的__init__()代码能够正常执行，否则就无法享受到父类中已经封装好的精灵初始化代码。

程序第 5 行，定义 Tanke(坦克类)继承自 pygame.sprite.Sprite 精灵父类。

程序第 22 行，函数 choice([−10，−5])返回一个列表的随机项，其中[−10，−5]为控制不同精灵的不同速度，值越小，精灵移动速度越快。

13.2.4 精灵碰撞检测

碰撞是游戏魅力所在，虽然编写碰撞代码很困难，但 PyGame 提供了很多检测碰撞的方法。在游戏中，如果一个精灵与另一个精灵有碰撞，可以用 Rect 类的 collide_rect()方法进行碰撞检测，该方法接收另一个 Rect 对象，它会判断两个矩形是否有相交部分。也可以在程序中自定义精灵碰撞检测函数。

1. PyGame 提供的精灵碰撞检测方法

(1) 两个精灵之间的碰撞矩形检测。碰撞检测语法如下。

```
pygame.sprite.collide_rect(first, second)                  # 返回布尔值
```

(2) 某个精灵与指定精灵组中精灵的碰撞矩形检测。碰撞检测语法如下。

```
pygame.sprite.spritecollide(sprite, group, False)          # 返回布尔值
```

参数 sprite 表示精灵。参数 group 是精灵组。参数为 False 时，碰撞的精灵不删除；如果为 True，则碰撞后删除组中所有精灵。函数返回值为被碰撞的精灵。

【例 13-14】 精灵在矩形区域发生碰撞时，输出“我们碰撞了”(程序片段)。

```
tk = Tanke(width, height)                          # 创建坦克精灵 Tanke(宽,高)
tk.move(100, 50)                                   # 坦克精灵移动
```

```
mGroup = pygame.sprite.Group()                    # 建立待碰撞检测的精灵组 Group
mGroup.add(tk)                                    # 将坦克精灵加入待碰撞检测的列表
hitSpriteList = pygame.sprite.spritecollide(Tanke, mGroup, False)   # 碰撞检测
if len(hitSpriteList) > 0:      # 如果碰撞检测列表大于 0,则表示精灵发生了碰撞
    print("我们碰撞了!")                          # 打印输出信息
```

(3) 两个精灵组之间的碰撞矩形检测。函数语法如下。

```
hit_list = pygame.sprite.groupcollide(group1, group2, True, False)
```

参数 1、2 是精灵组。参数 3、4 表示检测到碰撞时,是否删除精灵。函数返回一个字典。

(4) 使用 sprite 模块提供的碰撞检测函数。

函数 spritecollide()用于检测精灵是否与其他精灵发生碰撞。函数语法如下。

```
spritecollide(sprite, group, dokill, collided = None)
```

参数 sprite 是指定被检测的精灵。

参数 group 是指定的精灵组,它需要由 sprite.Group()来生成。

参数 dokill 是设置是否从组中删除检测到碰撞的精灵,如果设置为 True,则发生碰撞后,把组中与它产生碰撞的精灵删除掉。

参数 collided=None 是指定一个回调函数,它用于定制特殊的检测方法。如果忽略第 4 个参数,那么默认检测精灵之间的 rect(矩形)属性。

2. 自定义碰撞检测方法

自定义碰撞检测算法的思想:捕获两个精灵鱼的中心点位置(见图 13-7),通过距离计算公式,计算出精灵 A 与精灵 B 之间的距离,然后将这个距离与碰撞临界值比较,这样就可以判断出两个精灵之间是否发生了碰撞。

【例 13-15】 设计函数 collide_check(),检测精灵鱼之间的碰撞(见图 13-7)。

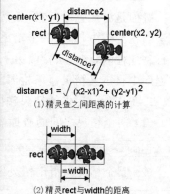

图 13-7 精灵碰撞检测动画效果

```
import math                                        # 导入标准模块——数学计算
from random import *                               # 导入标准模块——随机数
import pygame                                      # 导入第三方包——游戏引擎

class Fish(pygame.sprite.Sprite):                  # 定义精灵鱼类,继承自 Sprite 基类
```

```
    def __init__(self, image, position, speed, bg_size):        # 初始化精灵鱼函数
        pygame.sprite.Sprite.__init__(self)                     # 初始化精灵鱼
        self.image = pygame.image.load(image).convert_alpha()      # 图片名称赋值
        self.rect = self.image.get_rect()                       # 获取图片矩形
        self.rect.left, self.rect.top = position                # 确定精灵鱼左上角位置坐标
        self.speed = speed                                      # 定义精灵鱼移动速度
        self.width, self.height = bg_size[0], bg_size[1]

    def move(self):                                             # 定义精灵鱼移动函数
        self.rect = self.rect.move(self.speed)                  # 移动精灵鱼
        # 如果精灵鱼出左侧窗口,则将左侧位置改为右侧,实现精灵鱼的右进左出
        if self.rect.right < 0:
            self.rect.left = self.width
        elif self.rect.left > self.width:
            self.rect.right = 0
        elif self.rect.bottom < 0:
            self.rect.top = self.height
        elif self.rect.top > self.height:
            self.rect.bottom = 0

def collide_check(item, target):      # 定义碰撞函数,item 为精灵鱼,target 为精灵鱼列表
    col_fishs = []                                    # 定义精灵鱼碰撞事件列表
    for each in target:                               # 循环取出列表中的每一个精灵鱼
        distance = math.sqrt(
            math.pow((item.rect.center[0] - each.rect.center[0]), 2) +
            math.pow((item.rect.center[1] - each.rect.center[1]), 2))
                                                                # 计算精灵鱼之间的距离
        if distance <= (item.rect.width + each.rect.width) / 2:  # 判断精灵鱼是否碰撞
            col_fishs.append(each)                              # 若发生碰撞则放入事件列表
    return col_fishs                                            # 返回精灵鱼碰撞事件列表

def main():                                                     # 定义游戏主程序
    pygame.init()                                               # 初始化 PyGame
    fish_image = 'd:\\test\\13\\鱼 4.png'                       # 载入精灵鱼图片
    bg_image = 'd:\\test\\13\\大海.png'                         # 载入背景图片
    running = True                                              # 初始化
    bg_size = width, height = 800, 600                          # 定义窗口大小
    screen = pygame.display.set_mode(bg_size)                   # 绘制背景画面
    pygame.display.set_caption('游动的鱼')                      # 绘制窗口标题
    background = pygame.image.load(bg_image).convert_alpha()
    fishs = []                                                  # 定义精灵鱼碰撞列表
    FISH_NUM = 5                                                # 定义 5 个精灵鱼

    for i in range(FISH_NUM):                                   # 精灵鱼控制
        position = randint(0, width - 100), randint(0, height - 100)   # 精灵鱼位置随机
        speed = [randint(-10, 10), randint(-10, 10)]            # 精灵鱼速度随机
        fish = Fish(fish_image, position, speed, bg_size)       # 实例化对象
        while collide_check(fish, fishs):                       # 调用碰撞函数循环检测
            fish.rect.left, fish.rect.top = randint(0, width - 100), randint(0, height - 100)
```

```
54          fishs.append(fish)                              # 精灵鱼加入列表队列
55      clock = pygame.time.Clock()                         # 刷新频率初始化
56
57      while True:                                         # 游戏主循环
58          for event in pygame.event.get():                # 捕获事件队列
59              if event.type == pygame.QUIT:               # 退出事件处理
60                  pygame.quit()
61                  exit()
62          screen.blit(background, (0, 0))                 # 渲染背景
63          for each in fishs:                              # 退出事件处理
64              each.move()                                 # 精灵鱼移动
65              screen.blit(each.image, each.rect)          # 渲染精灵鱼
66          for i in range(FISH_NUM):                       # 循环处理精灵鱼
67              item = fishs.pop(i)                         # 从碰撞事件列表取出事件
68              if collide_check(item, fishs):              # 判断精灵鱼是否在碰撞列表中
69                  item.speed[0] = - item.speed[0]         # 精灵鱼 0 反转方向
70                  item.speed[1] = - item.speed[1]         # 精灵鱼 1 反转方向
71              fishs.insert(i, item)                       # 精灵鱼插入队列
72          pygame.display.flip()                           # 绘制画面
73          clock.tick(20)                                  # 定义动画帧率(越大越快)
74
75  main()
    >>>                                                     # 程序输出见图 13-7
```

程序说明：

程序第 26 行，函数 def collide_check(item, target)用于碰撞检测，第 1 个参数 item 是传入一个对象(精灵鱼)；第 2 个参数 target 是传入一个精灵鱼的列表(精灵组)。游戏有 5 个精灵鱼，传入第 1 个精灵鱼，然后检测它与其他 4 个精灵鱼是否发生碰撞；如果发生碰撞，这个精灵鱼的移动方向发生改变，这里用 target 列表来存放其他 4 个精灵鱼。

程序第 28～31 行，语句 for each in target 是把每一个精灵鱼从列表 target 中取出来，然后用距离公式计算它们之间中心点的距离。每个 Surface 有一个 rect 矩形对象，rect 矩形对象有个 center 属性(中心点坐标)。计算距离需要用到模块 math，如两个点(x1, y1)、(x2, y2)，如图 13-7 所示，距离为 distance＝math.sqrt((x2－x1) ** 2＋(y2－y1) ** 2)。

程序第 32 行，语句 if distance ＜＝ (item.rect.width＋each.rect.width)/2 用于判断精灵鱼是否发生碰撞。其中，参数 distance 为 2 个精灵鱼中心点之间当前的实测距离(见图 13-7)，(item.rect.width＋each.rect.width)/2 为 2 个精灵鱼之间的理论距离，如果实测距离小于理论距离，则说明精灵鱼之间发生了碰撞。其中(item.rect.width＋each.rect.width)/2 表达式有些令人困惑，如图 13-7 所示，2 个精灵鱼在同一水平状态下时，它们之间中心点的距离就等于 width，这里 2 个 width 相加再除以 2 似乎是多余的计算。这种情况是本例中精灵鱼大小都相同造成的，在大部分游戏中，精灵鱼大小会各不相同，如在《打飞机》游戏中，飞机精灵与子弹精灵的大小就会不同，这样的表达式就会大大提高程序语句通用性。

程序第 32～34 行，如果精灵鱼之间发生了碰撞，就把发生碰撞的精灵鱼 item 添加到碰撞事件列表 col_fishs＝[]中，然后用 return col_fishs 语句把事件列表返回。如果碰撞事件列表中有内容，则这些内容就是与 item 发生碰撞的其他精灵鱼；如果返回的是一个空列

表,则说明这个精灵鱼 item 没有与其他精灵鱼发生碰撞。

程序第 52 行,语句 while collide_check(fish,fishs)中,fish 为待检测的精灵鱼,fishs 为精灵鱼碰撞列表。如果 while=True,说明已有精灵鱼与列表中的精灵鱼发生了碰撞,这时这个 fish 应该重新分配。

程序第 53 行,语句 fish. rect. left,fish. rect. top=randint(0,width-100),randint(0,height-100)中,fish. rect. left 和 fish. rect. top 是精灵鱼的矩形(x,y)坐标;randint(0,width-100)和 randint(0,height-100)是精灵鱼的位置参数。注意,语句不能直接写为 fish. rect(0,width-100),因为位置是作为参数传进去的,它并不是精灵鱼类的属性,只有属性才可以这么调用。

程序第 68、70 行,语句 if collide_check(item,fishs)是对精灵鱼碰撞列表 fishs 进行检测。如果检测到精灵鱼碰撞事件列表 fishs 中有内容,则说明发生了碰撞,这时就需要把 2 个精灵鱼的运动方向都取反,即 item. speed[0]=-item. speed[0]。

程序第 71 行,语句 fishs. insert(i,item)为将处理完的精灵鱼插入列表中,从哪儿拿出来就放回哪儿去,从 i 处拿出来就放回 i 处。如刚开始循环是第 0 号元素拿出来,这样原来的 1 号就变成 0 号;这时再减元素放回到 0 号,这样 0 号又恢复成 1 号。

程序改进:如果仔细观察游戏运行效果,就会发现游戏存在一些瑕疵。例如,有些精灵鱼碰撞时,精灵鱼与精灵鱼之间存在一些空隙,感觉它们还没有接触就碰撞了,这是什么原因呢?参见图 13-7 就可以发现,距离 distance2 大于 distance1,而程序中采用了 distance1 进行碰撞判断,因此存在一些误差。这个 bug 留待读者解决。

13.3 事件处理

13.3.1 获取事件

1. 事件对象的特征

事件队列由 pygame. event. EventType 定义的事件对象组成。所有 EventType(事件类型)对象都包含一个事件类型标识符和一组成员数据(事件对象不包含方法,只有数据)。事件类型标识符的值在 NOEVENT(无事件)到 NUMEVENTS(事件数量,一般为 128 个)之间。EventType 事件对象从 Python 的事件队列中获得,可以通过事件对象的__dict__属性来访问其他属性,所有属性值都通过字典来传递。

事件队列很大程度上依赖于 PyGame 中的 display 模块,如果 display 没有初始化,显示模式没有设置,那么事件队列就不会真正开始工作。

PyGame 限制了队列中事件数量的上限(限制为 128 个),当队列已满时,新事件将会被丢弃。为了防止丢失事件,程序必须定期检测事件,并对事件进行处理。

在默认状态下,所有事件都会进入事件队列。我们可以通过 pygame. event. set_allowed()和 pygame. event. set_blocked()方法来控制某些事件是否进入事件队列。

为了加快事件队列的处理速度,可以使用函数 pygame. event. set_blocked()阻止一些不重要的事件进入队列中。

为了保持 PyGame 和系统同步,程序有时需要调用 pygame. event. pump()确保实时更新,可以在游戏的每次循环中调用这个函数。

刚开始游戏时,可以在窗口中新建一些障碍物,但是随着游戏的进展,有些障碍物就没有了。这时就需要新建一个自定义事件,它每隔几秒就新建一些障碍物。PyGame 会监听这个事件,就像它监听按键和退出事件一样。用户可以通过函数 pygame. event. Event()创建自定义的新事件,但类型标识符的值应该高于或等于 USEREVENT。

2. 常用事件类型

游戏中,事件随时都会发生,而且量也会很大。一般在游戏主循环中用 pygame. event. get()方法提取事件列表中的最新事件,在没有任何输入的情况下,pygame. event. get()返回的是事件空列表。也可以用 pygame. event. get_pressed()方法获取事件,它会返回一个字典,该字典包含所有事件。

3. 事件队列处理方法

(1) 函数 pygame. event. get()从队列获取事件,用 event. type==EventType 区分。

(2) 函数 pygame. event. poll()根据现在的情形返回一个真实事件。

(3) 函数 pygame. event. pump()让 PyGame 内部自动处理事件。

(4) 函数 pygame. event. wait()等待发生一个事件才会继续执行。

(5) 函数 pygame. event. peek()检测某种类型事件是否在队列中。

(6) 函数 pygame. event. clear()从队列中删除所有的事件。

(7) 函数 pygame. event. event_name()通过 ID 获得该事件的字符串名字。

(8) 函数 pygame. event. set_blocked()控制哪些事件禁止进入事件队列。

(9) 函数 pygame. event. set_allowed()控制哪些事件允许进入事件队列。

(10) 函数 pygame. event. get_blocked()检测某一类型的事件是否被禁止进入队列。

(11) 函数 pygame. event. post()放置一个新的事件到队列中。

(12) 函数 pygame. event. Event()创建一个新的事件对象。

13.3.2 键盘事件

1. 键盘事件属性

鼠标和键盘是游戏不可或缺的输入设备。键盘可以控制精灵方向和诸多命令操作,而鼠标更是提供了全方位的方向和位置操作。

按下和释放键盘按钮时,事件队列会获取 pygame. KEYDOWN(按下)和 pygame. KEYUP(松开)事件。这两个事件的 Key 属性如表 13-4 所示。

表 13-4 键盘属性(Key)

Key	键值说明	Key	键值说明	Key	键值说明
K_RETURN	回车键	K_UP	上方向键↑	K_0	0
K_PAUSE	暂停键	K_DOWN	下方向键↓	K_1	1
K_ESCAPE	Esc 键	K_LEFT	左方向键←	K_a	a
K_SPACE	空格键	K_RIGHT	右方向键→	K_F1	F1

参数 Key 表示键盘按下(KEYDOWN)或松开(KEYUP)的键值,PyGame 中使用 K_xxx 来表示,如字母 a 就是 K_a,其他如 K_SPACE 和 K_RETURN 等。

组合键(如 Shift、Alt 键)信息用 mod 表示。表达式 mod & KMOD_CTRL 为 True 时,说明用户同时按下了 Ctrl 键和组合键,例如 KMOD_SHIFT&KMOD_CTRL。

2. 键盘事件获取方法

【例 13-16】 方法 1：利用 pygame.event.get()获取键盘事件(程序片段)。

```
for event in pygame.event.get():                         # 循环获取事件队列
    if event.type == K_ESCAPE:                           # 如果事件为 Esc
        # 处理键盘按键事件
```

【例 13-17】 方法 2：利用 pygame.key.get_pressed()获取键盘事件(程序片段)。

```
pressed_keys = pygame.key.get_pressed()                  # 获取按键事件
if pressed_keys[K_SPACE]:                                # 如果空格键(K_SPACE)被按下
    # 处理键盘按键事件
```

3. 键盘事件处理函数

(1) 函数 key.get_focused()返回当前 PyGame 窗口是否激活。

(2) 函数 key.get_pressed()表示检测某一个按键是否被按下。

(3) 函数 key.get_mods()表示按下的组合键(Alt、Ctrl、Shift)。

(4) 函数 key.set_mods()表示模拟按下组合键的效果(如 KMOD_CTRL 等)。

(5) 函数 key.set_repeat()表示无参数调用，设置 PyGame 不产生重复按键事件。

(6) 函数 key.name()表示接受键值返回键名。

4. 游戏中键盘事件处理案例

【例 13-18】 用键盘方向键控制精灵(飞机)的移动(见图 13-8)。

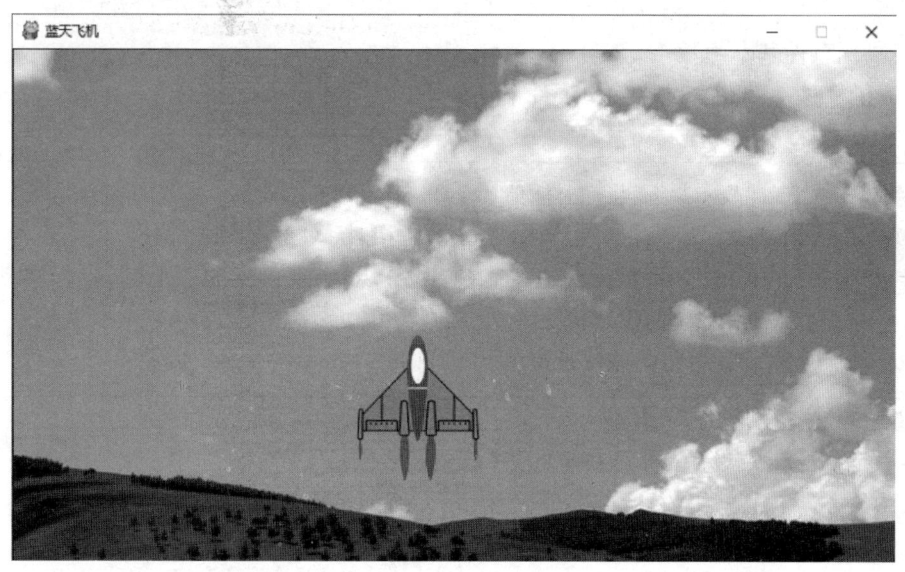

图 13-8 用键盘方向键控制精灵(飞机)的移动

```
import pygame                                            # 导入第三方包——游戏引擎
from pygame.locals import *                              # 导入 PyGame 参数和常量

pygame.init()                                            # 初始化 PyGame
maSurface = pygame.display.set_mode((800, 480))          # 创建游戏主窗口(800×480 像素)
pygame.display.set_caption('蓝天飞机')                   # 定义窗口标题
background = pygame.image.load('d:\\test\\13\\蓝天 2.png')  # 在主窗口载入蓝天背景图片
```

```
player = pygame.image.load('d:\\test\\13\\飞机.png')        # 在主窗口载入玩家(飞机)
x, y = 180, 350                                            # 定义飞机初始坐标

while True:                                                # 定义游戏主循环,重复运行
    for event in pygame.event.get():                       # 获取事件队列返回值
        if event.type == pygame.QUIT:                      # 如果事件退出
            pygame.quit()                                  # 则退出 PyGame
            exit()                                         # 退出程序
        if event.type == KEYDOWN:                          # 捕获键盘按下事件
            if event.key == K_UP:                          # K_UP 为上方向键↑
                y -= 10                                    # 向上移动 10 像素(上 -)
            if event.key == K_DOWN:                        # K_DOWN 为下方向键↓
                y += 10                                    # 向下移动 10 像素(下 +)
            if event.key == K_LEFT:                        # K_LEFT 为左方向键←
                x -= 10                                    # 向左移动 10 像素(左 -)
            if event.key == K_RIGHT:                       # K_RIGHT 为右方向键→
                x += 10                                    # 向右移动 10 像素(右 +)
    maSurface.blit(background, (0, 0))                     # 渲染(将蓝天复制到窗口)
    maSurface.blit(player, (x, y))                         # 渲染(飞机坐标复制)
    pygame.display.update()                                # 画面渲染和刷新
>>>                                                        # 程序输出见图 13-8
```

13.3.3 鼠标事件

1. 鼠标事件基本函数

(1) 鼠标移动事件。鼠标移动事件语法如下。

```
pygame.event.MOUSEMOTION
```

参数 event.pos 表示鼠标当前坐标值(x,y)。

参数 event.rel 表示鼠标相对运动距离(x,y),相对于上一次事件。

参数 event.buttons 表示鼠标按钮状态(a,b,c),对应于鼠标的三个键,鼠标移动,这三个键处于按下状态时,对应的位置值为 1,反之则为 0。

(2) 鼠标键按下事件。鼠标按下事件语法如下。

```
pygame.event.MOUSEBUTTONDOWN
```

参数 event.pos 表示鼠标当前坐标值(x,y)。

参数 event.buttons 表示鼠标按下键编号,左键=1,右键=3,与设备相关。

(3) 鼠标键释放事件。鼠标释放事件语法如下。

```
pygame.event.MOUSEBUTTONUP
```

参数 event.pos 表示鼠标当前坐标值(x,y)。如 mouse_x,mouse_y = event.pos。

参数 event.buttons 表示鼠标按下键编号,取值 0、1、2 分别对应左、中、右三个键。

2. 鼠标函数 pygame.mouse

可以从 MOUSEMOTION 或者 pygame.mouse.get_pos()方法获得鼠标当前坐标。

```
pygame.mouse.get_pressed()                  # 返回鼠标按键状态,按键按下为 True
pygame.mouse.get_rel()                      # 函数返回鼠标相对偏移量(x, y)坐标
```

```
pygame.mouse.get_pos()                          # 函数返回当前鼠标位置(x, y)坐标
pygame.mouse.set_pos()                          # 函数定义鼠标位置(一般用于模拟仿真)
pygame.mouse.set_visible()                      # 函数定义光标是否可见
pygame.mouse.get_focused()                      # 函数检查窗口是否接受鼠标事件
pygame.mouse.set_cursor()                       # 函数定义鼠标光标样式
```

3. 鼠标事件应用案例

【例 13-19】 将精灵绑定到光标上,玩家控制精灵在窗口中移动(见图 13-9)。

图 13-9　光标绑定游戏精灵效果

```
import pygame

pygame.init()                                           # 初始化 PyGame
screen = pygame.display.set_mode((640, 480), 0, 32)     # 创建主窗口,0 为不用特效,32 为色深
pygame.display.set_caption('游戏')                      # 定义窗口标题
background = pygame.image.load('d:\\test\\13\\大海.png').convert()         # 加载背景图像
mouse_cursor = pygame.image.load('d:\\test\\13\\网 4.png').convert_alpha() # 加载光标图形

while True:
    for event in pygame.event.get():                    # 循环检测游戏事件
        if event.type == pygame.QUIT:                   # 如果事件类型为退出
            pygame.quit()                               # 则释放所有 PyGame 模块
            exit()                                      # 退出游戏程序
    screen.blit(background, (0, 0))                     # 在窗口渲染大海背景图
    x, y = pygame.mouse.get_pos()                       # 获取光标当前位置
    x -= mouse_cursor.get_width()//2                    # 计算精灵光标左上角 x 位置
    y -= mouse_cursor.get_height()//2                   # 计算精灵光标左上角 y 位置
    #pygame.mouse.set_visible(False)                    # 不显示光标箭头
    screen.blit(mouse_cursor, (x, y))                   # 用渲染方法绘制精灵光标
    pygame.display.update()                             # 画面渲染和刷新
>>>                                                     # 程序输出见图 13 - 9
```

程序说明：

程序第 7 行,将捕鱼人图片作为光标,并且用函数 convert_alpha()转换图片像素格式,以加快下面显示速度。参数 alpha 表示将捕鱼人背景进行透明处理。

程序第 15 行,函数 pygame. mouse. get_pos()可以获得光标当前的坐标位置(数据类型为元组),将这个值赋值给(x,y)(元组)后,就可以方便后面的调用。

程序第 16、17 行,程序第 15 行已经获得了光标的位置,如果直接使用这个坐标,精灵图片将会出现在光标的右下角,这是由图片坐标系决定的。如果想让光标出现在图片中心,就必须让光标坐标与精灵图片中心对齐。可以用函数 get_width()、get_height()或者函数 gei_size()来获得对象的尺寸。获取了精灵图片的宽度和高度后,整除(//)2 就得到了精灵图片的中心,将计算结果作为精灵图片的(x,y)坐标,这样光标就与精灵中心对齐了。如果尝试将语句中的"－＝"改变为"＝",精灵动画将会发生重大变化。

程序第 18 行,如果感觉光标出现在精灵上画面不和谐,则可以取消语句注释符。

13.3.4 异常处理

程序总是会出错,如内存用尽时 PyGame 就会无法加载图片、游戏程序调用的图片素材文件不存在或路径错误、用户输入了错误数据或按下了错误组合键等,都会造成程序运行崩溃。应对这种错误的方法是在程序代码中加入异常处理语句。

【例 13-20】 游戏异常处理(程序片段)。

```
try:                                                     #【游戏——异常处理】
    screen = pygame.display.set_mode(SCREEN_SIZE)        # 执行游戏语句
except pygame.error, e:                                  # 检测程序异常
    print('无法加载游戏画面:-( ')                          # 提示出错信息
    print(e)                                             # 打印出错原因
    exit()                                               # 退出程序
```

13.4 游戏案例

13.4.1 案例:飘雪动画

移动显示画面在游戏中较为常见,如移动显示游戏地图、移动显示游戏背景等。

【例 13-21】 在窗口中循环移动背景图片和随机飘落的雪花(见图 13-10 和图 13-11)。

图 13-10 [明]吴伟《长江万里图》局部(素材尺寸为 2160×153)

图 13-11　随机飘落的雪花(窗口大小为 800×153)

案例分析：画面移动显示需要创建一个列表，将所图片对象都包含在列表里面。然后动态改变第 1 张图片的位置坐标(x1,y1)，实现按列表中图片的顺序循环滚动显示。当列表中一张图片左移或右移到完全消失时，将这张图片添加到列表的末尾。雪花的大小和位置用随机数函数生成，雪花飘落速度用 clock.tick()函数控制。

```
#【1.导入软件包】                                          #【游戏——随机雪花】
import pygame                                            # 导入第三方包——游戏引擎
from pygame.locals import *                              # 导入第三方包——游戏引擎
import random                                            # 导入标准模块——随机数
#【2.初始化】
pygame.init()                                            # 初始化
screen = pygame.display.set_mode((800, 153), 0, 24)      # 定义窗口，默认为 0，色深为 24
SIZE = (800, 600)                                        # 雪花窗口，数值越大雪花越稀
pygame.display.set_caption('[明]吴伟《长江万里图》')      # 窗口标题名
#【3.加载图片】
image1 = 'd:\\test\\13\\长江万里图 1.jpg'                 # 加载图片
image2 = 'd:\\test\\13\\长江万里图 2.jpg'
bgimage1 = pygame.image.load(image1).convert()           # 图片像素化
bgimage2 = pygame.image.load(image2).convert()           # 生成图片列表 bgimage
bgimage = [bgimage1, bgimage2]                           # 背景图片列表
x1, y1 = 0, 0                                            # 背景图片左上角坐标
#【4.雪花初始化】
snow_list = []                                           # 雪花列表初始化
for i in range(1000):                                    # 雪花数，数字大则雪花密
    x = random.randrange(0, SIZE[0])                     # 雪花圆心 x 坐标
    y = random.randrange(0, SIZE[1])                     # 雪花圆心 y 坐标
    x_pos = random.randint(-1, 3)                        # 雪花 x 轴的偏移量
    y_pos = random.randint(2, 7)                         # 雪花 y 轴密度为 2，雪花半径为 7
    snow_list.append([x, y, x_pos, y_pos])               # 雪花大小和位置列表
clock = pygame.time.Clock()                              # 游戏循环帧率设置
#【5.背景音乐】
pygame.mixer.init()                                      # 背景音乐初始化
pygame.mixer.music.load('d:\\test\\13\\寒鸦戏水.mp3')     # 加载 mp3 音乐
pygame.mixer.music.play(-1, 0.0)                         # 循环播放背景音乐
#【6.游戏主循环】
while True:                                              # 游戏永真循环
    for event in pygame.event.get():                     # 捕获游戏退出事件
        if event.type == pygame.QUIT:                    # 判断是否为退出事件
            pygame.quit()                                # 退出 PyGame
            exit()                                       # 退出程序
```

```
36  #【7.背景图片移动】
37      x1 -= 0.5                                          # 背景图片移动速度
38      if x1 <= -2150:                                    # 图片是否移出窗口
39          bgimage = bgimage[1:] + bgimage[:1]            # 背景图片列表
40          bgimage1, bgimage2 = bgimage                   # 图片添加到列表末尾
41          x1 = 0                                         # 背景图片 x1 坐标归 0
42      screen.blit(bgimage1, (x1, y1))                    # 渲染(图片复制)
43      screen.blit(bgimage2, (x1 + 2150, y1))             # 图片渲染到屏幕
44  #【8.动态下雪】                                         # 雪花位置更新
45      for i in range(len(snow_list)):                    # 雪花列表循环
46          pygame.draw.circle(screen, (255, 255, 255),    # 雪花颜色(白色)
47              snow_list[i][:2], snow_list[i][3] - 3)     # 雪花圆心,雪花半径
48          snow_list[i][0] += snow_list[i][2]             # 雪花坐标轴方向移动
49          snow_list[i][1] += snow_list[i][3]             # 移动雪花(下次循环起效)
50          if snow_list[i][1] > SIZE[1]:                  # 雪花飘出窗口时重新设置
51              snow_list[i][1] = random.randrange(-50, -10)  # 负值表示初始雪花在屏幕外
52              snow_list[i][0] = random.randrange(0, SIZE[0])   # 雪花大小随机化
53  #【9.屏幕刷新】
54      pygame.display.flip()                                # 屏幕刷新
55      clock.tick(15)                                       # 雪花飘落速度,15 帧/秒
    >>>                                                      # 程序输出见图 13-11
```

程序说明:

程序第 27～29 行,背景音乐初始化和播放。语句 pygame.mixer.music.play(-1, 0.0)中,第 1 个参数-1 表示无限循环播放;第 2 个参数是设置音乐播放起点(单位为秒)。

程序第 37、43 行,背景图片移动控制。程序第 39 行,列表中第 1 张图片左移至消失时,将第 1 张图片加到列表的末尾。

程序第 46 行,画圆函数,参数 screen 为绘图对象;参数(255,255,255)为 RGB 颜色元组;参数 snow_list[i][:2]为雪花圆心坐标;参数 snow_list[i][3]-3 为雪花半径。

13.4.2 案例:抓鱼游戏

游戏程序常常需要建立以下目录和文件:effect(效果,一般为 gif 或 mp4)、modules(组件)、resources(资源,audios 为音频、font 为字体、images 为图片)、Game.py(主程序)、config.py(配置文件)、README.md(说明文件)、LICENSE(许可证文件)等。

【例 13-22】 用 Python 设计一个简单的抓鱼游戏。游戏是一条鱼在窗口中随机直线移动,玩家用鼠标左右移动(相当于玩家的船左右移动),玩家使鱼触碰到船板时得一分;玩家得分后,鱼运动速度加快。玩家船板如果没有碰到鱼,而鱼已经触碰到窗口底部时,玩家生命值减少一分,鱼的运动速度也降低到初始速度。游戏界面如图 13-12 所示。

案例分析:

(1) 游戏中有两个精灵:鱼和玩家。为了简化游戏,玩家的船使用了一个简单的长方形代替。在屏幕上可见的是游来游去的鱼、抓鱼的玩家,以及游戏背景和提示信息。游戏的核心是把这些画面呈现在屏幕上,并且判断和处理两个精灵之间的碰撞。

(2) 游戏中要处理的关键事件有游戏主体用死循环来不断刷新和显示游戏画面,画面最大刷新帧率为 60 帧/秒;检测玩家和鱼两个精灵之间是否碰撞;检测鱼是否游出了窗口

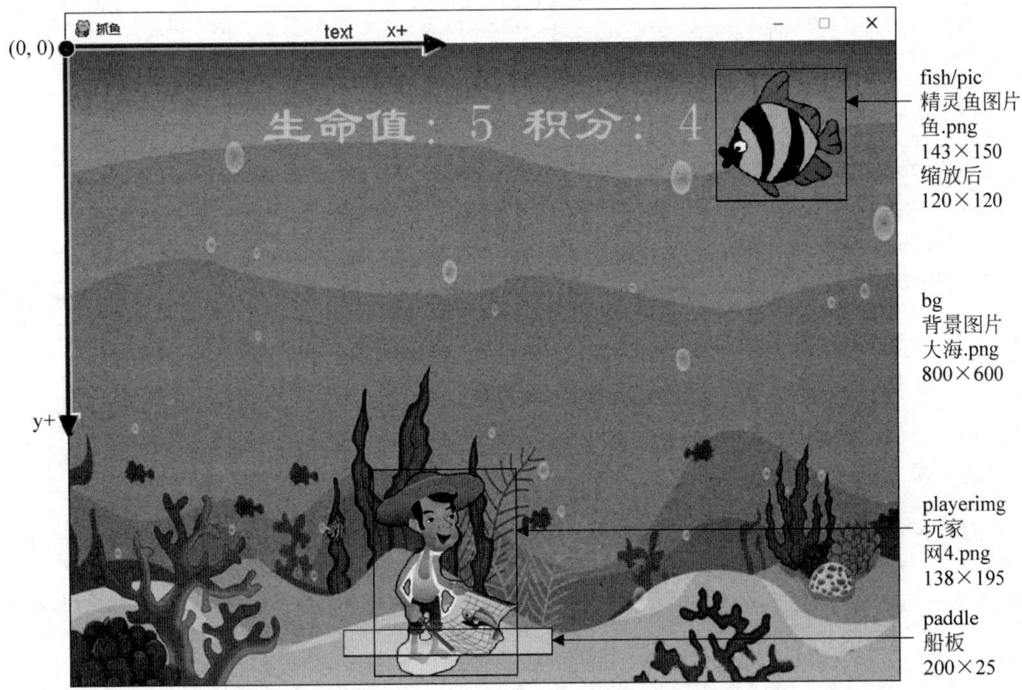

图 13-12　抓鱼游戏运行界面说明

边界；玩家的鼠标移动事件处理；背景音乐处理；游戏的计分处理等。

```
import pygame                                                      #【1.导入软件包】

#【2.初始化】
pygame.init()                                                      # 初始化 PyGame
screen = pygame.display.set_mode([800, 600])                       # 定义窗口大小,高×宽
ico = pygame.image.load('d:\\test\\13\\鱼 4.png')                  # 载入窗口图标
pygame.display.set_caption('抓鱼游戏')                             # 显示窗口标题
pygame.display.set_icon(ico)                                       # 在窗口左上角显示游戏图标
pygame.font.get_fonts()                                            # 获取字体
font = pygame.font.SysFont('SimHei', 50)                           # 定义中文字体,大小为 50
bg = pygame.image.load('d:\\test\\13\\大海.png').convert()         # 加载图片和转换像素格式
fish = pygame.image.load('d:\\test\\13\\鱼 2.png')                 # 加载精灵鱼图片
playerimg = pygame.image.load('d:\\test\\13\\网 4.png').convert_alpha()  # 加载玩家图片
#【3.精灵定义】
scale = 120                                                        # 定义精灵图片大小(100~130)
pic = pygame.transform.scale(fish, (scale, scale))   # 缩放图片,scale(图片,(宽度,高度))
colorkey = pic.get_at((0, 0))                                      # 获取精灵鱼位置
pic.set_colorkey(colorkey)                                         # 定义精灵鱼,colorkey 为透明背景
picx = picy = 0                                                    # 精灵鱼初始坐标
timer = pygame.time.Clock()                                        # 初始化时间对象
speedX = speedY = 5                                                # 精灵鱼速度初始值
paddleW, paddleH = 200, 25                                         # 船板宽和高
paddleX, paddleY = 300, 550                                        # 船板坐标
yellow = (255, 255, 0)                                             # 船板颜色(黄色)
```

```
picW = picH = 100                                          # 精灵鱼宽和高
points = 0                                                 # 玩家积分初始值
lives = 5                                                  # 玩家生命初始值
#【4.音乐加载】
pygame.mixer.init()                                        # 混音器初始化
pygame.mixer.music.load('d:\\test\\13\\music1.mp3')        # 加载音乐,常用 mp3 格式
#pygame.mixer.music.load('d:\\test\\13\\天空之城.mid')     # 或者加载 mid 音乐
pygame.mixer.music.set_volume(0.2)                         # 定义音量大小
pygame.mixer.music.play(-1)                                # 播放背景音乐,-1 为循环播放
sound = pygame.mixer.Sound('d:\\test\\13\\射击.wav')       # 加载音效,通常用 wav 格式
#【5.游戏主循环】
while True:                                                # 游戏主循环
    for event in pygame.event.get():                       # 循环检测事件队列
        if event.type == pygame.QUIT:                      # 接收到退出事件后
            pygame.quit()                                  # 释放所有 PyGame 模块
            exit()                                         # 退出正在运行的游戏程序
#【6.游戏计分】
        if event.type == pygame.KEYDOWN:                   # 判断键盘事件【游戏彩蛋】
            if event.key == pygame.K_F1:                   # 如果按 F1 键,则玩家满血复活
                points = 0                                 # 积分恢复初始值
                lives = 5                                  # 生命值恢复初始值
                picx = picy = 0                            # 精灵鱼坐标恢复初始值
                speedX = speedY = 5                        # 精灵鱼速度恢复初始值
#【7.精灵坐标计算】
    picx += speedX                                         # 精灵鱼 x 坐标加速
    picy += speedY                                         # 精灵鱼 y 坐标加速
    x, y = pygame.mouse.get_pos()                          # 获取玩家光标当前位置
    x -= playerimg.get_width()/2                           # 计算玩家光标左上角 x 位置
    y = 400                                                # 限制玩家只能在 y=400 方向运动
    #pygame.mouse.set_visible(False)                       # 不显示光标箭头
#【8.精灵边界检测】
    if picx <= 0 or picx + pic.get_width() >= 800:         # 判断精灵鱼是否出左右边界
        pic = pygame.transform.flip(pic, True, False)      # 如果出界,则精灵图片调头转身
        speedX = -speedX * 1.1                             # 精灵鱼加速
    if picy <= 0:                                          # 精灵鱼如果出上边界
        speedY = -speedY + 1                               # 则精灵鱼改变坐标方向
    if picy >= 500:                                        # 精灵鱼如果出下边界
        lives -= 1                                         # 则玩家生命值-1
        speedY = -5                                        # 精灵鱼减速
        speedX = 5                                         # 精灵鱼减速
        picy = 500                                         # 精灵鱼坐标重设
#【9.精灵动画效果】
    screen.blit(bg, (0, 0))                                # 渲染,将背景图绘制到屏幕上
    screen.blit(pic, (picx, picy))                         # 渲染,将精灵鱼绘制到屏幕上
    paddleX = pygame.mouse.get_pos()[0]                    # 捕获鼠标事件
    paddleX -= paddleW/2                                   # 计算光标的左上角位置
#【10.精灵碰撞检测】
    pygame.draw.rect(screen, yellow, (paddleX, paddleY, paddleW, paddleH))   # 边界检测
    if picy + picH >= paddleY and picy + picH <= paddleY + paddleH and speedY > 0:
                                                           # 边界检测
```

```
74            if picx + picW/2 >= paddleX and picx + picW/2 <= paddleX + paddleW:   # 边界检测
75                sound.play()                                       # 播放碰撞音效
76                points += 1                                        # 船板与精灵鱼触碰到时积分+1
77                speedY = - speedY                                  # 船板与精灵鱼触碰到时速度增加
78        screen.blit(playerimg, (x, y))                             # 在船板上渲染玩家图像
79        draw_string = '生命值:' + str(lives) + '积分:' + str(points)  # 显示玩家生命值和积分
80        if lives < 1:                                              # 玩家生命值小于1时结束游戏
81            speedY = speedX = 0                                    # 精灵鱼x和y方向停止运动
82            draw string = '游戏结束,你的成绩是:' + str(points)   # 显示玩家积分
83    #【11.图形文字显示】
84        text = font.render(draw_string, True, yellow)             # 文本字符绘图(生命值,积分)
85        text_rect = text.get_rect()                                # 文本数字绘图(生命值,积分数)
86        text_rect.centerx = screen.get_rect().centerx              # 获取屏幕位图
87        text_rect.y = 50                                           # 文本显示坐标(生命值,积分)
88        screen.blit(text, text_rect)                               # 渲染整个窗口图形(重要)
89        pygame.display.update()                                    # 渲染和刷新屏幕
90        timer.tick(60)                                             # 控制精灵速度(帧率为60帧/秒)
      >>>                                                            # 程序输出见图13-12
```

程序说明:

程序第16行,语句 pic = pygame.transform.scale(fish,(scale,scale))为缩放图片。fish为精灵鱼图片;第1个scale为缩放宽度(width);第2个scale为缩放高度(height)。

程序第29~34行,音效Sound可以同时播放多个,不过文件类型必须是wav或者ogg;而背景音乐music只能同时播放一个,文件类型可以是mp3、mid或者wav。

程序第56行,注意,游戏窗口左上角为原点,向右x为正,向下y为正。

程序第57行,语句 pic = pygame.transform.flip(pic,True,False)中,pic为精灵鱼图片;True为水平翻转(为False时不水平翻转);False为不垂直翻转(为True时垂直翻转)。

程序第78行,为了使捕鱼人在船板上面,程序中先绘制船板,后绘制捕鱼人。如果将这行语句移到第71行,则船板将会显示在人物上面。

程序第90行,语句为控制游戏画面刷新频率,数字越大,精灵速度就会越快。

习 题 13

13-1　简要说明什么是游戏引擎和它的基本模块。

13-2　简要说明游戏设计的主要工作。

13-3　简要说明什么是游戏精灵。

13-4　简要说明什么是图像渲染。

13-5　简要说明游戏主循环的主要工作。

13-6　编程:参照例13-1程序,掌握游戏程序设计基本框架。

13-7　编程:参照例13-11程序,掌握游戏子画面"抠图"的方法。

13-8　编程:参照例13-15程序,掌握检测精灵之间碰撞的方法。并且改进游戏中精灵之间碰撞时,精灵与精灵之间存在一些空隙的bug。

13-9　编程:参照例13-21程序,掌握移动背景图片和循环播放音乐的方法。

13-10　编程:参照例13-22程序,掌握在抓鱼游戏的设计方法。

第14章　其他应用程序设计

Python应用领域广泛,如图像处理、视频处理、语音合成、科学计算等。这些领域的Python编程既需要Python第三方软件包的支持(如NumPy、OpenCV、PIL等),又需要理解和掌握相关领域(如色彩模型、视频编码等)的一些专业知识,还需要了解常用经典算法的使用方法和适应范围。

14.1　图像处理程序设计

14.1.1　OpenCV基本应用

1. 软件包OpenCV概述

软件包OpenCV(开源计算机视觉库)由英特尔公司开发,可以在商业和研究领域中免费使用。OpenCV可用于开发实时图像处理、计算机视觉识别、模式识别等。函数库OpenCV用C++语言编写,它提供的接口有C++、Python、Java、MATLAB等程序语言。简单地说,OpenCV是一个SDK(软件开发工具包),它运行速度很快。OpenCV-Python使用指南的网站为https://github.com/abidrahmank/OpenCV2-Python-Tutorials。

2. 软件包OpenCV安装

在官方网站下载和安装OpenCV-Python时很容易失败,可以在国内清华大学等镜像网站下载安装。在Windows shell窗口下输入以下命令。

```
> pip3 install - i https://pypi.tuna.tsinghua.edu.cn/simple opencv   # 版本为4.6.0.66
- python
```

说明:

(1) 从OpenCV 4.3.0版开始,安装工具软件pip的版本必须高于19.3。

(2) Windows 10以下系统导入失败时,请检查是否安装了Visual C++ redistributable 2015。

3. 图像文件读取和显示

【例14-1】 读入和显示图像文件,检测OpenCV安装是否成功。

```
>>> import cv2                                      # 导入第三方包——视频处理
>>> import numpy                                    # 导入第三方包——科学计算
>>> img = cv2.imread('d:\\test\\14\\pic1.jpg', 1)   # 载入图片【注意,文件名不能用中文】
>>> cv2.imshow('image', img)                        # 在默认窗口中显示图像
>>> cv2.destroyAllWindows()                         # 关闭窗口,释放窗口资源
```

程序说明:

程序第 2 行，在 OpenCV 中，图像以 NumPy 的数组形式进行存储。

程序第 3 行，读取图片时，路径和文件名必须是全英文，中文字符会出错。但是路径分隔符随意，/、\、\\都可以。参数 1=加载彩色图像(0=加载灰度图像)。

4. 图像色彩模式

图像通常有彩色图像、灰度图像和二值图像。在图像识别中，经常将彩色图像转换为灰度图像，因为图像特征提取和识别中，需要图像数据具有梯度特征，而颜色信息会对梯度数据提取造成干扰。因此做图像特征提取前，一般将彩色图像转换为灰度图像，这样也大大降低了处理的数据量(数据量减少 2/3)，并且增强了图像处理效果。

(1) 彩色图像。彩色图像一般采用 RGB 色彩模型，即图像中每个像素点都由 R、G、B(红、绿、蓝)三色构成。有些色彩模型为 RGBA，A(Alpha)表示图像的透明度，如 gif、png 图片中的透明背景。

(2) 灰度图像。一般来说，图像像素的数据都是 uint8 类型(8 位无符号整数，范围是 0～255，常用于图像处理)。灰度图像将灰度划分为 256 个不同等级。在图像处理中，经常需要将彩色图像转换为灰度图像，有以下图像灰度转换公式：

浮点算法公式：$Gray=0.3R+0.59G+0.11B$

整数算法公式：$Gray=(30R+59G+11B)/100$

移位算法公式：$Gray=(28R+151G+77B)>>8$

平均值算法公式：$Gray=(R+G+B)/3$

单通道算法公式：$Gray=G$(如仅取绿色通道)

加权平均值公式：$Gray=0.299R+0.587G+0.144B$(根据光的亮度特性)

(3) 二值图像。二值图像中任何一个点非黑即白，要么为白色(像素值=255)，要么为黑色(像素值=0)。将灰度图像转换为二值图像时，通常对图像全部像素依次遍历，如果像素值≥127 则设置为 255，否则设置为 0。

5. 图像色彩空间变换函数

OpenCV 中图像色彩空间变换函数语法如下。

```
cv2.cvtColor(input_image, flag)
```

参数 input_image 为要变换色彩的图像，为 NumPy 的数组形式。

参数 flag 表示色彩空间变换的类型，如 cv2.COLOR_BGR2GRAY 表示将图像从 BGR 空间转换为灰度图(最常用)。

6. 图像数据的遍历

对图像进行处理时，往往不是将图像作为一个整体进行操作，而是对图像中的所有点或某些特殊点进行运算，所以遍历图像就显得很重要。

【例 14-2】 用科学计算软件包 NumPy，读取图像中的像素点数据。

```
>>> import cv2                                    # 导入第三方包——计算机视觉
>>> import numpy as np                            # 导入第三方包——科学计算
>>> img = cv2.imread('d:\\test\\14\\pic2.jpg')    # 载入图像数据
>>> x, y = 200, 150                               # 像素点坐标赋值
>>> img[x, y]                                     # 输出指定坐标点像素的颜色值
array([170, 136, 23], dtype = uint8)              # 像素点颜色，R 为 170，G 为 136，B 为 23
```

【例 14-3】 读取源图像(见图 14-1)，并且进行图像反相操作(见图 14-2)。

图 14-1 源图像

图 14-2 图像反相图

```
1  import cv2                                            # 导入第三方包——视觉处理
2  img = cv2.imread('d:\\test\\14\\pic3.jpg')            # 载入源图片
3  height = img.shape[0]                                # 高度列表初始化
4  weight = img.shape[1]                                # 宽度列表初始化
5  channels = img.shape[2]                              # 通道列表初始化
6  for row in range(height):                            # 遍历高度列表
7      for col in range(weight):                        # 遍历宽度列表
8          for c in range(channels):                    # 遍历各通道列表
9              value = img[row, col, c]                 # 读取行、列、通道列表
10             img[row, col, c] = 255 - img[row, col, c] # 对像素值进行反相操作
11 cv2.imshow('result', img)                            # 显示反相后的图像
12 cv2.waitKey()                                        # 等待退出按键
   >>>                                                  # 程序输出见图 14-2
```

程序说明：程序第 10 行，255－img[row,col,c]为图像反相操作，row 为行，col 为列，c 为通道。

14.1.2 案例：人物图像特效处理

图像是一种二维矩阵数据，对图像进行滤波(卷积运算)是一种常见操作。如手机照片的美颜功能、Photoshop 中的滤镜、美图秀秀等，它们可以对图像进行各种风格化处理，如油画、水雾、轮廓、柔化等特效，这些特效本质上就是对照片进行滤波处理。滤波操作在其他领域的应用也非常普遍，如机器学习中的卷积神经网络等。

1. 通用滤波器函数

通用的滤波函数可以自定义滤波器(卷积核)，对图像进行滤波操作。常用二维图像滤波器函数 filter2D()的语法如下。

```
dst = cv2.filter2D(pic, ddepth, kernel[, anchor[, delta[, borderType]]])
```

返回值 dst 为滤波操作后的图像数据。

参数 pic 为要进行滤波操作的图像数据。

参数 ddepth 为输出图像的数据类型，一般为－1，表示输出与输入数据类型一致。

参数 kernel 为进行滤波操作的卷积核，为 NumPy 的数组形式，为 float32 类型的浮点数。

参数 anchor 为滤波器中锚点位置，为二元组，默认值为(－1，－1)，一般不修改。

参数 delta 为滤波后再加上该值为最终输出值，浮点数，默认值为 0。

参数 borderType 为边界类型(镜像边界)，默认为 cv2. BORDER_DEFAULT，其他常用值还有 cv2. BORDER_CONSTANT(使用常数填充边界)、cv2. BORDER_REPLICATE(复制填充边界)、cv2. BORDER_REFLECT(镜像边界)。

2. 利用数学形态学检测图像边缘

数学形态学检测图像边缘的原理很简单，对图像进行膨胀操作时，图像中的物体会向周围扩张(用于将断开的边缘连接起来)；对图像进行腐蚀操作时，图像中的物体会收缩(用于将粘连在一起的边缘分离开来)。由于图像变化的区域只发生在图像边缘，因此将膨胀后的图像减去腐蚀后的图像，就会得到图像中物体的边缘。

【例 14-4】 利用数学形态学的方法，对源图像(见图 14-3)进行膨胀与腐蚀操作，检测图像边缘(见图 14-4)。

图 14-3　源图像

图 14-4　图像边缘提取

```
1   import cv2                                                    # 导入第三方包——视觉处理
2   import numpy                                                  # 导入第三方包——科学计算
3
4   image = cv2.imread('D://test//14//pic5.jpg', 0)               # 载入源图
5   element = cv2.getStructuringElement(cv2.MORPH_RECT, (3, 3))   # 构造卷积核(结构元素)
6   dilate = cv2.dilate(image, element)                           # 图像膨胀(即边缘变大)
7   erode = cv2.erode(image, element)                             # 图像腐蚀(即边缘变小)
8   result = cv2.absdiff(dilate, erode)                           # 图像减运算(膨胀 - 腐蚀)
9   retval, result = cv2.threshold(result, 40, 255, cv2.THRESH_   # 灰度图像二值化
    BINARY)
10  result = cv2.bitwise_not(result)                              # 反相(对二值图像取反)
11  cv2.imshow('result', result)                                  # 显示图像
12  cv2.waitKey(0)
13  cv2.destroyAllWindows()                                       # 关闭窗口，释放资源
    >>>                                                           # 程序输出见图 14 - 4
```

程序说明：

程序第 5 行，返回值 element 为卷积核；cv2. getStructuringElement()为返回指定形状和尺寸的结构元素；MORPH_RECT 为矩形形状；(3,3)为构造一个 3×3 的结构元素。

程序第 6 行，函数 cv2. dilate(image,element)为数学形态学的膨胀运算，即将前景物体边缘变大，image 为输入图像，element 为卷积核。

程序第 7 行,函数 cv2. erode()为腐蚀运算,即将前景物体边缘变小。

程序第 8 行,函数 cv2. absdiff(dilate,erode)为将图像 dilate 与图像 erode 相减,获得图像边缘,第 1 个参数是膨胀后的图像,第 2 个参数是腐蚀后的图像。

程序第 9 行,对上面得到的灰度图二值化,以便更清楚地显示图像边缘轮廓。

3. 双边滤波

双边滤波是一种非线性滤波方法,它是结合图像空间邻近度和像素值相似度的一种折中图像处理方法,它同时考虑了空间信息和灰度相似性,达到保边去噪的目的。双边滤波比高斯滤波多了一个高斯方差 sigma-d,它是基于空间分布的高斯滤波函数,所以在边缘附近,离得较远的像素对边缘像素值的影响不会太多,这样就保证了边缘附近像素值的保存。但是由于保存了过多的高频信息,对于彩色图像里的高频噪声,双边滤波不能够干净地滤掉,只能够对于低频信息进行较好的滤波。双边滤波函数语法如下。

```
bilateralFilter(pic, d, sigmaColor, sigmaSpace[, dst[, borderType]])
```

参数 pic 表示待处理的输入图像数据。

参数 d 表示过滤时每个像素邻域的直径。如果输入 d 非 0,则 sigmaSpace 由 d 计算得出,如果 sigmaColor 没输入,则 sigmaColor 由 sigmaSpace 计算得出。

参数 sigmaColor 表示色彩空间的标准方差,一般尽可能大。较大的参数值意味着像素邻域内较远的颜色会混合在一起,从而产生更大面积的半相等颜色。

参数 sigmaSpace 表示坐标空间的标准方差,一般尽可能小。参数值越大意味着只要它们的颜色足够接近,越远的像素都会相互影响。当 d>0 时,它指定邻域大小而不考虑 sigmaSpace。否则,d 与 sigmaSpace 成正比。

4. 双边滤波图像光滑程序设计案例

【例 14-5】 源图像如图 14-5 所示,利用双边滤波(见图 14-6)和均值漂移(见图 14-7)进行图像光滑处理。

图 14-5 源图像

图 14-6 双边滤波图像

图 14-7 均值漂移滤波图像

```
#E1405.py                                               #【1. 导入软件包】
import cv2 as cv                                        # 导入第三方包——视觉处理
```

```
3  import numpy as np                                    # 导入第三方包——科学计算
4
5  def doub_filter(image):                               #【2.双边滤波函数】
6      dst = cv.bilateralFilter(image, 0, 100, 15)       # 图像双边滤波
7      cv.namedWindow('bi_demo', cv.WINDOW_NORMAL)       # 新建一个显示窗口
8      cv.imshow('bi_demo', dst)                         # 显示图像
9
10 def mean_shift(image):                                #【3.均值漂移函数】
11     dst = cv.pyrMeanShiftFiltering(image, 10, 50)     # 用均值漂移做图像平滑滤波
12     cv.namedWindow('shift_demo', cv.WINDOW_NORMAL)    # 新建一个显示窗口
13     cv.imshow('shift_demo', dst)                      # 显示均值漂移平滑后的图像
14                                                       #【4.图像处理】
15 pic = cv.imread('d:\\test\\14\\pic6.jpg')             # 载入图像文件
16 cv.namedWindow('input_image', cv.WINDOW_NORMAL)       # 新建一个窗口
17 cv.imshow('input_image', pic)                         # 显示源图像
18 doub_filter(pic)                                      # 调用双边滤波函数
19 mean_shift(pic)                                       # 调用均值漂移平滑函数
20 cv.waitKey(0)                                         # 获取按键
21 cv.destroyAllWindows()                                # 关闭窗口,释放资源
   >>>                                                   # 程序输出见图 14-6、图 14-7
```

程序说明：程序第 11 行，语句 cv.pyrMeanShiftFiltering(image,10,50)为均值漂移算法，利用均值漂移算法可以实现图像在色彩层面的平滑滤波，它可以中和色彩分布相近的颜色，平滑色彩细节，侵蚀掉面积较小的颜色区域。参数 image 为输入图像数据，8 位，3 通道的彩色图像，并不要求是 RGB 格式，HSV、YUV 等彩色图像格式均可；参数 10 为漂移物理空间半径大小；参数 50 为漂移色彩空间半径大小。

14.1.3 案例：B 超图像面积计算

图像处理时，经常需要找到图像的主体轮廓，并且用指定的颜色对特定区域进行标记，最后对勾勒轮廓内的区域进行面积计算。

1. 图像轮廓提取的要求

软件包 OpenCV 中的函数 findContours()可以提取图像轮廓，但是对图像有以下要求：一是输入的图像必须是单通道(不支持彩色图像)；二是输入的图像数据必须是 8UC1 格式(8 为 8b；U 为 Unsigned，无符号整型数据；C1 为单通道灰度图像)，否则程序会报错；三是输入图像的背景必须是黑色，否则会轮廓提取失败。要求一和二可以用以下语句解决。

```
mat_img2 = cv2.imread(img_path, cv2.CV_8UC1)
```

背景不是黑色的图像进行轮廓提取时，需要进行预处理，将背景转换为黑色。一个简单的处理办法是阈值化处理：设定一个阈值 Threshold 和一个指定值 OutsideValue，当图像中像素满足某种条件(大于或小于设定的阈值时)，像素值发生变化。

2. 图像轮廓获取函数

获取图像的轮廓后，就可以计算轮廓的周长与面积。根据轮廓的面积与弧长可以实现对不同大小对象的过滤，寻找到感兴趣的区域和参数。对轮廓区域进行面积计算基于格林公式，函数语法如下。

```
area = cv.contourArea(Input Array contour, bool oriented = false)
```

参数 Input Array contour 表示输入的点，一般是图像的轮廓点。

参数 bool oriented=false 表示某一个方向上轮廓的面积值，false 返回的面积是正数；如果方向参数为 true，表示会根据是顺时针返回正值面积，或者逆时针方向返回负值面积。

计算轮廓曲线的弧长，函数语法如下。

```
arclen = cv.arcLength(InputArray curve, bool closed)
```

参数 InputArray curve 表示输入的轮廓点集。

参数 bool closed 默认表示是闭合区域。

3. 利用模板对图像进行轮廓区域面积计算

【例 14-6】 自适应阈值分割函数计算精度并不高，下面用轮廓模板对不规则区域进行面积计算。源图像如图 14-8 所示。为了降低编程难度，提高计算精度，B 超图像模板采用 Photoshop 软件制作(见图 14-9)。图像捕捉和面积计算如图 14-10 所示。

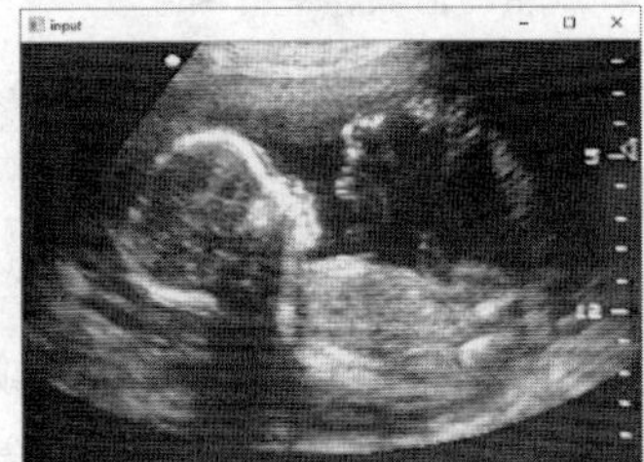

图 14-8　B 超源图像

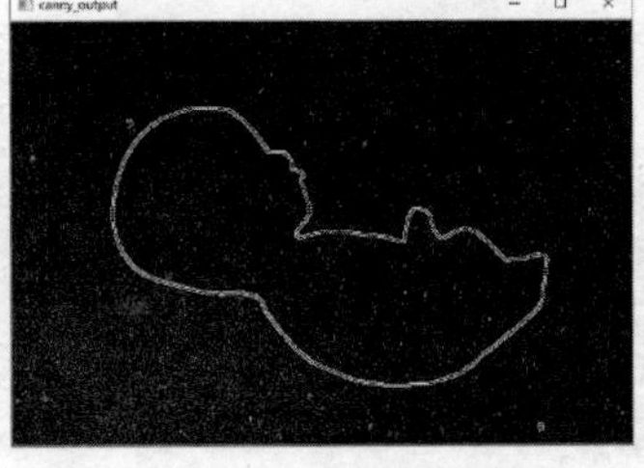

图 14-9　轮廓模板

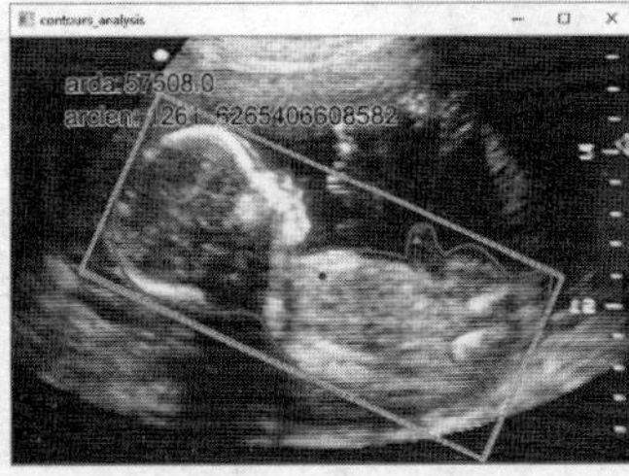

图 14-10　图像捕捉和面积计算

```
#【1.软件包导入】
import cv2 as cv                                                        # 导入第三方包——计算视觉
import numpy as np                                                      # 导入第三方包——科学计算

#【2.Canny 边缘检测】
def canny_check(image):
    t = 140
    canny_output = cv.Canny(image, t, t * 2)                            # Canny 算法边缘检测
    cv.imshow('canny_output', canny_output)                             # 显示模板图像
    cv.imwrite('d:\\test\\14\\pic8M_output.jpg', canny_output)          # 图像模板保存
    return canny_output                                                 # 返回模板边缘
#【3.读取图像】
pic1 = cv.imread('d:\\test\\14\\pic8.jpg')                              # 读取原始图像
pic2 = cv.imread('d:\\test\\14\\pic8M.jpg')                             # 读取图像模板
cv.namedWindow('input', cv.WINDOW_AUTOSIZE)                             # 新建一个显示窗口
cv.imshow('input', pic1)                                                # 显示输入的源图像
#【4.调用边缘检测函数】
binary = canny_check(pic2)                                              # 调用边缘检测函数
#【5.轮廓发现】
contours, hierarchy = cv.findContours(binary, cv.RETR_EXTERNAL,
    cv.CHAIN_APPROX_SIMPLE)                                             # 标记图像轮廓
for c in range(len(contours)):
    area = cv.contourArea(contours[c])                                  # 计算图像轮廓面积
```

```
24      arclen = cv.arcLength(contours[c], True)                # 计算图像轮廓周长
25      rect = cv.minAreaRect(contours[c])                      # 图像矩形捕捉
26      cx, cy = rect[0]
27      box = cv.boxPoints(rect)                                # 计算最小外接矩形
28      box = np.int0(box)                                      # 外接矩形数据取整
29  #【6.轮廓描绘】
30      cv.drawContours(pic1, [box], 0, (0,255,0), 2)           # 绘制矩形框
31      cv.circle(pic1, (np.int32(cx), np.int32(cy)), 2, (255, 0, 0), 2, 8, 0)
                                                                # 绘制模板曲线
32      cv.drawContours(pic1, contours, c, (0, 0, 255), 2, 8)   # 绘制源图像
33      cv.putText(pic1, "Area:" + str(area), (50, 50),
34          cv.FONT_HERSHEY_SIMPLEX, .7, (0, 0, 255), 1);       # 显示面积,不支持中文
35      cv.putText(pic1, 'Arclen:' + str(arclen), (50, 80),
36          cv.FONT_HERSHEY_SIMPLEX, .7, (0, 0, 255), 1);       # 显示周长,不支持中文
37  #【7.图像显示】
38  cv.imshow('contours_analysis', pic1)                        # 显示胎儿图像
39  #cv.imwrite('d:\\test\\14\\pic8_out.jpg', pic1)             # 保存分析的图像
40  print('图像周长为:', arclen)
41  print('图像面积为:', area)
42  cv.waitKey(0)                                               # 等待图像关闭
43  cv.destroyAllWindows()                                      # 关闭图像窗口
>>>                                                             # 程序输出见图 14-10
图像周长为: 1261.6265406608582
图像面积为: 57508.0
```

程序说明：程序第 39 行，cv.imwrite(文件名，pic1)为保存显示图像，参数 pic1 为图像数据类型，它是 NumPy 中的 ndarray(数组)数据类型。

14.1.4 案例：图像中的物体计数

【例 14-7】 细胞显微源图像如图 14-11 所示，利用程序统计图片中细胞的数量。从图 14-11 中可以看出，部分细胞图像有粘连现象，这不利于图像识别，需要利用程序对图像进行腐蚀处理(数学形态学操作)，减少细胞图像的粘连现象(见图 14-12)。

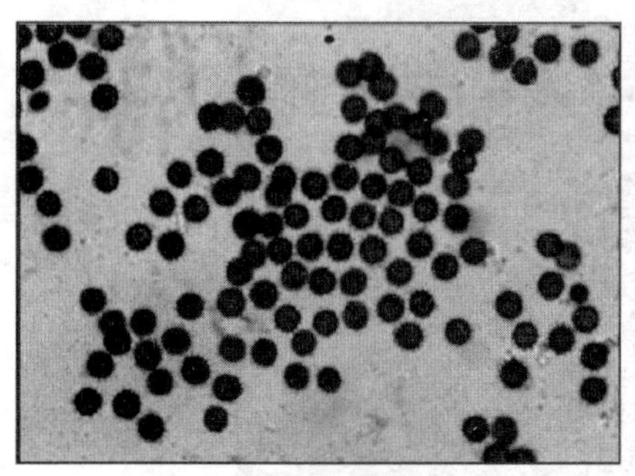

图 14-11 细胞显微源图像(共 117 个)

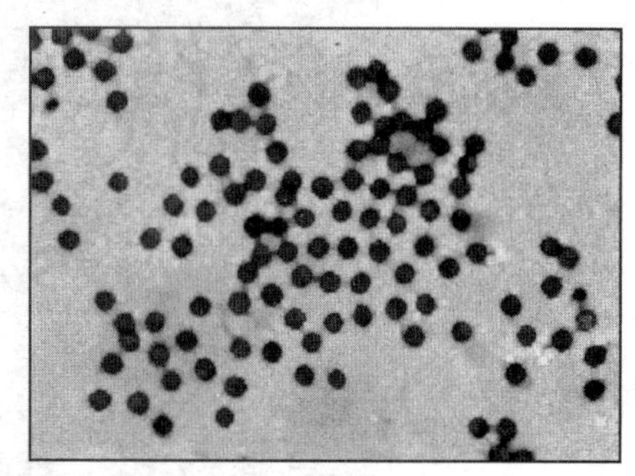

图 14-12 腐蚀处理后的图像

```
#【1.初始化】
import cv2                                                      # 导入第三方包——视觉处理

img = cv2.imread('d:\\test\\14\\pic9.jpg',0)                    # 载入图片
```

```
 5  kernel = cv2.getStructuringElement(cv2.MORPH_RECT, (7,7))    # 定义结构元素(卷积核)
 6  cv2.imshow('A 源图像', img)                                   # 显示源图像
 7  #【2.膨胀图像】
 8  eroded = cv2.erode(img, kernel)                               # 图像膨胀运算
 9  cv2.imshow('B 膨胀图像', eroded)                              # 显示膨胀图像
10  #【3.腐蚀图像】
11  dilated = cv2.dilate(img, kernel)                             # 图像腐蚀运算
12  cv2.imwrite('d:\\test\\14\\pic9M.png', dilated)               # 保存腐蚀后的图像
13  cv2.imshow('C 腐蚀', dilated)                                 # 显示腐蚀图像
14  cv2.waitKey(0)                                                # 等待退出
15  cv2.destroyAllWindows()                                       # 释放窗口资源
    >>>                                                           # 程序输出见图 14-12
```

程序说明：

程序第 5 行，用 OpenCV 函数构造一个 7×7 的结构元素(卷积核)。

程序第 8 行，膨胀运算：用 kernel(结构元素)扫描图像的每个像素；用 kernel 与其覆盖的图像做与操作；如果都为 0，则该像素为 0，否则为 1。结果使细胞图像扩大。

程序第 11 行，腐蚀运算：用 kernel 扫描图像的每个像素；用 kernel 与其覆盖的图像做与操作；如果都为 1，则该像素为 1，否则为 0。结果使图像减小。

【例 14-8】 腐蚀后的细胞图像如图 14-13 所示，利用程序统计图片中细胞的数量。

案例分析：

(1) 软件包 Pillow(安装参见 1.1.4 节)有强大的图像处理功能，它具有噪声过滤、颜色转换、图像特性统计、图像格式转换、图像大小转换、图像旋转等功能。

(2) 科学计算软件包 scipy.ndimage 中的 measurements 模块具有计数和度量功能，可以利用它对二值化处理后的图像进行计数。

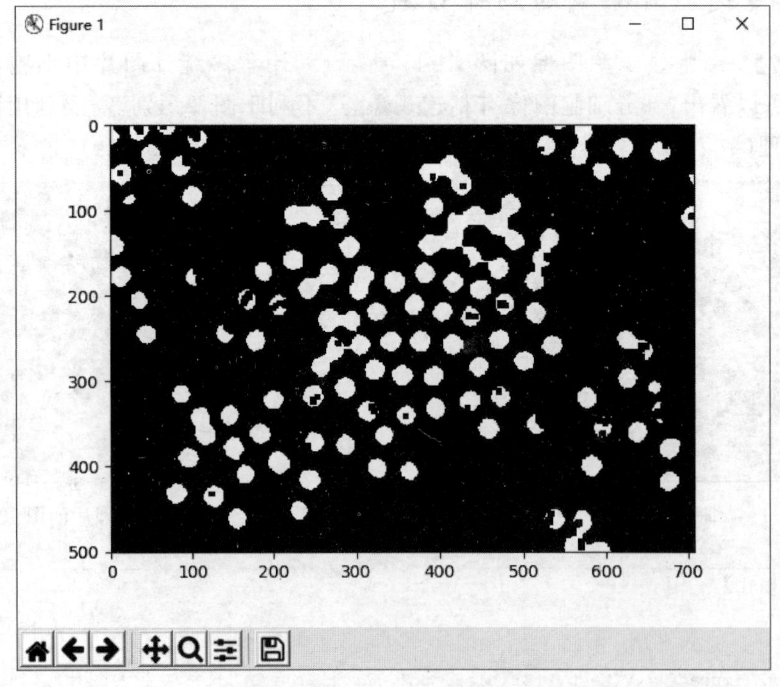

图 14-13 二值化处理后的图像

```
from PIL import Image                                      # 导入第三方包——图像处理
from pylab import *                                        # 导入第三方包——绘图
from scipy.ndimage import measurements, morphology         # 导入第三方包——科学计算

im = array(Image.open('d:\\test\\14\\pic9M.png').convert('L'))   # 载入细胞显微图片
im = 1 * (im < 128)                                        # 阈值化操作,二值化图像
labels, nbr_objects = measurements.label(im)               # 计算细胞数量
print('细胞的数量是:', nbr_objects)                         # 显示细胞数量计算值
figure()                                                   # 新建图像
gray()                                                     # 不使用颜色信息
imshow(im)                                                 # 生成图像
show()                                                     # 显示二值图像
>>>细胞的数量是:117                                         # 程序输出见图 14-13
```

14.2 语音合成程序设计

14.2.1 TTS 转换原理

1. TTS 介绍

TTS(Text To Speech,从文本到语音)是把文字转换为语音的合成引擎。TTS 技术涉及声学、语言学、心理学、数学信号处理技术等多个学科,它是中文信息处理领域的一项前沿技术。TTS 技术可以对文本文件进行实时转换,转换时间以秒计算。文本输出的语音音律流畅,听者感觉自然,毫无机器语音输出的冷漠与生涩感。TTS 技术覆盖了国标一、二级汉字,具有英文接口,能够自动识别中文和英文,支持中英文混读。所有声音采用真人普通话为标准发音,实现了 120～150 个汉字/分钟的快速语音合成,朗读速度达每秒三四个汉字,专业版用户可以听到清晰悦耳的音质和连贯流畅的语调。

2. TTS 转换过程

早期 TTS 一般采用专用芯片实现,目前应用的 TTS 一般用纯软件实现。TTS 转换包括以下主要过程。

(1) 文本分析。对输入文本进行语言学分析,逐句进行词汇、语法和语义分析,以确定句子底层结构和每个单字音素的组成,包括文本的断句、字词切分、多音字处理、数字处理、中英文区分、缩略语处理等。

(2) 语音合成。把处理好的文本所对应的单字或短语从语音合成库中提取,把文字的语言学描述转换为言语波形。

(3) 韵律处理。合成音质是指语音合成系统所输出的语音质量,一般从清晰度、自然度、连贯性等方面进行主观评价。清晰度是正确听辨有意义词语的百分率;自然度用来评价合成语音音质是否接近人说话的声音,合成词语的语调是否自然;连贯性用来评价合成语句是否流畅。

(4) 软件包。要合成出高质量的语音,采用的算法极为复杂,对机器的要求也非常高。除了 TTS 软件之外,很多商家还提供硬件产品。支持 Python 的软件 TTS 引擎很多,如 pyttsx3、百度语音合成 API、谷歌 gTTS、微软系统内置语音接口 SAPI 等。

14.2.2 案例：文本朗读 pyttsx3

软件包 pyttsx3 是一个开源语音合成引擎，它在 32 位 Python 3.x 版下兼容性很好，但是在 64 位 Python 3.x 下运行时会发生错误。可以借助 pyttsx3 实现在线朗读文本文件或朗读 txt 文件等，而且 pyttsx3 对中文的支持也很好。

1. 安装 pyttsx3

【例 14-9】 第三方软件包 pyttsx3 安装方法如下。

```
> pip install -i https://pypi.tuna.tsinghua.edu.cn/simple pyttsx3    # 版本为 2.90
```

使用指南见 https://pyttsx3.readthedocs.io/en/latest/engine.html。

2. 短语朗读

pyttsx3 通过初始化来获取语音引擎。当程序第一次调用 init()时，会返回一个 pyttsx3 的 engine 对象。再次调用时，如果存在 engine 对象实例，就会使用现有的对象实例；否则再重新创建一个对象实例。

【例 14-10】 朗读英文短语“Hello World!”。

```
import pyttsx3                          # 导入第三方包——语音合成
teacher = pyttsx3.init()                # 语音模块初始化
teacher.say('Hello World!')             # 文本内容语音合成
teacher.runAndWait()                    # 朗读英文文本
>>>                                     # 程序输出,输出朗读声音
```

【例 14-11】 朗读朱自清《春》中文短语。

```
import pyttsx3                          # 导入第三方包——语音合成
msg = '盼望着,盼望着,东风来了'
teacher = pyttsx3.init()                # 语音模块初始化
teacher.say(msg)                        # 文本内容语音合成
teacher.runAndWait()                    # 朗读中文文本
>>>                                     # 程序输出,输出朗读声音
```

【例 14-12】 调节朗读语速。

```
import pyttsx3                          # 导入第三方包——语音合成
msg = '盼望着,盼望着,东风来了'            # 朗读文本赋值
teacher = pyttsx3.init()                # 语音模块初始化
rate = teacher.getProperty('rate')
teacher.setProperty('rate', rate - 50)  # 调节语速,-50 为慢,50 为快
teacher.say(msg)                        # 文本内容语音合成
teacher.runAndWait()                    # 朗读中文文本
>>>                                     # 程序输出,输出朗读声音
```

【例 14-13】 调节朗读音量。

```
import pyttsx3                          # 导入第三方包——语音合成
engine = pyttsx3.init()                 # 语音模块初始化
volume = engine.getProperty('volume')
engine.setProperty('volume', volume - 0.25)   # 调整音量
engine.say('盼望着,盼望着,东风来了')        # 文本内容语音合成
engine.runAndWait()                     # 朗读文本
>>>                                     # 程序输出,输出朗读声音
```

3. 文件朗读

【例 14-14】 朗读朱自清的"春.txt"文本文件全部内容。

```
import pyttsx3                                  # 导入第三方包——语音合成
engine = pyttsx3.init()                         # 语音模块初始化
engine.setProperty('voice', 'zh')               # 定义语音引擎为中文
file = open('d:\\test\\14\\春.txt', 'r')        # 定义文件句柄
line = file.readline()                          # 按行读取文本文件内容
while line:                                     # 定义循环事件
    line = file.readline()                      # 读取行文本
    engine.say(line)                            # 文本内容语音合成
engine.runAndWait()                             # 朗读文本
file.close()                                    # 关闭文件
>>>                                             # 程序输出,输出朗读声音
```

14.2.3 案例:语音天气预报

语音天气预报的工作步骤:获取天气数据,加载语音引擎,播报天气数据。

天气预报数据可以通过网络爬虫获取。提供天气预报数据的网站很多,如中国天气网、中国气象网、气象大数据平台等网站,大部分网站都免费提供短期气象预报数据。可以通过网站提供的 API 获取天气数据;也可以通过网页分析,爬取需要的数据。

语音播报引擎很多,如百度语音合成模块 AipSpeech、微软 TTS 语音引擎、Python 第三方语音引擎包 pyttsx3 等。不同语音引擎的 API 不同,可以在程序中加载语音引擎,并且设置相关的语音 API 参数。

将天气预报数据转换为 Python 可以识别的数据。可以在程序中指定播报的数据,如天气状况、温度、风级等;还可以用 Matplotlib 模块绘制温度变化图。

【例 14-15】 用网络爬虫爬取天气预报信息后,用语音播报出来。

```
#E1415.py                                               #【1.导入软件包】
import urllib.request                                   # 导入标准模块——网络爬虫
import re                                               # 导入标准模块——正则表达式
from bs4 import BeautifulSoup                           # 导入第三方包——网页解析
import pyttsx3                                          # 导入第三方包——语音合成

def voice(engine, date, win, temp, weather):            #【2.打印天气预报】
    print(date)                                         # 打印日期
    print('天气:' + weather)                            # 打印天气
    print('最低温度:' + temp[4:8])                      # 打印最低温度
    print('最高温度:' + temp[1:3])                      # 打印最高温度
    print('风级:' + win)                                # 打印风级
    print('\n')                                         # 打印换行
    engine.say(date)                                    # 调用语音播报函数
    engine.say('天气:' + weather)                       # 语音播报天气
    if temp[5:8] != '':                                 # 是否为最低温度
        engine.say('最低温度:' + temp[4:8])             # 播报最低温度
    if temp[1:4] != '':                                 # 是否为最高温度
        engine.say('最高温度:' + temp[1:3])             # 播报最高温度
    engine.say('风级小于:' + win[1:4])                  # 播报风力
```

```
    engine.runAndWait()                                    # 播报暂停

def parse_weather_infor(url):                              #【3.天气预报函数】
    #【3.1 爬取网络数据】
    headers = ('User-Agent', 'Mozilla/5.0 (Macintosh;\     # 伪装成浏览器访问
    Intel Mac OS X 10_12_6) \
    AppleWebKit/537.36 (KHTML, like Gecko) '
    'Chrome/61.0.3163.100 Safari/537.36')
    opener = urllib.request.build_opener()                 # 发送请求,获取数据
    opener.addheaders = [headers]                          # 读取网页头部信息
    resp = opener.open(url).read()                         # 读取网页内容
    soup = BeautifulSoup(resp, 'html.parser')              # 解析网页数据
    tagDate = soup.find('ul', class_ = 't clearfix')       # 获取当前日期
    #【3.2 转换网络数据】
    tgs = soup.findAll('h1', tagDate)                      # 解析一周天气数据
    dates = tgs[0:7]                                       # 获取一周数据列表
    for d in range(len(dates)):                            # 循环输出日期数据
        print(dates[d].getText())                          # 打印预报日期
    tagAllTem = soup.findAll('p', class_ = 'tem')          # 获取网页天气信息
    tagAllWea = soup.findAll('p', class_ = 'wea')          # 获取网页天气温度
    tagAllWin = soup.findAll('p', class_ = 'win')          # 获取网页风力信息
    location = soup.find('div', class_ = 'crumbs fl')      # 网页位置定位
    text = location.getText()                              # 获取数据文本
    #【3.3 语音初始化】
    engine = pyttsx3.init()                                # pyttsx3语音初始化
    rate = engine.getProperty('rate')                      # 获取当前语速
    print(f'默认语速:{rate},设置语速:{175}')                # 打印当前语音速率
    engine.setProperty('rate', 175)                        # 定义语音速率
    volume = engine.getProperty('volume')                  # 获取当前音量水平
    print('音量级别:', volume)                              # 打印当前音量级别
    engine.setProperty('volume', 1.0)                      # 定义音量(0~1)
    #【3.4 语音特征设置】
    #voices = engine.getProperty('voices')                 # 获取当前语音信息
    #engine.setProperty('voice', voices[0].id)             # 语音参数(0为男性)
    #engine.setProperty('voice', voices[1].id)             # 语音参数(1为女性)
    #【3.5 开始语音播报】
    print('以下播报' + str(text.split(">")[2]) +
        '未来7天天气情况…')
    engine.say('以下播报' + str(text.split(">")[2]) +
        '未来7天天气情况')
    engine.runAndWait()                                    # 播报暂停
    for k in range(len(dates)):                            # 循环播报
        voice(engine, dates[k].getText(), tagAllWin[k].i.string,
            tagAllTem[k].getText(), tagAllWea[k].string)
    engine.say('天气播报完毕')                              # 播报提示信息
    engine.runAndWait()                                    # 播报暂停

if __name__ == '__main__':                                 #【4.主程序】
    url = 'http://www.weather.com.cn/weather/101190401.shtml'  # 网址赋值
```

```
70      parse_weather_infor(url)                                # 调用语音播报函数
    >>>苏州未来7天天气情况…                                      # 程序输出(略)
```

程序说明：

程序第29行，函数urllib.request.build_opener()为向网站服务器发送请求，并且获取服务器返回的响应数据。

程序第31行，函数opener.open(url).read()为读取网页中的具体内容。

程序第45行，函数pyttsx3.init()为构造一个新的TTS引擎实例。函数有2个参数：第1个参数是“驱动设备名”，即当前程序在什么设备上运行，如果为None，则选择操作系统的默认的驱动程序，一般使用默认参数；第2个参数是debug，表示是否以调试模式输出，一般也设置为空。

程序第63、64行，函数voice()为语音播报的数据。参数engine上面注释已经说明；参数dates[k].getText()、参数tagAllWin[k].i.string、tagAllTem[k].getText()、tagAllWea[k].string为需要进行语音播报的数据文本。

14.2.4 案例：文本朗读Windows API

微软语音合成引擎是Microsoft Speech API SDK，简称为SAPI。SAPI的版本由Windows系统决定，从Windows XP起，就包含了SAPI 5.x版本的微软Sam语音合成引擎。SAPI引擎的两个基本功能是文本语音转换系统和语音识别系统。

在SAPI中，ISpVoice是语音合成的主接口，应用程序通过ISpVoice的对象接口控制文本语音转换。应用程序已经建立了ISpVoice对象时，应用程序就只需要调用ISpVoice::Speak就可以从文本数据中得到发音。另外，ISpVoice接口也提供了一些方法来改变声音合成属性，如语速控制ISpVoice::SetRate、输出音量控制ISpVoice::SetVolume、改变当前讲话声音ISpVoice::SetVoice等。

微软ISpRecoContext是语音识别的主接口。像ISpVoice一样，它是一个ISpEventSource接口，它是语音程序接收被语音识别事件通知的媒介。

【例14-16】 借助微软语音接口进行文语转换。利用第三方软件包win32com来调用Windows操作系统内置的语音引擎SAPI实现文本的朗读。

```
import win32com.client as win                                              # 导入第三方包

speak = win.Dispatch('SAPI.SpVoice')                                       # 语音接口
print('The most distant way in the world,\n is not the way from birth to the end')   # 打印英文
print('It is when I sit near you,\n that you dont understand I love you')  # \n为换行符
speak.Speak('The most distant way in the world, is not the way from birth to
the end, It is when I sit near you, that you dont understand I love you')  # 朗读英文
print('泰戈尔《世界上最远的距离》\n世界上最远的距离,')                       # 打印中文
print('不是生与死的距离,\n而是我站在你面前,\n你不知道我爱你。')
speak.Speak('泰戈尔《世界上最远的距离》。世界上最远的距离,不是生与死的         # 朗读中文
距离,而是我站在你面前,你不知道我爱你')
>>>                                                                        # 输出声音
The most distant way in the world,
```

```
…(输出略)
泰戈尔《世界上最远的距离》
…(输出略)
```


程序说明:

程序第 1 行,win32com 是第三方软件包 pywin32 中一个模块(参见 7.2.4 节)。

程序第 3 行,调用 Windows 语音接口 SAPI.SpVoice。

程序第 4～7 行和第 10、11 行,这些长语句必须在一行中,不要分行,以免出错。

14.3 科学计算程序设计

14.3.1 符号计算编程

1. 科学计算软件包

Python 中科学计算的第三方软件包较多。如 NumPy 中的 numpy.linalg.solve 模块可以求解线性方程组,但是 NumPy 软件包解的方程较为初级;软件包 SciPy 可以求解非线性方程组,但是解集并不完备。

软件包 SymPy 符号计算功能强大,它支持的初等数学计算包括基础计算、公式简化、微积分、解方程、矩阵计算、几何计算、级数计算;它支持的高等数学计算包括范畴论、微分几何、常微分方程、偏微分方程、傅里叶变换、集合论、逻辑计算等。

```
> pip install -i https://pypi.tuna.tsinghua.edu.cn/simple sympy        # 版本为 1.11.1
> pip install -i https://pypi.tuna.tsinghua.edu.cn/simple scipy        # 版本为 1.9.0
```

2. 通用符号计算

符号计算可以减少数值计算问题的复杂性。软件包 SymPy 完全用 Python 编写,它为各种数学分析和符号计算问题提供了工具。软件包 SymPy 中,创建符号的函数有 sympy.Symbol、sympy.symbols、sympy.var 等。通常将 SymPy 中的符号与具有相同名称的变量相关联。如:x = sympy.Symbol("x")语句中,变量 x 表示一个抽象的数学符号 x,x 可以是实数、整数、复数、函数,以及其他可能的形式。与其他符号计算软件包不同,在 SymPy 中要明确声明(定义)符号变量。

【例 14-17】 对多项式 x^2+3x-5 进行符号计算。

```
>>> import sympy                                    # 导入第三方包——符号计算
>>> x = sympy.symbols("x")                          # 定义符号 x
>>> f = x**2 + 3*x - 5                              # 定义函数 f
>>> print(f"f(x) = {f}")                            # 打印函数 f(x)
f(x) = x**2 + 3*x - 5
>>> x1 = 3                                          # 变量赋值
>>> print(f'f({x1}) = {f.subs({x:x1})}')            # 代入变量数值,计算函数 f(x)
f(3) = 13
```

【例 14-18】 对求和计算式 $\sum_{n=1}^{100} 5n$ 进行符号计算。

```
import sympy                        # 导入第三方软件包——符号计算
n = sympy.Symbol('n')               # 定义变量
```

```
f = 5 * n                                  # 定义函数
s = sympy.summation(f, (n, 1, 100))        # 语法:sympy.summation(函数名,(变量,起始值,终止值))
print(s)                                   # 打印和
>>> 25250                                  # 程序输出
```

【例 14-19】 对多项式$\frac{x^2+3x+2}{x^2+x}$进行化简符号计算。

```
>>> import sympy                           # 导入第三方包——符号计算
>>> x = sympy.Symbol('x')                  # 定义符号 x
>>> expr = (x ** 2 + 3 * x + 2)/(x ** 2 + x)   # 定义有理式
>>> cancel(expr)                           # 化简(去除公因子)
(x + 2)/x
>>> together(expr)                         # 公式合并(不去除公因子)
(x ** 2 + 3 * x + 2)/(x * (x + 1))
```

【例 14-20】 对极限计算式 $\lim_{x\to 0}\left(\frac{1-\cos x}{3x^2}\right)$进行符号计算。

```
import sympy                               # 导入第三方包——符号计算
x = sympy.Symbol('x')                      # 定义变量
f = 1 - sympy.cos(x)/3 * x ** 2            # 定义函数
lim_f = sympy.limit(f, x, 0)               # 语法:sympy.limit(函数名, 变量, 趋近值)
print(lim_f)                               # 打印极限值
>>> 1                                      # 程序输出
```

3. 符号计算应用案例

【例 14-21】 商品提价问题。假设某商场销售的某种商品单价为 25 元,每年可销售 3 万件;设该商品每件提价 1 元,则销售量减少 0.1 万件。如果要使总销售收入不少于 75 万元,求该商品的最高提价。

案例分析:商场经营者既要考虑商品的销售额、销售量,同时也要考虑如何在短期内获得最大利润。这个问题与商品定价有直接关系,定价低时,销售量大但利润小;定价高时,利润大但销售量减少。解题算法步骤如下。

(1) 已知条件:单价 25 元,销售 3 万件,销售收入=25 元×3 万=75 万元;

(2) 约束条件 1:每件商品提价 1 元,则销售量减少 0.1 万件;

(3) 约束条件 2:保持总销售收入不少于 75 万元;

(4) 设最高提价为 x 元,提价后的商品单价为$(25+x)$元;

(5) 提价后的销售量为$(30\,000-1000x/1)$件;

(6) 可得$(25+x)*(30\,000-1000x/1)\geqslant 750\,000$;

(7) 简化后数学模型为$(25+x)*(30-x)\geqslant 750$;

(8) 求解问题的 Python 程序如下。

```
>>> from sympy import symbols, solve               # 导入第三方包——符号计算
>>> x = symbols('x')                               # 定义 x 为符号
>>> f = solve((25 + x) * (30 - x) >= 750)          # 计算不等式取值范围
>>> print('x 的取值范围是:', f)                    # 打印结果
x 的取值范围是:(0 <= x) & (x <= 5)                 # x 大于或等于 0,而且小于或等于 5
```

对以上问题编程求解得:x⩽5,即提价最高不能超过 5 元。

14.3.2 曲线拟合编程

由泰勒公式可知：任何一个函数都可以拆分成近似于这个函数的多项式表达。NumPy 软件包中多项式拟合函数是 numpy.polyfit()，函数语法如下。

```
numpy.polyfit(x, y, deg, rcond = None, full = False, w = None, cov = False)
```

参数 x、y 为原始数据采样点的 x、y 坐标。

参数 deg 为多项式最高阶数，如最高阶为 2，则拟合出来的曲线是二次函数；最高阶为 3，则拟合出来的曲线就是 3 次函数。如 3 阶拟合函数公式为 ax^3+bx^2+cx+d。

参数 rcond 为相对条件数，float 型(很少用)。

参数 full 为 bool 型，默认为 false，此时只返回系数向量(很少用)。

参数 w 用于采样点 y 坐标的权重，默认为 None(很少用)。

参数 cov 为 bool 型，返回估计值及其协方差矩阵(很少用)。

返回值为多项式系数，从高阶到低阶，最后一位是常数项。

【例 14-22】 对原始数据进行可视化曲线拟合(见图 14-14)。

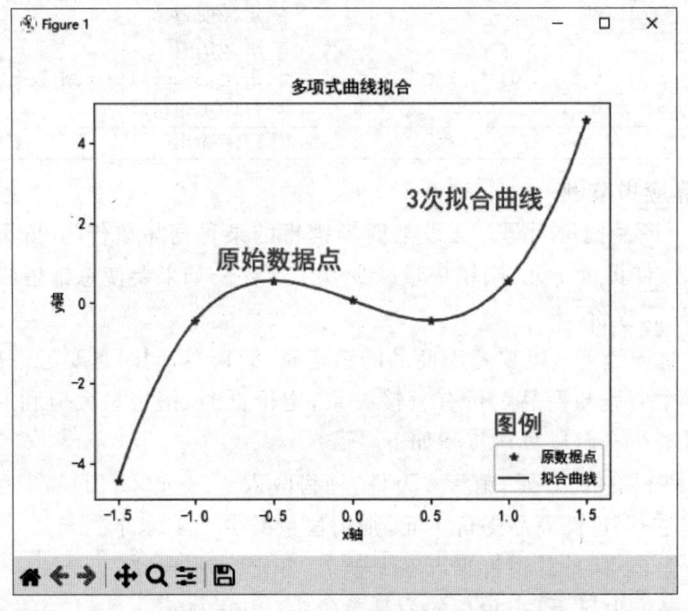

图 14-14 拟合曲线

案例分析：利用函数 arange()生成 x 轴坐标(或者是原始数据)，y 轴坐标为给出的原始数据。由函数 numpy.polyfit()进行多项式曲线拟合(见程序第 8 行)。

```
1  import numpy as np                                     # 导入第三方包——科学计算
2  import matplotlib.pyplot as plt                        # 导入第三方包——绘图
3  plt.rcParams['font.sans-serif'] = ['SimHei']           # 解决中文标签显示问题
4  plt.rcParams['axes.unicode_minus'] = False             # 解决负数坐标显示问题
5
6  x1 = np.arange(-1.5, 1.6, 0.5)                         # x1 为 x 轴坐标点数据(由函数生成)
7  y1 = [-4.45, -0.45, 0.55, 0.05, -0.44, 0.54, 4.55]     # y1 为 y 轴坐标点数据(原始数据)
8  an = np.polyfit(x1, y1, 3)                             # 3 阶拟合，an 为多项式系数
```

```
p1 = np.poly1d(an)                                 # 返回值 p1 为多项式,即函数式
print(p1)                                          # 打印 3 阶多项式
x2 = np.arange(-1.5, 1.6, 0.1)                     # x2 为 x 轴曲线拟合值
y2 = np.polyval(an, x2)                            # y2 为 y 轴曲线拟合值(多项式计算)

plt.plot(x1, y1, '*', label='原数据点')              # 绘制原始数据点和标签(*为点)
plt.plot(x2, y2, 'r', label='拟合曲线')              # 绘制拟合曲线和标签(r 为曲线)
plt.xlabel('x 轴')                                  # x 轴标签
plt.ylabel('y 轴')                                  # y 轴标签
plt.legend(loc=4)                                  # 绘制图例,loc=4 为图例在右下角
plt.title('多项式曲线拟合')                           # 图形标题
plt.show()                                         # 显示图形
>>>                                                # 程序输出见图 14-14
  3     2                                          # 注意,3、2 为多项式的阶(幂)
2x - 0.001429x - 1.501x + 0.05143                  # 程序的拟合多项式
```

14.3.3 积分运算编程

函数的导数描述了它在给定点的变化率。在 SymPy 中,可以使用函数 diff()计算导数。函数 diff()将一个或多个符号作为参数,然后对该符号进行求导。

【例 14-23】 求 $f=5x^5+6y$ 的导数。

```
>>> from sympy import *                 # 导入第三方包——符号计算
>>> x,y,a,b = symbols('x y a b')        # 符号之间用空格隔开,多符号时函数首字母 s 为小写
>>> expr0 = 5*x**5 + 6*y                # 符号表达式赋值
>>> expr1 = diff(expr0, x)              # expr0 为求导符号表达式,x 为求导变量
>>> expr1                               # 输出一阶求导结果
25*x**4
>>> expr2 = diff(expr0, x, 2)           # expr0 为求导符号表达式,x 为求导变量,2 为二阶导数
>>> expr2                               # 输出 2 阶求导结果
100*x**3
```

软件包 SymPy 中函数 integrate()处理定积分和不定积分。如果只用表达式作为参数调用函数 integrate(),则计算不定积分。如果传递一个元组参数,则计算定积分,元组格式为(x,a,b),其中 x 是积分变量,a 和 b 是积分区间。

【例 14-24】 用积分函数 integrate() 对定积分式 $\int_1^2 x\,dx$ 进行计算。

```
>>> from sympy import *                       # 导入第三方包——符号计算
>>> x = symbols('x')                          # 定义符号 x
>>> print(integrate(x, (x, 1, 2)))            # 积分变量为 x;积分区间为[1, 2]
3/2                                           # 程序输出
```

【例 14-25】 对函数 $f(x)=\sin(x^2)$指定区间$[a,b]$进行积分运算(见图 14-15)。

```
import numpy as np                                        # 导入第三方包——科学计算
import matplotlib.pyplot as plt                           # 导入第三方包——绘图

plt.rcParams['font.sans-serif'] = ['KaiTi']               # 解决中文显示乱码问题
plt.rcParams['axes.unicode_minus'] = False                # 解决负号显示乱码问题
def f(x):                                                 # 定义积分函数
```

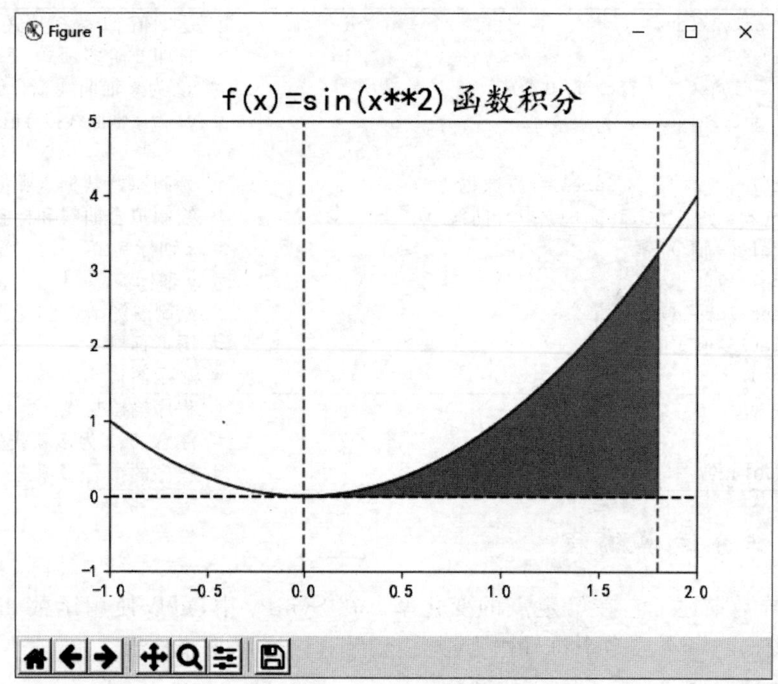

图 14-15　积分曲线和区间

```
7      return x ** 2
8  n = np.linspace(-1, 2, num = 50)                           # 定义积分起始区间 n,分为 50 段
9  n1 = np.linspace(0, 1.8, num = 50)                         # 定义积分终止区间 n1
10 plt.plot(n, f(n))                                          # 绘制 f(n)函数曲线
11 plt.fill_between(n1, 0, f(n1), color = 'red', alpha = 0.5) # 曲线积分区间填充为红色
12 plt.xlim(-1, 2)                                            # 横坐标 x 轴范围
13 plt.ylim(-1, 5)                                            # 纵坐标 y 轴范围
14 plt.axvline(0,color = 'gray',linestyle = '--',alpha = 0.8)   # 绘制积分区间垂直线 1
15 plt.axvline(1.8,color = 'gray',linestyle = '--',alpha = 0.8) # 绘制积分区间垂直线 2
16 plt.axhline(0,color = 'blue', linestyle = '--',alpha = 0.8)  # 绘制积分区间水平线
17 area = 0                                                   # 积分面积初始化
18 xi = 0                                                     # 积分区段值初始化
19 for i in range(len(n1))[:-1]:                              # 计算 0～1.8 上的积分值
20     xi = (n1[i] + n1[i + 1])/2
21     area += (n1[i + 1] - n1[i]) * f(xi)                    # 计算积分面积
22 print(area)                                                # 打印积分值
23 plt.title('f(x) = sin(x ** 2)函数积分', fontsize = 20)     # 绘制曲线图标题
24 plt.show()                                                 # 显示图形
   >>> 1.943797584339858                                      # 程序输出见图 14-15
```

程序说明：程序第 8 行，np.linspace()为创建数值序列，参数为 start(队列开始值)、stop(队列结束值)、num＝50(要生成的样本数，非负数)、endpoint＝True(为 True 时包含 stop 样本；否则 stop 不被包含)、retstep＝False(为 False 时返回等差数列)。

14.3.4　解线性方程组

方程求解是科学计算的基本操作，SymPy 可以符号化地解各种各样的方程，即使原则上许多方程无解析解。如果一个方程或方程组有解析解，那么 SymPy 很有可能找到解。如果没有解析解，SymPy 则可以提供数值解。

1. 二元一次方程求解

【例 14-26】 一家早餐店第一天卖出 20 个牛肉面和 10 盒小笼包，收入 350 元；第二天卖出 17 个牛肉面和 22 盒小笼包，收入 500 元。如果这两天的价格保持不变，那么一个牛肉面和一盒小笼包的价格各是多少？

解：假设一个牛肉面为 x 元，一盒小笼包为 y 元，则这两天经营情况如下：

$$\begin{cases}20x+10y=350\\17x+22y=500\end{cases}$$

```
import numpy as np                          # 导入第三方包——科学计算

A = [[20, 10], [17, 22]]                    # 构造系数矩阵 A
b = [350, 500]                              # 构造常数列 b
x = np.linalg.solve(A, b)                   # 计算线性方程矩阵
print(x)                                    # 打印结果
>>>[10. 15.]                                # 程序输出(x = 10,y = 15)
```

2. 线性方程组求解

线性方程组可以记为 $\boldsymbol{Ax}=\boldsymbol{b}$，其中 $\boldsymbol{A}$ 是 $m\times n$ 矩阵，$\boldsymbol{b}$ 是 $m\times1$ 矩阵（或 m 向量），$\boldsymbol{x}$ 是未知的 $n\times1$ 解矩阵（或 n 向量）。根据矩阵 $\boldsymbol{A}$ 的性质，解向量 $\boldsymbol{x}$ 可能存在也可能不存在，如果存在解，它不一定是唯一的。然而，如果存在解，则可以将其表示为向量 $\boldsymbol{b}$ 与矩阵 $\boldsymbol{A}$ 列向量的线性组合，其中系数由解向量 $\boldsymbol{x}$ 中的元素给出。

【例 14-27】 求解以下线性方程组。

$$\begin{cases}4x_1+6x_2+2x_3=9\\3x_1+4x_2+x_3=7\\2x_1+8x_2+13x_2=2\end{cases}\xrightarrow{\text{转换为矩阵}}\begin{bmatrix}4&6&2\\3&4&1\\2&8&13\end{bmatrix}\begin{bmatrix}x_1\\x_2\\x_3\end{bmatrix}=\begin{bmatrix}9\\7\\2\end{bmatrix}$$

```
import numpy as np                          # 导入第三方包——科学计算

A = [[4, 6, 2], [3, 4, 1], [2, 8, 13]]      # A 为系数矩阵
b = [9, 7, 2]                               # b 为常数列
x = np.linalg.solve(A, b)                   # 计算线性方程矩阵
print(x)                                    # 打印结果
>>>[ 3.   -0.5  0. ]                        # 程序输出(x1 = 3,x2 = -0.5,x3 = 0)
```

3. 非线性方程组求解

【例 14-28】 求解以下非线性方程组。

$$\begin{cases}x^2+y^2=10\\y^2+z^2=34\\x^2+z^2=26\end{cases}$$

```
from scipy.optimize import fsolve                        # 导入第三方包——线性方程

def solve_function(unsolved_value):
```

```
4        x,y,z = unsolved_value[0], unsolved_value[1], unsolved_value[2]  # 初始化
5        return [x ** 2 + y ** 2 - 10,
6                y ** 2 + z ** 2 - 34,
7                x ** 2 + z ** 2 - 26,]                       # 返回值为方程组
8    solved = fsolve(solve_function,[0, 0, 0])                # 求解非线性方程
9    print(solved)                                            # 打印结果
     >>> [-1. 3. 5.]                                          # 程序输出(x = -1,y = 3,z = 5)
```

程序说明：程序第 8 行，函数 fsolve(solve_function,[0,0,0])用于求方程或方程组的解，更常用于求解非线性方程组。其中 solve_function 是方程组，[0,0,0]是初值，第 5 行提前初始化。

从程序输出结果看，程序得出的结果并非完备解集。因为 x、y、z 都可正可负，如 1 或者 -1，3 或者 -3，5 或者 -5，但是函数 fsolve()只能求出一个解。

14.3.5 解微分方程组

洛伦兹吸引子是混沌运动的主要特征之一。混沌行为会发生在天体运行、行星和恒星运行、单模激光、闭环对流、水轮转动等领域中。

洛伦兹吸引子由左右两簇构成，各自围绕一个不动点。运动轨道在一个簇中由外向内绕到中心附近后，就随机地跳到另一个簇的外缘继续向内绕，然后在到达中心附近后再突然跳回到原来的那一个簇的外缘，如此构成随机性的来回盘旋。洛伦兹吸引子的运动对初始值表现出极强的敏感性，在初始值上的微不足道的差异，就会导致运动轨道的截然不同。

【例 14-29】 用函数 odeint()计算洛伦兹吸引子的轨迹。

洛伦兹吸引子由下面三个微分方程定义：

$$\begin{cases} \mathrm{d}x/\mathrm{d}t = \sigma(y - x) \\ \mathrm{d}y/\mathrm{d}t = x(\rho - z) - y \\ \mathrm{d}z/\mathrm{d}t = xy - \beta z \end{cases}$$

这三个方程定义了三维空间中各个坐标点上的速度矢量。从某个坐标开始沿着速度矢量进行积分，就可以计算出无质量点在此空间中的运动轨迹。其中 σ、ρ、β 为常数，不同的参数可以计算出不同的运动轨迹：$x(t)$，$y(t)$，$z(t)$。当参数为某些值时，轨迹出现混沌现象，即微小的初值变化也会显著地影响运动轨迹(见图 14-16)。

```
from scipy.integrate import odeint                     # 导入第三方包——符号计算
import numpy as np                                     # 导入第三方包——科学计算
import matplotlib.pyplot as plt                        # 导入第三方包——绘图
from mpl_toolkits.mplot3d import Axes3D                # 导入第三方包——绘制 3D 图

def lorenz(W, t, p, r, b):                             # 求导函数
    x, y, z = W                                        # 求 W = [x,y,z]点的导数 dW/dt
    dx_dt = p * (y - x)                                # dx/dt = p * (y - x)(p 为 σ)
    dy_dt = x * (r - z) - y                            # dy/dt = x * (r - z) - y(r 为 ρ)
    dz_dt = x * y - b * z                              # dz/dt = x * y - b * z(b 为 β)
    return np.array([dx_dt, dy_dt, dz_dt])             # 返回值

t = np.arange(0, 30, 0.01)                             # 创建时间点(start,stop,step)
paras = (10.0, 28.0, 3.0)                              # 设置方程中的参数(p,r,b)
```

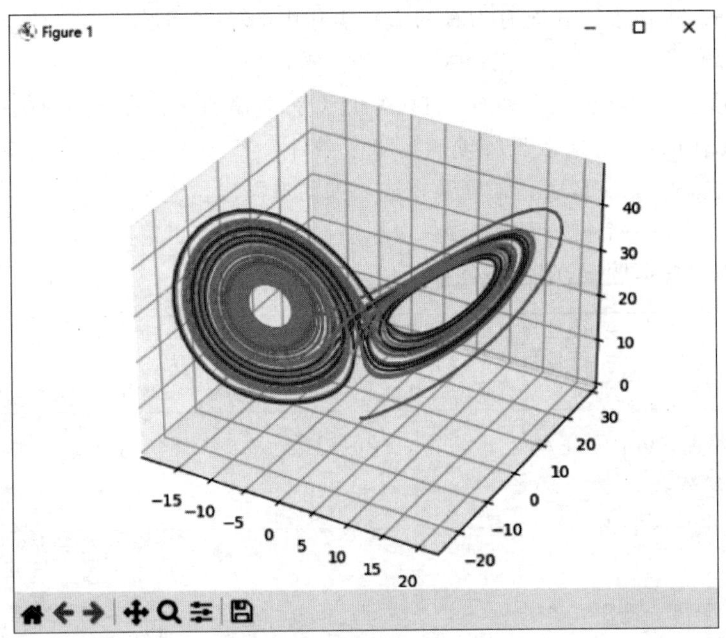

图 14-16　洛伦兹吸引子轨迹

```
15  W1 = (0.0, 1.00, 0.0)                                  # 定义位移初值 W1
16  track1 = odeint(lorenz, W1, t, args = (10.0, 28.0, 3.0))  # args 设置导数函数的参数
17  W2 = (0.0, 1.01, 0.0)                                  # 定义位移初值 W2
18  track2 = odeint(lorenz, W2, t, args = paras)           # 通过 paras 传递导数函数的参数
19  fig = plt.figure()                                     # 绘图
20  ax = Axes3D(fig, auto_add_to_figure = False)           # 绘制 3D 图形
21  fig.add_axes(ax)
22  ax.plot(track1[:, 0], track1[:, 1], track1[:, 2],      # 绘制洛伦兹吸引子轨迹 1
    color = 'magenta')
23  ax.plot(track2[:, 0], track2[:, 1], track2[:, 2],      # 绘制洛伦兹吸引子轨迹 2
24      color = 'deepskyblue')                             # 颜色深蓝
25  plt.show()                                             # 显示图形
    >>>                                                    # 程序输出见图 14 - 16
```

程序说明：

程序第 16 行，odeint(lorenz,W1,t,args=(10.0,28.0,3.0))为计算洛伦兹吸引子的轨迹。函数 odeint()对数组中的每个时间点进行求解，得出所有时间点的位置。参数 lorenz 是计算某个位移上各个方向的速度(位移的微分值)；参数 W1 为初值；参数 t 是为时间数组；参数 args=(10.0,28.0,3.0)是位移初始值，它计算常微分方程所需的各个变量初始值。

程序第 15、17 行的位移初始值 W1 与 W2 相差 0.01，但是运动轨迹完全不同。

14.3.6　逻辑运算编程

软件包 SymPy 可以进行的逻辑运算有：计算逻辑表达式的值；由逻辑表生成逻辑表达式(如求二进制全加器的逻辑表达式)；求逻辑范式(如析取范式、合取范式)；等价性判定(对两个逻辑表达式，判定能否找到一个符号映射，使两者等价)；求可满足性问题(给定一个逻辑表达式,求该表达式所有为真的值),实际中的很多问题都可以建模为逻辑表达式的可满足性问题。

【例 14-30】 某大学有三名青年教师 A、B、C。学校要选派他们中的一两个人出国进修,由于教学工作的需要,选派教师须满足以下条件:若 A 去,则 C 也去;若 B 去,则 C 不能去;若 C 不去,则 A 或 B 去。请问学校应当如何选派出国老师?

案例分析:这是一个可满足性问题,根据题意引入逻辑变量:A 表示派 A 去,¬A(非 A)为不派 A 去。根据题意,限制条件如下所示。

```
A→C                # 符号→为蕴含,A 去则 C 去;SymPy 运算符为:A >> C
B→¬C               # 符号¬为非,B 去则 C 不去;SymPy 运算符为:B >> ~C
¬C→(A∨B)           # 符号∨为或者,C 不去则 A 或 B 去;SymPy 运算符为:~C >>(A | B)
```

说明:软件包 SymPy 逻辑运算符为:~(否定)、&(合取)、|(析取)、!=(异或)、>>(蕴含)、==(等价)。

```
import sympy                                          # 导入第三方包——符号计算

A, B, C = sympy.symbols('A, B, C')                    # 定义符号变量
expr1 = (A >> C)                                      # 逻辑命题 1:A → C
expr2 = (B >> ~C)                                     # 逻辑命题 2:B → ¬C
expr3 = ~C >> (A | B)                                 # 逻辑命题 3:¬C →(A∨B)
expr = expr1 & expr2 & expr3                          # 逻辑组合条件
models = sympy.satisfiable(expr, all_models = True)   # 计算满足条件的所有解(模型)
print('True = 出国进修;False = 不出国进修')
x = 1                                                 # 计数器初始化
for n in models:                                      # 循环打印进修方案
    print(f'方案{x}:', n)
    x += 1
>>>                                                   # 程序输出
True = 出国进修;False = 不出国进修
方案 1:{C: True, B: False, A: False}                  # 只派 C 去
方案 2:{C: True, A: True, B: False}                   # 派 A、C 去
方案 3:{B: True, A: False, C: False}                  # 只派 B 去
```

习 题 14

14-1 编程:参照例 14-3 程序,掌握读取图像数据的方法。

14-2 编程:参照例 14-4 程序,掌握读取图像边缘的方法。

14-3 编程:参照例 14-5 程序,理解图像光滑处理的方法。

14-4 编程:参照例 14-6 程序,掌握用模板对图像进行面积计算的方法。

14-5 编程:参照例 14-7 程序,掌握图片中物体计数的方法。

14-6 编程:参照例 14-15 程序,对古诗文网(https://so.gushiwen.cn/search.aspx)进行诗文爬取,并且朗读诗文。

14-7 编程:参照例 14-22 程序,掌握曲线可视化拟合的方法。

14-8 编程:用 numpy.linalg.solve 模块求解以下线性方程组。

$$\begin{cases} x + 2y = 3 \\ 4x + 5y = 6 \end{cases}$$

14-9　编程：参照例 14-25 程序，掌握定积分运算的方法。

14-10　编程：参照例 14-27 程序，掌握求解线性方程组的方法。

参考文献

[1] 董付国. Python 程序设计[M]. 2 版. 北京：清华大学出版社，2018.

[2] 嵩天，礼欣，黄天羽. Python 语言程序设计基础[M]. 2 版. 北京：高等教育出版社，2017.

[3] 夏敏捷，程传鹏，韩新超，等. Python 程序设计：从基础开发到数据分析[M]. 北京：清华大学出版社，2019.

[4] 余本国. 基于 Python 的大数据分析基础及实战[M]. 北京：中国水利水电出版社，2019.

[5] 常国珍，赵仁乾，张秋剑. Python 数据科学：技术详解与商业实践[M]. 北京：机械工业出版社，2018.

[6] HARRINGTON P. 机器学习实战[M]. 李锐，李鹏，曲亚东，等译. 北京：人民邮电出版社，2013.

[7] 明日科技. Python 编程锦囊[M]. 长春：吉林大学出版社，2019.

[8] Magnus Lie Hetland. Python 基础教程[M]. 3 版. 北京：人民邮电出版社，2021.

[9] echosun1996. 根据姓名笔画数排序[EB/OL]. [2022-10-25]. https://blog. csdn. net/echosun1996/article/details/108929416.

[10] YU L. 汉字拼音转换工具(Python 版)[EB/OL]. [2022-10-25]. https://pypinyin. readthedocs. io/zh_CN/master/index. html#.

[11] ABELSON H，JAY SUSSMAN G，SUSSMAN J. 计算机程序的构造和解释[M]. 裘宗燕，译. 2 版. 北京：机械工业出版社，2004.

[12] 刘瑜. Python 编程从零基础到项目实战[M]. 北京：中国水利水电出版社，2018.

[13] 蒋加伏，朱前飞. Python 程序设计基础[M]. 北京：北京邮电大学出版社，2019.

[14] vola9527. Python 中文排序[EB/OL]. [2022-10-6]. https://blog. csdn. net/vola9527/article/details/74999083，2017-07-11.

[15] jie_ming514. Python 实战(05)：使用 Matplotlib 让排序算法动起来[EB/OL]. [2022-10-6]. https://blog. csdn. net/m1090760001/，2019-11-23.

[16] 易建勋. 计算科学导论[M]. 北京：清华大学出版社，2022.